国家林业和草原局普通高等教育"十四五"规划教材

食品酶学

苏二正　张卫国　主编

中国林業出版社

内容简介

本书主要讲述酶学的基本原理以及酶在食品领域中的应用。全书共分 12 章，主要内容包括酶学基础、酶的来源与生产、酶的分离纯化、酶催化反应动力学、酶的分子修饰与基因改造、固定化酶与固定化细胞、非水酶学等酶学基础理论知识，以及食品工业常用酶制剂、酶在食品工业中的应用、酶在食品分析检测中的应用、酶和食品质量与安全的关系等酶在食品领域应用知识。编写过程中力求知识体系完整、理论知识准确简洁、技术实用有效。本书既可作为高等院校食品科学类专业本科生、研究生教材，也可供从事食品科研、食品生产相关工作的科技人员参考。

图书在版编目(CIP)数据

食品酶学/苏二正，张卫国主编．—北京：中国林业出版社，2021.12(2023.2 重印)

国家林业和草原局普通高等教育“十四五”规划教材

ISBN 978-7-5219-1454-2

Ⅰ.①食…　Ⅱ.①苏…②张…　Ⅲ.①食品工艺学-酶学-高等学校-教材　Ⅳ.①TS201.2

中国版本图书馆 CIP 数据核字(2021)第 258582 号

中国林业出版社·教育分社

策划、责任编辑：高红岩　　**责任校对**：苏　梅

电　　话：(010)83143554　　**传　　真**：(010)83143516

出版发行　中国林业出版社(100009　北京市西城区德内大街刘海胡同 7 号)

E-mail:jiaocaipublic@163.com　电话:(010)83143500

http://www.forestry.gov.cn/lycb.html

印　　刷　北京中科印刷有限公司

版　　次　2022 年 1 月第 1 版

印　　次　2023 年 2 月第 2 次印刷

开　　本　787mm×1092mm　1/16

印　　张　20.5

字　　数　500 千字

定　　价　49.00 元

《食品酶学》编写人员

主　编　苏二正　张卫国

副主编　徐　燕　宋丽军

编　者　(按姓氏拼音排序)

白冰瑶(塔里木大学)

卜　素(南京林业大学)

邓森文(湖南科技大学)

高　蓓(华东理工大学)

刘　春(中南林业科技大学)

李春强(沈阳农业大学)

李宇辉(新疆农垦科学院)

李占明(江苏科技大学)

倪　辉(集美大学)

彭　强(西北农林科技大学)

苏二正(南京林业大学)

宋丽军(蚌埠学院)

徐　燕(安徽农业大学)

叶　华(江苏科技大学)

俞　玥(江苏科技大学)

周　波(中南林业科技大学)

张　丽(蚌埠学院)

张卫国(岭南师范学院)

前　言

很久以前，人类就开始在制备食品时使用酶。尽管那时人们并没有任何有关催化剂和化学反应本质方面的知识，然而某些使用酶的技术还是一代一代地传下来。人类对酶的认识源于食品，随着酶学的发展，人们逐步认识了酶的本质及其对食品的重要性。实际上，没有酶或许就没有食品。在当代，酶制剂的工业应用十分广泛，而食品工业是全球工业酶制剂最大的应用领域。食品工业中使用酶制剂的目的，是使食品达到最佳的质感，使原料得到最大程度的利用，以获得符合人们愿望的美学和营养学特性。酶制剂为食品工业提供了一条新的发展途径，为食品的色、香、味增色，并提供了富有营养的新产品。

酶学是研究酶的合成、发酵生产、调节控制、分离纯化、结构与功能、反应动力学、催化机制、修饰与改性以及酶的应用等内容的一门学科。食品酶学是酶学的基本理论在食品科学与技术领域中应用的科学，是酶学的重要分支学科，它研究食品中酶对食品的影响以及酶在食品中的应用，包括食品新酶源的开发，食品中酶的性质、结构、功能和作用规律，酶对食品贮藏、加工、食用品质的影响，酶在食品加工和保藏中的应用，新型食品、食品辅料、食品配料的酶法制造，酶在食品分析检测中的应用，酶与食品质量及卫生的关系等内容。在当今生物技术飞速发展的背景下，食品酶学的学习对食品专业学生的重要性显而易见。学习食品酶学就是为了更好地了解、掌握酶对食品的影响以及酶在食品中的应用，使酶更好地服务于人们对美好生活的追求。

本书由国内十余所高校、科研院所的专家共同编写。编者来自食品学科的教学与科研一线，有着丰富的酶学、酶工程基础理论知识和食品工业应用实践经验，编写力求知识体系完整、理论知识准确简洁、技术实用有效，并尽可能地体现酶学、酶工程、食品酶学的最新研究进展和成果。编写过程中参考了国内外同行的文献和资料，在此表示衷心的感谢。

由于作者水平有限，书中尚有很多不足之处，恳请广大读者和同行批评指正。

编　者
2021 年 7 月

目　录

第1章　绪　论

导　语

在食品加工中使用酶的历史可以追溯到几千年以前。那时，人们虽然不认识酶，但是已经不自觉地用酶来制造食品。近几十年来，随着分子生物学、基因工程学科的快速发展，人类已经可以大量且稳定地生产很多酶制剂用于不同的工业领域。食品工业是商品酶制剂应用最多的领域。当前，食品酶制剂已应用于制糖、油脂加工、肉品加工、乳品加工、粮食加工、饮料生产、果蔬加工等众多食品领域，有力地推动了食品学科和工业的发展。食品工业是关系国计民生的基础工业，21世纪人类对食品的需求提出了更高的要求。21世纪是生物技术的时代，作为生物技术的一个重要组成部分，食品酶将会为人类追求美好生活做出更大的贡献。

通过本章的学习可以掌握以下知识：

❖ 酶学、食品酶学的概念；

❖ 食品酶学的研究内容；

❖ 酶学研究的简史；

❖ 内源酶、外源酶对食品及食品工业的重要性；

❖ 国内外酶制剂工业的现状；

❖ 我国食品酶的现状及发展趋势。

知识导图

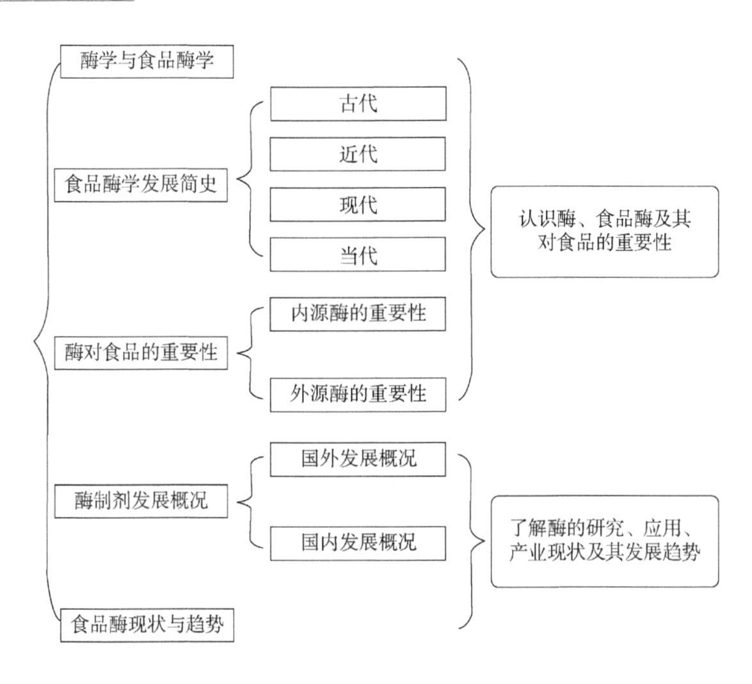

关键词

酶　酶学　食品酶学　锁钥学说　辅酶　诱导契合学说　操纵子学说　固定化酶　非水酶学　核酶　抗体酶　定向进化　突变　模拟酶　纳米酶　极端酶　转位酶　内源酶　外源酶　酶制剂

本章重点

❖ 食品酶学的概念及主要研究内容；
❖ 酶学研究的发展简史及重要事件；
❖ 酶对食品的重要性。

本章难点

❖ 对酶的化学本质的认识；
❖ 酶应用于食品的作用；
❖ 对我国酶制剂工业现状的认识及未来发展趋势的分析。

人类对酶的认识和利用最初是以食品为媒介而逐步发展起来的。很久以前，人类虽然不知道什么是酶，就已经不自觉地利用酶来制造食品。在中国，我们的先祖用豆类制酱(利用霉菌的蛋白酶)，用麦曲制备饴糖(利用淀粉酶类和蛋白酶)，用酵母酿酒(利用酵母胞内酶类)。在古埃及，人们利用反刍动物的胃液(含皱胃酶)凝固牛乳、羊乳制作干酪。人们真正认识到酶的存在和作用源于19世纪关于"酒精发酵本质"长达半个世纪的学术争论。1857年，微生物学家路易斯·巴斯德(Louis Pasteur)等认为发酵和活细胞有关，酒精发酵是酵母细胞生活的结果。但是，尤斯图斯·冯·李比希(Justus von Liebig)等认为发酵及其他类似过程，是由于细胞内化学物质的作用，纯粹是化学过程。1878年，Wilhelm Kühne首次采用了enzyme这个名词，中文译为"酶"或"酵素"。直到1897年，Büchner兄弟(Eduard Büchner和Hans Büchner)用石英砂磨碎酵母细胞，制备了不含酵母细胞的抽提液，并证明此抽提液也能使糖发酵，发现酶离开细胞也可起到催化作用。这是酶学史上划时代的发现，它从理论上阐明了生命现象的本质，也为酶的应用开发奠定了科学基础。今天，酶技术已广泛应用于食品工业的各个领域，如食品保鲜、制糖工业、酿造工业、焙烤工业、油脂加工、乳品工业、果蔬加工业、畜产及水产品加工、蛋品加工、食品添加剂生产、改善食品品质和风味以及食品分析检测等。

1.1　酶学与食品酶学

关于"酶"的认识有一个逐步深化的过程。1878年，Kühne提出了enzyme这个名词，意为"在酵母中"。1964年，Dixon等认为酶是具有催化活性的一类特殊蛋白质。1975年，Stryer指出酶是一类蛋白质，具有催化功能，催化作用具有专一性和条件限制性。1979年，Wyun指出酶是来源于生物体的一种分子，具有提高特定反应的速度而不影响反应最终平衡状态的特点。同年，Dixon和Webb在其合著的著作中将酶定义为："酶是一种由于其特异的活性能力而具有催化特性的蛋白质”。在20世纪80年代前，这可能是最科学的定义，它明确了酶的蛋白质属性及具有的特殊催化功能。但是，20世纪80年代初，Cech和Altman分别发现了具有催化功能的核糖核酸(ribonucleic acid，RNA)，即核酶(Ribozyme)，这一发现打破了酶是蛋白质的传统概念。现代酶学认为：酶是一类具有专一性生物催化功能的生物大分子，绝大多数为蛋白质，少数为RNA。

酶学(Enzymology)是研究酶的合成、发酵生产、调节控制、分离纯化、结构与功能、反应动力学、催化机制、修饰与改性以及酶的应用等内容的一门科学。第一部酶学著作是1930年Haldane所著的《Enzymes》。1932年，Haldane和Stern合著了《General Chemistry of Enzymes》。1957年，Mchler所著的《Introduction to Enzymology》出版。1985年，Wiseman编著的《Handbook of Enzyme Biotechnology》(Second Edition)出版。国内从20世纪60年代开始也出版了一系列酶学著作。1964年，鲁宝重编著了《酶学概论》。1984年，张树政主编了《酶制剂工业》。1987年，陈石根、周润琦编著了《酶学》。20世纪90年代以后，国内外涌现了更多的优秀酶学专著，如Gregory和Christopher编著的《Single Molecule Enzymology：Methods and Protocols》，Academic Press出版社出版的《Methods in Enzymology》系列图书，袁勤生等编著的《现代酶学》，郑穗平等编写的《酶学》以及陈清西编著的《酶学及其研究技术》，等等。这些酶学图书的出版对于繁荣我国酶学研究，培养酶学高层次专门人才以及促进酶学学科快速发展等方面均发挥了重要作用。

食品酶学(Food Enzymology)是酶学的基本理论在食品科学与技术领域中应用的科学，是酶学的重要分支学科。在生物体中，酶控制着所有重要生物大分子(如蛋白、多糖、脂类和核酸)以及小分子(如氨基酸、嘌呤、脂肪酸)等的合成和代谢。食品工业的主要原料来源于生物体(生物材料)，这些原料中含有种类繁多的内源酶，其中某些酶在原料加工过程中甚至产品保藏期间仍有活性。这些酶有的对食品加工、贮藏有利，有的则有害。除了内源酶以外，在食品加工、贮藏过程中还可以使用不同的外源酶来改善产品的产量和质量，在食品分析检测中也可以使用不同的外源酶构建灵敏、快速的检测方法实现对食品质量和卫生的监控。因此，食品酶学是以普通酶学为基础，研究食品中酶对食品的影响以及酶在食品中的应用，包括食品新酶源的开发，食品中酶的性质、结构、功能和作用规律，酶对食品贮藏、加工、食用品质的影响，酶在食品加工和保藏中的应用，新型食品、食品辅料、食品配料的酶法制造，酶在食品分析检测中的应用，酶与食品质量及卫生的关系等内容。在当今生物技术飞速发展的背景下，食品酶学的学习对食品专业学生的重要性显而易见。学习食品酶学就是为了更好地了解酶、掌握酶对食品的影响以及酶在食品中的应用，使酶更好地服务于人们对美好生活的追求。

1.2 食品酶学发展简史

任何一门学科都有其一定的形成与发展历程。如同其他学科一样，人类对于酶的认识、利用以及酶学的发展都是起源于人类的生产实践。在生产劳动中，人们逐渐意识到酶的作用，并试图认清酶的作用机制，于是酶学也就随之发展起来。回顾酶学发展的漫长历程，其大致可分为古代、近代、现代和当代4个时期。

1.2.1 古代(1689 年之前)

2004 年，美国宾夕法尼亚大学的 McGovern 等在中国河南省贾湖遗址发现早在 8 600 年前的新石器时代，古人类已经可利用水果、稻谷和蜂蜜等制成混合发酵饮料，这是迄今发现的最早酿造酒类。4 000 多年前的我国商周龙山文化时期，酒已盛行，已可利用天然霉菌和酵母菌酿酒。3 200 年前，古埃及人已利用反刍动物的胃液凝固牛乳、羊乳制作干酪。3 000 年前的《诗经・大雅》中提到了“饴”。秦汉以前，人们已经掌握了利用微生物制备美味豆酱的技术，用大豆制酱是我国先民对人类文化的一大贡献。到了北魏，《齐民要术》已详细叙述了制曲和酿酒的技术。我国的制曲技术先后传至日本、朝鲜、印度和东南亚各国。这些事实表明，人类很早就已感觉到酶的存在，酶学起源于古代劳动人民的生产实践。

1.2.2 近代(1689—1917)

1773 年，意大利科学家 Spallanzani 设计了一个巧妙的实验：将肉块放入小巧的金属笼中，然后让鹰吞下去。过一段时间将小笼取出，发现肉块消失了。这一实验证明鸟类的胃液中存在着某种化学物质，可以消化瘦肉块。

1810 年，Jaseph Gaylussac 发现酵母能将糖转化为酒精；同年，Planche 在辣根中发现一种可使愈创木脂氧化变蓝的物质，并分离出了这种耐热且水溶性的物质。

1814 年，Kirchhoff 发现淀粉经稀酸水解产生葡萄糖，一些谷物在发芽时也能生成还原糖。将种子发芽的水提取物加到泡谷物的水中，可发生相同的水解反应。谷物种子的水解能力取决于包含在其中的水溶性物质，其脱离生物体仍能发挥作用。

1833 年，Payen 和 Persoz 从麦芽的水提物中用酒精沉淀得到一种可使淀粉水解生成糖的物质，并将其命名为 diastase，也就是现在所谓的淀粉酶。后来，diastase 在法国用来表示所有酶的名称。这一发现也被誉为酶学研究史上第一次发现了酶。

1835—1837 年，Berzelius 提出了催化作用的概念，对酶学和化学发展都很重要。人类对于酶的认识一开始就与它具有催化作用的能力联系在一起。

1836 年，Schwann 从胃液中提取出了消化蛋白质的物质，解开了消化之谜。

1857 年，Pasteur(图 1-1A)等认为发酵和活细胞有关，酒精发酵是酵母细胞生活的结果。但是，Liebig(图 1-1B)等反对这种观点，认为发酵及其他类似过程，是由于细胞内化学物质的作用，纯粹是化学过程。由此，围绕酒精的发酵机制展开了长达半个世纪的学术争论，对酶学的发展具有划时代的意义。这场争论直到 1897 年才由 Büchner 兄弟画上句号。

1878 年，Kühne 把酵母中进行酒精发酵的物质称为“酶”，首次采用了 enzyme 这个名词。

1894 年，Fischer(图 1-1C)提出了酶与底物作用的锁钥学说，用以解释酶作用的专一性。

1897 年，Büchner(图 1-1D)兄弟用石英砂磨碎酵母细胞，制备了不含酵母细胞的抽提液，并证明此抽提液也能使糖发酵，发现酶离开细胞也可起到催化作用。这是理论上的飞跃，为 20 世纪酶学研究揭开了序幕，他们因此获得了 1907 年诺贝尔化学奖(表 1-1)。

1902年，Pekelharing提取了胃蛋白酶；同年，Henri根据蔗糖酶催化蔗糖水解的实验结果，提出了中间产物学说，认为底物必须先与酶形成中间复合物，然后再转变为产物并重新释放出游离的酶。

1908年，Boidin制备了细菌淀粉酶，并用于纺织退浆。

1909年，Rohm提取了胰酶用于制革，并用于制备洗涤剂。

1911年，Wallestein制得了木瓜蛋白酶用于啤酒澄清。

1913年，Michaelis和Menten根据中间产物学说推导出描述酶催化反应动力学的著名Michaelis-Menten方程，即米式方程。

自1773年以来，各国科学家对酶的认识逐渐深化，围绕发酵本质、酶的催化特性、催化机制进行了大量工作，取得了一系列重要进展，为现代酶学的发展奠定了坚实的理论基础。

A: Louis Pasteur（1822-1895） B: Justus von Liebig（1803-1873）

C:Emil Fischer（1852-1919） D:Eduard Büchner（1860-1917）

图1-1 近代著名酶学研究科学家代表

1.2.3 现代(1917—1949)

近代酶学研究虽然取得了许多成果，但是还没有触及到酶的本质。

1920年，Willstiitter认为酶制品是蛋白质，被具有催化活性的胶体携带着。

1926年，Sumner从刀豆种子中提取出脲酶的结晶，并通过化学实验证实脲酶的化学本质是一种蛋白质。

1929年，Harden和Eulor-Chelpin获得了诺贝尔化学奖(表1-1)，因为除了关于糖酵解的研究，他们还阐明了酶和辅酶的作用，并确定了辅酶的结构。这一成果既完善了生物化学的内容，又促进了酶促代谢反应研究的发展。

1931 年，Warburg 获得了诺贝尔生理学或医学奖，因为其发现呼吸酶的性质和作用方式(表 1-1)。1932 年，Warburg 等发现了黄酶，并证明其辅基是核黄素衍生物。1936 年，Warburg 又发现了两种辅酶(辅酶Ⅰ和辅酶Ⅱ)。

1935 年，Hill 在前人的研究基础上，提出了糖酵解途径，详细确定了糖酵解途径各个反应中所需要的酶催化剂。

20 世纪 30 年代酶学发展很快。1930—1936 年，Northrop 和 Stanley 又相继制备了胃蛋白酶、胰凝乳蛋白酶、胰蛋白酶的晶体，它们均具有蛋白质的性质。至此，酶的化学本质是蛋白质确信无疑，主要有以下证据：①酶对热不稳定，遇热失活过程和蛋白质热变性极其相似；②酶是两性电解质，在不同 pH 值中以两性离子存在；③引起蛋白质变性的因素同样引起酶失活；④酶具有胶体物质的一切特性；⑤蛋白酶的作用可致许多酶失活；⑥已制备的许多酶结晶其理化性质与蛋白质本性密切相关。于是，人们普遍接受了“酶是具有生物催化功能的蛋白质”这一概念。Sumner，Northrop 和 Stanley 三人 1946 年一起获得了诺贝尔化学奖(表 1-1)。

1.2.4 当代(1949—)

1949 年，日本开始采用液体深层发酵微生物生产 α-淀粉酶，从而揭开了酶工业的序幕，酶的生产和应用进入工业化阶段。

1953 年，Crubhofer 和 Schleith 将聚氨基苯乙基树脂重氮化并用于结合胃蛋白酶、淀粉酶、羧肽酶和核糖核酸酶，从而实现了酶的固定化。同年，Lipmann 因发现辅酶 A 及其对中间代谢的重要性获得诺贝尔生理学或医学奖(表 1-1)。

1955 年，Theorell 因发现氧化酶的性质和作用方式获得诺贝尔生理学或医学奖(表 1-1)。

1957 年，Todd 因在核苷酸和核苷酸辅酶研究方面的工作获得诺贝尔化学奖(表 1-1)。

1958 年，Koshland 认识到酶在催化过程中其结构具有柔性，在此基础上提出了“诱导契合学说”用以解释酶催化理论和专一性。

1959 年，葡萄糖淀粉酶催化淀粉生产葡萄糖新工艺研究成功，使淀粉得糖率由 80%提升到 100%，该工艺的成功极大地推动了其他酶在工业上的应用。

1960 年，Jacob 和 Monod 提出了操纵子学说，阐明了酶生物合成的基本调节机制。

1961 年，Monod 提出了“变构模型”用以定量解释酶的活性可以通过结合小分子化学物质进行调节。

1965 年，Phillips 首次用 X 射线晶体衍射技术阐明了溶菌酶的三维结构，为酶结构、功能及催化机制的研究奠定了基础。

1969 年，Merrifield 等发明了“固相合成”新方法，并首次人工合成含有 124 个氨基酸的核糖核酸酶 A。

1969 年，日本的千畑一郎首次在工业生产规模应用固定化氨基酰化酶从 DL-氨基酸生产 L-氨基酸，实现了酶应用史上的一大突破。1971 年，第一届国际酶工程学术会议在美国召开，当时的主题就是“固定化酶”。

1972年，Anfinsen，Moore和Stein因核糖核酸酶的研究获得诺贝尔化学奖(表1-1)。

1975年，Cornforth因对酶催化反应的立体化学的研究获得诺贝尔化学奖(表1-1)。

1982年，Cech和Altman分别发现具有催化活性的RNA，这一发现打破了酶是蛋白质的传统概念，开辟了酶学研究的新领域。为此，Cech和Altman共同获得了1989年的诺贝尔化学奖(表1-1)。

1984年，美国麻省理工学院Klibanov教授建立了非水酶学分支学科，在界面酶学和非水酶学的研究方面取得突破性进展。

1986年，Schultz和Lerner等发现有一种具有催化功能的抗体分子，并称之为抗体酶(abzyme)。它是antibody与enzyme的组合词。抗体酶又称催化性抗体。

1993年，Arnold在实验室中对枯草杆菌蛋白酶subtilisin E进行了三轮的突变和筛选，提高了在原本变性条件下(高浓度二甲基亚砜)的稳定性。这一过程共计引入10个突变，使突变体在60%二甲基亚砜溶液中活性比野生型高256倍。这项看似简单的工作不仅证实了蛋白质定向进化的可行性，还提出了蛋白质定向进化的具体操作流程，具有里程碑的意义。为此，Arnold获得了2018年的诺贝尔化学奖(表1-1)。

1995年，美国哈佛医学院Cuenoud等发现某些DNA分子也具有催化功能。设计合成了由47个核苷酸组成的单链DNA，它可催化两个底物DNA片段之间的连接。

1999年，Kumar等提出酶与底物作用的“群体移动(population shift)”模式，用以解释一些酶在与底物结合前后，构象发生较大变化的现象。

进入21世纪以来，酶学发展进入新的阶段，涌现出许多酶学研究新热点和新发现，如酶的定点突变、饱和突变、迭代饱和突变；酶的半理性设计、理性设计、计算机辅助设计、从头设计；人工模拟酶、纳米酶、极端酶；国际生物化学与分子生物学联盟命名委员会(Nomenclature Committee of the International Union of Biochemistry and Molecular Biology，NC-IUBMB)于2018年8月正式引入第七类转位酶(translocase，EC7)等。据统计，全球已发现并鉴定的酶超过8 000种，而且每年都不断有新酶发现，酶已应用于各行各业，显示出广阔而诱人的前景。

表1-1　有关酶的重要贡献被授予诺贝尔奖列表

时间	得　主	国家	获奖时所属机构	得奖原因
1929年	阿瑟·哈登	英国	伦敦大学	对糖类的发酵以及发酵酶的研究
	汉斯·冯·奥伊勒-切尔平	德国	斯德哥尔摩大学	
1931年	奥托·海因里希·瓦尔堡	德国	威廉皇帝研究院(今马克斯普朗克研究所)生理研究所	发现呼吸酶的性质和作用方式
1946年	詹姆斯·B·萨姆纳	美国	康奈尔大学	发现了酶可以结晶
	约翰·霍华德·诺思罗普 温德尔·梅雷迪思·斯坦利		洛克菲勒医学研究所(今洛克菲勒大学)	制备了高纯度的酶和病毒蛋白质
1947年	卡尔·斐迪南·科里	美国	圣路易斯大学	发现糖原的催化转化原因
	格蒂·特蕾莎·科里 贝尔纳多·奥赛	阿根廷	Instituto de Biologiay Medicina Experimental	发现垂体前叶激素在糖代谢中的作用

（续）

时间	得主	国家	获奖时所属机构	得奖原因
1953年	弗里茨·阿尔贝特·李普曼	美国	哈佛医学院 哈佛大学麻省总医院	发现辅酶A及其对中间代谢的重要性
1955年	阿克塞尔·胡戈·特奥多尔·特奥雷尔	瑞典	卡罗林斯卡学院	发现氧化酶的性质和作用方式
1957年	亚历山大·R·托德	英国	剑桥大学	在核苷酸和核苷酸辅酶研究方面的工作
1958年	弗雷德里克·桑格	英国	剑桥大学	对蛋白质结构组成的研究，特别是对胰岛素的研究
1965年	方斯华·贾克柏 安德列·利沃夫 贾克·莫诺	法国	巴斯德研究所	在酶和病毒合成的遗传控制中的发现
1972年	克里斯蒂安·B·安芬森	美国	美国国家卫生研究院	对核糖核酸酶的研究，特别是对其氨基酸序列与生物活性构象之间的联系的研究
	斯坦福·摩尔 威廉·霍华德·斯坦		洛克菲勒大学	对核糖核酸酶分子的活性中心的催化活性与其化学结构之间的关系的研究
1974年	克里斯汀·德·迪夫	比利时	鲁汶大学 洛克菲勒大学	发现溶酶体
1975年	约翰·康福思	英国	萨塞克斯大学	酶催化反应的立体化学的研究
1978年	沃纳·亚伯	瑞士	巴塞尔大学	发现限制性内切酶及其在分子遗传学方面的应用
	丹尼尔·那森斯 汉弥尔顿·史密斯	美国	约翰·霍普金斯大学	
1989年	悉尼·奥尔特曼	加拿大	耶鲁大学	发现了RNA的催化性质
1992年	托马斯·切赫	美国	科罗拉多大学波尔得分校	
	埃德蒙·费希尔 埃德温·克雷布斯		华盛顿大学西雅图分校	发现的可逆的蛋白质磷酸化作用是一种生物调节机制
1993年	凯利·穆利斯	美国	无	发展了以DNA为基础的化学研究方法，开发了聚合酶链式反应（PCR）
	迈克尔·史密斯	加拿大	不列颠哥伦比亚大学	发展了以DNA为基础的化学研究方法，对建立寡聚核苷酸为基础的定点突变及其对蛋白质研究的发展的基础贡献
1997年	保罗·波耶尔	美国	加州大学洛杉矶分校	阐明了三磷酸腺苷（ATP）合成中的酶催化机理和发现了离子转运酶 Na^+，K^+-ATPase
	约翰·沃克	英国	英国医学研究委员会分子生物学实验室	
	延斯·克里斯蒂安·斯科	丹麦	奥胡斯大学	

（续）

时间	得主	国家	获奖时所属机构	得奖原因
2009年	伊丽莎白·布莱克本	澳大利亚	加州大学旧金山分校	发现端粒和端粒酶如何保护染色体
	卡罗尔·格雷德	美国	约翰·霍普金斯大学	
	杰克·绍斯塔克	英国	哈佛医学院 哈佛大学麻省总医院	
2018年	弗朗西斯·阿诺德	美国	加州理工学院	酶的定向进化

1.3 酶对食品的重要性

很久以前，人类就开始在制备食品时使用酶，尽管那时人们并没有任何有关催化剂和化学反应本质方面的知识，然而某些使用酶的技术还是一代一代地传下来。人类对酶的认识源于食品，随着酶学的发展，人们逐步认识了酶的本质及其对食品的重要性。实际上，没有酶或许就没有食品。认识酶对食品的重要性可从内源酶和外源酶两个方面了解。

1.3.1 内源酶对食品的重要性

酶是由活细胞产生的，催化特定生物化学反应的一种生物催化剂。食品工业的主要原料来源于生物体，包括动物、植物、微生物等。这些生物体的组织和器官中都含有一定量酶，这些酶即为内源酶。因此，内源酶是指作为食品原料的生物体中所含有的各种酶类。内源酶在食品原料中的分布是不均匀的。内质网上附着至少100多种酶。细胞膜上有许多需要金属离子的磷酸酯酶。叶绿体中含多酚氧化酶和叶绿素酶。过氧化物酶体中含氧化酶和过氧化物酶。溶酶体含许多水解酶，能水解核酸、脂肪、蛋白质、碳水化合物等，食品中自溶作用的酶都来自溶酶体。细胞质中酶种类多，其中糖酵解酶系与食品加工关系紧密。内源酶不仅在各种细胞器中有不同的分布，而且在食品原料的不同部位分布与种类也不相同，甚至随生长期不同也会有所差异。以麦粒为例，其约含55种酶，外层酶较少，糊粉层则含多种酶，浓度也很高，胚乳中酶的浓度低。食品原料不同组织、器官中含有的这些内源酶是使食品原料在屠宰(如畜禽)或采收(如果蔬)后成熟或变质的重要原因，对食品的贮藏和加工都有重要影响。

(1) 内源酶对食品颜色的影响

食品被消费者接受程度如何，首先取决于食品的颜色，这是因为食品的内在质量在一般情况下很难判断。众所周知，新鲜瘦肉的颜色必须是红色的，而不是褐色或紫色的。这种红色是由于其中的氧合肌红蛋白所致。当氧合肌红蛋白转变成肌红蛋白时瘦肉就呈紫色。当氧合肌红蛋白和肌红蛋白中的Fe^{2+}被氧化成Fe^{3+}时，生成高铁肌红蛋白时，瘦肉呈褐色。在肉中酶催化的反应与其他反应竞争氧，这些反应的化合物能改变肉组织的氧化还原状态和水分含量，因而影响肉的颜色。绿色是许多新鲜蔬菜和水果的质量指标。有些水果当成熟时绿色减少而代之以红色、橘色、黄色和黑色。食品材料颜色的变化都与内源酶的作用有关。脂肪氧合酶存在于各种植物中，如谷类种子、大豆、豌豆、马铃薯中，以大豆中的含量最高，可破坏叶绿素和胡萝卜素。叶绿素酶存在于植物和含叶绿素的微生物，它水解叶绿素产生植醇和脱植醇基叶绿素。多酚氧化酶又称为酪氨酸酶、多酚酶、酚酶、儿茶酚氧化酶、甲酚酶和儿茶酚酶，它主要存在于植物、动物和一些微生物(主要是霉菌)中，催化食品的褐变反应。

(2) 内源酶对食品风味的影响

在食品保藏期间由于酶的作用会导致不良风味的形成。例如，有些食品材料，如青刀豆、豌豆、玉米和花椰菜因热烫处理的条件不当，在随后的保藏期间会形成显著的不良风味。脂肪氧合酶的作用是青刀豆和玉米产生不良风味的主要原因，而胱氨酸裂解酶的作用是花椰菜产生不良风味的主要原因。在芥菜和辣根中存在着芥子苷(一类硫代葡萄糖苷)，硫代葡萄糖苷在天然存在的硫代葡萄糖苷酶作用下，导致糖苷配基的裂解和分子重排，生成的产物中异硫氰酸酯是含硫的挥发性化合物，它与葱的风味有关。未经热烫的冷冻蔬菜所具有的不良风味被认为是与酶的活力有关，这些酶包括过氧化物酶、脂肪氧合酶、过氧化氢酶等。

(3) 内源酶对食品质地的影响

质地是决定食品质量的一个非常重要的指标。食品的质地主要取决于所含有的一些复杂的大分子物质，如果胶、纤维素、半纤维素、淀粉、木质素、脂肪、蛋白质等。果胶存在于植物细胞壁和细胞内层，大量存在于柑橘、柠檬、柚子等果皮中。果胶甲酯酶可水解果胶物质生成果胶酸，Ca^{2+}与果胶酸的羧基发生交联，将提高食品质地的强度。聚半乳糖醛酸酶水解果胶物质分子中的糖苷键，将引起某些食品原料(如番茄)的质地变软。水果和蔬菜中含有少量纤维素，它们的存在影响着细胞的结构。纤维素酶在植物性食品原料软化过程中可能起着重要作用。半纤维素是木糖、阿拉伯糖或木糖、阿拉伯糖及少量其他戊糖和己糖构成的聚合物，存在于高等植物中。戊聚糖酶可水解木聚糖、阿拉伯聚糖和阿拉伯木聚糖，产生相对分子质量较低的化合物，从而影响质地。淀粉是决定食品的黏度和质构的一个主要成分，水解淀粉的淀粉酶存在于动物、高等植物和微生物中，在一些食品原料的成熟、保藏和加工过程中淀粉被降解会影响食品的质地。对于动物性食品原料，决定其质构的生物大分子主要是蛋白质。蛋白质在天然存在的蛋白酶作用下所产生的结构上的改变会导致这些食品原料质构上的变化，如组织蛋白酶存在于动物组织的细胞内，这些蛋白酶透过组织，导致肌肉细胞中的肌原纤维以及胞外结缔组织分解；肌肉钙化中性蛋白酶可能通过分裂特定的肌原纤维蛋白质而影响肉的嫩化；乳蛋白酶是牛乳中的一种碱性丝氨酸蛋白酶，可水解β-酪蛋白产生疏水性更强的γ-酪蛋白，乳蛋白酶将β-酪蛋白转变成γ-酪蛋白这一过程对于各种食品中乳蛋白质的物理性质有着重要的影响。

(4) 内源酶对食品营养价值的影响

有关酶对食品营养品质的影响研究报道相对来说较少。上文提及的脂肪氧合酶氧化不饱和脂肪酸会导致食品中亚油酸、亚麻酸和花生四烯酸这些必需脂肪酸含量的下降。脂肪氧合酶催化多不饱和脂肪酸氧化过程中产生的自由基能降低类胡萝卜素(维生素 A 的前体)、生育酚(维生素 E)、维生素 C 和叶酸在食品中的含量。自由基也会破坏蛋白质中半胱氨酸、酪氨酸、色氨酸和组氨酸残基。在一些蔬菜中抗坏血酸氧化酶会导致抗坏血酸的破坏。硫胺素酶会破坏硫胺素，后者是氨基酸代谢中必需的辅助因子。存在于一些维生素中的核黄素水解酶能降解核黄素。多酚氧化酶引起褐变的同时也降低了蛋白质中有效的赖氨酸量。

综上所述，可以看出食品原料中的内源酶对其贮藏和加工性能有着很大的影响。有些是有利的影响，可通过适当的条件来加强这些酶的作用；有些是不利的影响，需设法对酶的作用进行抑制或消除。

1.3.2　外源酶对食品工业的重要性

外源酶并非存在于作为食品加工原料的生物体内。外源酶有两个来源：一是来源于食品中存在的微生物；二是来源于人为添加的酶制剂。

存在于食品中的微生物的生长繁殖给食品的成分和性质带来广泛而又深刻的变化，这些变化都是在微生物分泌的各种酶的作用下发生的。有些微生物分泌的各种酶可将食品中蛋白质水解成多肽和氨基酸，并能进一步将氨基酸分解生成氨、酮酸、胺、吲哚和硫化氢等物质，而引起食品的腐败变质。但是，也有些微生物在食品或食品原料中生长繁殖，通过它们分泌的各种酶的作用以及代谢产物可以改善原有的营养成分、风味和质构，如发酵食品中所用的微生物。

采用适当的理化方法将酶从生物组织或细胞以及微生物发酵物中提取出来，加工成为具有一定纯度及活力标准的生化制剂，称为酶制剂。早期的酶制剂生产多数是从动物脏器和高等植物种子、果实中提取的。随着酶制剂应用范围的日益扩大，单纯依靠动植物来源是不能满足工业需要的，所以人们逐步把注意力转向以微生物开辟酶制剂的来源上。微生物种类繁多，酶的品种齐全。现已知一切动植物细胞中存在的酶几乎都能够从微生物细胞中找到。微生物具有生长繁殖快，生活周期短，产量高，不受季节、地区的限制；微生物培养简单易行、生产规模可大可小；微生物容易变异，可采取遗传工程、细胞工程、基因工程等技术进行菌种选育和代谢控制来提高产酶量、培育新酶种，目前已成为酶制剂的主要来源。

酶制剂应用于食品中可起到多方面的作用：①有利于食品的保藏，防止食品腐败变质。例如，目前与甘氨酸配合使用的溶菌酶制剂，应用于面食、水产、熟食及冰激凌等食品的防腐；溶菌酶用于 pH 6.0~7.5 的饮料和果汁的防腐；乳制品保鲜，新鲜牛乳中含有 0.13 mg/mL 的溶菌酶，人乳中含量为 40 mg/mL，在鲜乳或奶粉中加入一定量溶菌酶，不但可起到防腐作用，而且有强化作用，增进婴儿健康。②改善食品色、香、味、形和质地。例如，花青素酶用于葡萄酒生产，起到脱色作用；复合蛋白酶嫩化肌肉，使肉食品鲜嫩可口；在肉类香精生产中常用的风味酶就是一种复合酶，使最终反应达到风味化要求。③保持或提高食品的营养价值。通过多种蛋白酶的作用生产多功能肽及各种氨基酸已经是营养保健行业常见的加工方法。④增加食品的品种和方便性。例如，用纤维素酶及果胶酶处理过的槟榔，使硬组织软化，方便食用，提高适口性，更便于咀嚼；为儿童提供各种酶解后的动、植物天然食品，通过纤维素酶、果胶酶、蛋白酶等多种酶作用，去除不易吸收的成分，提高营养价值，更适合婴幼儿的营养吸收。⑤有利于食品加工操作，适应生产的机械化和自动化。单宁酶消除多酚类物质，去除涩味并消除其形成的沉淀。蛋白酶用于饼干减筋，生产酥性饼干。纤维素酶、果胶酶常用于榨果汁、豆油等对于原料的前处理，通过对果胶和纤维素的降解来解决加工难度，提高出油、出汁率。⑥专一性生产加工需求。最典型的就是成熟的酶法淀粉深加工、酶法肉类提取物及酶法酵母提取物的大规模生产。由淀粉酶、蛋白酶、各种转化酶等组成的专一性酶解技术使这些农副产品深加工得以实现，并产生高附加值的食品原料。⑦去除食品中的不利成分。双乙酰还原酶去除啤酒中的双乙酰。过氧化氢酶去除牛乳中的过氧化氢。柚苷酶用于柑橘汁的脱苦。⑧保护食品中的有效成分，稳定食品体系。过氧化氢酶、葡萄糖氧化酶合用，用于稳定柑橘萜烯类物质。β-半乳糖苷酶用于牛乳中，预防粒状结构；冷冻时稳定蛋白质；提高炼乳稳定性。⑨提高食品的价值。脂肪酶、酯酶、磷脂酶等用于酯交换反应，从低价值的原料中制造高价值的三酰甘油酯或功能脂质。

在当代食品工业中使用酶制剂的目的是使食品达到最佳的质感，使原料得到最大限度的利用，以获得符合人们愿望的美学和营养学特性。酶制剂为食品工业提供了一条新的发展途径，为食品的色、香、味增色，并提供了富有营养的新产品。目前，酶制剂已应用于食品工业的各个领域：①制糖工业。淀粉糖工业是食品酶制剂应用的最主要领域，生产过程所用食品酶占酶制剂市场的75%左右。目前淀粉糖生产中使用的酶制剂主要有α-淀粉酶、β-淀粉酶、葡萄糖淀粉酶、普鲁兰酶、异淀粉酶、环糊精葡萄糖基转移酶、转葡萄糖苷酶和葡萄糖异构酶等。②油脂工业。例如，在油脂压榨时采用纤维素酶、半纤维素酶、果胶酶和蛋白酶共同水解种子的细胞壁、类脂体及其复合体，使油脂从复合体中释放出来，能够显著提高油脂压榨的得率。脂肪酶可以催化脂肪酸与甘油酯化合成甘油三酯，从而达到油脂脱酸的目的。③肉制品工业。在肉制品加工业中，酶制剂能够用于改善组织结构、嫩化肉类和转化低值蛋白质等。例如，蛋白酶能够部分水解胶原蛋白，从而起到嫩化肉类的效果。γ-谷氨酰胺转氨酶能够催化蛋白质分子内或分子间的氨基发生转移，使蛋白质发生聚合或交联，交联后的蛋白质其胶凝性、持水性、水溶性、塑性、稳定性等均会得到改善。④乳制品工业。乳品工业中应用到的酶制剂主要有凝乳酶、乳糖酶(半乳糖苷酶)、脂肪酶等，主要用于干酪、婴儿奶粉、低乳糖乳品、黄油增香等方面。⑤粮食制品加工业。在面制食品中添加不同的酶制剂能够明显改善产品的品质。如在制作馒头的面团中添加木聚糖酶不仅能够提高馒头的比容和高径比、增加白度，而且还能够延缓馒头的老化。焙烤食品是食品酶应用发展重要方向，面包加工中添加α-淀粉酶、木聚糖酶、脂肪酶或葡萄糖氧化酶能够起到改善面团的加工特性和稳定性、改善面包瓤的组织结构和增大面包比容的效果。⑥饮料及果蔬制品加工业。如茶饮料加工中加入单宁酶防止“冷后浑”。咖啡的提取液或浓缩液中，加入半乳甘露聚糖酶，使半乳甘露聚糖分解，可减少咖啡的“粗糙感”。在啤酒发酵中，加入α-乙酰乳酸脱羧酶使α-乙酰乳酸转变为乙偶姻，可促进啤酒成熟，缩短发酵周期，大大节约能耗。在果蔬汁加工中，水解酶和氧化还原酶是应用最广泛的提高产品感官特性与增加产量的酶类，主要包括果胶酶、纤维素酶、淀粉酶、漆酶、葡萄糖氧化酶、β-葡萄糖苷酶、柚苷酶等。⑦其他工业。例如，食品添加剂甜味剂、香精香料的酶催化制备；酶在食品分析检测中的应用；酶在食品副产物加工中的应用等。

1.4 酶制剂工业的发展概况

1.4.1 国外酶制剂工业发展概况

酶作为商品生产已有100多年历史，酶的生产是1884年日本人Takamine首先开发的，他在美国生产淀粉酶用于棉布退浆和用作消化剂。此后在欧洲、美国和日本先后建立了一些酶制剂工厂，生产动、植物酶(如胰酶、胃蛋白酶、木瓜酶、麦芽淀粉酶)以及真菌、细菌淀粉酶等少数品种。

到20世纪60年代，随着发酵技术和菌种选育技术的进步，日本酶法生产葡萄糖获得成功，欧洲加酶洗涤剂开始流行，70年代酶法生产果葡糖浆又获成功，带动了淀粉深加工业的兴起，开始大量需要工业酶，使酶制剂工业出现重大转机。80年代以后，遗传工程被广泛用于产酶菌种的改良。

随着分子生物学的诞生、基因工程技术的出现，酶基因的克隆、改造、表达和酶的大规模生产技术得到了革命性的突破，工业酶制剂的种类不断增多，生产成本不断下降，应用领域和规模不断扩大。现在，工业酶的应用已经渗透到食品、化工、医药、饲料、纺织、材料、发酵、能源等各个重大工业领域。

就近年来酶制剂市场在各应用领域分配来说，食品用酶占24%，洗涤剂用酶占33.7%，饲料用酶占9.8%，纺织、制革、毛皮、制浆造纸等其他工业用酶占32.5%。目前已发现的酶有8 000多种，其中已经利用的有200种左右，工业生产的酶约80种，而大量生产的只有40种左右，占已知酶的很小一部分，其中80%为水解酶，而自然界中大量存在的生化反应是氧化还原反应，氧化还原酶的应用有待开发。随着遗传工程的普及，现在工业用微生物酶的80%以上已是用基因改良菌株生产的产品。在世界酶制剂市场上，欧洲占45%、北美占35%、南美占5%、亚洲占15%。不同来源的统计显示，2018年全球工业酶制剂的市场约为55亿~60亿美元，2018—2023年的年平均增长率预计约为4.9%，2023年将增长至70亿美元。目前全世界单纯的酶制剂市场规模虽然只有几十亿美元，但是支撑着其下游数十倍甚至数百倍的工业。

1.4.2 国内酶制剂工业发展概况

我国的酶制剂工业起步于1965年在无锡建立的第一个专业化酶制剂厂，当时总产量只有10 t，品种只有普通淀粉酶。从“六五”到“八五”期间，我国酶制剂产品的生产量以每年20%以上的速度增长，生产规模、产品种类和应用领域逐步扩大。20世纪90年代，我国企业不断深化改革，推动技术进步，通过引进国外先进技术和国际合作，技术水平和设备装备水平有了很大进步，产品品种和质量有了较大提高，取得了可喜的进展，现已有实现工业化生产的酶30多种，还有一些新酶种已完成实验室工作，进入中试或生产型试验阶段。

据行业不完全统计，2000年我国酶制剂产量达30×10^4 t，是1992年的3倍，销售额5.7亿元人民币，只占全球3.8%。2016年我国酶制剂产量已达128×10^4 t，年复合增长率为9.6%。2014年我国酶制剂市场规模占全球的9.4%。2019年的最新统计数字显示，2018年国产酶制剂的产值为33亿人民币，约合5亿美元(按汇率6.7计算)，约占全球市场的10%，产量同比增长4.3%，产值增长10%，未来发展空间广阔。同时，随着我国酶制剂研发水平和发酵工艺水平不断提高，国内许多酶制剂生产企业已经形成相应的自主品牌。部分国内品牌的产品在国际市场上不断获得认可，出口量总体上呈上升趋势。随着我国酶制剂工业的不断发展，产品品质的提升，将进一步增强我国酶制剂企业的国际竞争力。

然而，从世界酶制剂行业来看，我国酶制剂产业总体来说仍处于比较落后的地位。整个行业生产规模小，技术开发力量薄弱，产品单一，结构不合理的问题十分突出。当前，我国酶制剂产业与国外同行业相比存在的主要差距表现为：①技术研究与开发滞后。我国酶制剂工业的发展很大程度上得益于国家对酶制剂科研开发的立项支持和资金投入。长期以来，国家有关部门对酶制剂生产和应用研发的投入累计可达数亿元，对行业的技术进步起到了重要作用。但随着政府机构的改革和企业机制的转变，国家对酶制剂科研的支持力度减弱；同时，酶制剂生产企业规模普遍偏小，没有实力投入科研开发、创建企业研发中心。资金、基地和人才三大断层问题造成国内酶制剂产业的研发实力和水平渐趋下降，使得我国在酶制剂新技术的研究和开发方面后劲不足，落后于世界先进水平。②行业和企业的规模小而分散，市场调控能力弱。我国酶制剂产业的规模及在世界市场上所占份额和我国味精、柠檬酸、抗生素等其他发酵产业相比差距较大。企业基本上是单纯生产型，规模普遍偏小。以销售额计，我国上百家企业生产的酶制剂产品，其市场销售额2018年也仅占全球市场的10%左右，而世界酶制剂市场营业额的90%以上掌握在20多家企业手中。企业规模小，产品的市场覆盖率低，导致企业对市场的调控能力普遍较弱，企业相互间无序的价格竞争使整个行业的经济效益连续下滑，使企业在技术创新、新产品开发、生产设备更新、市场开拓等方面力量不足，严重制约了酶制剂产业的可持续发展。③产品结构不合理、附加值低。目前，国内一半以上的酶制剂厂生产品种单一，部分重要产品在我国甚至尚未投入生产。单一的品种大大限制了酶制剂的应用范围，也严重阻碍了酶制剂工业平衡及进一步的发展。此外，应用领域也相对单一、狭窄，淀粉加工用酶占比高。世界上酶制剂产品剂型以液体酶和颗粒酶为主，产品的技术含量增加，为适应不同的工业过程，产品中添加不同酶制剂或助剂，将单一酶改良为复合酶，提高酶制剂的性能和应用效率。复合酶成为酶制剂的主流，其附加值也更高。由于复合酶的开发必须要以酶制剂的生产和应用的综合技术实力为背景，而国内酶制剂企业在这一方面尚不具备竞争实力，所以表现在大多数产品仍以单一酶为主，技术含量和附加值较低。④应用的深度和广度不够。应用的深度和广度体现在应用技术和应用范围两方面。在国外一些发达国家的酶制剂公司，根据生产的品种相应建立有应用车间，有一批专业人员研究应用技术，根据原料、工艺和装备的情况，通过试验提出相应的应用方法，或将应用单位请来观看应用试验，或到应用厂家现场服务，有一整套应用技术文件。国内在这方面投入不够，生产与应用不稳定。在应用范围方面，主要是酶制剂的品种开发不够，跟不上生产发展的需要。⑤生产效益低、生产量低、质量差。国内酶制剂工厂的酶制剂制造成本占销售额的70%~89%，而国外仅占30%~35%。就产品质量而言，国际上工业酶制剂一般经除菌除渣，产品剂型以液体酶和颗粒酶为主，粉状酶已经淘汰。在我国，液体酶在近几年的时间里才呈现出较快的发展势头，但在颗粒酶方面，其质量要求和国际标准仍然相差较远。

1.5 食品酶的现状及发展趋势

食品工业是关系国际民生的基础工业，随着全球经济的快速发展、民众生活条件的日益改善以及生产制造技术的不断传播，过去50年间食品工业生产规模持续扩大，表现出蓬勃的发展势头。以我国为例，2018年，食品工业完成工业增加值占全国工业增加值比重为10.6%，对全国工业增长贡献率近10.7%，拉动全国工业增长0.7个百分点，高于计算机和通信及其他电子设备制造业、化学原料和化学制品制造业、汽车制造业等新兴产业。食品产业已成为国民经济的重要产业。

酶制剂的工业应用十分广泛，而食品工业是全球工业酶制剂最大的应用领域。根据我国《食品安全国家标准　食品添加剂　食品工业用酶制剂》(GB 1886.174—2016)的规定，食品工业用酶制剂是指："由动物或植物的可食或非可食部分直接提取，或由传统或通过基因修饰的微生物(包括但不限于细菌、放线菌、真菌菌种)发酵、提取制得，用于食品加工，具有特殊催化功能的生物制品。"食品酶制剂可以降低食品工业碳排放、提高产量、减少原料浪费、提升食品质量等。世界食品工业的快速发展，是推动世界食品酶制剂产业持续增长的强大动力。2006年，世界食品酶制剂市场占总酶制剂市场的31%左右，2010年该比例提高到36.5%左右，2020年已超过40%。伴随着中国食品工业的持续、快速发展，中国食品酶制剂市场空间也迅速增长，每年正以15%的速度呈递增趋势。

根据我国《食品安全国家标准　食品添加剂使用标准》(GB 2760—2014)的规定，我国批准使用的食品酶制剂有54种，其中碳水化合物酶类(糖酶)24种、蛋白加工相关酶类15种、脂类加工酶类8种、氧化还原酶类4种、其他酶类3种。而欧洲批准可用于食品的酶类有200多种，即使日本也有80多种。可见，伴随着我国食品工业的快速发展，我国食品酶制剂种类已不能满足食品工业的需要。结合国内外食品工业、食品酶制剂的现状，笔者分析食品酶的未来发展趋势可从以下两个方面进行预判。

(1) 技术层面的发展趋势

①食品酶的发现和评估技术。目前食品酶的发现有两大趋势，一是利用基因组信息进行发掘，选出具有重要应用价值的食品酶基因进行研究；建立极端微生物、不可培养微生物和共生微生物的表达库，通过高通量筛选和评估方法，从建立的表达库中筛选新型食品酶；二是从节能出发，强调常温酶和低温酶的发现，如常温淀粉酶。酶性能评估技术则朝更少量、更高通量发展，如化学工程中的微型反应器等的应用，得到了极大的关注。②食品酶的分子改造技术。近年来，由于计算生物学技术的发展和人们对酶的认识的加深，酶的分子改造开始向"理性"设计回归，结合酶结构与功能的关系，出现了目前流行的介于"定向进化"方法和传统理性设计之间的半随机半理性酶分子设计方法(或称理性进化，rational evolution)，如对有限位点进行组合随机突变的CASTing方法。目的是让试管中酶的人工进化的工作更有针对性，减少筛选工作量，提高效率。这些方法已经从研究机构向工业界渗透。③食品酶的表达和制备技术。目前，国外的食品酶表达体系和制备技术

相对成熟，开发的热点是针对新型极端环境中分离的酶，开发新的重组表达宿主，这包括对已有宿主细胞的基因工程改造，载体控制元件的优化等；同时，在表达宿主中，对目标酶进行分子改造，在保持其生物特性的基础上，增强其表达性能，也取得了初步的成功，如通过分子改造和筛选，能够获得高效分泌表达的胞内酶；发酵过程计算机辅助运行和先进控制系统，解决操作的稳定性问题以及过程放大的问题。④食品酶的应用技术。这主要体现在围绕食品工业不同行业应用的实际需求，对现有酶制剂进行有针对性的改造以提高其应用适应性；开辟食品酶制剂应用的新领域，不断拓宽酶制剂的应用范围。

(2) *产业层面的发展趋势*

①研究开发投入更大，高新技术应用更广。国外酶制剂公司研究开发经费一般占产品销售额的10%~15%。以丹麦的诺维信公司为例，其研发经费达到销售收入的15%左右，从事研发工作的人员占公司总雇员的25%左右。同时，国内外酶制剂公司通过兼并、重组等形式使酶制剂的生产和销售进一步向少数几家大型公司集中。酶制剂工业的发展更趋向垄断化，从而为酶制剂产品的开发积蓄了更加坚实的经济和技术基础。由于经费充足，科研力量雄厚，国内外酶制剂工业已把基因工程、蛋白质工程等现代生物技术用于产酶菌种的改良、新型酶开发。高新技术的广泛应用使国内外酶制剂新产品、新品种不断涌现。②大力研制、开发新酶种和新用途。全世界已发现的酶有 8 000 多种，而大量生产的只有40 种左右，占已知酶的很小一部分，因此不断应用基因工程、蛋白质工程等高新技术，大力研制、开发新酶种和新用途将是国内外酶制剂公司发展的重要内容。③酶制剂的剂型趋向多样化。国内外大型酶制剂公司生产的酶制剂的剂型将不断向多品种、多剂型、功能性、专用性和复合性的多样化方向发展。诺维信公司向中国市场推销的食品用酶制剂的品种和剂型，就有 60 多种，而我国只有 10 多种。例如，高温 α-淀粉酶，我国只有 1~2 个剂型，而诺维信公司可以复配出适合于不同原料、不同用途的品种和剂型达 8 种之多。糖化酶的品种和剂型也有 5~6 种。以果胶酶为主，与纤维素酶、半纤维素酶、木聚糖酶等复配，可以开发出各种专用酶、复合酶达 16 种之多，广泛用于果汁、果浆、果酒等的生产。以中性蛋白酶和碱性蛋白酶为主，与其他的酶一起复配，可以开发出用于蛋白质水解、焙烤食品、酒精和啤酒等工业领域的酶制剂 13 种。国外的酶制剂公司把酶制剂的生产，与酶制剂品种、剂型的开发，与酶应用领域的开拓紧紧结合在一起，既使酶制剂的生产者赢得了市场和效益，又向酶制剂的使用者提供了廉价、高效的酶制剂产品。

推荐阅读

1. Zeeb B, Mcclements D J, Weiss J. Enzyme-based strategies for structuring foods for improved functionality. Annual Review of Food Science & Technology, 2017, 8(1): 21-34.

该论文重点介绍了近年来酶在食品结构修饰方面的研究进展，特别是食品分散体的界面和/或体积特性，并特别强调了商用酶的研究进展。合理使用影响结构的酶可以使食品制造商生产出具有更好物理、功能、结构和光学性能的食品分散体。

2. Rastogi H, Sugandha B. Future prospectives for enzyme technologies in the food industry. Enzymes in food biotechnology. Academic Press, 2019, 845-860.

在新兴的食品生物技术产业中，从食品制造到食品加工，从商业包装到食品保鲜，酶的利用是提高食品质量的必要条件。随着生物技术应用的最新趋势，酶技术已经发生了彻底的变革，以满足食品工业新的和不断变化的需求。该文重点介绍了酶技术的新领域，这些新领域赋予了这些生物催化剂不同的功能特性。

开放性讨论题

1. 我国酶制剂工业经过几十年的发展已取得了巨大成就，但是，与国外相比还有一定的差距，请结合相关文献阅读，讨论我国酶制剂工业的不足。未来我国酶的基础研究、应用研究方面应着重解决哪些问题？酶制剂企业应怎样担负起我国酶制剂产业振兴的责任？

2. 从本章的学习可以看出，酶可以应用于食品工业的不同领域、起到不同的作用，试结合食品加工业的现状、食品工业的发展趋势，讨论未来酶在食品中应用的新领域、新场景。

思考题

1. 简述酶的概念及酶的化学本质。
2. 食品酶学的概念及其主要研究内容？
3. 简述酶学发展史上一些代表性的事件及其历史意义。
4. 内源酶对食品有哪些影响？
5. 酶应用于食品有哪些作用？

第 2 章　酶学基础

导　语

生命体在活动过程中伴随着数以万计的化学反应，而化学反应的发生离不开酶的参与，几乎所有生命体的化学反应都是在酶的催化下进行的。本章主要介绍酶学的基础知识，重点介绍酶的组成和结构、酶的系统分类和命名、酶的催化特点、酶的催化作用机制等方面内容，为深入学习和掌握酶的应用知识奠定基础。

通过本章的学习可以掌握以下知识：

❖ 酶的组成和结构；

❖ 酶的编号和命名规则；

❖ 酶的国际系统分类；

❖ 酶的催化特点；

❖ 酶的催化机制。

知识导图

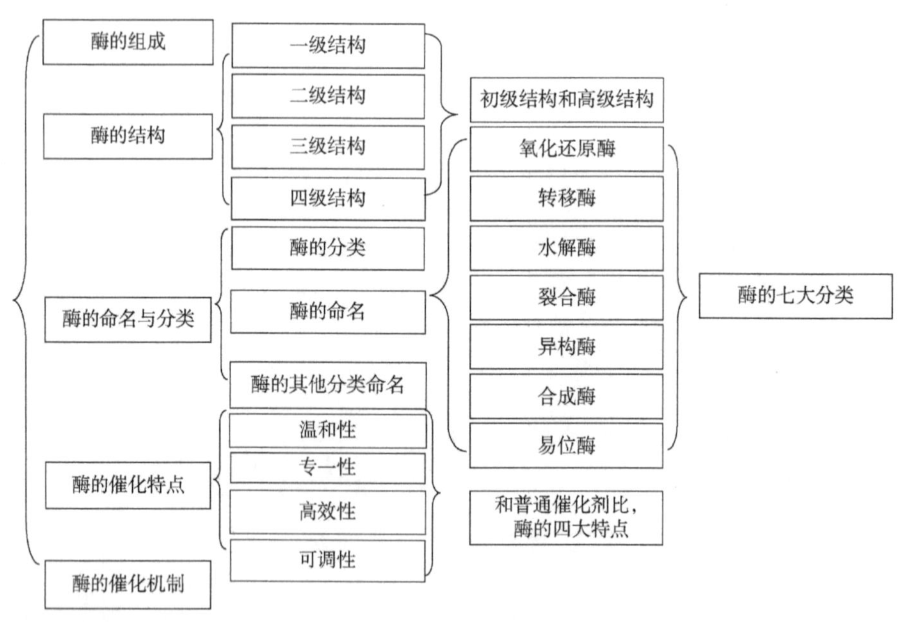

关键词

肽链　辅酶　辅因子　亚基　系统命名　习惯命名　氧化还原酶　转移酶　水解酶　裂合酶　异构酶　合成酶　易位酶　胞内酶　胞外酶　结构酶　诱导酶　单体酶　寡聚酶　同工酶　别构酶　修饰酶　温和性　专一性　高效性　可调性　活性中心　锁钥学说　诱导契合学说　活化能　过渡态

本章重点

❖ 酶的组成与结构；
❖ 酶的分类与命名；
❖ 酶催化的特点与机制。

本章难点

❖ 酶的催化特点；
❖ 酶的催化机制。

2.1　酶的组成

2.1.1　肽链结构

目前，除了某些具有催化活性的 RNA 和 DNA 外，酶的化学本质均是蛋白质，酶的组成和蛋白质也相似。作为一类具有催化功能的蛋白质，与其他蛋白质一样，是由 20 种氨基酸组成，一个氨基酸残基的 α-羧基与另一个氨基酸残基的 α-氨基之间可以形成酰胺键，即肽键。多个肽键连接的氨基酸形成的长链大分子称为多肽链。有的酶只有一条多肽链，如核糖核酸酶、胃蛋白酶等；有的酶是由两条或两条以上的多肽链组成，如谷氨酸脱氢酶由 6 条多肽链组成。多肽链的结构如图 2-1 所示。

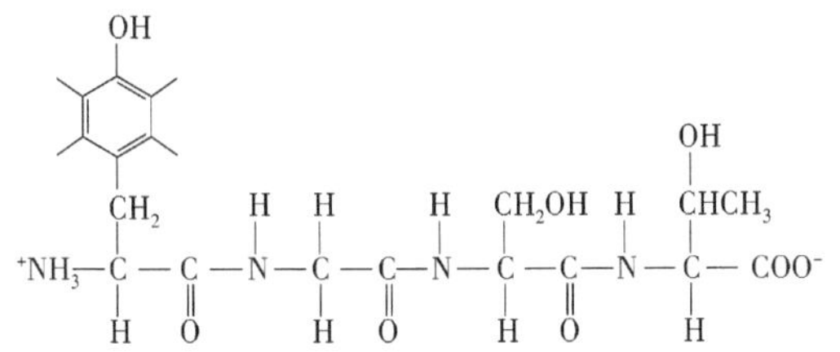

图 2-1　多肽链结构示意图

2.1.2　辅酶和辅因子

从化学组成来看，酶可以分为两类，即单纯酶和结合酶。一般的水解酶类属于单纯酶类，这类酶是由氨基酸组成的肽链，不含其他成分，如脲酶、溶菌酶、脂肪酶和核糖核酸酶等。结合酶是指有些酶的组成除了包含蛋白质之外，还含有非蛋白质部分，如金属离子、铁卟啉或含 B 族维生素的小分子有机物，非蛋白部分通常称为“辅因子”(cofactor)。这类酶在发生催化反应时，两种组成成分单独存在不能发挥其催化功能，只有蛋白质部分和非蛋白质部分结合成全酶(holoenzyme)才能发挥催化功能。根据辅因子与酶蛋白结合的紧密程度，可将辅因子分为两类，即辅酶(coenzyme)和辅基(prosthetic group)。常见酶的辅因子包括金属离子(如 Fe^{2+}、Zn^{2+}、Fe^{3+}、Mn^{2+}等)及有机小分子化合物，有的酶需要其中的一种，有的酶两者都需要。一般来说，如果辅因子与酶蛋白通过共价键相连，不易用透析或超滤等方法除去的辅因子称为辅基，如核黄素-5-磷酸(FMN)辅基等；如果辅因子与酶蛋白以非共价键相连，可以用透析或超滤等方法除去的辅因子称为辅酶，如辅酶Q、辅酶A等。辅酶和辅基两者之间没有严格的界线，人们通常将辅酶和辅基统称为辅酶。大多数辅酶为核苷酸、维生素或它们的衍生物。常见的辅酶有辅酶A(CoA)、NAD^+、$NADP^+$、FAD、四氢叶酸、维生素、生物素、磷酸吡哆醇、磷酸吡哆醛等。

酶蛋白决定了反应的专一性，每一种酶蛋白往往只能与特定的辅酶结合才能使酶具有活性，否则不具有活性。如谷氨酸脱氢酶需要辅酶Ⅰ才能具有活力，而存在辅酶Ⅱ就失去活力。虽然酶的种类有很多，但辅因子的种类并不是很多，同一种辅因子往往可以与多种不同的酶蛋白结合而表现出多种不同的催化作用。如3-磷酸甘油醛脱氢酶和乳酸脱氢酶都需要辅酶Ⅰ，但各自催化不同的底物脱氢。辅酶或辅基在酶催化中通常起传递电子、原子或某些化学基团的作用，决定了反应性质。大约25%的酶在催化过程中需要金属离子的参与，而在催化过程中酶中的金属离子有多方面功能，有的是在氧化还原反应中传递电子；有的是酶活性中心的组成成分；有的可能在维持酶分子的构象上起作用；有的可能作为桥梁使酶与底物相连接。表2-1为一些常见酶及其金属辅助因子。

表2-1 酶及其金属辅助因子

含有或需要金属离子的酶	金属辅助因子
过氧化氢酶	Fe^{2+}或Fe^{3+}(在卟啉环中)
过氧化物酶	Fe^{2+}或Fe^{3+}(在卟啉环中)
细胞色素氧化酶	Fe^{2+}或Fe^{3+}(在卟啉环中)、Cu^+或Cu^{2+}
琥珀酸脱氢酶	Fe^{2+}或Fe^{3+}(还需要FAD)
铁黄素蛋白	Fe^{3+}
固氮酶	Fe^{2+}、Mo^{2+}
Mn-超氧化物歧化酶	Mn^{3+}
精氨酸酶	Mn^{2+}
丙酮酸羧化酶	Mn^{2+}、Zn^{2+}(还需要生物素)
磷酸酯水解酶类	Mg^{2+}
Ⅱ型限制性核酸内切酶	Mg^{2+}
磷酸转移酶	Mg^{2+}、Zn^{2+}
碳酸酐酶	Zn^{2+}
漆酶	Cu^+或Cu^{2+}
酪氨酸酶	Cu^+或Cu^{2+}
抗坏血酸氧化酶	Cu^+或Cu^{2+}
丙酮酸磷酸激酶	K^+(也需要Mg^{2+})
金属氨肽酶	Zn^{2+}、Mn^{2+}
磷脂酶A2	Ca^{2+}、Zn^{2+}
磷脂酰胆碱特异性磷脂酶C	Zn^{2+}
金属内肽酶类	Zn^{2+}
金属羧肽酶类	Zn^{2+}

2.2　酶的结构

酶的化学本质是蛋白质，因此它也具有一级、二级、三级，乃至四级结构。酶的催化活性是由自身蛋白质构象的完整性所决定的，当某种酶被变性或解离成亚基时，酶就会失去活性或活性降低。因此，酶的空间结构对其催化活性有着重要的作用。图2-2显示了酶蛋白的结构组成示意图。

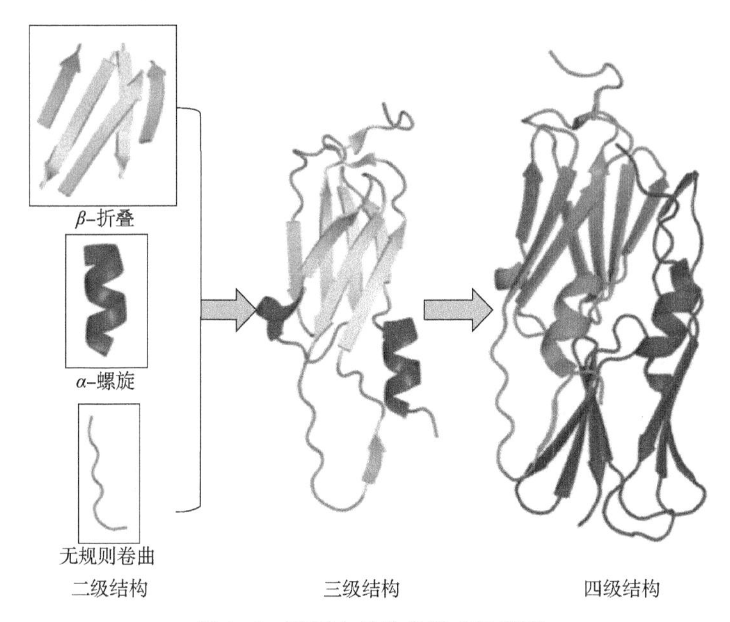

图2-2　酶蛋白的结构组成示意图

酶的一级结构是酶分子多肽链共价主链的氨基酸排列顺序。酶蛋白的一级结构决定了各种侧链之间的各种相互作用，包括疏水键、氢键、离子键、二硫键、配位键、范德华力等。酶的一级结构是酶的基本化学结构，决定了酶的空间结构，也是催化功能的基础。

酶蛋白在一级结构的基础上进一步盘旋、折叠形成的具有催化活性的空间结构，称为酶的高级结构。

酶的二级结构是指多肽链骨架相邻区域借助氢键等沿轴向方向形成的规则重复的构象，但并不包括与肽链其他区段的相互关系及侧链构象。典型的二级结构主要有：α-螺旋(α-helix)、β-折叠(β-sheet)、β-转角(β-turn)、无规则卷曲(loop)等，其中氢键是稳定二级结构的主要作用力。

酶的三级结构又称为亚基(subunit)，是具有二级结构的肽链进一步折叠和盘绕形成的特定的球状分子构象。三级结构主要是靠氨基酸侧链之间的疏水相互作用、氢键、范德华力和静电相互作用来维持。酶的三级结构具有以下特征：①由多种二级结构单元构成；②结构表现为紧密的三维球状空间结构；③结构形成过程中，疏水区是指疏水侧链主要埋藏在分子内部的位置，亲水区则是指极性侧链暴露在分子表面的位置；④酶分子表面内陷孔穴的疏水区往往是酶的活性部位，赋予酶以催化活性和专一性特征。

酶的四级结构是指由几个到十几个亚基(或单体)组成的寡聚酶或生物大分子。同时，寡聚酶中各亚基三维构象也不相同，对酶的四级结构进行分析时通常不考虑亚基的内部几何形状。疏水键、共价键、离子键、氢键和范德华力是维持酶蛋白四级结构的作用力。其中，疏水键是维持酶蛋白四级结构的主要作用力，氢键、范德华力起次要作用。

2.3 酶的命名与分类

2.3.1 酶的命名

目前，常见酶的命名方法有系统命名法和习惯命名法两种。

2.3.1.1 系统命名法

按照国际系统命名法，其命名原则如下：

① 酶的系统名称由两部分构成。前面是指底物名，如果底物之一是水时，可以将水略去不写，如果底物是由两个以上物质组成则都应该写上，并用“:”分开。后面是指所催化的反应名称。例如，脂肪酶的系统名称为脂肪：水解酶；谷丙转氨酶的系统名称为丙氨酸：α-酮戊二酸氨基转移酶。

② 无论酶催化的是正反应还是逆反应，只能用同一名称表示。当酶催化的只有一个方向或只有一个方向的反应有生化重要性时，只能以此方向来命名。有时在命名时也根据习惯命名。例如，在包含 NAD^+ 和 NADH 相互转化的所有反应中（$DH_2^+ + NAD^+ \rightleftharpoons D + NADH + H^+$），习惯上都命名为 DH_2^+：NAD^+氧化还原酶，而不采用其反方向命名。

除了上面提到的命名规则，各大类酶在命名时还有一些特殊的命名规则，如氧化还原酶往往可命名为供体：受体氧化还原酶；转移酶为供体：受体被转移基团转移酶等。

系统命名法中每一个具体的酶都有一个 4 位数的编号。以醇脱氢酶为例，其系统命名的编号为 EC1.1.1.1，其中 EC 代表国际酶学委员会（Enzyme Committee，EC），第一个“1”代表该酶属于第一大类酶，即氧化还原酶，第二个“1”代表该酶属于该大类酶中的第一亚类，EC1.1 说明该酶以醇类作为催化反应的供体，作用于醇分子上的 CH—OH 键，第三个“1”表示该酶所属的亚亚类，EC1.1.1 说明该酶以 NAD^+或 $NADP^+$作为催化反应的受体，第四个“1”表示该酶在亚亚类中占有的位置，EC1.1.1.1 说明该酶是醇脱氢酶。由这 4 个数字就可以确定到具体的某一个酶了。

2.3.1.2 习惯命名法

利用系统命名法所得酶的名称相对较长，在书写和使用时非常不方便。因此，目前人们最常用的还是酶的习惯名称。酶的习惯命名没有相对统一的规则，常见的习惯命名原则有：

① 根据作用的底物来命名，如催化淀粉水解的淀粉酶、催化蛋白质水解的蛋白酶等。

② 根据反应的性质和类型来命名，如氧化酶、脱氢酶等。

③ 根据酶作用的底物和反应的类型来命名，如乳酸脱氢酶、谷草转氨酶等。

④ 根据酶的来源和酶反应的产物来命名，如胰蛋白酶、木瓜蛋白酶等。

2.3.2 酶的分类

2018 年，国际酶学委员会根据酶催化反应类型和作用的底物，将酶分为氧化还原酶类、转移酶类、水解酶类、裂合酶类、异构酶类、合成酶类(或连接酶)、易位酶类七大类。

2.3.2.1　氧化还原酶类

氧化还原酶类(oxidoreductases)指催化底物进行氧化还原反应的酶类，是一种可以将电子从一个分子(即还原剂，又称氢受体或电子供体)上转移至另一个分子(即氧化剂，又称氢供体或电子受体)上的酶。这类酶在体内参与氧化产能、解毒和某些生理活性物质的合成，在生命过程中起着重要的作用。在生产实践中，该类酶的应用也十分广泛。在国际分类系统中，根据其作用供体的不同，将其详细划分为 23 个亚类。而按照习惯分类法，通常将其粗略划分为 4 个亚类：

(1) 脱氢酶

脱氢酶是指催化底物脱氢的酶，其催化反应方程式可表示为：$AH_2+B \rightleftharpoons A+BH_2$，其中 AH_2是氢供体，B 是氢受体。例如，醇脱氢酶属于脱氢酶类，是在酵母菌培养发酵时催化乙醛加氢生成乙醇的酶。此外，常见的脱氢酶还有乳酸脱氢酶，可以使乳酸脱氢生成丙酮酸(图 2-3)，是参与糖酵解反应的重要酶类，广泛存在于各器官、组织中。乳酸脱氢酶还可以在医学上用于诊断疾病，当人患肝炎、癌症、心肌梗死时，乳酸脱氢酶活性呈现上升的趋势。

$$\underset{\text{乳酸}}{HO{-}\overset{\displaystyle CH_3}{\underset{\displaystyle COOH}{C}}{-}H} + NAD^+ \xrightleftharpoons{\text{乳酸脱氢酶}} \underset{\text{丙酮酸}}{\overset{\displaystyle CH_3}{\underset{\displaystyle COOH}{C}}{=}O} + NAD + H^+$$

图 2-3　乳酸脱氢酶催化乳酸氧化生成丙酮酸

(2) 氧化酶

催化的氧化反应是将分子氧作为直接电子受体，催化底物脱氢，脱下的氢再与氧结合生成水或过氧化氢。它又可以分成两类：第一类是需氧脱氢酶类，其催化反应方程式可表示为：$A_2H+O_2 \rightleftharpoons A+H_2O_2$，如葡萄糖氧化酶，它能催化葡萄糖氧化变成葡萄糖酸，并产生过氧化氢。在制作罐头时，可以用葡萄糖氧化酶使罐头瓶里的氧气变成过氧化氢，延长罐头的保存时间。第二类是催化底物脱氢并氧化生成水的酶类，其催化反应方程式可表示为：$2A_2H+O_2 \rightleftharpoons 2A+2H_2O$，如在动植物中分布较广的多酚氧化酶。生活中，我们都见到过这样的现象：苹果切开放置一段时间，其切面上会出现褐色，这就是多酚氧化酶氧化反应的结果。

(3) 过氧化物酶

这类酶是以 H_2O_2等作为氧化剂催化氧化还原反应的酶。该类酶在高等生物的过氧化物酶体中存在，通常负责 H_2O_2和过氧化物的分解转化，如各种过氧化物酶和过氧化氢酶。

(4) 氧合酶

氧合酶是指催化氧原子直接插入有机分子的酶，如儿茶酚、1,2-双氧合酶等。

2.3.2.2　转移酶类

转移酶类(transferases)指能催化底物之间进行某些基团的转移或交换的酶类，其催化反应方程式可表示为：$A{-}R+C \rightleftharpoons A+C{-}R$。国际系统分类法中提到转移酶类包括 10 个亚类，分别是一碳基转移酶、酮醛基转移酶、酰基转移酶、糖苷基转移酶、烃基转移酶、含氮基转移酶、含磷基转移酶和含硫基团转移酶等。如转移氨基的天冬氨酸转氨酶，它能把天冬氨酸上的氨基转移到酮基戊二酸上，使酮基戊二酸变成草酰乙酸，天冬氨酸变为谷氨酸(图 2-4)。转磷酸基的己糖激酶，能把磷酸基转到葡萄糖分子上，使葡萄糖磷酸化，而 ATP 转变成 ADP，同时释放能量，供机体利用。转移酶参与机体的核酸、蛋白质、糖类及脂肪等的代谢，对核苷酸、核酸、氨基酸、蛋白质等的生物合成有重要作用，并可为糖、脂肪酸的分解与合成准备各种关键性的中间代谢产物。此外，转移酶类还能催化诸如辅酶、激素和抗生素等生理活性物质的合成与转化。

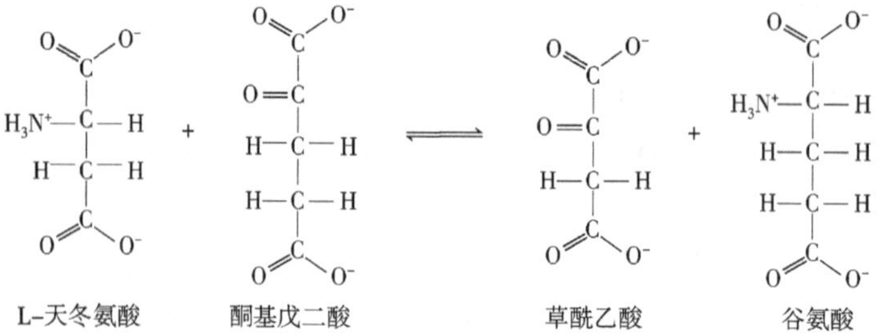

L-天冬氨酸 + 酮基戊二酸 ⇌ 草酰乙酸 + 谷氨酸

图 2-4　天冬氨酸转氨酶催化氨基转移反应

2.3.2.3　水解酶类

水解酶类(hydrolases)是目前应用最广的一类酶，它催化的是水解反应或水解反应的逆反应，其催化反应方程式可表示为：$A-B+H_2O \rightleftharpoons A-H+B-OH$。该类酶可催化水解酯键、硫酯键、糖苷键、肽键、酸酐键等化学键，在体内外起降解作用。常见的有酯酶、淀粉酶、脂肪酶、蛋白酶、糖苷酶、核酸酶、肽酶等。水解酶参与的催化反应一般不需要辅因子的参与。按照反应中催化反应底物的不同，水解酶可具体分为以下几类：

(1) 作用于酯类的酶

如脂肪酶和磷酸酯酶。脂肪酶主要在人体的消化液、植物的种子和多种微生物中分布。在工业上，添加脂肪酶可以进行油脂改性、羊毛脱脂，在医疗上它可以作为消化剂。在医疗上，磷酸酯酶可用于诊断疾病，如佝偻病、骨软化病、甲状腺功能亢进等病人的血清中碱性磷酸酯酶活性表现出增高的趋势。图 2-5 为磷酸二酯酶催化磷酸二酯水解生成相应磷酸单酯及醇的反应。

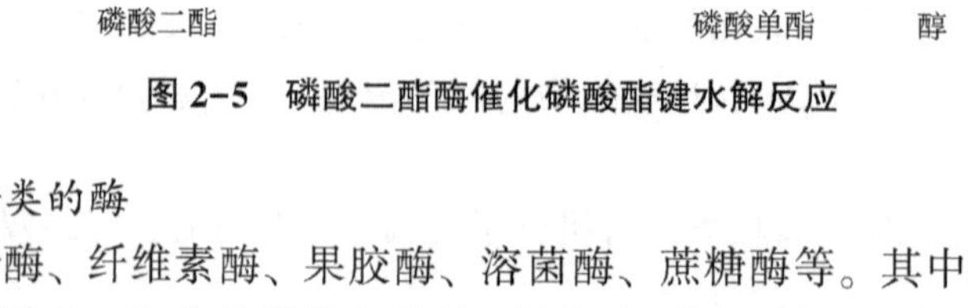

$$R-O-P(=O)(OH)-O-R + H_2O \xrightleftharpoons{\text{磷酸二酯酶}} RO-P(=O)(OH)-OH + ROH$$

磷酸二酯　磷酸单酯　醇

图 2-5　磷酸二酯酶催化磷酸酯键水解反应

(2) 作用于糖类的酶

常见的有淀粉酶、纤维素酶、果胶酶、溶菌酶、蔗糖酶等。其中淀粉酶应用较为广泛，如酿酒业、制饴业、医疗业等都会用到；果胶酶可用于果酒澄清；葡萄糖和果糖的生产中常常加入蔗糖酶；纤维素酶的加入可以使不能消化吸收的纤维素转变成葡萄糖；溶菌酶主要作用是对细菌有较强的杀灭作用，避免食品变质。目前，溶菌酶在食品行业保鲜中已得到广泛的应用。

(3) 作用于蛋白质的酶

比较常见的有胃蛋白酶、胰蛋白酶、木瓜蛋白酶等。蛋白酶在工业领域得到了广泛应用，如可用于皮革脱毛、蚕丝脱胶、制备水解蛋白等；生活中用的加酶洗衣粉中添加有蛋白酶，可用来除去衣物污垢中的蛋白质；在医疗中，蛋白酶可用来治疗消化不良、伤口愈合等；在食品工业中，蛋白酶在面包发酵过程中使面粉中的蛋白质降解为肽、氨基酸，以供给酵母碳源，促进发酵。

2.3.2.4 裂合酶类

裂合酶(lyases)指能催化一个底物分解为两个化合物或两个化合物合成为一个化合物的酶类。其催化反应方程式可表示为：A-B $\rightleftharpoons$ A+B。这类酶能催化底物进行非水解性、非氧化性分解，可脱去底物上某一基团而留下双键，或可相反地在双键处加入某一基团。该酶催化断裂或合成的主要化学键有 C—C、C—N、C—S、C—X(X=F、Cl、Br、I)和 P—O 键等。裂合酶广泛存在于各种生物体中，重要的裂合酶有谷氨酸脱羧酶、草酰乙酸脱羧酶、醛缩酶、烯醇化酶、天冬氨酸酶、顺乌头酸酶等。图 2-6 为醛缩酶催化果糖-1,6-二磷酸生成磷酸二羟丙酮及甘油醛-3-磷酸。

果糖-1,6-二磷酸 $\xrightleftharpoons{醛缩酶}$ 磷酸二羟丙酮 + 甘油醛-3-磷酸

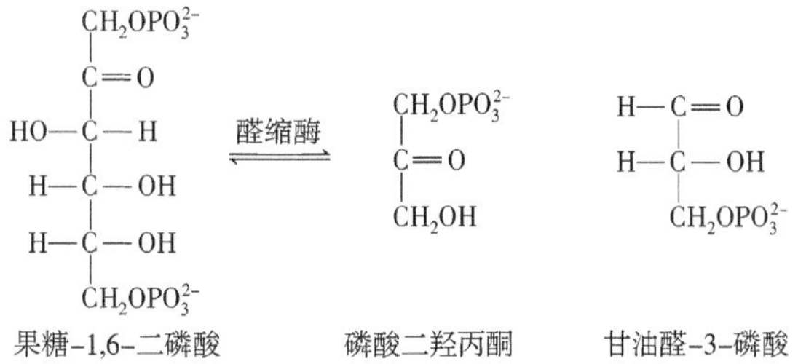

图 2-6　醛缩酶催化果糖-1,6-二磷酸生成磷酸二羟丙酮及甘油醛-3-磷酸

2.3.2.5 异构酶类

异构酶类(isomerases)能催化各种同分异构体之间相互转化，从而进行化合物的外消旋、差向异构、顺反异构、醛酮异构、分子内转移、分子内裂解等反应。异构酶类主要包括消旋酶、差向异构酶、顺反异构酶、醛酮异构酶、分子内转移酶等，为维持生物体正常代谢所必需的一类酶。其催化反应方程式可表示为：A $\rightleftharpoons$ B。典型的如葡萄糖异构酶，它能催化葡萄糖转变成果糖，增加糖的甜度(图 2-7)；磷酸丙糖异构酶作为糖代谢中一种重要的异构酶，它能催化磷酸二羟丙酮和 3-磷酸甘油醛这两种同分异构体的互换。

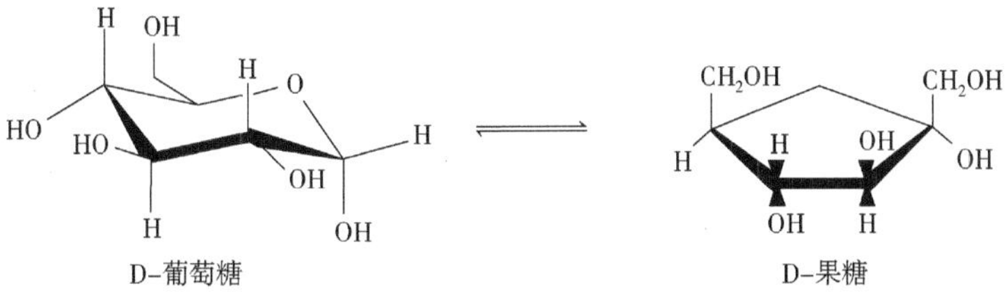

D-葡萄糖 $\rightleftharpoons$ D-果糖

图 2-7　葡萄糖异构酶将葡萄糖异构化产生 D-果糖

2.3.2.6 合成酶类(或连接酶类)

合成酶类(或连接酶类)(synthetases or ligases)能利用三磷酸腺苷(ATP)供能而使两个分子连接的反应，催化反应形成C—O键(与蛋白质合成有关)、C—S键(与脂肪酸合成有关)、C—C键和磷酸酯键等化学键。其催化反应方程式可表示为：$A+B+ATP \rightleftharpoons A-B+ADP+Pi$。这类酶关系到很多重要生命物质的合成，其特点是需要ATP等高能磷酸酯作为结合能源，有的还需金属离子作为辅助因子。在蛋白质合成中起重要作用的氨基酸活化酶就是合成酶类的成员，它能使氨基酸活化，然后和转移核糖核酸(t-RNA)结合在一起，便于t-RNA把氨基酸带到核糖体上进一步合成蛋白质。常见的合成酶还有乙酰辅酶A合成酶、谷氨酰胺合成酶、丙酮酸羧化酶等。图2-8为胞苷三磷酸合成酶催化鸟苷三磷酸(UTP)合成胞苷三磷酸(CTP)的反应。

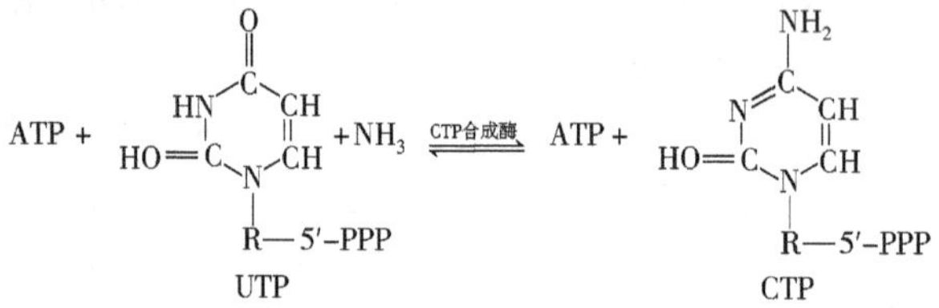

$$ATP + UTP + NH_3 \xrightleftharpoons{CTP合成酶} ATP + CTP$$

(UTP: R—5′-PPP；CTP: R—5′-PPP)

图2-8 胞苷三磷酸合成酶催化鸟苷三磷酸(UTP)合成胞苷三磷酸(CTP)

2.3.2.7 易位酶

国际生物化学与分子生物学联盟(The International Union of Biochemistry and Molecular Biology, IUBMB)在2018年首次提出第七大酶类——转位酶，也称易位酶，系统编号为EC7。易位酶(translocases)定义为催化离子或分子跨膜转运或在细胞膜内易位反应的酶，定义中的易位是指催化细胞膜内的离子或分子从“面1”到“面2”(side 1 to side 2)的反应，以区别于之前所使用的意思并非明确的“入和出”(in and out)或“顺式和反式”(*cis* and *trans*)的说法。但易位酶的具体种类目前尚不清楚，有待修正。根据易位的离子/分子的种类，将易位酶分为6个亚类，见表2-2。

表2-2 常见的6种易位酶亚类

亚类类别	易位的离子/分子
EC 7.1	催化质子的易位
EC 7.2	催化无机阳离子及其螯合物的易位
EC 7.3	催化无机阴离子的易位
EC 7.4	催化氨基酸和肽的易位
EC 7.5	催化糖及其衍生物的易位
EC 7.6	催化其他化合物的易位

2.3.3 酶的其他分类命名

2.3.3.1 胞内酶与胞外酶

按照酶合成后分布位置不同，一般将酶分为胞内酶(intracellular enzyme)和胞外酶(extracellular enzyme)。胞内酶是指合成后仍留在细胞内发挥作用的酶。通过将细胞进行破碎、溶剂提取、分离纯化等步骤的处理可获得纯酶制品。胞内酶根据是否与细胞中的结构相结合分为可溶的胞内酶和不溶的胞内酶，可溶的胞内酶是指酶与细胞中任何特定结构组分没有直接相连接的酶；不溶的胞内酶则指酶与细胞中的某种特定结构成分结合紧密较难与其分开。同时，由于细胞部位的不同和细胞器生物功能的不同，导致酶在细胞内分布的位置也是存在差异性的。如线粒体上主要分布着三羧酸循环酶系和氧化磷酸化酶系，而蛋白质合成的酶系则主要分布在内质网的核糖体上。胞外酶是指在细胞内合成后分泌到细胞外发挥作用的酶。胞外酶一般是以游离状态在细胞质中存在。常见的胞外酶有人和动物的消化液中以及某些细菌所分泌的水解大分子物质的酶，如淀粉酶、蛋白酶和脂肪酶等。

2.3.3.2 结构酶与诱导酶

按照酶合成的方式不同，将酶相对地分为结构酶和诱导酶。结构酶(structural enzyme)也称组成酶，是指在细胞内以恒定速率和恒定数量生成且天然存在的酶，组成酶在细胞内受外界因素的影响较小，含量相对稳定。诱导酶(induced enzyme)指只有加入特定诱导物后才能诱导产生的酶，特定的诱导物可以是酶的底物或底物类似物，诱导酶的含量只有在诱导物存在下才会显著提高。常见的诱导酶有大肠埃希菌分解乳糖的半乳糖苷酶和催化淀粉分解为糊精、麦芽糖等的 α-淀粉酶。如果将能合成 α-淀粉酶的菌种培养在不含淀粉的葡萄糖溶液中，它就不产生 α-淀粉酶，但是如果培养在含淀粉的培养基中，它就会产生 α-淀粉酶。诱导酶的合成除取决于环境中诱导物外，还受基因控制。如果细胞本身不含合成某种酶基因，即便有诱导物存在也不能合成这种酶。因此，诱导酶的合成取决于内因和外因两个方面。诱导酶在生物体需要时合成，不需要时就停止合成。诱导酶的这一特点，既保证了机体新陈代谢的需要，又避免了细胞内物质和能量的浪费，增强了生物体对环境的适应能力。

2.3.3.3 单体酶与寡聚酶

单体酶(monomeric enzyme)是指相对分子质量在13 000~35 000，且只有一条具有三级结构的多肽链的酶类。其特点是不能再解离成更小的亚基单位。单体酶大部分是直接参与催化水解反应的酶，一般不需要辅助因子。常见的蛋白水解酶是单体酶，多以无活性的酶原形式合成，在需要时再水解除去部分肽链转变为有活性的酶。常见的单体酶见表2-3。

表2-3 常见的单体酶

酶	相对分子质量	氨基酸残基数
溶菌酶	14 600	129
核糖核酸酶	13 700	124
木瓜蛋白酶	23 000	203
胰蛋白酶	23 800	223
羧肽酶A	34 600	307

和单体酶相比，寡聚酶(oligomeric enzyme)相对分子质量较大，可以达35 000至几百万，具有四级结构，已知的绝大多数酶是寡聚酶。寡聚酶由几个甚至十几个亚基组成，相连的亚基一般是以非共价键、对称的形式排列的，相连的亚基可以相同，也可以不同，亚基之间也易于分开。根据亚基上相连的基团不同可以将亚基分为结合基团和催化基团，相连的亚基有结合基团的称为结合亚基，相连的亚基有催化基团的称为催化亚基。若组成寡

聚酶是相同的亚基，寡聚酶中有的酶是多催化部位酶，每个亚基上都有一个特定的催化部位，一个底物与酶的一个亚基在特定部位的结合对其他亚基与底物的结合和解离都没有影响。常见的寡聚酶见表 2-4。

表 2-4 常见的寡聚酶

酶	亚基		相对分子质量
	数目	相对分子质量	
磷酸化酶 A	4	92 500	370 000
醛缩酶	4	40 000	16 000
3-磷酸甘油醛脱氢酶	2	72 000	140 000
烯醇化酶	2	41 000	820 000
肌酸激酶	2	4 000	80 000
乳酸脱氢酶	4	35 000	150 000
丙酮酸激酶	4	57 200	237 000

2.3.3.4 同工酶

同工酶(isoenzyme)广义是指生物体内催化相同反应而分子结构不同的酶。按照国际生化联合会所属生化命名委员会的建议，则只把其中因编码基因不同而产生的多种分子结构的酶称为同工酶。同工酶通常是由两种或两种以上的亚基组成的寡聚酶。同工酶蛋白质分子结构不同的这一特点使各同工酶的理化性质、免疫学性质都存在很多差异。同工酶在机体中既分布在不同组织中，又存在于同一细胞的不同亚细胞中。目前发现的同工酶达数百种，其中研究最多的是乳酸脱氢酶(LDH)。LDH 是第一个被发现的同工酶，LDH 在哺乳动物中主要由 H(心肌型)和 M(骨骼肌型)两种亚基，利用电泳法可以将 LDH 分成 5 种同工酶，即分别是 $LDH_1(H_4)$、$LDH_2(H_3M)$、$LDH_3(H_2M_2)$、$LDH_4(HM_3)$、$LDH_5(M_4)$。LDH 的 5 种同工酶在不同组织或不同细胞器中的分布详见表 2-5。

表 2-5 同工酶的亚单位组成

同工酶	亚单位	分布的主要器官或组织
LDH_1	$HHHH(H_4)$	心肌、肾
LDH_2	$HHHM(H_3M)$	红细胞、心肌
LDH_3	$HHMM(H_2M_2)$	肾上腺、淋巴结、甲状腺等
LDH_4	$HMMM(HM_3)$	骨骼肌
LDH_5	$MMMM(M_4)$	肝、骨骼肌

2.3.3.5 别构酶和修饰酶

别构酶与修饰酶统称为调节酶。调节酶活性的大小对反应进行的速度和代谢的方向都会有影响，因此调节酶又被称为限速酶(关键酶)。别构酶(allosteric enzyme)又称为变构酶，通常是由两个或多个亚基组成的寡聚酶。别构酶分子包括活性中心和别构中心，这两个中心既可能位于同一亚基上，又可能位于不同亚基上，其中活性中心是指与底物结合、催化底物反应的中心。别构中心是指与调节物结合、调节反应速度的中心。别构中心可能存在于同一个亚基的不同部位上，也可能存在于不同的亚基上。别构酶的活性中心是利用酶分子自身构象的变化来影响对底物的结合与催化作用，从而调节酶促反应的速率。

在另一种酶的催化下，有些酶蛋白肽链上的侧链基团可与某种化学基团发生共价结合或解离，从而改变酶的活性，这一调节酶的活性的方式称为酶的共价修饰调节(covalent modification regulation)，这类酶称为修饰酶(modification enzyme)。酶促化学修饰反应一旦发生，就会连续发生，即一种酶在经过化学修饰反应后，被修饰的酶又可以对另一种酶分子进行催化和化学修饰作用，每修饰一次就会产生一次放大效应。因此，极少量的调节因子在一种酶的化学修饰之后就会逐级放大，最终产生显著的生理效应。

最常见的共价修饰是磷酸化修饰，它也是体内重要的调节酶活性的方式之一，主要是指通过蛋白激酶的催化，被修饰酶分子中丝氨酸或酪氨酸侧链上的羟基进行磷酸化，也可通过各种磷酸酶使此类磷酸基团去除，从而形成可逆的共价修饰。

2.4 酶的催化特点

酶作为一种活体细胞产生的生物催化剂，具有一般化学催化剂所具有的特点，如需要量少，提高化学反应速率，反应前后自身没有质和量的改变，能加快反应进程，缩短反应时间，但不能改变反应的平衡点等。同时，酶作为一种特殊的生物催化剂，又有催化反应具有温和性、专一性、高效性和可调性等特点。

2.4.1 酶催化的温和性

一般的非酶催化作用是在高温、高压和极端的pH值条件下发生的，而酶催化作用一般都在常温、常压、pH值近中性的条件下进行，分析其原因，一是由于酶催化作用所需的活化能较低，二是由于酶是具有生物催化功能的生物大分子，在极端的条件下会引起酶的变性而失去其催化功能。酶的催化反应条件比较温和，这是区别于一般催化剂的显著特点之一，它能在接近中性pH值、生物体温、常压下起到催化的作用。因此，在实际工业的生产过程中，常常利用酶的温和性这一特点进行生产操作，酶的添加和使用可以使一些产品的生产免除高温、高压、耐腐蚀的设备，最终达到提高产品的质量、降低原材料和能源的消耗、降低成本等目的。

2.4.2 酶催化的专一性

酶的催化作用具有高度的专一性，是酶最重要的特点之一，也是和一般催化剂最主要的区别。一般的化学催化剂对催化作用没有严格的选择性，如氢离子既可以催化淀粉的水解过程，又可以催化脂肪和蛋白质等物质的水解过程，而酶对其所作用的物质有严格的专一性，酶的专一性表现在，一种酶仅能作用于一种物质或一类结构相似的物质，发生一定的化学反应，而对其他物质没有任何作用，不能发生催化作用，如淀粉酶只能催化淀粉糖苷键的水解，蛋白酶只能催化蛋白质肽键的水解，脂肪酶只能催化脂肪酯键的水解，对其他类物质则没有催化作用。

不同的酶具有不同的性质，它们所表现的专一性也存在一定的差距，有的酶可作用于结构相似的一类物质，有的酶则仅作用于一种物质。根据酶对底物专一程度的不同，酶的专一性可分为结构专一性和立体异构专一性。

2.4.2.1 结构专一性

有些酶对底物的要求非常严格，只作用于一个底物，而不作用于任何其他物质，这种专一性称为绝对专一性(absolute specificity)。例如，脲酶只能催化尿素水解，而对尿素的各种衍生物(如尿素的甲基取代物或氯取代物)不起作用。又如，延胡索酸水化酶只作用于延胡索酸(反丁烯二酸)或苹果酸(逆反应的底物)，而不作用于结构类似的其他化合物。有些类似的化合物只能成为这个酶的竞争性抑制剂或对酶全无影响。此外，麦芽糖酶只作用于麦芽糖，而不作用于其他双糖。

有些酶对底物的要求比上述绝对专一性略低一些，它的作用对象不只是一种底物，这种专一性称为相对专一性。具有相对专一性的酶作用于底物时，对键两端的基团要求的程度不同，对其中一个基团要求严格，对另一个则要求不严格，这种专一性又称为族专一性或基团专一性。例如，α-D-葡萄糖苷酶不但要求α-糖苷键，并且要求α-糖苷键的一端必须有葡萄糖残基，即α-葡萄糖苷，而对键的另一端R基团则要求不严，因此它可催化含有α-葡萄糖苷的蔗糖或麦芽糖水解，但不能使含有β-葡萄糖苷的纤维二糖(葡萄糖-β-1,4-葡萄糖苷)水解。β-D-葡萄糖苷酶则可以水解纤维二糖和其他许多含有β-D-葡萄糖苷的糖，而对这个糖苷则要求不严，可以是直链，也可以是支链，甚至还可以含有芳香族基团，只是水解速度有些不同。

有一些酶，只要求作用于一定的键，而对键两端的基团并无严格的要求，这种专一性是另一种相对专一性，又称为键专一性。这类酶对底物结构的要求最低。例如，酯酶催化酯键的水解，而对底物中的R及R′基团都没有严格的要求，既能催化水解甘油脂类、简单脂类，也能催化丙酰、丁酰胆碱或乙酰胆碱等，只是对于不同的脂类，水解速度有所不同。又如，磷酸酯酶可以水解许多不同的磷酸酯。其他还有水解糖苷键的糖苷酶，水解肽键的某些蛋白水解酶等。

2.4.2.2 立体异构专一性

(1) 旋光异构专一性

当底物具有旋光异构体时，酶只能作用于其中的一种，这种对于旋光异构体底物的高度专一性是立体异构专一性中的一种，称为旋光异构专一性，它是酶反应中相当普遍的现象。例如，L-氨基酸氧化酶只能催化L-氨基酸氧化，而对D-氨基酸无作用。生物体中天然的D-氨基酸很少，它只能被D-氨基酸氧化酶催化，而不受L-氨基酸氧化酶的作用。又如，胰蛋白酶只作用于与L-氨基酸有关的肽键及酯键，而乳酸脱氢酶对L-乳酸是专一的，谷氨酸脱氢酶对于L-谷氨酸是专一的，β-葡萄糖氧化酶能将β-D-葡萄糖转变为葡萄糖酸，而对α-D-葡萄糖不起作用。

(2) 几何异构专一性

有的酶具有几何异构专一性，如前面提到过的延胡索酸水化酶，只能催化延胡索酸即反-丁烯二酸水合成苹果酸，或催化逆反应生成反-丁烯二酸；而不能催化顺-丁烯二酸的水合作用，也不能催化逆反应生成顺-丁烯二酸。又如，丁二酸脱氢酶只能催化丁二酸

(琥珀酸)脱氢生成反-丁烯二酸或催化逆反应使反-丁烯二酸加氢生成琥珀酸，但不催化顺-丁烯二酸的生成及加氢。

酶的立体异构专一性还表现在能够区分从有机化学观点来看属于对称分子中的两个等同的基团，只催化其中的一个，而不催化另一个。例如，一端由^{14}C标记的甘油，在甘油激酶的催化下可以与ATP作用，仅产生一种标记产物，1-磷酸-甘油。甘油分子中的两个—CH_2OH基团从有机化学观点来看是完全相同的，但是酶却能区分它们。

酶的立体专一性在实践中很有意义，如某些药物只有某一种构型才有生理效用，而有机合成的药物只能是消旋产物，若用酶便可进行不对称合成或不对称拆分。如用乙酰化酶制备L-氨基酸：有机合成的D-氨基酸、L-氨基酸经乙酰化后，再用乙酰化酶处理，这时只有乙酰-L-氨基酸被水解，于是便可将L-氨基酸与乙酰-D-氨基酸分开。

2.4.3　酶催化的高效性

酶的另一突出特点是具有高效性，生物体内进行的各种化学反应几乎都需要酶的参与，可以说，没有酶就没有生命的存在和运转。假若一般催化剂和酶作用于同一化学反应，酶催化反应的速率比一般催化剂要高$10^6 \sim 10^{13}$倍。例如，存在于血液中催化$H_2CO_3 = CO_2+H_2O$的碳酸酐酶，碳酸酐酶是已知的催化反应较快的酶之一，每分钟每分子的碳酸酐酶可催化9.6×10^8个H_2CO_3进行分解，以保证细胞组织中的CO_2迅速通过肺泡及时排除，维持血液的正常pH值，它的速度比非酶催化反应的速度要快10^7倍。由此可见，酶作为一种生物催化剂其催化效率极高。

2.4.4　酶催化的可调性

酶在机体进行物质代谢的过程中不断地进行着自我更新和组分变化，酶在发生催化过程中自身的催化活性极易受到环境条件的影响而改变酶的活性大小，细胞内的代谢过程既相互联系，又错综复杂，生物体之所以能够井然有序地协调运转，是因为机体内本身存在一套相对完整、精细的调控系统。参与调控的最主要的因素是以酶为中心的调节控制。酶的可调性也是酶区别于一般催化剂的重要特征。如果机体一旦发生调节失控就会导致代谢紊乱。酶作用调节的方式主要是通过调节酶的含量和酶的活性来实现的。酶含量的调节主要有两种方式：一种是诱导或抑制酶的合成；一种是调节酶的降解。酶活性调节的方式主要有下列几种方式：酶的可逆共价调节、前馈和反馈作用调节酶活性、激素对酶活性的调节、金属离子和其他小分子化合物的调节、酶的分子修饰对酶活性的影响、抑制剂的调节、酶之间的相互作用等。

2.5　酶的催化机制

2.5.1　酶的活性中心

酶分子中那些与酶活性密切相关的基团称作酶的必需基团(essential group)，而其中只有少数的氨基酸残基能与底物特异性结合并催化底物转变为产物，通常将由这些氨基酸残基形成的与酶催化活性相关的区域称为酶的活性中心(active center)。活性中心内起催化作用的部位称为催化部位或催化位点(active site)，与底物结合的部位称为结合部位或结合位点(binding site)。对于大多数酶来说，催化部位和结合部位都不是只有一个，有时可以有多个。有些酶的结合部位同时兼有催化部位的功能。一般而言，组成酶蛋白的各种氨基酸参与构成活性中心的频率是有区别的。其中，丝氨酸、组氨酸、半胱氨酸、酪氨酸、天冬氨酸、谷氨酸和赖氨酸这 7 种氨基酸参与组成酶活性中心的频率最高。

值得注意的是，在酶蛋白一级结构上氨基酸顺序相近或相距较远的，甚至是在不同肽链上的氨基酸残基都可构成酶的活性中心。例如，组成 α-胰凝乳蛋白酶活性中心的几个氨基酸残基就分别位于 B、C 两条肽链上，依靠酶分子的空间折叠使这些氨基酸残基集中在酶蛋白的特定区域，从而形成催化活性中心，行使酶的催化功能。对于需要辅因子的酶来说，辅因子或它的部分结构也作为酶活性中心的重要组成部分。

酶活性中心外的必需基团虽然不参与催化反应，却是维持酶活性中心空间构象所必需的。构成酶活性中心的各基团在空间构象上的相对位置对酶活性至关重要，而维持酶的活性中心构象则主要依赖于酶分子空间结构的完整性。假如酶分子受变性因素影响导致空间结构的破坏，活性中心构象也会随着发生改变，甚至会因肽链松散而使活性中心各基团分散，导致酶失活。

酶活性中心的催化部位及结合部位空间构象对于酶的底物选择性具有重要影响，尤其是底物结合部位的作用更为明显。以脂肪酶为例，其活性中心通常位于酶的表面空隙或裂缝处，形成促进底物结合的非极性环境。不同类型脂肪酶的底物结合部位结构各异，由此赋予其不同的底物选择性。由于酯类化合物是由脂肪酸和醇脱水缩合形成的，所以脂肪酶底物结合部位具体又包含了脂肪酸结合部位和醇基结合部位。下面列举 4 类代表性脂肪酶及其各自结合部位的结构特征，并以此说明底物结合部位结构与底物选择性之间的关系(图 2-9)。第一类，RmL 类脂肪酶：具有较宽的醇基结合裂缝和相对狭小的脂肪酸结合裂缝。例如，米黑根毛霉脂肪酶(*Rhizomucor miehei* lipase，RML)、疏棉状嗜热丝孢菌脂肪酶(*Thermomyces lanuginosus* lipase，TLL)、尖孢镰刀菌脂肪酶(*Fusarium oxysporum* lipase，FOL)；第二类，CalA 类脂肪酶：具有细长的脂肪酸碳链结合通道和较宽的醇基结合裂缝。例如，南极假丝酵母脂肪酶 A(*Candida antarctica* lipase A，CalA)、粗糙假丝酵母脂肪酶(*Candida rugosa* lipase，CRL)；第三类，CalB 类脂肪酶：具有较宽的脂肪酸结合裂缝和狭小的醇基结合裂缝。例如，南极假丝酵母脂肪酶 B(*Candida antarctica* lipase，CalB)、玉蜀黍黑粉菌脂肪酶 B(*Ustilago maydis* lipase B，UmLB)；第四类，角质酶类：同时具有较宽的醇基结合裂缝和脂肪酸碳链结合裂缝。例如，腐皮镰孢菌角质酶(*Fusarium solani pisi* cutinase，FSC)、特异腐质霉角质酶(*Humicola insolens* cutinase，HIC)。对于由体积较大的醇基碳链组成的酯类底物，RmL 和 CalA 类脂肪酶表现出较高的反应活性；相反的，CalB 类脂肪酶对由体积较大的脂肪酸碳链组成的酯类底物表现出较高活性；而由体积较大的脂肪酸和芳香醇共同组成的酯类底物，只能被 CalB 类脂肪酶的催化活性中心所容纳，从而发生进一步的水解反应。

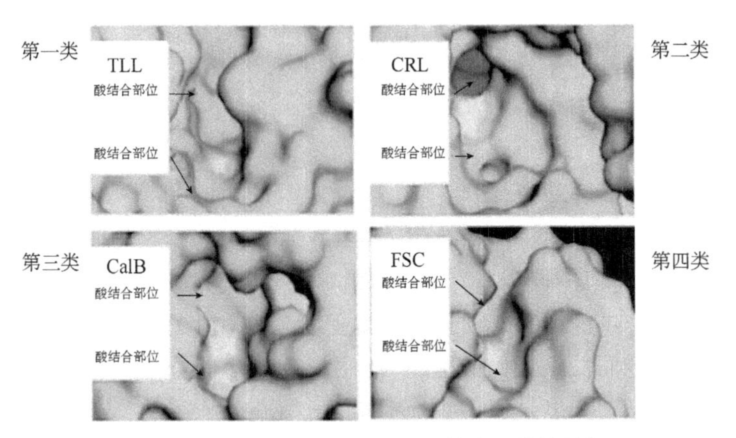

图 2-9 4 种代表性脂肪酶的活性中心结构特征

2.5.2 酶催化专一性机制

酶催化作用的专一性机制有许多学说，主要有锁钥学说和诱导契合学说。这些学说的共同特点是酶催化作用专一性必须通过它的活性中心和底物结合后才能表现出来。在酶的催化活性中心，底物被多重的、弱的作用力结合(静电相互作用力、氢键、范德华力、疏水相互作用力)，在某些情况下甚至被可逆的共价键结合。酶结合底物分子，形成酶-底物复合物(enzyme-substrate complex)。酶活性部位的活性氨基酸残基与底物分子结合，首先将它转变为过渡态，然后生成产物，释放到溶液中。这时游离的酶再与另一分子底物相结合，开始又一轮循环。

2.5.2.1 酶的刚性与锁钥学说

1890 年，德国化学家 E. Fisher 提出锁钥学说来解释酶的专一性机制(图 2-10)。该学说认为酶与底物结合时，酶活性中心的结构与底物的结构必须吻合，只有那些符合这种特征要求的物质，才能作为底物与酶结合。就如同锁与钥匙一样，非常配合地结合形成中间复合物。

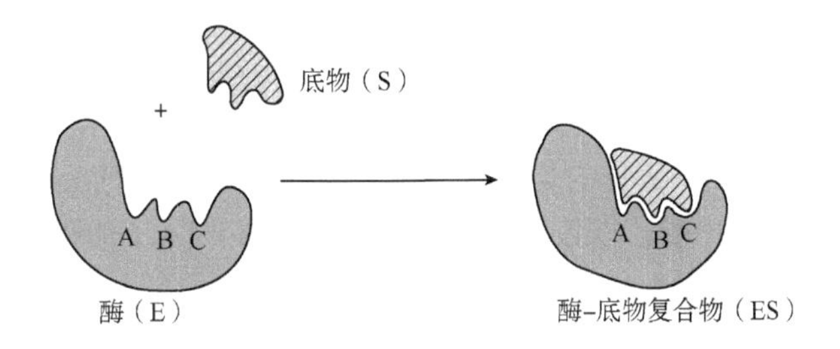

图 2-10 酶的锁钥学说模型

这一学说有相当多的事实支持，如乙酰胆碱酯酶催化乙酰胆碱化合物生成乙酸和胆碱。在该酶促反应中，乙酰胆碱酯酶要求底物中的胆碱氮带正电。据此特点可以推测出该酶分子中至少存在一个阴离子型结合部位与一个酯解部位。事实也的确如此，这两个部位间有严格的距离，胆碱和酰基间多一个或少一个亚甲基的衍生物都不适合用作底物或竞争抑制剂。而符合这种键长、键角要求的化合物却都能与酶结合。

锁钥学说的前提是酶分子具有确定的构象，并具有一定的刚性。但该学说难以解释酶可以催化正逆两个反应。因为产物的形状、结构是与底物完全不同的，这也正是这一学说的局限所在。

2.5.2.2 酶的柔性与诱导契合学说

该学说由 Koshland 于 1958 年提出。依据酶分子的柔性，他认为酶与底物在接触以前两者并不是完全契合的，只有底物与酶分子相碰撞时，才可诱导后者构象改变并与底物配合，形成中间复合物，进而引起底物分子发生化学反应(图 2-11)。即所谓通过诱导，达到酶与底物的完全契合而发生催化作用。

诱导契合学说的主要观点是：①酶分子具有一定的柔性；②酶作用的专一性不仅取决于酶与底物的结合，也取决于酶对底物的催化，取决于催化基团的正确取位。该学说认为酶的催化部位要通过诱导才能形成，这可以很好地解释所谓的无效结合，因为这种物质不能诱导催化部位形成。

诱导契合学说不仅能解释锁钥学说不能解释的实验事实，而且已经通过 X-射线衍射方法获得了溶菌酶、弹性蛋白酶等与底物结合后结构改变的信息，证实了诱导契合学说的可靠性。

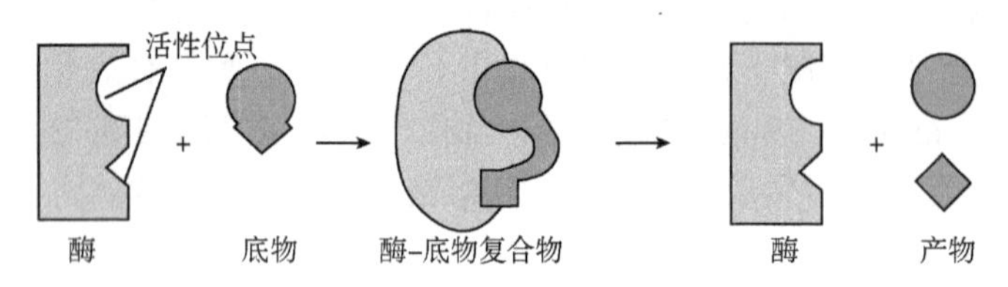

图 2-11 酶的诱导契合学说模型

2.5.3 酶催化作用的本质

2.5.3.1 降低反应活化能

与其他催化剂类似，酶促反应的本质在于降低反应活化能。在任何化学反应中，反应物分子必须超过一定的能域，成为活化状态，才能发生反应，形成产物。这种提高低能分子达到活化状态的能量，称为活化能(activation energy)。活化能是指在一定温度下，1 mol反应物达到活化状态所需要的自由能，单位是焦耳/摩尔(J/mol)。催化剂的作用，主要是降低反应所需的活化能，以致相同的能量能使更多的分子活化，从而加速反应的进行(图 2-12)。例如，过氧化氢的分解反应，在无催化剂时，活化能为 75 kJ/mol，当有过氧化氢酶催化时，活化能下降到 8 kJ/mol。研究发现，能量每降低 5.71 kJ/mol(典型的氢键在水中的能量是 20 kJ/mol)，反应速率就能提升 10 倍。活化能降低 34.25 kJ/mol 将导致反应速率提升 10^6倍。

2.5.3.2 酶催化的中间产物过渡态理论

20 世纪 40 年代，Pauling 把过渡态的概念从化学动力学引入生化领域用以解释酶催化反应的原理，由此产生了酶催化的中间产物过渡态理论。对于酶之所以能降低活化能，加速化学反应，中间产物过渡态理论给出的解释认为，在酶促反应中，酶(E)总是先与底物

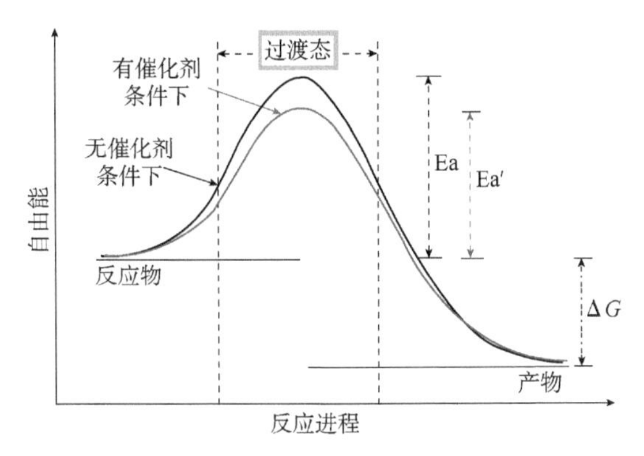

图 2-12　催化过程与非催化过程中活化能的比较

(S)形成不稳定的酶-底物复合物(ES)，再分解成酶(E)和产物(P)。由于 E 与 S 结合，形成 ES，致使 S 分子内的某些化学键发生极化，呈现不稳定状态，称为过渡态(transition state)。任何一个化学反应的进行都必须经过活性中间复合物阶段或者说过渡态阶段，并且反应速度与过渡态底物的浓度成正比。酶的活性中心对过渡态底物有更好的互补性，即酶和过渡态底物有更强的结合力。当底物和酶结合形成过渡态中间产物时，要释放一部分结合能，这部分能量的释放，使得过渡态中间产物处于比 E+S 更低的能级，整个反应的活化能进一步降低，从而大大加快反应速度。因此，在酶的作用下，使得原本的一步反应变成两步反应，而这两步反应所需的活化能都比原来一步反应时候要低很多。

形成过渡态中间产物是酶催化反应的关键。目前，中间产物过渡态理论已得到实验证据支持。例如，用吸收光谱法证明了含铁卟啉的酶，如过氧化物酶催化的反应中，的确有中间产物的形成。因为过氧化物酶的吸收光谱在与过氧化氢作用前后有所改变，说明过氧化物酶与过氧化氢作用后，已经转变成了新的物质。过渡态中间复合物是一种极不稳定的物质，其寿命只有 $10^{-12}\sim10^{-10}$ s，正常情况下很难捕捉到。但通过低温处理，可以使中间复合物的寿命延长至 2 d，有些酶同底物结合的中间复合物甚至可以直接用电镜观察或 X-射线衍射而证实其存在。

推荐阅读

1. Kuah E，Toh S，Yee J，et al. Enzyme mimics：advances and applications. Chemistry - A European Journal，2016，22(25)：8404-8430.

酶是蛋白质或 RNA 已得到广泛认同。但是，近些年来科学家们发现有一些非蛋白质、RNA 类化合物也表现出酶的催化活性，并将其定义为模拟酶或人工酶。除了具有与天然酶相似的催化活性外，模拟酶还具有结构可调、催化效率高、对实验条件的耐受性好、成本低等优点。虽然仍在发展中，但已经取得了令人印象深刻的进展。

2. Bray T，Doig A J，Warwicker J. Sequence and structural features of enzymes and their active sites by EC class. Journal of Molecular Biology，2009，386(5)：1423-1436.

该论文对 294 个酶及其活性位点进行了系统研究，旨在探究酶的结构和功能作用的关系，此工作的开展对于改进酶的设计和从结构上预测蛋白质功能具有重要意义。

开放性讨论题

1. 如何理解酶的结构与功能的关系？
2. 随着科技的不断进步，酶结构的研究得到了快速发展，试讨论酶结构表征的步骤和方法。

思考题

1. 酶是如何进行命名和分类的？
2. 为什么说大多数酶的化学本质是蛋白质？
3. 酶的分子结构组成包括哪些内容？
4. 酶的催化作用有哪些特点？
5. 酶在生物体内有哪些存在形式？各种形式有何特点？
6. 如何理解酶催化的高效性和专一性特点？
7. 简述辅酶和辅基的异同点。它们分别在酶发挥催化功能过程中所起的作用是什么？

第3章　酶的来源与生产

导　语

酶来自生物体，动物、植物、微生物都能在一定的条件下产生多种多样的酶。早期的酶主要由动、植物体中提取得到，但以动、植物为酶源受到许多因素制约，如地理位置、季节、气候、生长周期等。19世纪末，研究者利用米曲霉固体发酵生产淀粉酶为微生物发酵产酶奠定了基础；20世纪50年代，Earle等开始进行病毒疫苗的培养，揭开了动物细胞培养的序幕；1902年，Haberlandt首次提出分离植物单细胞并将其培养成植株的设想。经过预先设计，通过人工控制，利用细胞(包括微生物细胞、植物细胞和动物细胞)生命活动生产人们所需要的酶的技术过程，即为酶的发酵生产。一个多世纪以来，酶的发酵生产取得了举世瞩目的成就，已经成为获得酶制剂的最主要的方式。

通过本章的学习可以掌握以下知识：

❖ 酶的来源；

❖ 酶的生产方式；

❖ 产酶微生物的筛选与选育；

❖ 基因工程菌的构建方式；

❖ 微生物产酶的生产工艺及发酵策略。

知识导图

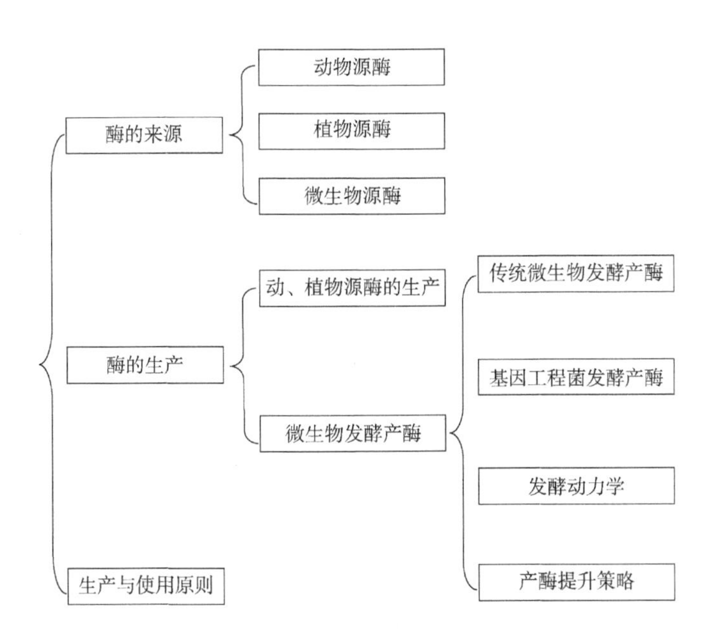

关键词

来源　微生物筛选　菌种选育　基因工程菌　克隆　宏基因组　虚拟筛选　功能筛选　极端酶　表达系统　食品级表达系统　工程菌构建　发酵动力学　酶合成模式　发酵生产　工艺控制

本章重点

❖ 产酶微生物的筛选与选育；
❖ 基因工程菌的构建方法；
❖ 酶发酵生产工艺及提升策略；
❖ 提高酶产量的方法。

本章难点

❖ 酶基因的发掘方式；
❖ 各种表达系统的理解；
❖ 酶的发酵动力学。

3.1 酶的来源

3.1.1 动物源酶

动物细胞内含有丰富的酶，如哺乳动物细胞就含有几千种酶，包括胞内酶和胞外酶。其中，胞内酶有的溶解于细胞质，有的与各种膜结构结合在一起，还有的定位于细胞内特定的位置(如细胞器内)；胞外酶是在细胞内合成后分泌于细胞外的酶，主要用于营养物质的分解吸收等。

早期动物源酶被广泛用于食品的生产，如来源于牛或猪胰脏的胰蛋白酶，可以水解蛋白质，被用于生产增强食品风味的蛋白质水解物；来源于牛皱胃的凝乳酶和胃蛋白酶可以水解 κ-酪蛋白，因此在干酪制作中用于牛乳的凝结；来源于羊羔食道、牛犊皱胃、猪胰脏的脂肪酶或酯酶能够催化甘油三酯(脂肪)的水解，从而增强干酪产品的风味，也可通过酯交换反应来改变油脂性质。

3.1.2 植物源酶

植物源酶是指来源于植物组织的酶，在食品加工领域具有广泛的应用。来源于大麦、小麦等谷物种子的 α-淀粉酶可将淀粉水解为寡糖，因而被用于以淀粉为原料的食品生产，如啤酒酿造、面包焙烤等；来源于甘薯的 β-淀粉酶也能够水解淀粉，产物为麦芽糖，因此可用于高麦芽糖浆的生产；来源于木瓜、菠萝、无花果等植物果实的蛋白酶是水解蛋白质尤其是肌肉组织、结缔组织中蛋白质的有力工具，在肉类嫩化、防止啤酒冷浑浊等方面具有重要应用；来源于大豆的脂肪氧合酶可以氧化面粉中的不饱和脂肪酸，用于面包面团的改良。

3.1.3　微生物源酶

自然界中的微生物资源非常丰富，从适宜的生存环境到高温、高压、高盐等极端环境都有微生物的存在，且每种微生物体内都富含酶，因此微生物是酶最主要的来源。如枯草芽孢杆菌是生产 α-淀粉酶、蛋白酶、β-葡聚糖酶、碱性磷酸酶等酶制剂的重要菌株，用于啤酒酿造等领域；黑曲霉和米曲霉细胞内含有大量的糖化酶、酸性蛋白酶、果胶酶、葡萄糖氧化酶等，是制酱、酿酒、制醋的主要菌种；木霉细胞内能够合成大量的纤维素酶，是果汁加工、油料作物榨油等过程的重要微生物；乳酸菌富含乳糖酶，可用于将食物中的乳糖降解为葡萄糖和半乳糖，从而解除乳糖不耐症。

3.2　动、植物源酶的生产

酶来自生物体，动物、植物和微生物都能够产酶。动、植物源酶的生产，是指通过特定技术构建产酶特性优良的动、植物细胞，进而在人工控制条件的反应器中培养，经过提取、分离纯化从而获得酶的过程。早期的酶制剂主要从动、植物体中提取，但动、植物原料一般生长周期长，且受到地理、气候、季节等因素的影响，难以大规模化工业生产。

3.2.1　动物源酶的生产

20 世纪 50 年代，Earle 等开始进行病毒疫苗的培养，揭开了动物细胞培养的序幕。随后开发的微载体技术及杂交瘤技术，有力地推动了动物细胞培养技术的发展。目前，动物细胞培养在生产单克隆抗体、干扰素、细胞生长因子、病毒表面抗原等领域已经取得突破性进展，在产酶方面的研究相对较少。

3.2.2　植物源酶的生产

1902 年，Haberlandt 首次提出分离植物单细胞并将其培养成植株的设想，启发了人们通过植物细胞培养进行所需物质的生产。近年来利用植物细胞培养产酶的研究取得重要进展，木瓜蛋白酶、β-半乳糖苷酶、过氧化物酶、漆酶等多种酶已经实现了在植物细胞中的生产。

3.2.2.1　植物细胞培养方式

植物细胞培养包括外植体准备、细胞获取、细胞培养、分离纯化、产物获得几个阶段。首先选取生长力旺盛的植物组织（如根、茎、叶、芽、花、果实、种子等），经清洗、切块、消毒处理；随后通过直接分离、愈伤组织诱导、原生质体再生等方法获取植物细胞；进而在无菌条件下转入新鲜培养基，进行悬浮细胞培养，获得所需的产物酶；最后收集细胞，并采用各种生化分离技术，从细胞或培养液中将各种物质分离，获得所需纯酶。

3.2.2.2　植物细胞培养条件控制

培养基：植物细胞的生长和代谢需要无机氮源（硝酸盐、铵盐等）、碳源（一般为蔗糖）、大量的无机盐、维生素和生长激素等。其中无机盐对植物细胞生长有重要影响，除了 P、S、K、Ca、Mg 等大量元素外，还需要 Mn、Zn、Co、Cu、Mo 等微量元素。

温度：植物细胞培养的温度一般控制在 25 ℃左右。通常温度升高有利于植物细胞生长，温度降低有利于次级代谢物的积累。有些植物细胞的最适生长温度和最适产酶温度不同，需要在不同阶段控制不同的温度。

pH 值：植物细胞的培养液一般控制在 pH 5~6 的微酸性范围内。在植物细胞培养过程中，pH 值的变化不大。

光照：光照对植物细胞的生长和代谢至关重要。大多数植物细胞要求一定波长的光照射，并对光照时间和强度有特定的要求。有些植物细胞的次级代谢物合成甚至会受到光的抑制，因此，培养过程中，应根据植物细胞的特性对光照进行调节和控制。

溶解氧：植物细胞对氧需求量少，过多的氧反而带来不利影响，因此植物细胞培养过程中，通风和搅拌不能太强烈。

3.3 传统微生物发酵产酶

1894 年日本学者高峰让吉首次利用米曲霉固体发酵生产淀粉酶作为消化剂，随后 1917 年法国人 Boidin 和 Effront 以枯草杆菌生产淀粉酶用于织物退浆，为微生物产酶奠定了基础；1949 年日本采用液体深层发酵法制备淀粉酶，使酶制剂生产进入了规模化、工业化时代。目前酶制剂的生产主要依赖于微生物发酵。微生物产酶具有如下优点：

① 微生物种类多，酶种丰富，产酶量高，几乎所有的动、植物源酶种都存在于微生物细胞中。

② 微生物生长周期短，繁殖速度快，易保藏。

③ 微生物易培养，且培养基来源广泛，价格便宜。

④ 微生物易诱变，易基因操作，适宜菌种选育，有利于新酶开发及酶产率提升。

⑤ 微生物发酵产酶过程易操作控制，利用现代发酵技术可连续化、自动化、规模化生产。

⑥ 微生物菌体易分离，所分泌的酶易提取。

3.3.1 产酶微生物的筛选

尽管微生物产酶具有诸多优势，但并非所有微生物都可以生产符合应用需求的酶，因此优良产酶菌株的获得是微生物发酵产酶的前提和基础。除了产酶量高之外，优良的产酶菌株还需具备原料利用率高、非致病性、产酶稳定性好、不易退化等特点。主要的产酶菌株见表 3-1。

表 3-1 主要产酶微生物菌株

微生物类别	菌名	酶类	用途
细菌	枯草芽孢杆菌	淀粉酶	制糖
	地衣芽孢杆菌	耐热淀粉酶	啤酒酿造
	短小芽孢杆菌	碱性蛋白酶	酱油酿造
	耐热解蛋白芽孢杆菌	中性蛋白酶	肉制品嫩化
	乳酸菌	乳糖酶	乳制品生产

（续）

微生物类别	菌名	酶类	用途
霉菌	黑曲霉	葡萄糖淀粉酶	啤酒酿造、制糖
	米曲霉	酸性蛋白酶	制醋
	青霉	葡聚糖氧化酶	食品保鲜
	木霉	纤维素酶	燃料乙醇
	根霉	葡萄糖淀粉酶	制糖、酿酒
	毛霉	蛋白酶、葡萄糖淀粉酶	酿造工业
放线菌	链霉菌	青霉素酰化酶	抗生素生产
酵母菌	酿酒酵母	醇脱氢酶	啤酒酿造
	假丝酵母	脂肪酶	油脂加工

人们所需的酶及其产酶微生物一般都可以在自然界中找到，因而从自然界中筛选产酶微生物是一项最基本、最重要的工作。产酶微生物筛选的主要步骤包括：标本采集—“富集”预处理—菌种分离—菌种初筛—菌种复筛—性能鉴定—菌种保藏。

① 标本采集：根据目的酶的特点，在相应环境条件下，如特定 pH 值、温度、压力、盐度、富含底物等环境，采集土样、水样的标本。

② “富集”预处理：采集样本后，进行“富集”预处理，投其所好，取其所抗，如使用高选择性培养基培养一段时间可提高目标菌种的数量，使用高温、高压等培养条件能够杀死不耐该环境的菌种。

③ 菌种分离：一般采用平板分离法，即将含菌样品适当稀释后涂布琼脂平板，一定温度下培养 1~5 d 至形成单菌落。细菌培养时间短，通常为 1~2 d，真菌培养时间长，通常为 3~5 d。

④ 菌种初筛：采用快捷、简便的方法从已分离的菌种中选出产酶菌种，通常选用显色培养基或透明圈法，如针对胞外水解酶的产生菌，将相应底物结合颜色指示剂加入培养基中，通过有无水解圈及水解圈大小进行初筛(图 3-1、图 3-2)，初筛菌种以量为主。

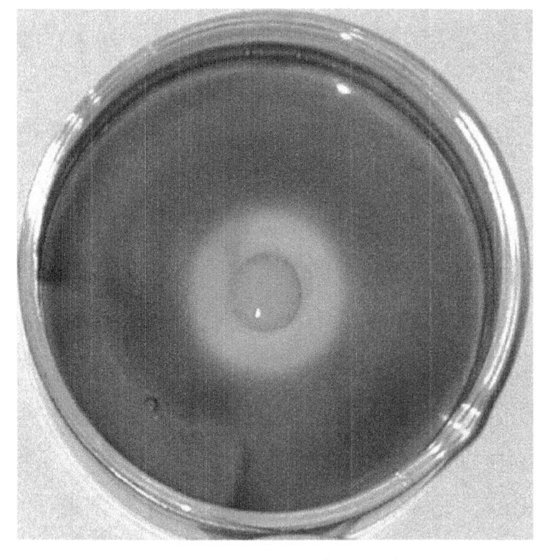

图 3-1　产淀粉酶菌株的筛选

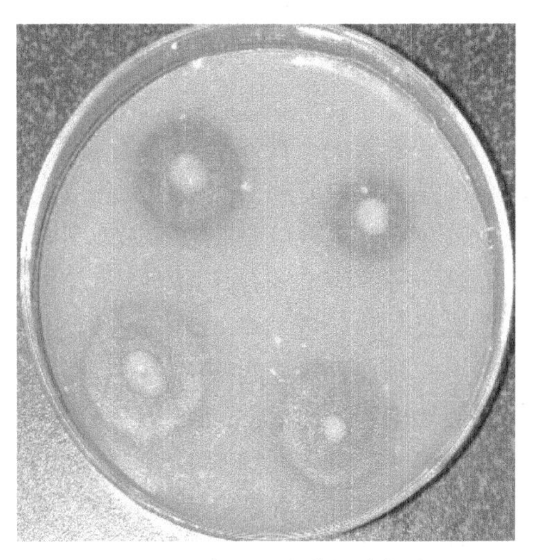

图 3-2　产蛋白酶菌株的筛选

⑤ 菌种复筛：由于水解圈大小并不完全与产酶能力一致，且有些产酶菌株的筛选无法通过显色培养基进行，为此，需要对菌种进行复筛。复筛时将分离出的单菌落进行培养，并相对准确可靠地测定其酶活力。通过增加复筛次数，可提高其酶活测定的精确性。复筛选出产酶水平相对较高的菌株，以质为主。

⑥ 性能鉴定：针对复筛后的菌种，进一步对其菌种属性、酶学性质、有无毒性等特性进行鉴定并记录。

⑦ 菌种保藏：将复筛及性能鉴定后的菌种保藏，原则为选用优良的纯种，在其休眠体(芽孢、分生孢子等)状态下保藏于生长代谢缓慢、不易突变的环境。常用的保藏方法有冷冻干燥法、液氮超低温保藏法、石蜡保藏法、沙管土壤保藏法等。

3.3.2 产酶微生物的优良菌种选育

从自然界中直接筛选的产酶微生物往往难以达到优良产酶菌的要求，因此人们常辅以诱变、育种等方式，提高菌种的产酶能力。

3.3.2.1 诱变育种

通过物理、化学因素促进产酶菌基因突变，从而筛选优良菌种。诱变是提高菌株产酶水平的重要手段。

(1) 物理诱变法

主要通过紫外线、电离辐射(X-射线、γ-射线)、电磁辐射(微波)、激光等方式进行菌种诱变。

紫外线处理的有效波长为200~300 nm，最适为254 nm(此为核酸的吸收高峰)。DNA和RNA的嘌呤和嘧啶吸收紫外光后，分子形成嘧啶二聚体，引起双链结构扭曲变形，阻碍碱基间的正常配对，从而有可能引起突变或死亡。另外，二聚体的形成，会妨碍双链的解开，因而影响DNA的复制和转录。

电离辐射如X-射线、γ-射线是电离生物学上应用最广泛的电离射线之一，具有很高的能量，能产生电离作用，可以直接或间接地改变DNA结构。其直接效应是可以氧化DNA的碱基，或者DNA中的化学键，其间接效应是能使水或有机分子产生自由基，这些自由基可以与细胞中的溶质分子发生化学变化，如巯基的氧化等，导致DNA分子的缺失或损伤。

电磁辐射属于一种低能电磁辐射，具有较强生物效应的频率在300 MHz~300 GHz，对生物体具有热效应和非热效应。热效应是指它能引起生物体局部温度上升，从而引起生理生化反应；非热效应是指在微波作用下，生物体会产生非温度关联的各种生理生化反应。在这两种效应的综合作用下，生物体会产生一系列突变效应。

激光是一种光量子流，又称光微粒。激光辐射可以通过产生光、热、压力和电磁场效应的综合应用，直接或间接的影响有机体，引起细胞染色体畸变效应、酶的激活或钝化、细胞分裂和细胞代谢活动的改变等。光量子对细胞内含物中的任何物质一旦发生作用，都可能导致生物有机体在细胞学和遗传学特性上发生变异。

航天育种也称空间诱变育种，是利用高空气球、返回式卫星、飞船等航天器将种子、组织、器官、菌种或生命个体搭载到宇宙空间，利用空间辐射、交变磁场、超真空环境、微重力等因素的交互作用导致生物系统遗传物质的损伤，使生物发生突变、染色体畸变、发育异常等现象。

(2) 化学诱变法

利用化学物质提高生物的自然突变率。

烷化剂：能与一个或多个核酸碱基反应，引起 DNA 复制时碱基配对的转换或 DNA 键的断裂、碱基缺失等而发生遗传变异，常用的烷化剂有甲基磺酸乙酯、亚硝基胍、乙烯亚胺、硫酸二乙酯等。

碱基类似物：碱基类似物分子结构类似天然碱基，可以掺入到 DNA 分子中导致其复制时产生错配，mRNA 转录紊乱，功能蛋白重组，表型改变。毒性相对较小，但负诱变率很高，往往不易得到好的突变体。主要有 5-氟尿嘧啶、5-溴尿嘧啶、6-氯嘌呤等。

无机化合物：诱变效果一般，危险性较小。常用的有氯化锂、亚硝酸等。亚硝酸能使嘌呤或嘧啶脱氨，改变核酸结构和性质，造成 DNA 复制紊乱。亚硝酸还能造成 DNA 双链间的交联而引起遗传效应。叠氮化钠(NaN_3)是一种呼吸抑制剂，能引起基因突变，可获得较高的突变频率，而且无残毒。

(3) 复合诱变

诱变剂的复合处理常有一定的协同效应，增强诱变效果，其突变率普遍比单独处理的高，这对育种很有意义。复合处理有几类：同一种诱变剂的重复使用，两种或多种诱变剂先后使用，两种或多种诱变剂同时使用。一般野生型菌株对诱变因素较敏感，容易发生(多轮)变异，而经过长期驯化筛选获得的菌株往往细胞壁(膜)较厚，对诱变因素不敏感，因此需要通过复合诱变，叠加突变效果，积累更多的变异。

3.3.2.2　原生质体融合育种

将两个亲株的细胞壁分别通过酶解作用加以剥除，使其在高渗环境中释放出只有原生质膜包被着的球状原生质体，然后将两个亲株的原生质体在高渗条件下混合，由聚乙二醇助融，使它们相互凝集，两个原生质体接触融合成为异核体，经过繁殖复制进一步核融合，形成杂合二倍体，再经过染色体交换产生重组体，达到基因重组的目的，最后对重组体进行生产性能、生理生化和遗传特性的分析。

3.3.2.3　基因工程育种

在分子水平上对基因进行操作，是将外源基因通过体外重组后导入受体细胞内，使这个基因能在受体细胞内复制、转录、翻译表达的操作。它是用人为的方法将所需要的某一供体生物的遗传物质——DNA 大分子(如某个酶的基因)提取出来，在离体条件下用适当的工具酶进行切割后，把它与作为载体的 DNA 分子连接起来，然后与载体一起导入某一更易生长、繁殖的受体细胞中，以让外源基因在其中“安家落户”，进行正常的复制和表达，从而获得新物种。

3.4　基因工程菌发酵产酶

基因工程菌发酵产酶，是指将目的基因导入特定菌体内使其表达，产生所需要的酶。其核心技术包括酶基因的获得、表达系统的构建、发酵条件的优化等。

3.4.1 酶基因的获得

3.4.1.1 传统方法

从自然界筛选优良的产酶生物，从中找到特性优良的酶，并发掘酶的编码基因是获得酶基因的主要方式。由于自然界的微生物资源非常丰富，且微生物是酶的主要来源，因此从微生物中克隆酶基因是最有效的方法。一般步骤为：菌种筛选—基因组抽提—引物设计—获得部分保守序列—染色体步移获得全长序列—序列分析(图 3-3 显示的是 α-淀粉酶的基因获取的一般步骤)。

菌种筛选：优良产酶菌种的筛选及选育参考 3.3。

基因组抽提：目前已有多种商业化试剂盒用于原核及真核生物的基因组提取。

引物设计：以相近菌属报道的同种酶基因序列为参考，于保守位点处设计大量简并引物。

保守序列：以基因组为模板，利用简并引物，进行排列组合式的 PCR，PCR 产物测序后与数据库中同种酶基因进行比对，分析获得部分目标序列。

全长基因：以部分保守序列为依据，通过染色体步移的方法得到该酶全长序列，随后进行序列分析，预测内含子(针对真核生物)等。

cDNA 的获取：抽提菌体总 RNA，进行逆转录得到第一链 cDNA，进而通过上述简并引物进行 PCR 反应获得特定酶的 cDNA。

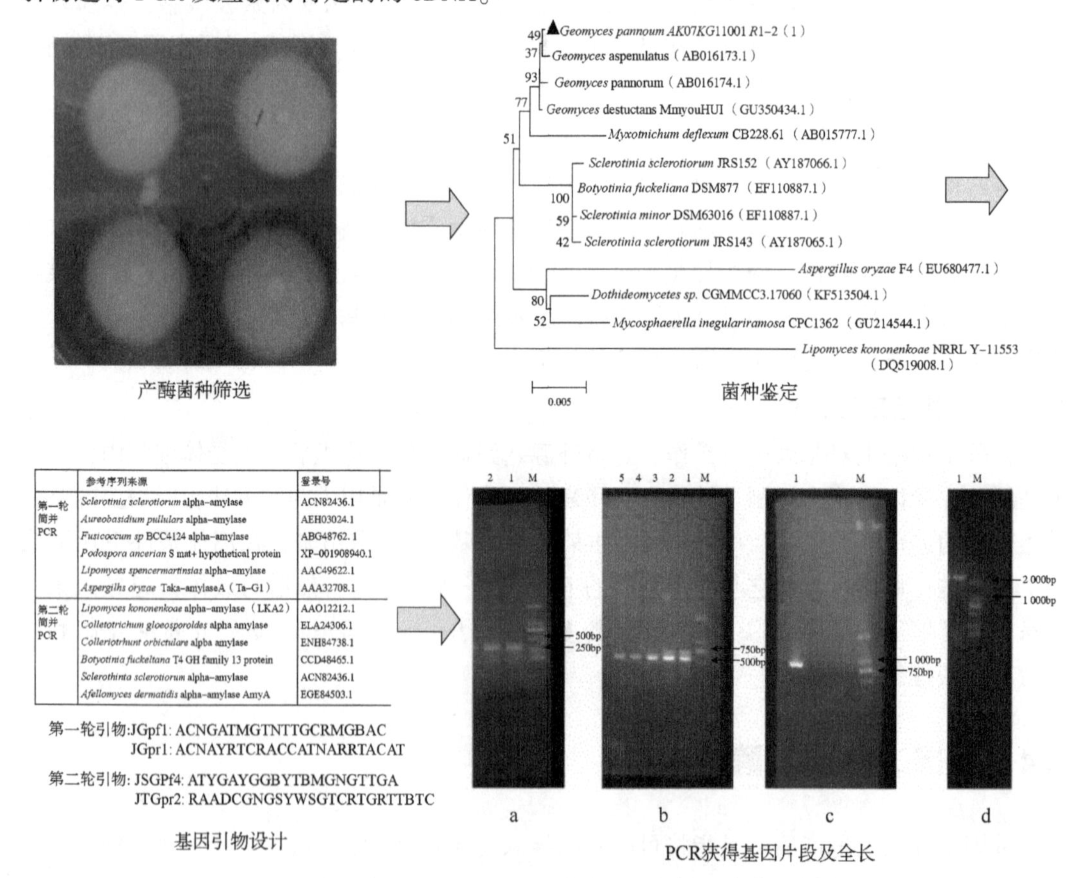

图 3-3 传统 α-淀粉酶的基因获取方法

3.4.1.2　宏基因组法

在自然界中，可培养微生物的数量仅占微生物总量的1%左右，因此很多具有特殊性质的酶基因不能通过传统方法获得。克隆这些酶基因是开发利用这些具有特殊性质酶的必须途径。目前一种可行的方法是宏基因组法，即利用微生物的基因多样性，将环境样本作为整体，并从中获得总 DNA。随后通过构建基因文库或 PCR 等方法来克隆得到新基因。宏基因组法主要依赖于两种策略：基于功能的筛选和基于序列的筛选。

基于功能的筛选：以目标酶的活性作为筛选依据，也称为表型筛选。通过重组克隆所需的特定活性选择特定的培养条件进行单克隆的筛选，从而获得具有新功能、新特征或者新活性的物质。目前使用最广泛的酶活测定方法是采用与底物相关的显色物质或抗生素，这些物质加入培养基中可用于检测具有特定催化功能的克隆。如有报道从森林上层土表样品的环境 DNA 出发构建多源基因文库，通过橄榄油-罗丹明平板显色法，从 33 700 个平均大小为 35 kb 的克隆中筛选得到 6 个新的脂肪酶基因，与已知脂肪酶基因仅有 34%～48%的同源度。另一种酶活检测方法是基于宿主菌株需要特定的互补基因。当酶的底物是菌株生长所必需，且宿主为营养缺陷型菌株时，具有互补能力的基因的插入会使细胞具备利用底物的能力进行生长代谢，从而实现阳性菌株的快速筛选。已有报道利用该方法获得 DNA 聚合酶、醇脱氢酶、β-内酰胺酶等。

基于序列的筛选：以序列的相似度为基础，也被称为序列驱动筛选。该方法根据某些已知基因家族的保守区域设计 PCR 引物或探针，以宏基因组文库为模板，通过 PCR 扩增得到目的阳性单克隆或通过杂交的方法来寻找目标基因。利用这种方法已经发现了许多已知酶的同源蛋白，如有报道根据肽合成酶的氨酰腺苷酸化结构域的保守区设计简并引物进行 PCR 筛选，从 146 株待筛菌株中获得 109 株具有产蓝藻肽潜力的阳性菌株。此外，已知酶的同源基因也可通过与现有的宏基因组学数据库进行序列比对分析获取序列，并通过化学法合成。但基于序列的筛选仅适用于对序列同源性比较高的酶家族的研究。

在应用时，宏基因组法还受到许多因素的影响，包括环境微生物群体自身的复杂性、环境样品的可利用率、被选底物的特性、特定环境中微生物的多样性、研究目的、基因组提取效果、载体和宿主的选择等。

3.4.1.3　基因和蛋白质数据库法

大数据开启了一次重大的时代转型，在生物技术领域，随着测序方法的飞速发展，测序技术成本的大幅下跌，微生物基因、基因组及宏基因组测序非常经济快捷，使得人们迅速获得大量基因序列。根据基因组测序计划统计网站 GOLD 已有超过 8 000 种生物的全基因组完成测序，有超过 30 000 个全基因组测序项目正在进行中，另有 600 余个宏基因组测序项目正在进行或已经完成。美国国家生物技术信息中心（NCBI）登记的基因序列有 1.9 亿条，碱基数量累计超过 2 000 亿对。全基因组鸟枪法测序数据库记录的来自个体和宏基因组的序列已达 3.2 亿条，碱基数量累计 13 000 亿对。Uniprot 数据库中已明确标注功能的蛋白质序列近 60 万条，未标注的蛋白质序列超 5 500 万条。在如此庞大的基因组数据库信息中，包含着海量的酶基因资源，而且其中绝大多数（约 99%）的基因或蛋白序列尚未鉴定功能，是挖掘酶资源的重要途径。此外，Brenda 也是一个公共可访问数据库，通过目标酶的名字、酶学委员会编号（EC）、序列都可以进行搜索。其中包含近 8 000 种酶和超过 270 万个附加酶基因信息的说明，包括酶的各种来源信息、最适温度、最适 pH

值、动力学参数、催化反应以及三维结构的链接，甚至还有已报道的酶突变体等相关信息，并与参考文献相关联。

如何在如此庞大的基因组数据库中迅速鉴别并获得目标酶基因？基于数据库的基因挖掘(genomic mining)是快速、高效的酶基因获取方法。基因挖掘是指根据催化反应的需要，从文献中寻找相关酶的同源基因序列，并以此作为基因探针，在数据库中进行序列比对，筛选获得同源酶的序列信息，进而通过基因克隆(或合成)、异源表达、高通量筛选等步骤最终获得催化性能优良的酶(图3-4)。

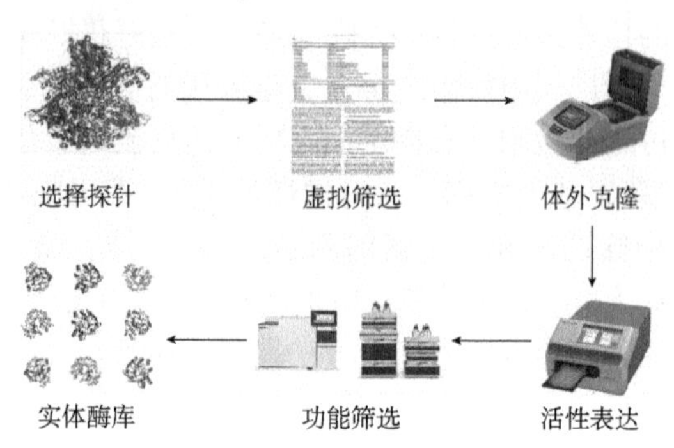

图3-4 基因挖掘获取酶基因流程图

基因挖掘过程主要有以下几种策略：

(1) 从已测序的微生物基因组中挖掘酶基因

随着基因测序技术的飞速发展和成本的迅速降低，已有越来越多的微生物基因组被测序，其中一部分基因的功能已被预测，但未经实验证实。针对这部分基因，可以筛选其中编码目标酶的序列直接进行基因克隆(或合成)，并通过异源表达和活力测定筛选所需的酶；另有大量的序列功能尚未被标注，针对这部分序列，可以通过将其开放阅读框与已报道酶的(保守)序列进行比对分析，从而找到具有潜在功能的目标酶，进而将其基因克隆(或合成)，并异源表达、鉴定活性。

(2) 基于探针酶序列的基因挖掘

基于已有文献报道的催化特定反应的酶的基因序列设计探针，在数据库中进行检索，寻找与探针序列具有一定同源性的候选基因，通过引物设计、PCR扩增、异源表达、活性鉴定筛选所需的目的酶。

(3) 基于序列与结构信息相结合的酶基因挖掘

前两种基因挖掘方法的前提是未知酶的功能已经被预测注释，或者催化特定反应的酶基因序列已经公开报道。但有时挖掘获得的酶无法催化目标底物的转化，或无法达到预期的酶活效果。此时可以将基因挖掘与结构分析等相关信息结合起来，有望提高基因挖掘的效率。

(4) 计算介导的基因挖掘

近年来随着生物信息学和计算生物学的发展，研究者开发了基于生物信息学和分子模拟相结合的功能酶基因挖掘方法。首先通过数据库序列比对获得大量与目的酶同源的酶基因(初筛)，随后用Rosetta Comparative Modeling同源建模，用TMalign算法进一步筛选(复筛)，进而将复筛获得的酶与底物进行分子对接，寻找界面能(interface energy)最低的酶，最后将这些酶进行克隆、异源表达及活性鉴定。该方法准确度较高，但要求研究者有较好的生物信息学和计算生物学基础，熟悉相关软件的操作。

3.4.1.4 极端酶的发掘

极端环境，如南北极冰川土壤、温泉、盐碱地土壤、盐水湖、矿山废水等蕴藏着丰富的、大量未开发的资源，其中耐极端环境微生物是非常有价值的新酶来源。极端微生物在分类学上分布广泛、功能多样，主要包括嗜热菌、嗜冷菌、嗜酸菌、嗜碱菌、嗜盐菌、嗜压菌、嗜金属菌、嗜辐射菌、嗜旱菌等。由于极端微生物长期在极其恶劣的环境中生存和繁衍，在自然选择的条件下，极有可能产生极端酶，这些酶可能满足工业生产中高温、高压、有机溶剂等条件，因此极端微生物作为极端酶的重要来源而备受关注。此外，极端微生物和极端酶的开发研究可以为进一步理解各种酶的催化机理提供典型案例。

由于极端微生物的培养条件以及极端酶的表达通常具有与生长环境相符的特性，因此通过传统方法培养微生物时应选择与来源菌一致的培养条件。在异源表达时既要考虑酶适应的表达条件，又要考虑宿主菌的生长特征和耐受能力。当二者难以兼顾时，基于宏基因组文库的构建和筛选可以较好地解决问题：将极端环境样本 DNA 作为整体，宿主仅用于克隆宏基因组文库，并在正常生长条件下筛选，酶的性质分析在抽提细胞液的条件下完成，从而避免宿主面对选择性压力。对于性能较突出的酶，应进一步纯化后测定酶活及相关性质。

目前已经有许多从极端环境中发掘的新型酶类。例如，有报道从来自海底火山口的嗜热海栖热袍菌基因组中克隆获得一种新型木聚糖酶，其最适温度高达 90℃；来自嗜盐海源菌的脂肪酶能够在 3~5 mol/L NaCl 范围内呈现不同的盐耐受性和热稳定性，同时具有不同的有机溶剂耐受性等。这些极端微生物和极端酶的开发有力地推动了工业生产。表 3-2 列举了部分极端微生物所产极端酶及其应用。

表 3-2 极端微生物所产极端酶及其应用

极端微生物	生长环境	酶类	应用
嗜热微生物	高温 $T>65$℃	淀粉酶、糖苷酶	淀粉加工、寡聚糖合成
嗜冷微生物	低温 $T<15$℃	蛋白酶、淀粉酶、脂肪酶	洗涤剂
嗜酸微生物	pH<2~3	淀粉酶、蛋白酶、纤维素酶、脂肪酶	淀粉加工、酿造工业、饲料加工
嗜碱微生物	pH>9~10	蛋白酶、纤维素酶、脂肪酶	洗涤剂、食品添加剂
嗜盐微生物	高盐溶度(如 2~5 mol/L NaCl)	蛋白酶、漆酶、脱氢酶	肽合成、制药、废水处理
嗜压微生物	高压(如 130 MPa)	整体微生物	食品加工、抗生素生产
嗜金属微生物	高金属浓度	整体微生物	浸矿、生物修复
嗜辐射菌	高辐射水平	整体微生物	生物修复
嗜旱菌	水活度<0.8	整体微生物	食物贮藏

3.4.2 基因工程菌的构建

基因工程菌是指将目的基因导入微生物体内使其表达，产生所需要蛋白的微生物。基因工程菌应具备以下条件：①发酵产品具有高浓度、高产率。②菌株能利用常用的碳源，并可进行连续发酵。③菌株不是致病株，也不产内毒素。④代谢控制容易进行。⑤能进行适当的DNA重组，并且稳定。用于构建基因工程菌的微生物被称为表达宿主，包括原核微生物和真核微生物。

3.4.2.1 常用基因表达系统

随着分子生物学的发展，越来越多的微生物被优化构建成为优良的外源基因表达系统。其中，原核表达系统主要包括：大肠杆菌表达系统、枯草芽孢杆菌表达系统、乳酸菌表达系统、放线菌表达系统等；真核表达系统主要包括：酵母表达系统、丝状真菌表达系统等。下面介绍两种应用最为广泛的表达系统。

(1) 大肠杆菌表达系统

大肠杆菌，即大肠埃希菌(*Escherichia coli*)，是Escherich于1885年发现的。该菌是革兰阴性菌，兼性厌氧菌，通常呈短杆状，周身鞭毛，能运动，无芽孢，可发酵多种糖类产酸产气，是人与动物的正常栖居菌，主要寄生在大肠内。大肠杆菌广泛分布于自然界，是微生物遗传学和分子遗传学的重要的研究对象。大肠杆菌具有遗传背景清晰，培养条件简单，成本低廉，生长周期短，分子操作容易，转化效率高，外源基因表达量大等优点，在实验室的研究中，大肠杆菌表达系统是首选的蛋白质表达体系；在商业化产品的应用中，大肠杆菌表达系统也一直占据主导地位，大多数酶类都实现了在大肠杆菌中的异源表达。

常用的大肠杆菌表达宿主有BL21(DE3)、Rosetta(DE3)、ADA(DE3)、Tuner(DE3)、Origami(DE3)等，它们都是λ-噬菌体DE3的溶原菌。将大肠杆菌作为外源基因表达的宿主，表达系统的核心是表达载体。用来在大肠杆菌中表达外源基因的载体有很多种，目前已知的、应用较广的大肠杆菌表达载体有胞内表达载体、分泌型表达载体和表面展示表达载体等。

表达载体通常由复制起始位点、启动子、多克隆位点、选择性标签等几部分组成。常用的大肠杆菌胞内表达载体有pET系列质粒、pGEX系列质粒、pQE系列质粒等。其中，由Novagen公司开发的pET表达系统因携带T7 RNA聚合酶基因，可用于选择性激活T7强启动子，从而开启下游目标蛋白的高效转录。T7启动子是功能强大且专一性很高的启动子，也是大肠杆菌表达系统的首选。为避免T7启动子控制的外源基因对宿主细胞生长产生毒性，一般采用诱导模式调控该启动子，如采用LacUV5诱导型启动子控制T7 RNA聚合酶，即在细胞生长初期，不添加诱导剂(异丙基-β-D-硫代半乳糖苷，IPTG)保证细胞快速繁殖，在细胞浓度达到一定水平后添加IPTG诱导剂，启动由T7 RNA聚合酶控制的T7强启动子及其下游基因的高效转录。

除了在细胞质内合成目的蛋白，大肠杆菌还具有在周质空间、细胞外分泌表达蛋白的能力。大肠杆菌细胞不同部位表达外源蛋白的优缺点比较见表3-3。

大肠杆菌具有Ⅰ型和Ⅱ型天然分泌系统，可用于外源蛋白的分泌。Ⅰ型分泌装置比较简单，主要包含3种转运蛋白：转位酶HlyB、膜融合蛋白HlyD和外膜蛋白TolC。大肠杆菌的α-溶血素分泌系统是研究最透彻的典型的Ⅰ型分泌系统。通过ATP水解供应能量，转位酶识别位于α-溶血素(HlyA)羧基端的约60个氨基酸的信号序列，引发上述3种蛋白装配成转运复合体，形成一个连续性的跨越内膜、胞周质和外膜的可溶性中空导管，从而不经过周质中间直接将HlyA分泌至细胞外。通过将外源蛋白与此信号序列融合即可被该系统分泌至胞外。Ⅱ型分泌系统组成较复杂，首先依靠3个途径将蛋白质转运至周质空间，随后跨越外膜转运至胞外还需要 12～16 个蛋白质组成特异性复合体，形成连接胞周质和外膜的通道或通过一些非特异的机制将周质内容物释放至胞外。这 3 个途径是：SecB 依赖途径，SRP 途径，TAT 途径。其中，SecB 途径研究得较透彻，已广泛用于重组蛋白分泌，但仅限于转运呈线性伸展的底物蛋白质。SRP 途径通过其疏水信号序列识别底物蛋白，可转运胞质中折叠过快或不能正确折叠的蛋白。TAT 途径是 Sec 非依赖性的，分泌效率较低，速度较慢，但可介导含双精氨酸保守序列信号肽的已完成折叠的蛋白质进行穿膜转运。

表 3-3　大肠杆菌不同部位表达外源蛋白质的优缺点

表达部位	优　点	缺　点
细胞质	蛋白表达量高；商用表达载体成熟；载体构建较简单	过量表达易引起蛋白包涵体的形成，导致酶无活性；可能受到胞内酶的降解
周质空间	周质中蛋白种类较少，目标蛋白纯化较简单；促进多肽折叠，不易形成蛋白包涵体	蛋白表达量受周质空间限制；总酶活受蛋白质转运效率的影响
胞外	分泌到胞外的蛋白种类很少，目标蛋白纯化简单；增进多肽折叠，不易形成蛋白包涵体；不受细胞内酶的降解；减少了对宿主菌的毒性和代谢负担	分泌系统构建较复杂；蛋白分泌效率较低

为提高外源蛋白的分泌水平，研究者已经开发出了一系列改造策略。主要包括：①改造信号肽。信号肽位于分泌蛋白的 N 端，能有效地引导新生肽穿越原核生物的质膜，对外源蛋白的分泌起主导作用。大肠杆菌中常用的信号序列包括 PelB、OmpA、PhoA、endoxylanase 等。有研究报道适当改造信号肽的结构可提升异源蛋白的分泌量，如增加信号肽 N 端的正电荷或提高信号肽疏水核心区的疏水性或长度有利于提高信号肽的加工能力；信号肽 C 端氨基酸残基的缺失，可能有利于蛋白的易位。②选择合适启动子。当外源蛋白表达水平过高，蛋白质来不及折叠易形成包涵体，从而无法穿越细胞膜。因此，为获得高分泌水平的外源蛋白需要在分泌表达系统中采用强度适中的启动子，从而达到与分泌能力相匹配的翻译速度。③分泌系统元件改造。通过对分泌系统元件的基因进行调控改造以提高目的蛋白的分泌表达量是近年来研究的一个热点。如通过提高基因拷贝数或增强转录增加分泌系统元件的表达量，从而提高其转运能力。④伴侣蛋白和融合配体。通过共表达某些周质伴侣蛋白，如 DsbABCD、FkpA、SurA、Skp，或融合配体，如 Osm Y 等，可协助异源蛋白正确折叠从而增加周质空间或细胞外的蛋白表达量。⑤引入功能已知的分泌系统。通过将其他菌株中鉴定的蛋白分泌系统转移至大肠杆菌，可能为异源蛋白的分泌提供更多选择。⑥改造大肠杆菌的细胞膜(膜工程)。通过物理、化学法增加外膜的通透性，或通过改造细胞膜成分使之更易于信号肽的穿越等方式，可加强胞外分泌效应。

细胞表面展示是将外源蛋白基因序列与锚定蛋白基因序列相融合，使融合蛋白在锚定蛋白的牵引作用下固定于细胞的表面，并保持外源蛋白原有的生物结构和功能。细胞表面展示技术最初发展于 20 世纪 80 年代，由 George P Smith 等研究者利用外源多肽与 pⅢ蛋白进行融合，构成丝状噬菌体展示系统，随后发展到微生物领域，成为微生物细胞表面展示系统。目前该技术已经成功用于构建筛选蛋白文库、全细胞生物催化剂、细胞吸附等多个领域。大肠杆菌的许多表面蛋白可以与细胞壁以共价键的形式进行结合，从而固定于细胞表面。这些蛋白通常包含一个特异性的信号肽。表面展示系统的融合方式以C端融合和N端融合为主。在20世纪90年代，锚定蛋白的种类不断发展和丰富。锚定蛋白的种类通常会影响宿主细胞的某些生理特性，如影响细胞的生长、细胞完整性、细胞稳定性、蛋白功能和结构等。因此，选择锚定蛋白应符合以下4点要求：①有效的信号肽或运输信号(使融合蛋白可以通过细胞内膜)。②有效的锚定结构使融合蛋白牢固地固定于细胞表面。③具有外源序列以用于插入或者融合外源蛋白。④可抵御周质空间或培养基中蛋白酶的水解。

(2) 毕赤酵母表达系统

尽管大肠杆菌表达系统是应用最广泛的系统，但这一系统本身也存在许多缺陷：缺少真核生物的蛋白翻译后的剪切、糖基化、形成二硫键等修饰和加工；表达的蛋白有时会形成不溶性包涵体，需要经过复杂的变性复性过程才能恢复构象和活性；背景蛋白多，不易于纯化。为了克服大肠杆菌表达系统的缺点，研究者们发展了酵母表达系统。其中，巴斯德毕赤酵母(*Pichia pastoris*)表达系统，即甲醇酵母表达系统是发展迅速、应用广泛的一种真核表达系统，具备诸多表达优势。①具有强有力的乙醇氧化酶(AOX1)基因启动子，能够严格调控外源蛋白的表达，且表达量高。②外源基因可通过质粒整合至毕赤酵母基因组上，从而获得稳定的基因工程菌株。③作为真核表达系统，可进行异源蛋白的加工折叠和翻译后修饰，从而表达出具有生物活性的蛋白。④在毕赤酵母中表达的蛋白既可存在于胞内，又可分泌至胞外。鉴于巴斯德毕赤酵母自身分泌的蛋白(背景蛋白)非常少，因而分泌的外源蛋白占了培养液中总蛋白的绝大部分，有利于外源蛋白的分离和纯化。⑤生长周期短，营养要求低，培养基廉价，易于进行操作和培养。⑥能够高密度发酵生长，有利于工业放大生产。目前已经有200多种酶实现了在毕赤酵母中的异源表达，如淀粉酶、纤维素酶、蛋白酶、脂肪酶、木聚糖酶、葡聚糖酶、漆酶、乳糖酶等。

毕赤酵母是一种甲基营养型酵母。当缺乏抑制性碳源(如葡萄糖、甘油)时，毕赤酵母可利用甲醇作为唯一碳源进行生长和代谢。甲醇代谢的第一步在过氧化物酶体中发生，是在乙醇氧化酶作用下乙醇被氧化为甲醛，并产生过氧化氢。由于乙醇氧化酶对氧的亲和力很弱，因此毕赤酵母通过强启动子的调控代偿性地产生大量乙醇氧化酶。在毕赤酵母中有两种基因编码乙醇氧化酶(即*AOX1*和*AOX2*)，细胞中95%以上的乙醇氧化酶的活力是由*AOX1*提供的。在甲醇培养的细胞中，该酶表达量可占到细胞总蛋白的30%以上。*AOX2*与*AOX1*的基因同源性虽然高达97%，但只承担很少一部分活力。当细胞内*AOX1*基因缺失，只存在*AOX2*基因时，大部分的乙醇氧化酶活力丧失，细胞利用甲醇能力显著降低，导致毕赤酵母在甲醇培养基上生长缓慢，这种菌株被称为Mut^s(甲醇利用慢型)；当细胞内*AOX1*基因存在时，细胞能够正常利用甲醇，在甲醇培养基上生长较快，这种菌株表型被称为Mut^+(甲醇利用性型)。*AOX1*基因的表达严格受控于甲醇的诱导，即在以葡萄糖或甘油为碳源的培养基上生长时*AOX1*基因的转录受到抑制，而在以甲醇为唯一生长碳源时该基因转录被诱导激活，蛋白表达。毕赤酵母生长的最适温度一般为28~30 ℃。诱导期间如果温度超过32 ℃，将不利于蛋白表达，甚至会导致细胞死亡。在以葡萄糖或甘油为碳源时，Mut^s和 Mut^+型毕赤酵母的生长速度并无区别；而以甲醇为碳源时，Mut^+型的生长明显快于 Mut^s型毕赤酵母。

目前主要有3种毕赤酵母宿主菌，它们的区别在于是否删除 *AOX* 基因导致的对甲醇利用能力高低的变化。最常用的宿主菌为 GS115(*his*4)，它含 *AOX1* 和 *AOX2* 基因，在添加甲醇的培养基上以野生型速率快速生长。第二种宿主菌是 KM71(*his*4 *arg*4 *aox*1::*arg*4)，该菌中 *AOX1* 基因已被酿酒酵母的 *ARG*4 基因所代替，只能依赖 *AOX2* 基因合成 AOX2 醇脱氢酶，因此在甲醇中低速生长。第三种宿主菌为 MC10023(*aox*1Δ:: *sarg*4 *aox*2Δ:: *phis*4 *his*4 *arg*4)，其胞内 *AOX1* 和 *AOX2* 基因都被去除，因此不能在含甲醇的培养基上生长。上述的宿主菌进一步改造，还可得到其他衍生的宿主菌，目前不同基因型已达十几种，如 SMD1163(*his*4 *pep*4 *prb*1)，SMD1168(*his*4 *pep*4)和 SMD1165(*his*4 *prb*1)是一类蛋白酶缺失的宿主菌，可有效减少外源蛋白的降解，有较好的应用价值。

毕赤酵母的表达载体包括整合型载体和游离型载体，因整合型载体能够把目的基因整合在基因组上从而保证外源蛋白的稳定表达，因而被广泛使用。载体通常含有启动子，如 *AOX1*、*GAP*(3′-磷酸甘油醛脱氢酶)、*FLD1*(甲醛脱氢酶)等基因启动子，多克隆位点区(MCS)，*AOX1* 转录终止子(*aoxt*)，组氨酸脱氢酶基因(*his*4)以及来自大肠杆菌质粒 pBR322 的氨苄西林耐药(Amp^r)和 *ColEl ori* 序列等。整合型表达载体均不含酵母复制原点，即导入酵母体内的重组表达载体必须与染色体上的同源区发生重组从而整合至染色体上，外源基因才能够稳定表达。整合位点一般位于 *his*4 区或 *aox*1 区。提高整合基因的拷贝数有可能提高外源基因的表达水平，因此人们发展了基于载体显性抗药标记的可快速筛选高拷贝整合转化子的载体，如 pPIC9K、pPIC9K。这些载体包含了来自转座子 Tn903 的卡那霉素耐药基因(Kan^r)，能够依靠对 G418 的抗性水平快速筛选出高拷贝整合的转化子。游离型载体在转化后不能将基因整合在基因组上，而是以游离的附加体形式存在，这种转化子是不稳定的，重组载体极易丢失。载体转化后的外源基因重组分为两种情况：一是单交换，即外源基因通过重组插入至酵母染色体上，由于保留了 *AOX1* 基因，因此得到的转化子表型为 Mut^+；另一种情况是双交换，即外源基因通过重组替换了染色体上的 *AOX1* 基因，得到的转化子表型为 Mut^s。

毕赤酵母具有与高等真核生物类似的翻译后修饰功能，如信号肽的加工、折叠、二硫键的形成，*O*-糖基化及 *N*-糖基化。与高等真核生物不同的是，在哺乳动物细胞中，*O*-糖基化过程中连接的寡糖种类丰富，包括半乳糖、唾液酸、*N*-乙酰半乳糖胺等，而在毕赤酵母等低等真核生物中，*O*-糖基化过程通常只连接甘露糖，且甘露糖残基的连接方式、数量、频率、特异性等都不确定；哺乳动物的 *N*-糖基化可生成高甘露糖型、几种不同糖的复合类型，或高甘露糖-多种糖混合型产物，毕赤酵母 *N*-糖基化仅存在前两种模式。

3.4.2.2　食品级酶的表达系统

食品级酶表达系统主要有以下特点：①表达系统是安全、分析透彻、稳定且通用的。因此，所选的宿主和构建表达系统所使用的 DNA 元件都要来自于食品级安全的微生物。②宿主的基因组和表达载体不能含有抗生素抗性基因。因此，在进行重组菌的筛选和质粒维持时只能使用非抗生素的筛选压力。③食品级表达系统禁止使用有害或污染环境的化学物质，如重金属离子等。④在食品工业中的应用是操作简便、成本低廉且高效的。在常用表达系统中枯草芽孢杆菌、乳酸菌、米曲霉等表达系统为食品安全级表达系统，可用于食品用酶的表达。

(1) 枯草芽孢杆菌表达系统

枯草芽孢杆菌是一种革兰阳性，内生孢子的细菌，在其基因组中具有较低的 G+C 含量。自 1958 年 Spizizen 发现这种类型的物种以来，逐步的研究发现枯草芽孢杆菌可以轻松吸收细胞外遗传物质作为营养物质或扩大多样性的基因型。枯草芽孢杆菌的生物化学、遗传学和生理学知识的积累已经发展了半个多世纪。目前，枯草芽孢杆菌是科学界研究最深入的革兰阳性细菌，这使其成为研究染色体复制、基因调控、代谢、蛋白质分泌和细菌细胞分化的理想模型生物。枯草芽孢杆菌是非致病性的，不含外毒素和内毒素。因此，在工业和制药应用中，它被认为是潜在安全的细菌。此外，枯草芽孢杆菌还具有多种优越的功能，如强大的分泌异源酶和蛋白质的能力，易于遗传操作以及基因特征明确等。

枯草芽孢杆菌 168 是目前枯草芽孢杆菌相关研究中最常用的宿主，它具有蛋白分泌能力强、外源 DNA 吸收效率高等优点。随着枯草芽孢杆菌应用领域的不断拓展，研究者们对其进行了定向改造，使其更适应于酶和代谢产物的生产，如蛋白酶敲除宿主的开发。枯草芽孢杆菌具有强大的蛋白分泌能力，被广泛应用于工业酶的表达。但是常用宿主枯草芽孢杆菌 168 在进入稳定期后会分泌大量蛋白酶，造成目的蛋白的严重降解。因此，Kawamura 等人通过对枯草芽孢杆菌 168 进行菌种改造，构建了中性蛋白酶基因(*npr E*)和碱性蛋白酶基因(*apr E*)双缺失的枯草芽孢杆菌 DB104。与枯草芽孢杆菌 168 相比，枯草芽孢杆菌 DB104 胞外蛋白酶酶活减少 96%以上。Wang 等人在枯草芽孢杆菌 DB104 的基础上，又进一步将丝氨酸蛋白酶基因(*epr*)敲除，从而将胞外蛋白酶酶活降至枯草芽孢杆菌 168 的 1%以下。受此启发，缺失了 6 个胞外蛋白酶的菌株枯草芽孢杆菌 WB600 和缺失了 8 个胞外蛋白酶的菌株枯草芽孢杆菌 WB800 也相继被改造成功，且成为目前枯草芽孢杆菌中进行酶蛋白分泌表达时最常使用的宿主。

蛋白质向细胞外环境中的自然分泌能力是枯草芽孢杆菌的一个特征，可潜在地用于过量生产多种工业酶。枯草芽孢杆菌有两个强大的分泌系统，即 Sec 依赖型分泌系统和双精氨酸分泌系统(Tat)，组成了枯草芽孢杆菌的主要分泌机器，通过与相应的信号肽的简单的基因融合可以非选择性或选择性地分泌天然和异源蛋白质。Sec 分泌途径将蛋白质引导至细胞质膜以使其插入或跨膜转运。Sec 依赖性途径具有高的分泌效率和广泛的底物特异性，因此可以输出多种重组蛋白。它的分泌能力高达 20 g/L。Tat 途径与 Sec 途径的不同之处在于，它运输完全折叠的蛋白质，该蛋白质包含在信号肽序列中带有双精氨酸(RR)基因序列的保守区域。Tat 途径促进了在细胞质中折叠得太快、太紧而无法与 Sec 途径相容的蛋白质的分泌。

表达载体是枯草芽孢杆菌表达系统的重要组成部分，主要包括复制子、启动子、信号肽、终止子等元件。复制子是游离型表达载体中不可或缺的基本元件。枯草芽孢杆菌中表达载体的复制子可以分为Theta复制子和滚环模型复制子。枯草芽孢杆菌常用的两个内源质粒pLS20和pBS72就是采用Theta复制方式。Theta复制子具有遗传稳定性高的优点，但质粒拷贝数低，所以质粒提取较困难。滚环模型复制子具有拷贝数高的特点。枯草芽孢杆菌中常用的高拷贝表达载体，如pP43NMK、pSTOP1622等，均采用滚环模型复制。启动子是关键的遗传元件，控制着基因转录的方式，转录时间以及转录强度。过量生产异源蛋白质就需要高强度启动子，使重组蛋白具有的更高表达水平。在过去的几十年中，已经从枯草芽孢杆菌和其他物种中鉴定出各种新型启动子，包括rpsD启动子、P43启动子、lepA和vegI启动子等。P43是枯草芽孢杆菌中使用最广泛的启动子，具有较高的报告基因和酶产量。两种重要的食品用酶普鲁兰酶和碱性多半乳糖醛酸裂合酶已经通过P43强启动子进行过量表达。除了天然启动子，近年来有研究报道构建并筛选了由串联单启动子组成的几种杂种启动子，以获得更强的启动子来增强转录水平。如由编码*Hpa* Ⅱ基因的启动子(PHpaⅡ-PHpaⅡ)的顺序重复组成的串联双启动子。信号肽编码序列是一段位于分泌蛋白N端的多肽链，可以引导蛋白质的跨膜转移。通过信号肽的置换与优化可以提高酶蛋白的分泌能力。目前，枯草芽孢杆菌中常用的分泌信号肽为Amy Q信号肽。转录终止子是位于操纵子末端的元件，负责控制基因转录的终止以及转录复合物的释放。转录终止子不仅能够阻断基因的转录进程，而且可以提升mRNA的稳定性，从而提升蛋白表达水平。在诱导型表达载体的构建中使用高强度转录终止子，能够消除上游启动子造成的通读，提升诱导表达载体的严谨性。

(2)乳酸菌表达系统

乳酸菌是一类细胞形态、代谢性能以及生理特征不完全相同的革兰阳性细菌的统称，主要分为乳杆菌属、乳球菌属、明串珠菌属、片球菌属、链球菌属、肠球菌属、双歧杆菌属和肉食杆菌属等。乳酸菌分为厌氧、微好氧和兼性厌氧几类。大多数乳酸菌可以在有氧条件下生长，但是在无氧状态下能够生长得更好。乳酸菌作为表达系统最大的优势是乳酸菌安全、无内毒素，所表达的外源蛋白不需经过纯化即可直接连同菌体一起食用。此外，乳酸菌可以在肠道中定植存活，因此口服基因工程乳酸菌后，乳酸菌所表达的用于治疗或免疫作用的蛋白就可以源源不断地在肠道中产生，并发挥相应的作用。

20世纪70年代，研究者发现乳球菌的许多基本功能与质粒相关，开启了对乳酸菌的分子遗传学研究。随后建立基因转移技术将研究的范围扩大至其他乳酸菌。过去十几年里，乳酸菌分子生物学研究取得了飞速发展，乳酸菌的染色体以及与质粒有关的基因的结构与功能被阐明，并绘制出完整的乳球菌和乳杆菌基因组图谱。

乳酸菌表达系统中最常用的是糖诱导表达系统。其中最具有代表性的是乳酸乳球菌的乳糖诱导表达系统。LacA强启动子是由乳糖在细胞内的分解代谢物转变成了中间代谢物6-磷酸塔格糖(tagatose-6-phosphate)，使LacR阻遏物激活而造成的。把大肠杆菌T7 RNA聚合酶连接在LacA启动子后，基因的表达将受到乳糖的调节。戊糖乳杆菌的*xylA*基因受到木糖诱导，而被葡萄糖、核糖、阿拉伯糖抑制。把基因连接在*xylA*基因的启动子下，转化到戊糖乳杆菌中表达，发现在分别含木糖和葡萄糖培养基中生长时，蛋白表达能力差别很大，但由于木糖较昂贵而没有大量的用于工业化生产。

乳链球菌素的可诱导蛋白表达系统(nisin-controlled expression, NICE)也是一种著名的食品级表达系统。乳链球菌素 nisin 是具有抗微生物活性的小分子多肽，由于对人体安全无毒而广泛用于食品防腐。Nisin 的生物合成受到双组分调节系统——NisK 激酶和 NisR 调节蛋白的控制。具有传感作用的 NisK 激酶能够识别细胞外的 nisin，使 NisR 调节蛋白磷酸化，进而激活 nisA 启动子，开启下游基因的表达。目的基因的表达与诱导物 nisin 的浓度在一定范围内成正比例。NICE 系统的表达产物可达到细胞总蛋白的 10%~60%，产量提高数千倍。基于此系统，研究者建立了诱导性的乳酸杆菌表达系统、乳球菌表达系统、链球菌表达系统等。

此外，近年来开发了基于温控、pH 值等条件的乳酸菌表达系统。如将转座子 Tn917-LTV1 序列插入乳酸乳球菌染色体上无启动子的 *lacZ* 之前，获得了高表达 PA170 启动子。该启动子受低 pH 值、低温等因素的正调节。在没有诱导剂的情况下，细胞生长在 pH6 以下的偏酸性环境中，就可以启动下游基因的表达，其蛋白表达量比在 pH7 时高得多；在 15 ℃的低温条件下产生的蛋白也比在 30 ℃时产生的蛋白多。把 PA170 片段整合至多克隆载体，并导入乳酸乳球菌，在不同的条件下产生的蛋白变化量在 8~50 倍不等。

尽管乳酸菌作为外源基因表达系统的作用受到广泛的重视和研究。但是乳酸菌却并非是高效表达外源蛋白的最佳选择。通常情况下，乳酸菌表达的效率不高，可能与乳酸菌分子生物学研究起步较晚有关，目前对乳酸菌的基因转录和翻译调控及蛋白质的分泌机制的研究正在深入进行。

(3) 米曲霉表达系统

丝状真菌已经成为重要的工业生产菌株，如米曲霉、黑曲霉、产黄青霉、里氏木霉等，能够生产包括酶、有机酸、抗生素、药物中间体等多种具有重要价值的产品。米曲霉在食品发酵工业具有悠久的应用历史。虽然米曲霉在基因上非常接近黄曲霉——会产生最强烈的自然致癌物质——黄曲霉毒素，但是米曲霉并不会产生黄曲霉毒素，或者其他致癌的代谢产物。因此，米曲霉被美国食品及药物管理局(FDA)列为公认安全级(GRAS)，且世界卫生组织(WHO)也承认了它的安全性，促进了其在工业上的应用。米曲霉能够生产多种酶类及次级代谢产物，由于其同源蛋白、异源蛋白的高水平表达能力，是重要的重组蛋白生产宿主。

米曲霉首次应用于异源酶的商业生产是 1988 年用于洗衣粉中添加的脂肪酶。如今，米曲霉表达系统已被广泛研究，宿主-载体的转化系统需要从分子水平来系统阐述。曲霉的蛋白表达调控主要发生在转录水平上。使用高效的真菌转录调控元件是构建高效表达载体的关键步骤。来自米曲霉的高效表达启动子分为几类。一类启动子家族来自水解酶基因，如 α-淀粉酶基因(*amyB*)、葡萄糖淀粉酶基因(*glaA*)、α-葡萄糖糖苷酶基因(*adgA*)、木聚糖酶基因(*xynF1*)以及单宁酶基因。另一家族启动子来自糖分解酶基因，包括甘油醛-3-磷酸脱氢酶基因(*gpdA*)、磷酸甘油酸激酶基因(*pgkA*)、烯醇酶基因(*enoA*)。其他一些启动子来自转录调控因子，如 α(*TEFI*)和酪氨酸酶基因(*melO*)。这些启动子都可以成功在米曲霉中高效表达重组蛋白。除了传统的强启动子外，人们在一些野生型米曲霉或工业用米曲霉中发掘了应用于液体发酵的强启动子，包括酪氨酸酶编码基因(*melO*)启动子和锰超氧化物歧化酶基因(*sodM*)启动子。除了挖掘新的启动子，对现有启动子进行改造，也可以大幅度提高报告基因的酶活，从而增强启动子的诱导能力，如烯醇酶基因(*enoA*)是米曲霉中表达最高的基因之一，研究者将保守元件 Region Ⅲa 和Ⅲb 正向组合的 12 个串联元件连入 P-*enoA* 的-350 bp 处，形成 P-*enoA*142 启动子，使报告基因β-葡萄糖醛酸酶的酶活提高了将近 30 倍。

米曲霉转化策略主要有两种，第一种是通过营养缺陷型互补来进行有效筛选，这需要对野生型宿主进行突变、筛选等许多工作；第二种是通过药物抗性进行转化子的筛选。用于食品级产品的表达，只能选用第一种筛选策略。常见的营养缺陷型标记基因及对应的宿主菌有：鸟氨酸氨甲酰基转移酶基因(*argB*)，对应宿主是野生型米曲霉 FN-16 经过紫外诱变得到的 OCTase 缺陷型突变株的其中一株，命名为 M-2-3；硝酸还原酶基因(*niaD*)，可转化硝酸还原酶缺陷的米曲霉宿主，常见的宿主为从米曲霉 RIB40 突变而来的 niaD300，也有来自高产葡萄糖淀粉酶的工业菌米曲霉 OSI1117 突变而来的 *niaD* 缺陷型 AON-2。使用 *niaD* 筛选标记进行转化，外源基因会高效(超过 50%概率)以单拷贝的形式同源整合到 *niaD* 位点上；乳清酸核苷-5′-磷酸脱羧酶基因(*pyrG*)是一种很常见的营养标记，从野生型宿主可以很容易地在有 5-氟乳清酸(5-FOA)的筛选压力下得到 *pryG* 缺陷型的突变株。来自不同菌种的 *pyrG* 标记(如粗糙脉孢菌的 *pyr*4 或构巢曲霉的 *pyrG* 基因)都可以在米曲霉的营养缺陷型宿主中正常表达。研究者于 1996 年使用来自构巢曲霉的 ATP 硫酸化酶(*sC*)基因作为筛选标记，开发了米曲霉的 $niaD^{-}$-sC^{-} 双筛选标记转化系统。sC^{-} 缺陷型菌株可以在 $niaD^{-}$ 缺陷型基础上，由硒酸盐抗性的突变株正向筛选出来。携带米曲霉 *niaD* 标记基因的质粒主要以单拷贝同源插入方式整合到基因组中，而带有 *sC* 标记的质粒以随机和多拷贝的方式整合。这个转化系统可以根据希望使用的整合方式来选择筛选标记的使用。营养缺陷型宿主不一定要通过紫外诱变得到，某些野生型米曲霉宿主不能以乙酰胺为唯一氮源生长，而来自构巢曲霉的乙酰胺酶基因(*amdS*)。筛选标记就可以在野生型的宿主中应用。

由丝状真菌表达的酶制剂已广泛应用于食品工业中，主要包括果胶酶、酸性蛋白酶、木聚糖酶、葡萄糖氧化酶等。表 3-4 列举了在米曲霉中异源表达的酶蛋白，可以看出来源于真菌的酶蛋白在米曲霉中表达水平远高于来源于非真菌的酶蛋白表达水平，这也是丝状真菌表达系统的主要缺点。

表 3-4　米曲霉中异源蛋白的表达

异源蛋白	蛋白来源	米曲霉表达产量
酸性蛋白酶	微根毛霉	3.3 g/L
半乳糖氧化酶	树状指孢霉	0.1 g/L
漆酶	嗜热镰刀菌	1.8 g/L
凝乳酶	牛	0.16 mg/L
乳糖酶	四叶草	12 mg/L
脂肪酶	变形杆菌	14 mg/L

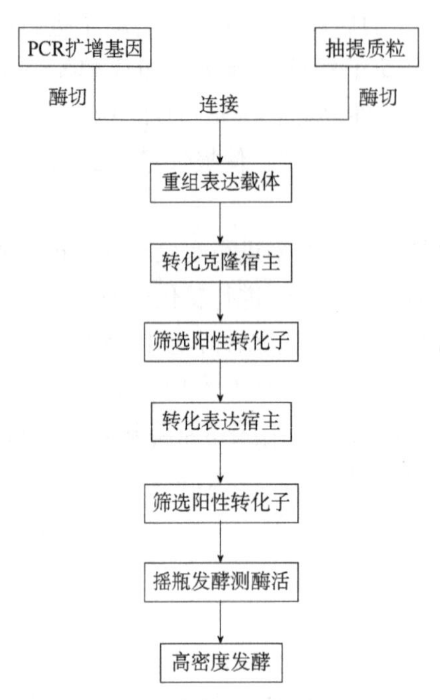

图 3-5 原核表达工程菌构建流程图

3.4.3 原核表达工程菌构建

原核表达工程菌的构建过程主要分为目的基因的扩增、重组表达载体的构建、质粒的转化、阳性转化子的筛选、外源基因的表达、放大等步骤(图 3-5)。

目的基因的扩增：根据基因序列设计引物，通常在引物处设计合适的酶切位点，PCR 扩增目的片段，经胶回收后，测序验证序列是否正确。

重组载体的构建：选用合适的限制性内切酶将外源基因和载体进行单酶切或双酶切处理，经 T4-DNA 连接酶连接于载体的多克隆位点区。以大肠杆菌常用质粒 pET28a 为例，其多克隆位点区如图 3-6 所示，多种酶切位点可供选择。

转化克隆宿主：重组质粒通常转化大肠杆菌克隆宿主 DH5α 等，该宿主具有稳定复制的特点，经培养及 PCR 验证后进行测序验证。首先需要通过预冷的氯化钙或山梨醇溶液处理细胞，以制备感受态细胞。制取感受态细胞的原理是：氯化钙溶液可使得细胞膨胀，细胞膜磷脂双分子层形成液晶结构，使细胞的通透性变大，便于外源基因或载体进入感受态细胞。随后进行质粒的转化，一般选用电击法或热击法。电击法是利用高压脉冲处理细胞，在细胞膜表面形成一个 20~40 nm 的瞬间空洞，外源基因就可以扩散进入细胞内；而热击法是将感受态细胞经 42 ℃热脉冲处理，细菌细胞膜的液晶结构发生剧烈扰动，随之出现许多间隙，致使通透性增加，外源 DNA 分子即可进入细胞内。

阳性转化子的筛选：转化后会有一定比例的转化子不包含重组表达载体，可利用载体和营养缺陷型菌株的互补性或对抗生素的抗性进行平板初筛，再通过 PCR 产物测序进一步确定阳性转化子。

转化表达宿主：抽提阳性转化子中的质粒(重组表达载体)转化表达宿主，如大肠杆菌 BL21(DE3)等，该宿主具有蛋白表达水平高，细胞发酵密度高等特点。

外源蛋白的表达：如果外源蛋白的启动子是组成型启动子，则其表达随着细胞生长同时进行；如果外源蛋白的启动子是诱导型启动子，则外源蛋白的表达分为菌体生长和蛋白诱导表达两步。首先在不添加诱导剂的情况下使菌体尽可能生长达到对数生长期，随后添加诱导物，此时细胞吸收外源营养物质主要用于目的基因的表达，细胞生长缓慢。诱导表达法通常用于对细胞生长有抑制作用的产物的合成。

发酵放大：表达条件(如培养基的组成、pH 值、溶氧等)，经优化后可按比例放大。在发酵罐中，外源蛋白的表达量通常比摇瓶中高很多，主要由于发酵条件可控，因此细胞能够高密度发酵。目前已有许多关于提高细胞高密度发酵和提高外源蛋白表达水平的相关报道，但仍有一些蛋白表达量相对较低，主要影响因素包括外源基因的内在特性、载体和宿主菌的选择、基因拷贝数的高低、培养条件等。

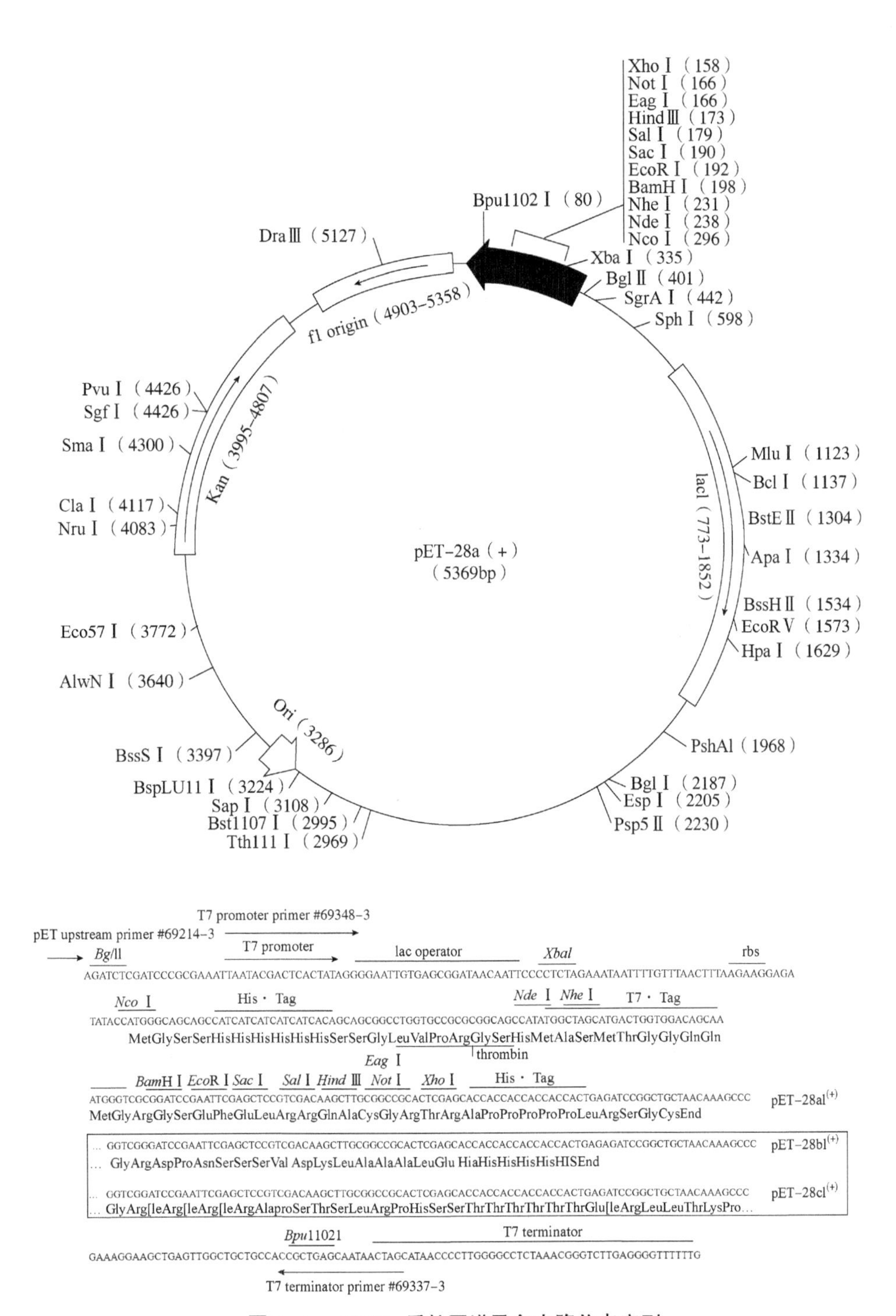

图 3–6　pET28a 质粒图谱及多克隆位点序列

3.4.4　真核表达工程菌构建

真核表达工程菌的构建过程与原核类似，但由于细胞壁成分不同，真核细胞的细胞壁较原核更致密，因此难以通过热击法实现质粒的导入。真核表达系统常用转化方法有 4

种：电转化法、原生质体转化法、农杆菌介导法、聚乙二醇(PEG)法和氯化锂法等。一般情况下，电转化法、原生质体转化法、农杆菌介导法效率较高，转化效率约为10^3~10^4转化子/μg DNA。其中，电转化操作简单，原生质体法、农杆菌介导法步骤较多、操作复杂。聚乙二醇法和氯化锂法虽然操作简单，但转化效率较低，且不易形成外源基因的多拷贝。

电击转化法是将原生质体或细胞质膜在高压脉冲作用下，形成瞬间通道，将外源DNA吸收至细胞内部，由于质膜可以进行自我修复，从而修复高电压脉冲造成的穿孔。电击法转化已经应用于多种真菌，包括毕赤酵母、构巢曲霉、炭疽菌等。

原生质体转化方法是基于原生质体作为“感受态”细胞，与转化DNA混合后，在一定浓度的氯化钙、PEG的作用下进行转化，通过表型筛选来选择转化子的过程。PEG是一种能够促进原生质体吸收外源DNA的化学诱导剂，在高pH值的情况下，PEG通过电荷间相互作用与外源DNA形成紧密的复合物，随后受体细胞通过内吞作用吸收这些复合物到达细胞内，随后进入细胞核并整合到受体基因组中。原生质体转化法是丝状真菌中使用最广泛的方法，其转化效率从最初的每微克DNA转化宿主，转化子数少于10个到转化子数目达到上百个甚至上千个，转化效率提高了2~3个数量级。

根癌农杆菌是革兰阴性杆菌，能够在土壤中侵染植物根部伤口细胞，并携带部分基因组DNA整合到植物基因组中，导致植物产生根瘤。根癌农杆菌有包含转移DNA区T-DNA以及vir区的Ti质粒，其中T-DNA的转移依赖于Ti质粒上一系列Vir表达基因。在1995年，农杆菌首次成功介导转化酿酒酵母，到现在为止，已利用农杆菌转化了60多种丝状真菌表达宿主。农杆菌介导的转化方法容易获得单拷贝插入转化子，可以进行同源整合和随机整合，但实验周期较长，转化过程也会整合农杆菌的部分基因组的基因。

在阳性转化子筛选阶段，为了能够重复使用筛选标记，减少对宿主的重复诱变带来的麻烦，构建可自消除的抗性基因表达盒已成为研究趋势。其中，在转化筛选标记自消除系统中，Cre/*lox*P、Flp/FRT及β-重组酶位点特异性识别重组系统较为常见。Cre/*lox*P系统包含两部分：Cre蛋白和*lox*P识别位点。Cre蛋白是一种重组酶，是causes recombination的缩写，*lox*P位点是locus of X-over P1的缩写，是位于P1噬菌体中的34 bp序列。当基因组中存在两个*lox*P位点时，细胞内表达的Cre蛋白会诱导两个*lox*P位点中间的DNA发生重组。*lox*P位点具有方向性，重组的结果由两个*lox*P位点的方向决定(图3-7)。Cre/*lox*P系统简单高效，特异性强，可以回收利用筛选标记基因，多应用于真菌表达系统筛选标记的删除。但该系统依赖于*lox*P序列，两个*lox*P发生重组之后，依然会在基因组上留下一个*lox*P序列，导致基因组上留下*lox*P伤疤，过多的*lox*P会导致意外重组事件发生，增大了基因组的不稳定性。

β-重组酶系统包含来自原核生物的β-重组酶和两个90 bp的特异性位点——*six* sites。β-重组酶可以精确剪切两个*six* site位点的序列。以严格诱导型启动子(如木糖启动子)表达β-重组酶，和抗性基因表达盒一起置于两个*six* site位点中间。将载体转化真菌宿主，确定阳性转化子后，利用木糖诱导表达β-重组酶，可以将抗性表达盒和β-重组酶精确删除，宿主恢复为野生型，其作用过程如图3-8。β-重组酶系统已经应用于动物细胞、粗糙脉孢菌、烟曲霉等多种真核表达系统。

此外，近几年发展迅速的CRISPR系统也可用于目的基因的定向插入且无筛选标记残

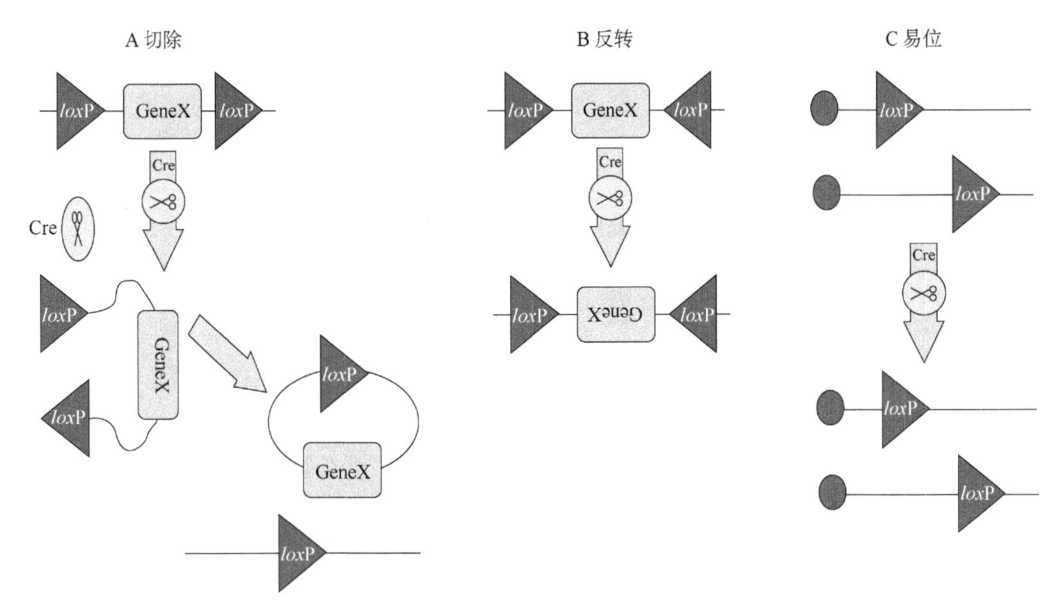

图 3-7 *loxP* 在 Cre 重组酶作用下重组示意图

留。CRISPR 系统是由 clustered rarly interspaced short palindromic repeats (CRISPR) 和相关蛋白 (CRISPR associated, Cas) 所组成的 CRISPR/Cas 基因编辑系统。CRISPR 基因座由同向重复序列与一系列不同的间隔序列构成，间隔序列一般来源于外源入侵的噬菌体或者质粒。在噬菌体或者质粒的遗传物质中，与间隔序列所对应的序列称为前间隔序列(protospacer)，一般前间隔序列的 5′或 3′端临近的 2~5 个碱基比较保守，称为 PAM (protospacer adjacent motifs) 序列。Cas 蛋白的编码基因位于 CRISPR 基因座的临近区域，序列具有保守性，编码的蛋白包括解旋酶、核酸酶等。与哺乳动物的适应性免疫系统功能特征类似，CRISPR/Cas 系统赋予许多细菌和大多数古细菌对外源入侵 DNA 的适应性免疫。CRISPR/Cas 系统的防御过程包括 3 个阶段(图 3-9)：CRISPR 新间隔序列的获取，即宿主受到外源 DNA 入侵时，CRISPR 系统会识别外源 DNA 中 PAM 的临近序列，Cas 蛋白复合物切除靶 DNA 的一段(即前间隔序列)并将其插入 CRISPR 阵列中成为间隔序列；前体 CRISPR(pre-cr) RNA 表达并加工成为成熟的 CRISPR RNA(crRNA)；靶向干扰，在成熟的 crRNA 的指导下，Cas9 相关蛋白发挥核酸内切酶活性，识别并降解外源入侵 DNA。

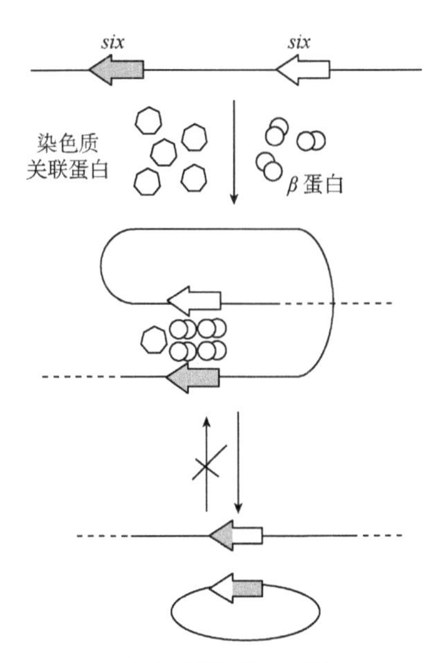

图 3-8 由 β-重组酶介导的 *six* sites 特异性位点重组机制示意图

CRISPR/Cas 系统分为 3 种类型(图 3-10)，每种 CRISPR 类型都显示出独特的分子作用机制。在 Ⅰ 型与 Ⅲ 型 CRISPR 中，CRISPR 基因座比较复杂，含有多个 Cas 蛋白，

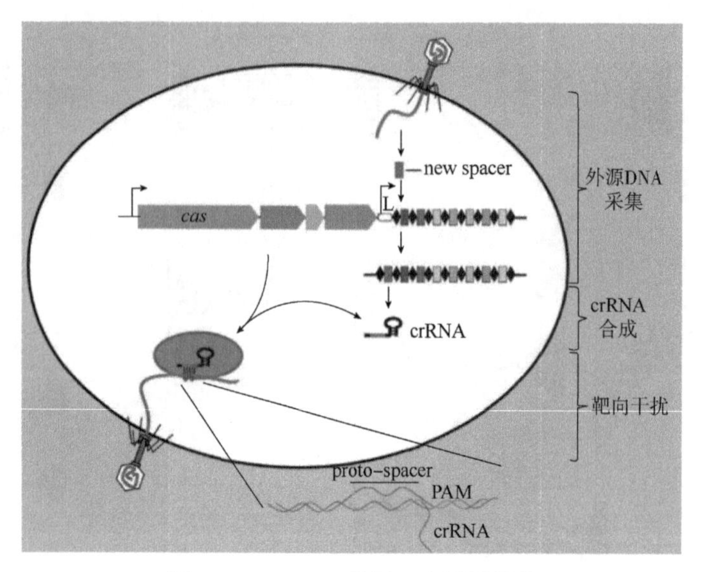

图 3-9 CRISPR 作用三阶段原理图

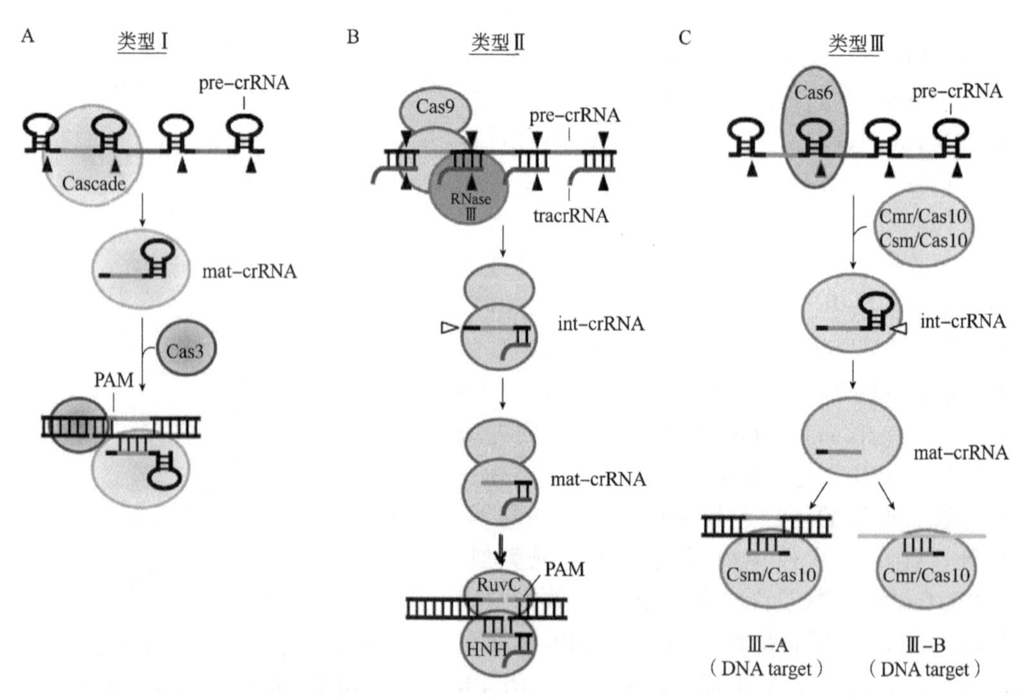

图 3-10 3 种类型 CRISPR/Cas 系统的 crRNA 生物合成和靶向机制原理图

CRISPR 相关的核糖核酸酶在重复序列中切割前 crRNA 转录物，释放多个小的 crRNA。Ⅰ型 CRISPR 中特征性的蛋白是 Cas3 蛋白，多个 Cas 蛋白和一个 crRNA 装载成防御级联复合物，识别目标 DNA。Cas3 核酸酶随后被招募至级联结合的 R 环结构处，介导靶目标 DNA 的降解。Ⅲ型 CRISPR 中特征性的 Cas 蛋白是 Cas10，它主要负责 crRNA 成熟与外源 DNA 的剪切。crRNA 与 Csm 或 Cmr 复合物相结合，随后分别结合和切割对应的靶目标 DNA 和 RNA。与上述两种类型系统相比，Ⅱ型系统的 Cas 蛋白数量较少，相对更简单。

在Ⅱ型 CRISPR 中，一个相关的反式激活 CRISPR RNA(tracrRNA)与成熟的 crRNA 的重复序列杂交，形成一个 RNA 双链，并由内源性 RNase Ⅲ和其他未知核酸酶进一步切割和处理为成熟的向导 RNA。Ⅱ型系统只需要 Cas9 核酸酶来降解与其 crRNA-tracrRNA 杂交体相配对的靶目标 DNA。

利用 CRISPR/Cas 系统可以进行高效的基因无标记插入，以酿酒酵母 BY4733 为例，具体包括以下 6 个步骤：①制备表达 Cas9 的酿酒酵母感受态细胞。将 Cas9 表达质粒转入酿酒酵母，通过涂布色氨酸营养缺陷型平板进行筛选，挑取平板上阳性克隆，制备表达 Cas9 的酿酒酵母感受态细胞。②sgRNA(向导 RNA)质粒的设计及构建。可通过 PCR 的方式将高特异性 20 bp 向导 RNA 序列引入 sgRNA 质粒，制备构建成功的 sgRNA 质粒，用于引导 Cas9 蛋白在特定位点切开 DNA 序列。③目的插入基因片段的制备。通过融合 PCR 或大肠杆菌重组等方式制备带有与待插入位点相同序列的同源臂的基因片段。④制备的 sgRNA 质粒和插入基因片段共转化表达 Cas9 的酿酒酵母感受态细胞，涂布色氨酸-尿嘧啶双缺(营养缺陷型)筛选平板。⑤转化子的验证。转化完成后，挑取双缺筛选平板上的转化子进行 PCR 验证，得到目的基因成功插入的阳性转化子。⑥sgRNA 质粒的删除。对于在酿酒酵母中连续插入基因，sgRNA 质粒的删除是极为重要的一步。由于游离质粒具有遗传不稳定性，可通过传代培养，使细胞丢失 sgRNA 质粒。因此，借助 URA3(乳清苷 5-磷酸脱羧酶)和 5-氟乳清酸(5-FoA)组成的负筛系统，将传代培养后的阳性转化子培养物在 5-氟乳清酸平板上进行划线培养，平板上长出的转化子即为 sgRNA 质粒删除的转化子。由此便获得了插入目的基因的无标记酿酒酵母。

3.5　酶的生物合成模式

细胞在一定培养条件下的生长过程，一般分为延滞期、对数生长期、稳定期和衰退期 4 个阶段。通过分析比较细胞生长与酶产生的关系，可以把酶生物合成模式分为 4 种类型。

3.5.1　同步合成型

酶的生物合成与细胞生长同步进行的一种生物合成模式，又称生长偶联型。属于该合成型的酶，如图 3-11 所示，其生物合成伴随着细胞的生长而开始，在细胞进入对数生长期时，酶大量生成，当细胞生长进入稳定期时，酶的合成随之停止。

该类型所对应的 mRNA 很不稳定，其寿命仅有几十分钟，在细胞进入生长稳定期后，新的 mRNA 不再合成，原有的 mRNA 很快被降解，酶的生物合成停止。大部分组成型酶的生物合成都属于同步合成型，少部分诱导型酶也按照此模式进行生物合成。酶的生物合成可以由其诱导物诱导生成，但不受分解代谢物的阻遏作用，也不受产物的反馈阻遏作用。

3.5.2　延续合成型

延续合成型酶的生物合成从细胞的生长阶段开始到细胞生长进入稳定期后，酶还可以延续合成一段时间。属于该类型的酶可以是组成型酶，也可以是诱导型酶，如图 3-12 所

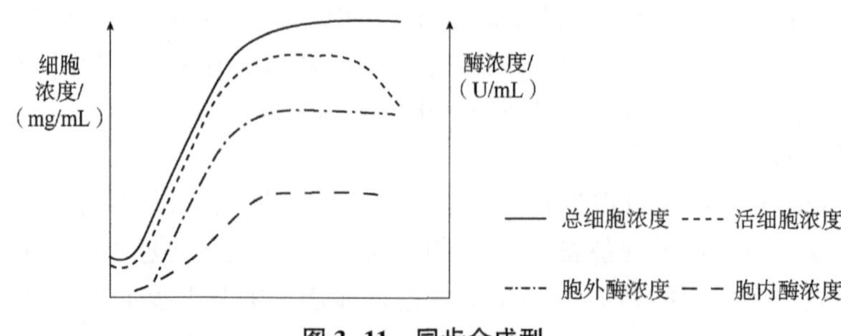

图 3-11 同步合成型

示。因此，其生物合成可以受诱导物的诱导，一般不受分解代谢物阻遏。该类酶在细胞生长达到稳定期后，仍然可以继续合成，这些酶对应的 mRNA 相当稳定，在稳定期后的相当一段时间内，仍可以通过翻译合成其所对应的酶，有些酶所对应的 mRNA 很稳定，但其生物合成却受到分解代谢物阻遏，当培养基中没有阻遏物时，呈现延续合成型，当有阻遏物存在时，转为滞后合成型。

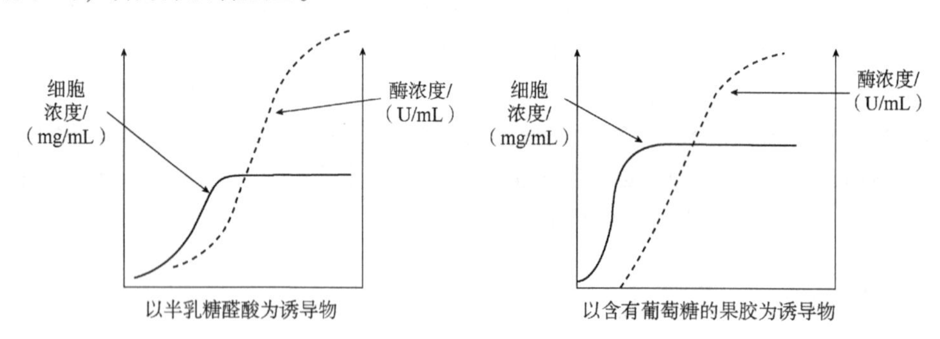

图 3-12 延续合成型

3.5.3 中期合成型

中期合成型是同步合成型的一种特殊形式，其酶的合成特点是在细胞生长一段时间后，酶才开始合成，而在细胞生长进入稳定期后，酶的生物合成也随之停止。如图 3-13 所示，该类型酶生物合成的共同代谢调节特点为受到产物的反馈阻遏作用或分解代谢物阻遏作用，且编码酶的 mRNA 稳定性较差，其寿命短，在细胞进入生长稳定期后，新 mRNA 不再生成，原有 mRNA 很快降解，酶的生物合成也随之停止。

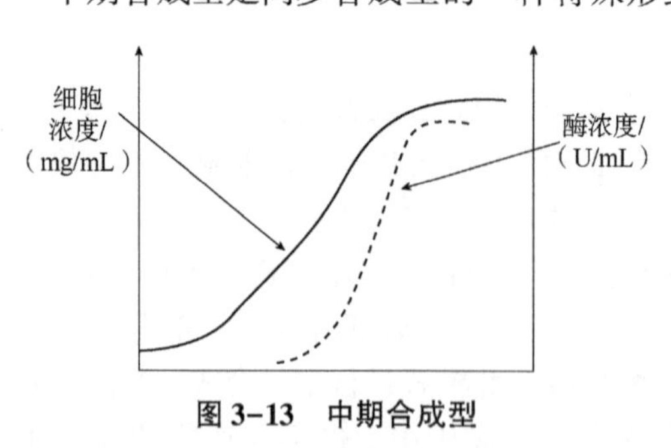

图 3-13 中期合成型

3.5.4 滞后合成型

滞后合成型是在细胞生长一段时间或者进入稳定期以后酶才开始生物合成并大量积累，又称为非生长偶联型。如图 3-14 所示，该类型的酶之所以滞后合成，其主要原因是受到培养基中阻遏物的阻遏作用。随着细胞生长，阻遏物被细胞之间代谢，阻遏作用解除后，酶才开始大量合成。若培养基中不存在阻遏物，该酶的合成可以被转为延续合成型。该类型的酶所对应的mRNA稳定性强，可以在细胞生长进入平衡期后的相当一段时间内，继续进行酶的生物合成。

因此，编码酶的mRNA稳定性以及是否受到培养基中阻遏物的阻遏作用是影响酶生物合成的主要原因。

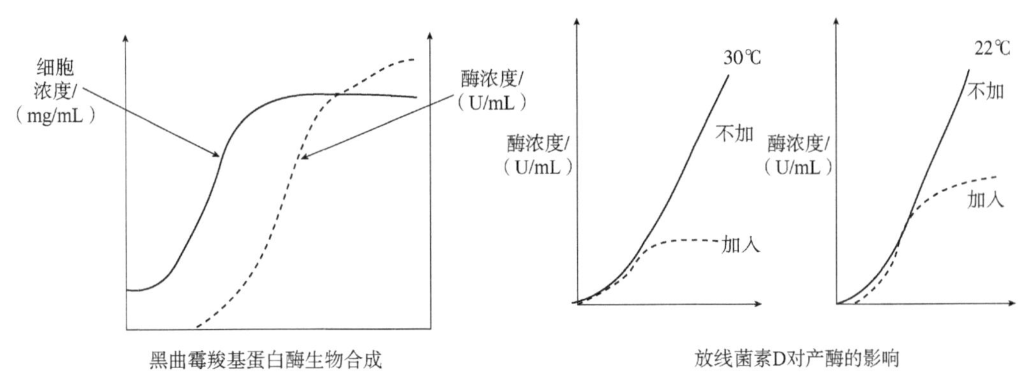

图3-14　滞后合成型

3.6　酶发酵生产的工艺控制

酶的发酵生产是获取大量所需酶的重要环节，除了选育优良的产酶菌株，我们还需对发酵过程中的工艺条件进行优化控制，以达到满足细胞生长、繁殖以及高效发酵产酶的目的(图3-15)。

3.6.1　细胞活化与扩大培养

菌种的保存方法以及保存条件也是微生物保持优良性状的重要环节之一，常用的保藏方法有液体石蜡保藏法、冷冻干燥保藏法、沙罐土壤保藏法、液氮低温保藏法等。如图3-15所示，当使用选育好的保藏菌株用于酶发酵生产时，要先进行细胞活化，即保藏菌株在使用之前必须接种在新鲜的斜面培养基中培养一段时间，以恢复细胞的生命活动能力。

为了将活化过的细胞最大限度地进行发酵，产出足够多的优良细胞，一般还要经过一级甚至数级的扩大培养。种子培养基的氮源要丰富些，并且种子的培养条件要尽量满足细胞的生长需求，以便细胞快速生长，扩大细胞生长量。

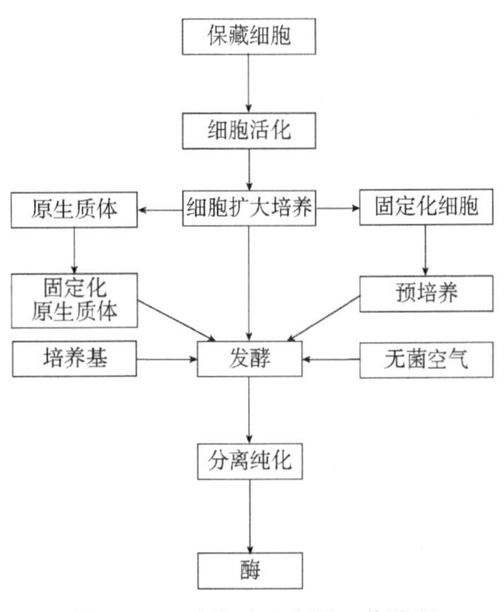

图3-15　酶发酵生产的工艺流程

3.6.2 培养基的组成与配制

培养基是指人工配制的用于细胞培养的各种营养物质的混合物。一般包括碳源、氮源、无机盐和生长因子等组分。根据细胞的生长特性，选择合适的培养基组分和比例，使细胞可以在最适的环境生长繁殖。

（1）碳源

碳源是指可以为细胞提供碳素化合物的营养物质。在酶的发酵生产中，要考虑碳源对酶合成的调节作用，尽量选择对所需酶有诱导作用的碳源，减少有分解代谢物阻遏作用的碳源的使用。目前，糖蜜、甜薯干、玉米粉等都是发酵工业中的常用碳源。

（2）氮源

氮是组成蛋白质和核酸的重要元素之一，也是酶的主要组成元素之一。氮源一般分为无机氮源和有机氮源，不同细胞对氮源的要求也不同。通常异养型微生物采用有机氮，自养型微生物采用无机氮。其中，最常用的有机氮源是牛肉膏、酵母膏及由动、植物蛋白质经酶消化后的各种蛋白胨。

（3）无机盐

无机盐主要为细胞提供细胞生命活动不可缺少的无机元素。根据细胞对无机元素需求量多少，可分为大量元素和微量元素两大类。一般采用水溶性的硫酸盐、磷酸盐等无机盐的形式，为细胞提供无机元素。其中最常用的为 K_2HPO_4、KH_2PO_4等磷酸盐和 $MgSO_4$等硫酸盐。

（4）生长因子

生长因子是指细胞生长繁殖必不可少的微量有机化合物。它主要包括氨基酸、维生素以及生长激素等。在酶的发酵生产中，通常采用添加玉米浆、酵母膏等，来提供细胞生长所必需的生长因子。

3.6.3 培养条件控制

（1）pH 值

培养基的 pH 值变化会影响细胞生长、繁殖和发酵产酶的水平，因此，在发酵过程中调控培养基的 pH 值至关重要。不同的菌最适的 pH 值一般不同，产酶菌生长最适的 pH 值与发酵产酶时最适的 pH 值也有所不同。pH 值的变化主要是由于培养基组分的改变而引起的，因此，可以通过改变培养基的组分和比例来实现对 pH 值的调节，必要时可加入酸、碱或缓冲溶液来调节。

（2）温度

发酵过程中温度条件也是影响细胞生长发酵的重要因素之一。不同的菌适宜的生长温度不同，例如，酵母菌的最适生长温度为 28 ℃，大肠杆菌最适生长温度为 37 ℃左右等。同时，微生物在生长发育中，不断地吸收营养成分来合成菌体的细胞物质和酶时的生化反应是吸热反应；培养基中的营养物质被大量分解时的生化反应是放热反应。为了平衡这两种情况对培养基温度的影响，就要及时对温度进行调控，以便产酶菌可以保持最佳的生长温度。

（3）溶氧

在产酶菌生长、繁殖和发酵产酶的过程中会有大量的能量消耗，这些能量一般以 ATP 的形式提供。为了获得足够多的能量，以满足细胞生长和发酵产酶的要求，培养基中的碳源必须经过有氧降解才能产生ATP，所以在产酶菌的发酵培养时要维持一定的溶氧量。不同的培养基溶解氧差异很大，固体培养基往往有较高的溶氧量，反之，液体培养基溶氧量较小。因此，溶解氧的调节控制，就是要根据细胞对溶解氧的需求量加以调节。

3.7 提高酶产量的方法

3.7.1 酶合成的调控机制

在酶的生物合成过程中，细胞内酶的含量取决于酶的合成速度和分解速度。细胞根据自身活动需要，严格控制细胞内各种酶的合理含量，从而对各种生物化学过程进行调控。其中酶产量调节的化学本质是基因表达的调节，对于原核生物来说，由于其转录和翻译过程紧密相连，因此，只要在转录水平上进行调控，就可控制酶的合成。目前被普遍接受的原核生物的酶合成调节机制为操纵子模型。

(1) 操纵子学说

1960年Jacob和Monod提出了操纵子学说，操纵子(operon)即基因的调控单位，也称转录单位，包括结构(structure)基因、启动(promotor)基因和操纵(operator)基因3个部分。结构基因指能转录、翻译合成相应酶的基因，包括有关酶的结构密码，决定酶的结构和性质。操纵基因是位于启动基因和结构基因之间的一段碱基，是阻遏蛋白的结合位点，能通过与阻遏物相结合来决定结构基因的转录是否能进行。其中操纵子的活动又受到调节基因的调控，调节基因用于编码组成型调节蛋白的基因，通过转录、翻译合成蛋白质来调控操纵子的活动。如果调节基因表达的蛋白质是阻止转录进行的，即为操纵子的负调控，如大肠杆菌的乳糖操纵子，反之为正调控，如阿拉伯糖分解酶操纵子。启动基因位于操纵基因的最前端，在转录时是RNA聚合酶首先结合的区域。

图3-16所示为大肠杆菌乳糖操纵子模型的示意图，其中*lacZ*、*lacY*、*lacA*分别代表与乳糖代谢有关的3种酶的结构基因，与操纵基因等共同组成一个基因表达调控单位。当大肠杆菌在没有添加乳糖的环境中生存，*Lac*操纵子处于阻遏状态。调节基因在其自身启动子控制下，低水平、组成型表达产生阻遏蛋白与操纵基因结合，阻碍了RNA聚合酶与启动子的结合，转录无法进行，不能合成相应的蛋白质或酶。当培养基中有乳糖存在时，乳糖会被细胞膜上的*LacY*编码的酶运入细胞内，与阻遏物结合，进而引起阻遏物构型改变，不能与操纵基因的DNA结合，这使RNA聚合酶可以与启动子的结合，进行转录、翻译，合成有关蛋白质或酶。

(2) 转录水平上的调节

① 分解代谢物阻遏作用：也称葡萄糖效应，指葡萄糖或一些其他容易利用的碳源分解代谢的产物阻遏参与分解代谢的酶的生物合成现象。

其机制是葡萄糖等易利用的碳源经过分解代谢放出的能量有一部分贮存在ATP中。ATP是由AMP和ADP通过磷酸化作用生成的。细胞内ATP的浓度增加，使AMP的浓度降低，存在于细胞内的cAMP就通过磷酸二酯酶的作用水解生成AMP。因此cAMP的浓度降低，导致cAMP-CAP复合物减少，RNA聚合酶也就无法结合到其启动基因的相应位点上，故转录不能进行，酶的生物合成受到阻遏。但随着细胞的生长和新陈代谢的不断进

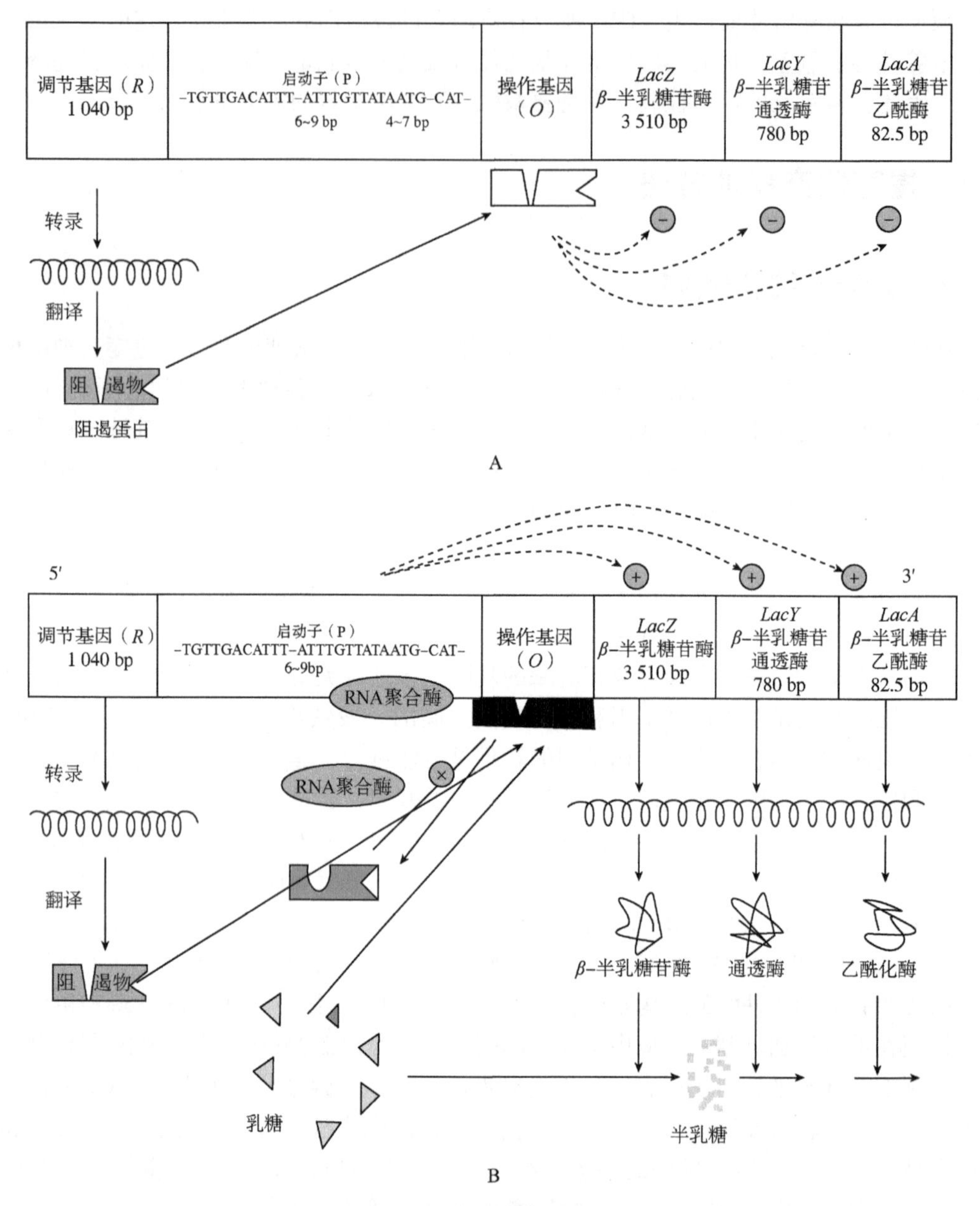

图 3-16　乳糖操纵子模型

行，ATP 被消耗而导致浓度降低，细胞内 ADP 以及 AMP 的浓度增加，进而 cAMP 的浓度增加，当 cAMP 浓度增加到一定水平时，cAMP-CAP 复合物结合到启动基因的特定位点上，酶的生物合成才可能进行。

② 酶生物合成的诱导作用：某种酶在一般情况下不能合成或合成较少，在添加“诱导物”(inducer)后大量合成，这种现象为酶生物合成的诱导作用。诱导剂可以是诱导酶的底物、酶的底物类似物或者酶的反应产物等。在酶的诱导中，调节蛋白就是阻遏物，诱导物就是效应物。在没有诱导物时，阻遏蛋白与操纵基因结合，使转录不能进行，阻遏酶的合成；当诱导物存在时，与阻遏蛋白结合发生变构效应，使阻遏蛋白失去与操纵基因结合的

能力，“开关”打开。一种诱导酶的合成可以被多种诱导剂诱导，但诱导剂不同，诱导能力也存在差异。

③ 酶生物合成的反馈阻遏作用：在生物生长过程中，会以一定速度合成某些酶，但当这些酶催化生成的产物过量积累时，这些酶的合成就会受到阻遏，这就称作反馈阻遏作用，也称为末端产物阻遏作用。其调节机制也是与操纵子学说有关，调节基因产生阻遏物，当有终产物存在时，它与阻遏物结合后，与操纵基因结合致使 RNA 聚合酶无法结合到启动基因的相应位点上，操纵基因关闭，酶合成受到反馈抑制。如果终产物不存在，就可解除这种阻遏作用，使转录顺利进行。

3.7.2 发酵条件的控制

在酶发酵生产中，产酶菌的产酶性能是决定发酵效果的决定因素，调控发酵过程中的工艺条件，可使产酶菌在最优发酵条件下产酶，达到酶生物合成的最佳状态。

（1）pH 值调节

细胞生长繁殖以及发酵产酶与培养基的 pH 值有密切联系。因此，进行必要的调节控制可有效提高酶产量。不同的微生物生长繁殖的最适 pH 值不同，例如，一些产碱性蛋白酶的生产菌最适 pH 值为 8.5~9.0，产酸性蛋白酶生产菌最适 pH 值为 4.0~4.5。

此外，有些细胞在发酵过程中可以同时产出多种酶，如黑曲霉既可以生产 α-淀粉酶，又可以合成糖化酶，但在中性条件下，以产 α-淀粉酶为主；在酸性条件下，以产糖化酶为主。因此，在不同的 pH 值条件下，有些菌产各种酶的合成量的比例会存在差异，根据不同的需求，对培养基的 pH 值进行调控，可有效提高酶的生物合成量。

（2）温度调节

产酶的最适温度一般低于生长最适温度，由于在较低温度下，可延长产酶时间，提高酶的稳定性。例如，酱油曲霉最适生长温度为 40 ℃，而产酶最适温度为 28 ℃，因此要在产酶菌发酵过程中不同阶段控制不同的温度，使产酶菌的发酵水平达到最佳状态。

在发酵初期，要对培养基温度进行保温；当菌体大量增长时，要降低发酵罐温度，因为菌株生长阶段由于新陈代谢作用会有大量的呼吸热放出，使培养基温度上升；到发酵后期，培养基温度下降，此时根据不同菌发酵产酶的最适温度对发酵罐温度继续进行调控。

（3）溶解氧调节

在酶的发酵产酶过程中是需氧反应，需要消耗大量的 ATP。因为在发酵过程中，微生物细胞不断分裂增殖，耗氧量不断上升，在对数生长期和酶合成阶段达到高峰，所以要使溶氧速率与耗氧速率达到平衡，溶氧速率与通气量、氧气分压、气液接触面积、气液接触时间以及培养液的性质等密切相关，最常见的是通过改变通风量来控制发酵过程的供氧量。根据不同的发酵方法，通气量的需求也不同。液体深层发酵时，采用较小的通气量有利于霉菌孢子萌发和菌体生长，较大通气量利于酶的形成，而固体发酵则相反。

（4）发酵期泡沫控制

在发酵过程中泡沫的产生对细胞生长代谢的影响也不容忽略。泡沫过多带来的负面影响很多，如有可能造成“逃液”，增加杂菌污染的风险，阻碍热散失；减少气体交换，干扰菌体呼吸，造成代谢异常等。消除和抑制泡沫的方法最常见的就是添加消泡剂，减少起泡物质和产泡外力，使菌株可以正常生长代谢繁殖。

3.7.3 基因突变

基因突变是基因组DNA分子发生的突然的、可遗传的变异现象。基因突变发生在结构基因上，会导致酶的结构和性质发生改变；发生在操纵基因或其他部位，会使酶产量升高或降低。从酶合成调节机制的角度分析，基因突变后有两种情况可使酶产量升高：①酶从诱导型转为组成型，即在没有诱导物的条件下，酶的产量也能达到诱导的水平。②从阻遏型转为去阻遏型，即通过突变解除了阻遏作用。

虽然基因突变可提升酶产量，但由于其存在自发性和不确定性，且变异程度不大，仅通过菌株自发突变来实现酶产量的提高是远远不够的。因此可以通过理化诱变因子作用于细胞使其进行基因突变，再从中筛选有用突变的个体(见本章3.3.2)；或者利用基因定点突变技术，进行有目的的遗传修饰，可定向培育高产菌株。

3.7.4 基因重组

基因工程是在分子水平上，通过人工合成的方法将外源基因引入细胞而获得新遗传性状细胞的技术，又称为重组DNA技术。它是外源基因与载体DNA通过基因重组的方法，形成重组子转化到受体细胞中，使所需要的外源基因在受体细胞中得到复制表达，从而达到改造生物遗传特性的目的(见本章3.3.2)。将基因重组技术应用于现代酶工程可构建高产菌株，扩大微生物发酵产品的范围。

3.7.5 其他方法

(1) 添加产酶促进剂

在酶的发酵过程中，添加少量的产酶促进剂，可以显著提高酶的产量。产酶促进剂一般包括酶的诱导物或表面活性剂。表面活性剂可以与细胞膜相互作用，增加细胞膜的透过性，进而有利于胞外酶的分泌，提高酶的产量。但表面活性剂分为两大类：离子型和非离子型，其中离子型表面活性剂通常对细胞有毒害作用，因此不适宜添加到酶的发酵生产培养基中。非离子表面活性剂毒性小，成为生产中提高胞外酶活力的最佳选择之一。对于诱导酶，可采用一些特殊物质诱导提高酶的产量。例如，在漆酶的生产过程中，愈创木酚对漆酶具有一定的诱导作用，是目前研究中最常使用的诱导剂。

(2) 控制阻遏物浓度

由于生产中受到产物阻遏和分解代谢物的调节，导致酶产量的下降，因此可通过控制阻遏物的浓度来避免这种阻遏作用。可以采用分批添加碳源的办法，控制细胞增殖率，使培养液中的碳源浓度保持在不引起代谢物阻碍作用的水平。或直接限制阻遏物浓度，解除阻遏作用，可提高酶产量。

3.8 酶发酵生产举例

3.8.1 α-淀粉酶

淀粉酶是水解淀粉物质的一类酶的总称，广泛存在于动、植物和微生物中。它是最早实现工业化生产并且迄今为止应用最广、产量最大的一类酶制剂品种。根据淀粉酶对淀粉水解方式的不同，可将淀粉酶分为四大类，即α-淀粉酶、β-淀粉酶、葡萄糖淀粉酶和异淀粉酶(脱支酶)。

(1) α-淀粉酶的生产菌种

工业上大规模生产和应用的α-淀粉酶主要来自细菌和曲霉，尤其是枯草芽孢杆菌。中国淀粉糖工业使用的液化酶 BF-7658 和美国的 Tenase 等都属于此类。芽孢杆菌所产α-淀粉酶分为液化型与糖化型两种。地衣芽孢杆菌α-淀粉酶耐热性比枯草芽孢杆菌高，但产量较低。具有实用价值的α-淀粉酶生产菌株详见表 3-5。

表 3-5 常用的α-淀粉酶生产菌株

来源	生产菌株
细菌	枯草芽孢杆菌 JD-32(*Bacillus subtilis* JD-32)
	枯草芽孢杆菌 BF-7658(*Bacillus subtilis* BF-7658)
	淀粉液化芽孢杆菌(*Bacillus amyloliquefaciens*)
	淀粉糖化芽孢杆菌(*Bacillus amylosaccharogenicus*)
	嗜热脂肪芽孢杆菌(*Bacillus stearothermophilus*)
	马铃薯芽孢杆菌(*Bacillus mesentericus*)
	凝聚芽孢杆菌(*Bacillus coagulans*)
	多黏芽孢杆菌(*Bacillus polymyxa*)
	地衣芽孢杆菌(*Bacillus licheniformis*)
	嗜碱芽孢杆菌(*Bacillus alkalophilic*)
霉菌	米曲霉(*Aspergillus oryzae*)
	黑曲霉(*Aspergillus niger*)
	泡盛曲霉(*Aspergillus awamori*)
	金黄曲霉(*Aspergillus aureus*)

(2) α-淀粉酶的生产举例

① 选用菌种：耐高温α-淀粉酶高产地衣芽孢杆菌 BL-H19，由麦丹生物有限公司福州研究院筛选、保藏的产耐高温α-淀粉酶优良菌种。

② 菌株活化：将甘油管保藏的菌株转接于斜面培养基中，37 ℃恒温箱中培养 24 h。斜面培养基(w/v)：葡萄糖5%，玉米淀粉1%，蛋白胨0.5%，牛肉粉0.3%，酵母提取粉0.2%，氯化钠0.2%，琼脂粉2%，pH 值调至6.4。

③ 摇瓶种子培养：种子培养基(w/v)：黄豆饼粉 1.2%，棉籽粉 0.8%，硫酸铵0.33%，液化淀粉6%(DE 值为 24±1)，氯化钙 0.04%，磷酸氢二钾 1.0%，磷酸二氢钾0.35%，柠檬酸钠 0.1%，自然 pH 值约 6.5。其中，液化淀粉的制备：称取一定质量的玉米淀粉，用去离子水调浆配制成 30%的淀粉乳，自然 pH 值约为 5.9，加 0.2%无水氯化钙，每克玉米淀粉加入 20 U 固体高温α-淀粉酶制剂，充分搅拌下水浴加热从常温升至92 ℃恒温反应。糊化完成后开始计时，完成所需反应时间后冷水浴快速冷却并定容。测定液化淀粉溶液还原糖含量，计算 DE 值[指葡萄糖(所有测定的还原糖都当作葡萄糖)占干物质的百分率，用于表示淀粉水解程度及糖化程度]。250 mL 三角瓶内装有灭菌的种子

摇瓶培养基 50 mL。无菌条件下用蒸馏水洗下斜面菌落，2%接种量接入三角瓶中，然后放入摇床于 37 ℃，280 r/min 培养 16 h。

④ 10 L 发酵罐发酵：发酵培养基：黄豆饼粉 2.6%，棉籽粉 2.1%，硫酸铵 0.5%，液化淀粉 12.0%（DE 值为 24%±1%），蔗糖 5.3%，玉米浆 3.0%，氯化钙 0.045%，磷酸氢二钾 1.7%，磷酸二氢钾 0.3%，柠檬酸钠 0.2%，自然 pH 值约为 6.5。最佳发酵培养工艺为：将种子摇瓶接种于一级种子扩增培养基，培养 24 h 再以 10%的接种量接入发酵罐培养；发酵控制过程分为两个阶段：生长阶段 0~48 h，培养温度 38 ℃，以自动控制补氨法控制培养基 pH 值在 6.5 左右，根据菌体生长需要提高转速、通气量，控制 DO 值在 30~35，根据需要流加泡敌控制泡沫。发酵阶段 48~102 h，培养温度 40 ℃，通过转速、通气量控制 DO 值在 30~50。在发酵 60~96 h 恒速流加液化淀粉，速度为 7.5 mL/min（补料泵每 200 s 工作 6 s），使总糖浓度控制在 1.6%~1.9%，还原糖浓度控制在 0.9%~1.3%，pH 值保持平稳。102 h 放罐。

⑤ 提取浓缩工艺：经絮凝、压滤、二次过滤后，采用超滤膜浓缩，保持料液浓缩过程中温度 20~45 ℃；最后采用精滤板框过滤机，配合硅藻土预涂工艺进行过滤除菌，最终生产出成品酶液。

3.8.2 蛋白酶

蛋白酶是水解蛋白质肽键的一类酶的总称。按照水解多肽的方式不同，可以将蛋白酶分为内肽酶和外肽酶两类。按蛋白酶反应的最适 pH 值，可将其分为酸性蛋白酶（最适 pH 2.0~5.0）、中性蛋白酶（最适 pH 7.0~8.0）、碱性蛋白酶（最适 pH 9.0~11.0）。

（1）酸性蛋白酶的生产菌种

1972 年，美国专利报道了杜邦青霉 ATTC 20186 产生的蛋白酶具有耐酸和耐热的特性。1977 年，中国科学院微生物研究所和新疆生物土壤沙漠研究所共同研制的由宇佐美曲霉经诱变、筛选的宇佐美曲霉 537 高产酸性蛋白酶菌种。1999 年，李永泉等采用微波诱变和化学诱变相结合的方法处理宇佐美曲霉获得了酸性蛋白酶高产菌种宇佐美曲霉 L-336（表 3-6）。

表 3-6 常用的酸性蛋白酶生产菌株

来源	生产菌株
曲霉	黑曲霉（*Aspergillus niger*）
	泡盛曲霉（*Aspergillus awamori*）
	米曲霉（*Aspergillus oryzae*）
	宇佐美曲霉（*Aspergillus usamii*）
	斋藤曲霉（*Aspergillus saitoi*）
根霉	德氏根霉（*Rhizopus delemar*）
	少孢根霉（*Rhizopus oligosporus*）
青霉	杜邦青霉（*Penicillium dupontii*）
	娄地青霉（*Penicillium roqueforti*）
酵母	啤酒酵母（*Saccharomyces cerevisiae*）
	黏红酵母（*Rhodotorula glutinis*）

(2) 酸性蛋白酶的生产举例

① 选用菌种：宇佐美曲霉 L-336。

② 菌种活化：茄子瓶斜面培养基：5 Brix 麦芽汁 100 mL，琼脂 2.0 g，调节 pH 值至 5.4。接种一环，31 ℃恒温培养 3 d。

③ 种子罐培养：种子培养基(g/100 mL)：黄豆粉 5.0，玉米浆 1.0，玉米粉 2.0，麸皮 2.0，磷酸氢二钠 0.4，无水氯化钙 0.5，氯化铵 1.0，调 pH 值至 5.4，500 L 种子罐装液量 300 L。接种 2 个茄子瓶孢子悬浊液，通气量 1∶0.4 v/v/m，200 r/min，31 ℃培养 24 h。

④ $2m^3$发酵罐培养：发酵培养基(g/100mL)：黄豆粉 4.3，玉米粉 1.0，鱼粉 0.7，无水氯化钙 0.5，氯化铵 1.0，磷酸氢二钠 0.2，蚕蛹水解液 10.0，豆油 1.6。接种量 10%(v/v)，温度 31 ℃，搅拌转速 200r/min，通风条件：0~25 h 时 1∶0.4 v/v/m，25~50 h 时 1∶1 v/v/m，50 h 后 1∶1.3 v/v/m，75 h 下罐。

⑤ 提取：成熟发酵醪进入絮凝罐，加入絮凝剂絮凝沉淀，再用板框压滤机压滤，滤饼经干燥后可作饲料酶添加剂，滤清液用超滤膜浓缩器浓缩，经检验合格，加入防腐剂、稳定剂便成为成品浓缩酸性蛋白酶制剂。浓缩的液体酸性蛋白酶要求在低温下存放，并且只能短时间就近使用。浓缩酸性蛋白酶经载体(食用级淀粉)吸收干燥后，可在常温下长时间存放而不失活。

3.8.3 脂肪酶

脂肪酶，也称甘油酯水解酶。广泛存在于动、植物和微生物中的一种酶，在脂质代谢中发挥重要的作用。

(1)脂肪酶的生产菌种

目前供应市场的脂肪酶有德式根霉、圆柱形假丝酵母、曲霉、毛霉、黏指色杆菌等微生物所产生的脂肪酶(表 3-7)。

表 3-7 常用的脂肪酶生产菌株

来源	生产菌株
真菌	黑曲霉(*Aspergillus niger*)
	德氏根霉(*Rhizopus delemar*)
	爪哇毛霉(*Mucor javanicus*)
	大豆核盘菌(*Sclerotinia liertiana*)
	圆柱形假丝酵母(*Candida cylindracea*)
	白地霉(*Geotrichum candidum*)
细菌	小放线菌(*Acticillium oxalicum*)
	枯草芽孢杆菌(*Bacillus subtilis*)

(2) 脂肪酶的生产举例

① 选用菌种：假丝酵母 99-125。

② 菌种活化：斜面培养基(w/v)：酵母粉 0.2%，蛋白胨 0.5%，葡萄糖 1.0%，琼脂 2.0%。将保存的菌种转接到斜面培养基上，27 ℃恒温培养 4 d。

③ 一级种子罐培养：一级种子培养基(w/v)：豆油 4.0%，豆粕 4.0%，磷酸氢二钾 0.1%，磷酸二氢钾 0.1%。100 L 种子罐装液量 60 L。通风量 0.6 : 1 v/v/m，124 r/min，28 ℃培养。前 24 h 溶氧基本没有变化，pH 值略有上升，是生长迟滞期；随后 pH 值开始下降，进入对数生长期，在 44 h 左右，对数生长中后期，移种到二级种子罐。

④ 二级种子罐培养：二级种子培养基(w/v)：豆油 4.0%，豆粕 4.0%，磷酸氢二钾 0.1%，磷酸二氢钾 0.1%，加入适量消泡剂。1 000 L 种子罐装液量 600 L。通风量 0.6 : 1 v/v/m，100 r/min，28 ℃培养。经过 2 h 的适应，菌体迅速进入对数生长期，培养 12~16 h，转入发酵罐。

⑤ $5m^3$发酵罐培养：发酵培养基(w/v)：豆油 6.0%，大豆分离蛋白 3.0%，大豆生物素 2.0%，磷酸氢二钾 0.1%，磷酸二氢钾 0.1%，加入适量消泡剂。通风量 0.8 : 1 v/v/m，122 r/min，28 ℃培养。在发酵后期，碳源消耗殆尽，于 84 h 左右一次性补入豆油 0.5%(w/v)，在 103 h 左右下罐。

⑥ 提取：发酵结束后，在发酵罐中逐步加入硫酸铵，加入量按 40%(质量体积百分浓度)计，溶解后静置 24 h，然后装入尼龙布袋压滤，脱去大部分盐液后即得湿酶。然后按湿酶重 40%~60%的量，拌入疏松剂硫酸钠(主要使湿酶疏松，以便于烘干和粉碎，增加溶解度，提高回收率)。经绞酶机成型后，置 40 ℃通风干燥，18~24 h 后即得可粉碎成粉剂。另外也可采用添加一种辅助稳定剂如糊精、乳糖、羧甲基纤维素、聚乙二醇、脱脂乳、山梨糖醇之类，滤液喷雾干燥制得粗酶粉。

推荐阅读

1. Deckers M, Deforce D, Fraiture M A, et al. Genetically modified micro-organisms for industrial food enzyme production: an overview. Foods, 2020, 9(3): 326.

食品工业对酶制剂的需求正在逐年增加。这些食品用酶主要通过微生物发酵获得。通过使用基因改造的微生物菌株生产重组酶，可以通过优化发酵过程来提高食品酶的产量。这篇综述概述了用于生产酶制剂的不同方法，以及如何使用基因改造增加产量。另外，概述了有关欧洲市场上的食品酶制剂授权和基因改造菌株使用的不同法规以及潜在问题。

2. Kaur J, Kumar A, Kaur J. Strategies for optimization of heterologous protein expression in *E. coli*: roadblocks and reinforcements. International Journal of Biological Macromolecules, 2018, 106: 803-822.

大肠杆菌是用于在细菌中生产重组蛋白的最优选系统，改进的遗传工具/方法的可用性使其比以往更具价值。这篇文献综述了异源蛋白在大肠杆菌中表达策略的最新进展，并着重于最大限度地提高重组蛋白的产量。

开放性讨论题

1. 从本章的学习可以看出，通过构建基因工程菌可以显著提升细胞表达蛋白的水平，请查阅相关书籍、文献进一步了解微生物表达系统，并讨论一下在进行异源蛋白表达时应如何选择表达系统？

2. 在本章的内容中介绍了许多提升酶发酵产量的策略，请查阅相关书籍、文献，讨论一下还有哪些技术、方法可以用于酶的产量提升？

思考题

1. 酶的来源有哪些？
2. 与动、植物细胞产酶相比，微生物细胞产酶有什么优势？
3. 传统产酶微生物的筛选依据是什么？
4. 产酶微生物的选育方式有哪些？你还知道哪些方式可以用于微生物选育？
5. 酶基因的获得方式有哪些？试比较它们的优缺点。
6. 简述产酶微生物工程菌的构建流程。
7. 微生物中酶的合成模式有哪些？试比较它们的优缺点。
8. 影响微生物发酵产酶能力的主要因素有哪些？

第4章　酶的分离纯化

导　语

酶的分离纯化是酶学研究的基础。自1926年Sumner博士从刀豆中分离得到脲酶的结晶以来，酶的分离纯化研究取得迅速发展，基本建立了酶分离纯化的理论体系。酶分离纯化的目的是获得一定量的、不含或少含杂质的酶制剂，以利于在科学研究或生产中的应用。由于酶使用目的不同，所要求的纯度也不一样，例如，食品工业对酶纯度要求不高，但要确保酶制剂的安全；纺织退浆、皮革脱毛及洗涤去污等日化行业对酶制剂的纯度及质量要求低一些；但用于酶学性质研究、生化试剂盒、医药等领域则需要高纯度的酶。酶的纯化过程与一般的蛋白质纯化过程相似，但又有其自身特点。本章将对酶液制备、分离、纯化及保存的基本原则和方法进行系统介绍。

通过本章的学习可以掌握以下知识：

❖ 粗酶液的制备；

❖ 酶纯化的原理及方法；

❖ 酶分离纯化的原则；

❖ 酶分离纯化的评价；

❖ 酶的剂型与保存。

知识导图

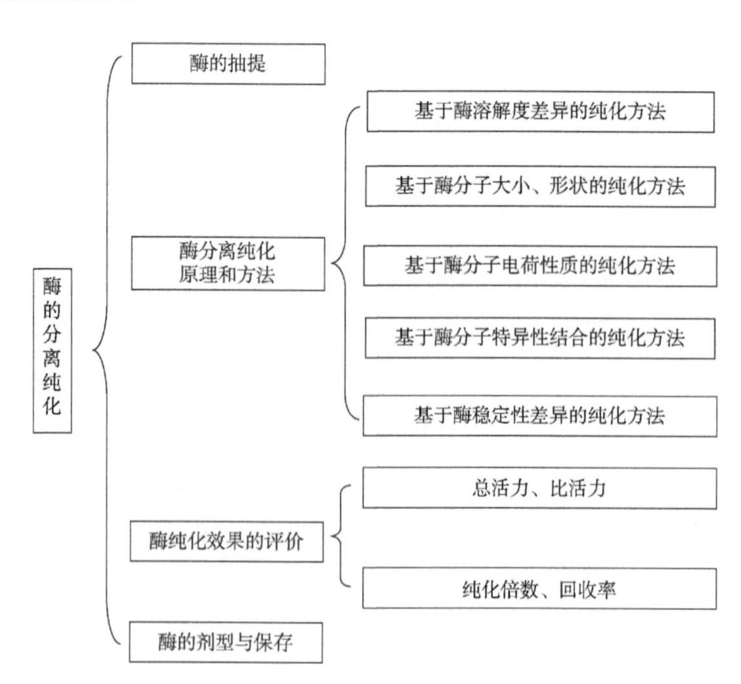

关键词

抽提　分离　纯化　沉淀法　凝胶层析　电泳法　亲和层析法　总活力　比活力　纯化倍数　回收率　浓缩　酶的剂型　液体酶制剂　固体酶制剂　纯酶制剂

本章重点

- 掌握酶分离纯化的原理及方法；
- 掌握酶分离纯化效果的评价；
- 掌握酶保存的影响因素及方法。

本章难点

- 酶分离纯化的主要方法；
- 凝胶层析的原理；
- 酶总活力、比活力、回收率和纯化倍数的计算。

酶的分离纯化是酶学研究和应用的基础。酶的结构、性质、功能、作用机制、反应动力学等研究都需要高纯度的酶，以免除其他杂酶或杂蛋白的干扰。当然，由于使用酶制剂的目的不同，对酶制剂的纯度要求也不同。一般而言，酶学研究或医用行业对酶的纯度要求比较高，食品工业或化工行业，对酶制剂的纯度要求不高，常常只需要粗酶或简单的分离纯化就可以满足生产的需要。因此要根据不同的需要采取不同的方法分离纯化酶。

自1926年美国康奈尔大学的Sumner博士从刀豆中分离提纯得到第一个酶——脲酶的结晶以来，科研人员已发展了不同的酶分离纯化方法，获得300多种酶的结晶。酶的种类很多，不同的酶来源不同、性质不同，又处于不同的体系中，因此不同的酶有不同的纯化方法。一个特定酶的纯化往往需要经过多个步骤，在不破坏“目标酶”的情况下，可将多种分离纯化方法组合使用。酶的本质是蛋白质，一般情况下，大部分蛋白质的分离纯化方法都同样适用于酶的分离纯化，但酶易变性失活，故酶分离纯化需在低温、温和pH值等条件下进行。另外，重金属、有机溶剂能使酶变性，微生物污染以及蛋白水解酶能使酶分解而失去活性。因此，酶的纯化过程又有其自身的特点：一是特定的酶在细胞中含量很低；二是酶的分离纯化可以通过酶活力的测定加以监控。前者给酶分离纯化带来了困难，而后者却能使我们迅速找出酶纯化过程中的关键步骤。酶分离纯化过程包括酶的抽提（即粗酶液的制备）、酶的纯化和酶制剂3个环节。

4.1　粗酶液的制备

4.1.1　细胞破碎

酶抽提前，通常需要对含酶原材料进行适当的预处理。动物材料要先剔除结缔组织、脂肪组织；植物种子研磨前应去壳，油质种子还需先用有机溶剂脱脂；微生物材料应将菌体和发酵介质分离；部分酚类物质含量高的材料，如茶鲜叶在细胞破碎的同时应加入适量的聚乙烯吡咯烷酮(PVPP)，避免多酚吸附蛋白质。此外，对于含胞内酶的原材料先要进行细胞破碎。各种生物组织的细胞有着不同的特点，在考虑破碎方法时，要根据细胞性质、处理量及酶的性质采用合适的方法。

4.1.1.1 细胞破碎的方法

(1) *机械破碎法*

机械破碎法又称机械匀浆法，是利用机械力的搅拌、剪切作用来研碎细胞。可以直接用研钵研磨，也可用破碎设备进行。常用的机械破碎设备有高速组织捣碎机、高压匀浆机、高速球磨机等。例如，对于动物组织的细胞器，一般可将组织切成小块，再用高速组织捣碎机将其均质化。高压匀浆机、高速球磨机非常适合于细菌、真菌细胞的破碎，且处理容量大，一般循环 2~3 次即可达到破碎要求。

(2) *超声破碎法*

超声波是破碎细胞或细胞器的一种有效手段。经过足够时间的超声波处理，细菌和酵母细胞都能够得到很好的破碎。超声波破碎一次处理的量较大，探头式超声设备比水浴式超声设备破碎效果更好。超声破碎的主要问题是超声空穴引起的局部过热可能会导致酶的失活，因此超声处理的时间应尽量短，或结合冷却处理，尽量减少热效应对酶活性的影响。

(3) *冻融法*

生物组织经冷冻后细胞液结成冰晶，细胞体积变大，使细胞壁涨破。冻融法所需设备简单，普通的家用冰箱的冷冻室即可进行细胞冻融破碎。该法简单易行，但效率较低，需反复冻融多次才能达到预期的破壁效果。若冻融操作时间过长，要注意胞内蛋白酶作用可能引起目标酶的降解，一般需在冻融液中加入蛋白酶抑制剂，如苯甲基磺酰氟(PMSF)、络合剂 EDTA、还原剂二硫苏糖醇(DTT)等以防破坏目标酶。

(4) *渗透压破碎法*

渗透压破碎法是指细胞在低渗溶液中由于渗透压的作用，溶胀破碎的一种细胞破碎方法，是破碎细胞最温和的方法之一。但这种方法对具有坚硬的多糖细胞壁的细胞，如植物和霉菌不太适用，除非用其他方法先除去这些细胞外层坚韧的细胞壁。

(5) *化学破碎法*

化学破碎法是应用各种化学试剂与细胞膜作用，使细胞膜的结构改变或破坏的方法。常用的化学试剂可分为有机溶剂和表面活性剂两大类。

有机溶剂处理：常用的有机溶剂有甲苯、丙酮、丁醇和氯仿等。有机溶剂破坏细胞膜磷脂结构，从而改变细胞膜的通透性，再经过提取可使膜结合酶或胞内酶等释放到胞外。例如，丙酮粉法是指利用丙酮使细胞迅速脱水并破坏细胞壁的作用而达到破碎细胞的目的。将细胞悬浮在 10 倍体积的预冷至-20 ℃的丙酮之中，搅拌均匀，待自然沉降后弃去上清液，抽滤得细胞，再用 2.5 倍体积的-20 ℃丙酮洗涤，抽滤，再用冷丙酮反复洗涤数次，抽干后置于干燥器中低温保存，除去残余的丙酮，得到的细胞干粉，称为丙酮粉，可长期保存，使用时再用水和缓冲液把胞内的酶提取出来。经丙酮处理的细胞干粉，丙酮还能除去细胞膜部分脂肪，更有利于酶的提取。

表面活性剂处理：表面活性剂可以和细胞膜中的磷脂和脂蛋白相互作用而破坏细胞膜结构，增加膜的通透性。表面活性剂有离子型和非离子型之分，离子型表面活性剂破碎效果较好，但同样会导致酶结构的破坏而引起酶变性失活。所以在酶的提取过程中一般不采用离子型表面活性剂，而采用非离子型表面活性剂，如曲拉通(Triton)、吐温(Tween)等。处理完后可采用凝胶层析等方法，将表面活性剂除去，以免影响酶的进一步分离纯化。表面活性剂处理法对膜结合酶的提取特别有效，在实验室和生产中均已成功使用。

(6) 酶解法

利用溶菌酶、蛋白酶、糖苷酶等对细胞膜或细胞壁的酶解作用，可使细胞崩解破碎。将革兰阳性菌(如枯草杆菌)与溶菌酶一起温浴，就能得到易破碎的原生质体，用EDTA与革兰阴性菌(如大肠杆菌)一起温浴，也可制得相应的原生质体。几丁质酶和葡聚糖酶常用于水解曲霉、面包霉等的细胞壁。酶解法常与其他破碎方法联合使用，如在大肠埃希菌冻融液中加入溶菌酶就可大大提高破碎效果。

细胞破碎的方法很多，但各有特点，对于分离提纯某一目标酶，具体采用何种方法比较合适，则需靠比较、分析来确定。

4.1.1.2 细胞破碎率的测定

为了测定细胞破碎的程度，获得定量的结果，就需要精确的分析技术。可采用以下几种方法。

(1) 直接测定法

利用显微镜或电子微粒计数器可直接计数完整细胞的量，可用于破碎前的细胞计数。可是破碎过程中所释放出来的物质(如DNA和其他聚合物组分)会干扰完整细胞计数，此时可采用染色法，把破碎的细胞从未损害的完整细胞中区分开来，以便计数。例如，破碎的革兰阳性菌常可染色成革兰阴性菌的颜色，利用革兰染色法未受损害的细菌细胞呈紫色，而受损害的细菌细胞呈现亮红色。这样就可以计算出细胞破碎率。

(2) 测定释放的蛋白质量或酶的活力

细胞破碎后，测定悬浮液中细胞内含物的增量来估算破碎率。通常将破碎后的细胞悬浮液离心，测定上清液当中蛋白质的含量或酶的活力，并以100%破碎所获得的标准数值直接比较。

(3) 测定导电率

Lutherd等人报道了一种利用破碎前后导电率的变化来测定破碎程度的快速方法。导电率的变化是由细胞内含物被释放到水相中而引起的。导电率随着破碎率的增加而呈线性增加。因为导电率的读数取决于微生物的种类、处理的条件、细胞浓度、温度和悬浮液中电解质的含量，因此应预先用其他方法进行标准化。

4.1.2 酶的抽提

酶的抽提是指在一定条件下用适当的溶剂处理含酶原料，使酶充分溶解到溶剂中的过程，也称为酶的提取。酶抽提目的是把酶从生物组织或细胞中以溶解状态释放出来。酶抽提时首先应根据酶的结构和溶解性，选择适当的溶剂。一般理想的抽提溶液应具备下述条件：对目标酶溶解度大，破坏作用小；对杂质不溶解或溶解度很小；来源广泛，价格低廉，操作安全等。

大多数酶能溶于水、稀酸、稀碱和稀盐溶液，因此可用水或稀酸、稀碱和稀盐溶液进行提取，通常选择适当的缓冲液进行酶的抽提，缓冲液的pH值、离子强度等因素对抽提酶的质量有显著影响，为了提高酶的提取率并防止酶的变性失活，在酶的提取过程中要注意控制好温度(0~4 ℃)、pH 值等条件。还有一些酶与脂质结合或含较多的非极性基团，不易溶于水、稀酸、稀碱和稀盐溶液，则可用有机溶剂进行提取。根据酶提取所采用的溶液的不同，酶的提取方法主要有盐溶液提取、酸溶液提取、碱溶液提取和有机溶剂提取等。

(1) 盐溶液提取

大多数酶易溶于水，而且在一定浓度的盐溶液中，酶的溶解度增加，这称为盐溶现象。若盐浓度过高，酶的溶解度反而降低，出现盐析现象，因此需要根据具体酶的性质选择适宜浓度的盐溶液进行提取。用于酶提取的稀盐溶液浓度一般控制在 0.02~0.5 mol/L 范围内。例如，固体发酵生产麸曲中的 α-淀粉酶、糖化酶、蛋白酶等胞外酶，用 0.15 mol/L 的氯化钠溶液或 0.02~0.05 mol/L 的磷酸缓冲液提取；酵母醇脱氢酶用 0.5~0.6 mol/L 的磷酸氢二钠溶液提取；6-磷酸葡萄糖酶脱氢酶用 0.1 mol/L 的碳酸钠提取；枯草杆菌碱性磷酸酶用 0.1 mol/L 的氯化镁溶液提取等。

(2) 酸溶液提取

有些酶在酸性条件下溶解度较大而且稳定性较好，宜用酸溶液提取。例如，从胰脏中提取胰蛋白酶和胰凝乳蛋白酶，采用 0.12 mol/L 的硫酸溶液进行提取。

(3) 碱溶液提取

有些酶在碱性条件下溶解度较大且稳定性较好，应采用碱溶液提取。例如，细菌 L-天门冬酰胺酶的提取是将含酶菌体悬浮在 pH 11~12.5 的碱溶液中，振荡 20 min，即达到显著的提取效果。

(4) 有机溶剂的提取

有些与脂质结合比较牢固或者分子中含非极性基团较多的酶，不溶或难溶于水、稀酸、稀碱和稀盐溶液中，这时需要用有机溶剂进行提取。常用的有机溶剂是与水能够混溶的乙醇、丙酮和丁醇等。其中，丁醇对脂蛋白的解离能力较强，提取效果较好，已成功地用于琥珀酸脱氢酶、细胞色素氧化酶和胆碱酯酶等的提取。

4.1.3 酶液的浓缩

酶液浓缩是酶制剂生产中的重要环节，直接影响产品的质量和生产成本。提取液或发酵液中酶蛋白浓度通常很低(如发酵液中酶蛋白浓度一般为 0.1%~1.0%)，如果要得到一定数量的纯化酶，需要处理的抽提液的体积比较大，通过浓缩一方面减少纯化操作容积，同时浓缩后酶浓度提高了，酶的稳定性也能提高。因此，寻找一种操作可行且能耗较低的酶液浓缩工艺，对于简化生产流程、降低生产成本至关重要。由于酶是一种具有高效催化活性的特殊蛋白，在浓缩操作中必须防止酶的变性失活，最大限度地提高酶的收率。酶溶液浓缩的方法很多，常用的方法主要有以下几种。

(1) 蒸发浓缩

蒸发浓缩法分为常压、减压蒸发浓缩两种。常压蒸发浓缩法存在效率低、加热时间长，加热过程容易导致酶蛋白变性等问题，不利于热稳定性差的酶浓缩。另外，在蒸发浓缩过程中还可能出现色泽加深现象，影响产品的质量，所以一般在工业上很少应用。减压蒸发浓缩通常采用薄膜蒸发浓缩法，即将待浓缩的酶溶液在高度真空下转变成极薄的液膜，液膜通过加热而急速汽化，经旋风气液分离器将蒸汽分离、冷凝而达到浓缩目的。

(2) 超滤浓缩

超滤浓缩法是在加压的条件下，将酶溶液通过一层只允许水分子和小分子物质选择性透过的微孔半透膜，而酶等大分子物质被截留，从而达到浓缩的目的。这是浓缩蛋白质的重要方法。这种方法不需要加热，更适用于热敏性酶的浓缩，同时它不涉及相变化，设备简单、操作方便，能在广泛的 pH 值条件下操作，可以避免酶蛋白变性，且分离速度快，因此，近年来发展迅速，越来越被广泛使用。国内外已经生产出了各种型号(不同孔径)的超滤膜，可以用来浓缩相对分子质量介于 250~300 000 的蛋白质。

超滤过程中膜通量是主要的指标，浓差极化、膜的污染等原因都会使膜通量下降，甚至堵塞膜孔，所以，在生产工艺中需要选择合适的操作条件如操作压力、温度、流速及浓缩倍数来减轻浓差极化和防止膜污染的产生，这样才能保证较高的膜通量。另外，需要对设备进行定期清洗，以恢复膜包的分离功能。超滤法是近年来发展起来的新方法，最适于生物大分子尤其是蛋白质的浓缩或脱盐。

(3) 凝胶过滤浓缩

凝胶过滤浓缩法是利用 Sephadex G-25 或 G-50 等的吸水膨胀，使酶蛋白等大分子物质被排阻在凝胶外侧，以达到浓缩的目的。通常采用“静态”方式进行浓缩，应用这种方法时，可将干凝胶分次加入酶液中，使凝胶吸水膨胀，一定时间后，再借助过滤或离心等方法分离出浓缩的酶溶液。凝胶过滤浓缩法的优点是条件温和，操作简便，未改变 pH 值与离子强度等，但是采用此法有可能会导致蛋白质回收率降低。

(4) 透析浓缩

透析浓缩是将酶蛋白溶液放入透析袋中，在密闭容器中缓慢加压，水及无机盐等小分子物质向膜外渗透，酶蛋白即被浓缩；也可用聚乙二醇(PEG)涂于装有酶蛋白的透析袋上，在 4 ℃低温下，干粉 PEG 吸收水分和盐类，酶溶液即被浓缩。此方法快速有效，但一般只能用于少量样品，成本较高。

(5) 冷冻浓缩

冷冻浓缩法是根据溶液相对纯水熔点升高，冰点下降的原理，将溶液冻成冰，然后缓慢溶解，使冰块(不含酶)浮于表面，酶溶解于下层溶液，除去冰块即可达到酶溶液浓缩的目的。这是浓缩具有生物活性的生物大分子常用的有效方法，但冷冻浓缩会引起溶液离子强度和 pH 值的改变，导致酶活性降低，除此之外还需要大功率的制冷设备。

(6) 沉淀浓缩

沉淀浓缩法是采用中性盐或有机溶剂使酶蛋白沉淀，再将沉淀溶解在小体积的溶剂中即可达到酶溶液浓缩的目的。这种方法往往会造成酶蛋白损失。所以在操作过程中应注意防止酶的变性失活。该方法的优点是浓缩倍数大，即便各种蛋白质的沉淀范围不同，也能达到初步纯化的目的。

(7) 吸收浓缩

吸收浓缩法是通过往酶溶液中直接加入吸附剂来吸收除去溶液中的溶剂分子，从而使溶液浓缩。所使用的吸收剂不与溶液起化学反应，对酶蛋白没有吸附作用，容易与溶液分开。吸收剂除去后还能够重复使用。常用的吸收剂有聚乙二醇、聚乙烯吡咯烷酮、蔗糖等。这种方法只适用于少量样品的浓缩。

4.2 酶的纯化

酶的分离纯化工作是酶学研究的基础。酶的纯化过程是一门实验性科学，一个特定酶的提纯往往需要通过许多次实验摸索，没有通用的方法可循。酶的分离纯化工作主要是将酶从杂蛋白中分离出来或者将杂蛋白从酶溶液中除去。现有酶的分离纯化方法都是根据酶和杂蛋白的性质差异而建立的。

4.2.1 基于酶溶解度差异的纯化方法

4.2.1.1 盐析法

低浓度的中性盐可增加蛋白质、酶的溶解度，称为盐溶现象(salting-in)；但当盐浓度继续增加时，蛋白质、酶的溶解度反而降低产生沉淀，称为盐析(salting-out)。

盐析法的基本原理是盐析过程中，盐离子与酶、蛋白质分子争夺水分子，减弱了酶、蛋白质的水合程度(失去水合外壳)，使酶、蛋白质溶解度降低；盐离子所带电荷部分地中和了酶、蛋白质分子上所带电荷，使其净电荷减少，酶、蛋白质也易沉淀。由于不同的酶、蛋白质有不同的分子质量和等电点，所以不同的酶、蛋白质将会在不同的中性盐浓度下析出，从而达到分离纯化的目的。

在盐析分离时应注意以下几点：

① 由于酶、蛋白质是含有许多亲水基团的两性电解质，因此盐析需用较高的中性盐浓度。

② 中性盐的种类与离子强度(I)是对盐析效果影响最大的因素之一。在浓盐溶液中酶蛋白的溶解度(S)与溶液中的离子强度间的关系可表示为：$\lg S=\beta-K_sI$(K_s 为盐析系数，β 为截距常数)。就盐析效果而言，多价盐比单价盐好。酶蛋白盐析时主要使用磷酸盐和硫酸盐等中性盐，前者盐析效果虽优于后者，但其溶解度却比后者低，因此常用硫酸盐，特别是硫酸铵。硫酸铵极易溶于水，且不易使酶失去活性，但其 pH 值难以控制。另外，就盐析效果而言虽然氯化钠不如硫酸铵，但其安全性比硫酸铵要好，因此在分离纯化食品酶时也经常被使用。在实际操作上常用饱和硫酸铵溶液浓度即饱和度(saturation)来表示硫酸铵的浓度。

③ 酶蛋白本身的情况也是影响盐析效果的因素之一。一般地，酶蛋白浓度越低，各组分间的相互作用越小，分离效果也越好，但若太低，则过大的体积会使离心回收沉淀带来困难。不同纯度的酶蛋白其溶解度往往不同，这可能是蛋白质-蛋白质间相互作用的结果。因此，当用较高浓度的酶蛋白(如酶的浓缩液)进行操作时，往往加入较少的盐量即可获得沉淀。当酶的含量太高时，其他酶或蛋白质与目标酶的共沉淀作用也随之加强，将不利于纯化。所以，当酶的含量太高时应适当稀释，一般以 2.5%~3%为宜。同时，不同的蛋白质、酶发生盐析的条件也不同(K_s 分段盐析)，如血浆蛋白质盐析时纤维蛋白原可以在饱和度 20%的硫酸铵中析出，而清蛋白只能在饱和度 62%的硫酸铵中析出。

④ pH 值和温度等环境条件对盐析的效果也有一定的影响。一般而言，当溶液的 pH 值在酶的等电点附近时，盐析效果最好。由于中性盐对酶有一定的保护作用，故盐析可在室温下进行操作。但分离温度敏感的酶时，最好在 4 ℃条件下进行。在一定的 pH 值和温

度条件下，改变离子强度的盐析叫作 K_s 分段盐析；在一定的盐和离子强度条件下，改变 pH 值和温度的盐析叫作 β 分段盐析。

⑤ 盐析法条件温和，且中性盐对酶分子有保护作用，因此该方法已成为被采用频率最高的“初提纯步骤”。

⑥ 在实际盐析操作时还应该注意：硫酸铵纯度要高；通过预试验确定硫酸铵的饱和度；确定合适的硫酸铵的添加方式和添加量；加盐的速率要适中；在硫酸铵饱和度较高时发生盐析的酶沉淀需要离心；盐析沉淀的酶含有较高的盐分，因此盐析后不能够直接进行电泳操作，必须先进行脱盐处理，如透析等。

4.2.1.2　等电点沉淀法

等电点沉淀法(isoelectric point precipitation)的基本原理是利用酶和蛋白质为两性电解质，在等电点时所带净电荷为零，降低了静电斥力，而疏水作用力能使分子间相互吸引，从而形成沉淀。不同的酶和蛋白质具有不同的等电点。因此，可以采用一定的措施使酶液的酸碱度达到某种酶或蛋白质的等电点使其沉淀，与其他物质分离开来，最终达到分离纯化酶的效果。在等电点沉淀法中，如果加入一些有机溶剂或聚乙二醇则可促进沉淀。

等电点沉淀法的一个主要优点是很多酶的等电点都在偏酸性范围内，而无机酸通常价格较低，且某些酸(如磷酸、盐酸和硫酸)的应用能被蛋白质类食品所允许。同时，也可直接进行其他纯化操作，无需将残余的酸除去。等电点沉淀法的主要缺点是酸化时易使酶失活，这是由于酶对低 pH 值比较敏感。

酶的等电点沉淀法分离时应注意以下几点：①此法属于粗分离技术，沉淀可能不完全。因为在等电点时，虽然酶和蛋白质分子的净电荷为零，消除了分子间的静电斥力，但由于水膜的存在，蛋白质仍有一定的溶解度而沉淀不完全。②等电沉淀法经常与盐析法或有机溶剂沉淀法联合使用。单独使用等电点法主要是用于去除等电点相距较大的杂蛋白。③加酸或碱使酶液 pH 值达到酶或蛋白质的等电点时一定要缓慢搅拌，防止由于局部的过酸或过碱而使要分离的酶发生变性。

4.2.1.3　有机溶剂沉淀法

有机溶剂(如冷乙醇、冷丙酮)与水作用能破坏酶分子周围的水膜，同时改变溶液的介电常数，导致酶溶解度降低而沉淀析出。利用不同酶在不同浓度的有机溶剂中的溶解度不同而使酶蛋白分离的方法，称为有机溶剂沉淀法。利用和水互溶的有机溶剂使酶沉淀的方法很早就用来纯化酶，这种方法在工业上也很重要，例如，血浆蛋白质的分离纯化至今仍采用这种方法。由于该方法的机理和盐析法不同，可作为盐析法的补充。

有机溶剂沉淀法的优点是溶剂容易蒸发除去，不会残留在成品中，因此适用于制备食品级酶。而且有机溶剂密度低，与沉淀物密度差大，便于离心分离。有机溶剂沉淀法的缺点是容易使酶变性失活，且有机溶剂易燃、易爆，安全要求高。

有机溶剂沉淀法分离纯化酶时应注意以下几点：

① 所选择的溶剂必须能和水互溶，且不与酶发生反应，最常用的溶剂是乙醇和丙酮。

② 有机溶剂沉淀应在低温下进行，低温能增加收率，且减少酶的变性。加溶剂于水，常为放热反应，故操作时需先将溶剂冷却。例如，用乙醇沉淀血浆蛋白，在-10 ℃进行。有机溶剂的水溶液的冰点一般在 0 ℃以下，故可在 0 ℃以下操作，这是有机溶剂沉淀法的一个优点。

③ 有机溶剂沉淀酶分离后，应立即用水或缓冲液溶解，以降低有机溶剂的浓度，避免变性。沉淀如不能再溶解，很可能已经变性。

④ 有机溶剂沉淀法析出的酶沉淀一般比盐析法析出的沉淀容易过滤或离心分离，分辨率比盐析法好，溶剂也容易除去。

⑤ 添加 0.05 mol/L 的中性盐可以减少有机溶剂引起的酶变性，并可以提高酶的分离效果。但由于中性盐会增加酶在有机溶剂中的溶解度，故中性盐不宜添加太多。

⑥ 接近蛋白质等电点时，引起其沉淀所需加入有机溶剂的量较少。所以有机溶剂沉淀法一般与等电点沉淀法联合使用，即操作时溶液的 pH 值应控制在待分离酶的等电点附近。

⑦ 酶的相对分子质量越大，产生沉淀所需加入的有机溶剂量越少。对很多酶来说，丙酮加量在 20%~50%(体积分数)之间，即可产生沉淀。

由盐析法制得的酶，用有机溶剂沉淀法进一步精制时，需先透析。另外，多价阳离子(如 Ca^{2+}、Zn^{2+}等)会与酶形成复合物，这种复合物在水或有机溶剂中的溶解度较低，因而可以降低使酶沉淀的有机溶剂的量。这对于分离那些在有机溶剂-水溶液中有明显溶解度的酶来说，是一种较好的方法。

4.2.1.4 PEG 沉淀法

许多水溶性非离子型聚合物特别是聚乙二醇(PEG)可用来进行选择性沉淀蛋白以纯化酶。PEG 是一种具有螺旋状和强亲水性的大分子物质，它无毒、不可燃，且对大多数酶有保护作用，是一种十分有效的沉淀剂。PEG 沉淀法可在室温下进行，得到的沉淀颗粒较大，容易收集(与其他沉淀方法相比)。

PEG 的相对分子质量最常用的是 2 000~6 000。所用的 PEG 浓度通常为 20%，再高会使黏度增大，造成沉淀回收困难。PEG 对后续分离步骤影响较少，可以不必除去。PEG 的存在会干扰 $A_{280\ \mathrm{nm}}$和 Lowry 法测定酶，但对双缩脲法(biuret 法)无干扰。

酶的溶解度与 PEG 的浓度呈负相关。和有机溶剂沉淀法一样，在等电点附近加入 PEG 沉淀效果较好。二价金属离子的存在，也能促进某些酶在 PEG 中沉淀。

PEG 沉淀技术操作简便、效果良好，因此在生化分离中被广泛采用。使用该方法时应注意以下几点：

① 酶的相对分子质量越大，其被沉淀下来所需要的 PEG 浓度越低。

② 酶的浓度高，易于沉淀，但分离效果差，因此提取液中酶的浓度以小于 10 mg/mL 为好。

③ PEG 的聚合度越高，沉淀酶时所需要的浓度越低，但分离效果差，一般常用的是 PEG 2 000~6 000。

④ PEG 对酶有一定的保护作用，因此该方法可以在常温操作，且一次可处理大量样品。

⑤ 酶液的 pH 值越接近酶的等电点越易沉淀，一般在 pH 5~8 的范围内影响不大。

⑥ 溶液的离子强度要合适，一般溶液的离子强度小于 2 对 PEG 沉淀效果的影响不大。

4.2.1.5 聚电解质沉淀法

加入聚电解质的作用和絮凝剂类似，同时还兼有一些盐析和降低水化等作用。缺点是往往会使酶结构改变。但它们可应用于食品酶、蛋白质的回收中，因而值得注意。

有一些离子型多糖化合物应用于沉淀食品蛋白。用得较多的是酸性多糖，如羧甲基纤维素、海藻酸盐、果胶酸盐和卡拉胶等，它们的作用主要是静电引力。如羧甲基纤维素能在 pH 值低于等电点时使蛋白沉淀，和其他絮凝剂一样，加入量不能太多，否则会引起胶溶作用而重新溶解。

一些阴离子聚合物(如聚丙烯酸和聚甲基丙烯酸)，以及一些阳离子聚合物(如聚乙烯亚胺和以聚苯乙烯为骨架的季铵盐)曾用来沉淀乳清蛋白质。

聚乙烯亚胺[$H_2N(C_2H_4NH)_nC_2H_4NH_2$]能与蛋白质的酸性区域形成复合物，在中性时，带正电(亚胺基的 pK_a 值在 10~11 之间)，因而沉淀核酸很有效。它在污水处理中作絮凝剂，也广泛用于酶的纯化中。

4.2.2 基于酶分子大小、形状的纯化方法

4.2.2.1 离心分离技术

离心分离技术(centrifugation)是最常用的生化分离技术，其基本原理就是借助离心机旋转时所产生的离心力，使分子大小、形状不同的物质分离开来，离心分离的效果取决于离心时间及离心加速度的大小。

在酶分离中所使用的离心机的种类大体可分为 3 种类型：即普通离心机，最大转速<8 000 r/min，相对离心力 RCF(relative centrifugal force)$<1\times10^4$ g；高速离心机，最大转速$<2.5\times10^4$ r/min，相对离心力 RCF$<1\times10^5$ g，并具有冷冻装置、制动系统等；超速离心机，最大转速$>2.5\times10^4$ r/min，相对离心力 RCF$=(1\sim5)\times10^5$ g，并具有冷冻装置、离心管帽、真空系统、制动系统等。由于离心特别是高速离心会使得溶液温度上升，导致酶失活，因此在酶分离中一般要求使用具有冷冻装置的离心机。同时，在使用离心机时还应注意正确选择离心条件、注意离心管的平衡等。

大体积酶液的离心则需要连续流离心机，该类离心机连续的进料、过滤分离、洗涤、出料，在工艺参数稳定的条件下整个过程均处在连续运行状态，无需停机收集沉淀、清洗。

另外，除普通的离心分离技术外，在酶的分离纯化中还需使用一类特殊的离心技术，即密度梯度离心(density gradient centrifugation)。密度梯度离心是根据生物大分子密度的差别使其分离的一种手段。密度梯度离心有两种基本类型，速度密度梯度离心和平衡密度梯度离心。前一种方法是在离心管中制备蔗糖或甘油的密度梯度，然后在水平位置上离心，混合物中的各组分以其密度所决定的速度在密度梯度中沉降，不同密度的组分分离成带或区带。后一种方法不需要事先制备密度梯度，而是制备 6 mol/L 氯化铯溶液，待分离的大分子溶解在氯化铯中，当溶液放于高离心场中时，氯化铯沉降；几小时后达到平衡，形成稳定的氯化铯密度梯度，大分子混合物按照颗粒的密度分布在各区带中而得到分离，当大分子的密度等于梯度溶液的密度时，则形成区带。

4.2.2.2 透析与超滤技术

透析(dialysis)与超滤(ultrafiltration)技术是利用具有特定大小、均匀孔径的透析膜或超滤膜的筛分作用，在不加压(透析)或加压(超滤)的条件下把酶液通过一层只允许水和

小分子物质选择性透过的透析膜或超滤膜，酶等大分子的物质被截流，从而把小分子物质从酶液中除去(透析与超过滤)或同时达到浓缩酶液的目的(超滤)。这也是透析与超滤技术的最大区别之一。另外，超滤技术需要具有加压系统的超滤设备，而透析技术则不需要专一的仪器。

透析膜或超滤膜本质上都属于半透膜的材料，主要有玻璃纸、再生纤维素、聚酰胺、聚砜等。不同型号的半透膜其物理特性特别是截留相对分子质量不同。因此在使用前应该根据实验要求适当选择。透析袋在生产时常会混入许多化学药品，所以使用前最好在EDTA-$NaHCO_3$溶液中煮过，并浸泡在该溶液内备用。

4.2.2.3 过滤

过滤(filtration)是最普通、最常用的分离技术。在酶的分离中，常需要用过滤法从悬浮液中除掉固体材料。另外，小规模过滤是澄清溶液的较好方法。但很多生物颗粒由于大小及柔韧性方面的原因，会迅速堵塞过滤器，这时使用助滤剂如C盐可改善过滤速度。C盐是硅藻土材料，主要由二氧化硅组成。

4.2.2.4 凝胶层析

凝胶层析(gel chromatography)又称凝胶排阻层析、分子筛层析和凝胶过滤层析等。凝胶层析是根据溶质分子的大小进行分离的方法。它具有一系列的优点，如操作方便、不会使待分离物质变性、层析介质不需再生、可反复使用等，因而在酶纯化中占有重要位置。由于凝胶层析剂的容量较低，所以在生物大分子物质的分离纯化中，一般不作为第一步的分离方法，往往用于最后的分离处理中。它的应用主要包括脱盐、生物大分子分级分离以及相对分子质量测定等。

(1) 基本原理

在显微镜下，可观察到凝胶过滤层析介质具有海绵状结构。将凝胶介质装于层析柱中，加入内含不同相对分子质量的待分离物质溶液，小分子物质能进入凝胶海绵状网格内，即凝胶内部空间全都为小分子溶质所达到，凝胶内外小分子溶质浓度一致。在向下移动的过程中，它从一个凝胶颗粒内部扩散到胶粒孔隙后再进入另一凝胶颗粒，如此不断地进入与流出，使流程增长，移动速率慢故最后流出层析柱。而中等大小的分子，它们也能在凝胶颗粒内外分布，部分进入凝胶颗粒，从而在大分子与小分子物质之间被洗脱。大分子溶质不能进入凝胶内，而只能沿着凝胶颗粒间隙运动，因此流程短，下移速度较小分子溶质快而首先流出层析柱(图4-1)。因而样品通过一定距离的层析柱后，不同大小的分子将按先后顺序依次流出，彼此分开。

(2) 凝胶介质种类

① 葡聚糖凝胶：是相对分子质量几万到几十万的葡聚糖凝胶通过环氧氯丙烷交联而成的网状结构物质，可分离相对分子质量从1 000~500 000的分子。其商品名为Sephadex G，有各种型号(表4-1)，G后的数字表示每克干胶吸水量(即吸水值)的10倍，其特性见表4-1所列。另外，还有一种为Sephacryl-S通过*N*,*N*-甲叉双丙烯酰胺交联的烯丙基葡聚糖，可适用于水、有机溶剂及高浓度解离试剂存在的系统。另一类Sephadex-LH，适用于脂类化合物的分离。

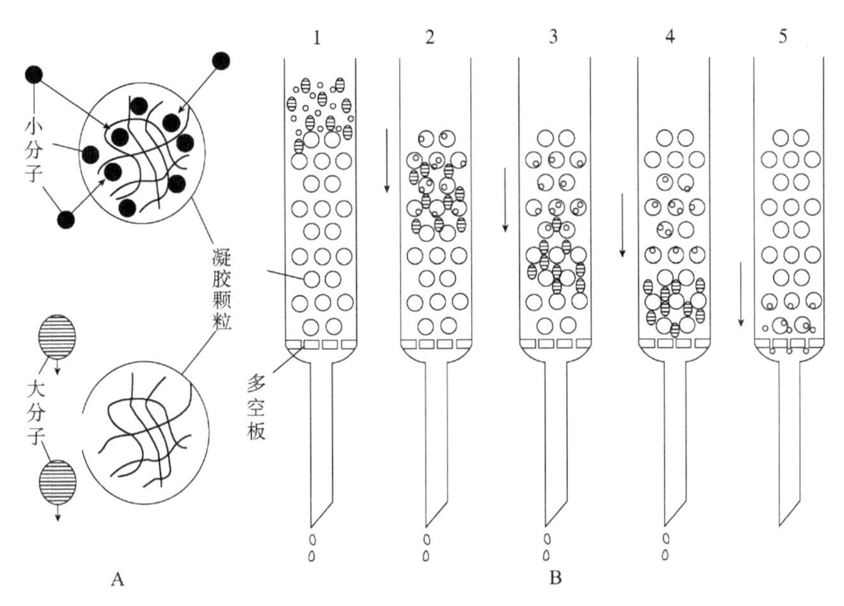

图4-1　凝胶过滤层析的原理

A. 小分子物质由于扩散作用进入凝胶内部被截留；大分子被排阻在颗粒外，在颗粒间迅速通过

B. 1. 蛋白质混合物上柱　2. 洗脱开始，小分子扩散进入凝胶颗粒内，大分子被排阻在颗粒外

3. 小分子被截留，大分子向下移动，大小分子分开　4. 大小分子完全分开

5. 大分子行程较短已洗脱出层析柱，小分子尚在行进中

表4-1　各种葡聚糖凝胶

类型	颗粒直径/μm	工作范围		吸水值/(mL/g 干胶)	床体积/(mL/g 干胶)	膨胀时间/h	
		球状(相对分子质量)	线状(相对分子质量)			20 ℃	100 ℃
G-10	40~120	700	700	1±0.2	2~3	3	1
G-15	40~120	1 500	1 500	1.5±0.2	2.5~3.5	3	1
G-25	10~300	1 000~5 000	100~5 000	2.5±0.2	4~6	6	2
G-50	10~300	1 500~30 000	500~10 000	5.0±0.3	9~11	6	2
G-75	10~120	3 000~70 000	1 000~50 000	7.5±0.5	12~15	24	3
G-100	10~120	4 000~150 000	1 000~100 000	10±1	15~30	48	5
G-150	10~120	5 000~400 000	1 000~150 000	15±1.5	20~30	72	5
G-200	10~120	5 000~800 000	1 000~200 000	20±2	30~40	72	5

葡聚糖凝胶在干燥状态是坚硬的白色粉末，不溶于水和盐类溶液。因具有大量的羟基，故有很大的亲水性，在水中即吸水膨胀，吸水后机械强度大大降低。它对弱碱和弱酸(pH 2~12)稳定。在强酸溶液中，特别是在高温下糖苷键会水解。在中性条件下，可在120 ℃加压消毒保存。和氧化剂接触会分解。长久不用时，有时会长霉，应加防腐剂。

② 聚丙烯酰胺凝胶：是以丙烯酰胺为单体，通过 *N*,*N*-甲叉双丙烯酰胺为交联剂共聚而成的凝胶物质，其特性见表4-2所列。商品名是 Bio-Gel P，有各种型号，P 后的数字乘以1 000表示其分离的最大相对分子质量(即排阻相对分子质量)。

表 4-2　各种聚丙烯酰胺凝胶

类型	颗粒数目	颗粒直径/μm	工作范围（相对分子质量）	吸水值/（mL/g 干胶）	床体积/（mL/g 干胶）	溶胶时间/h	
						20 ℃	100 ℃
P-2	50~400	40~150	200~2 000	1.5	3.0	2~4	2
P-4	50~400	40~150	800~4 000	2.4	4.8	2~4	2
P-6	50~400	40~150	1 000~6 000	3.7	7.4	2~4	2
P-10	50~400	40~150	1 500~20 000	4.5	9.4	2~4	2
P-30	50~400	40~150	2 500~40 000	5.7	11.4	10~12	3
P-60	50~400	40~150	3 000~60 000	7.2	14.4	10~12	3
P-100	50~400	40~150	5 000~100 000	7.5	15.4	24	5
P-150	50~400	40~150	15 000~150 000	9.7	18.4	24	5
P-200	50~400	40~150	30 000~200 000	14.7	29.4	48	5
P-300	50~400	40~150	60 000~400 000	18.0	36.0	48	5

③ 琼脂糖凝胶：琼脂糖是琼脂抽去琼脂胶等之后所得 D-半乳糖和 3,6-脱水半乳糖自动缔合而成的网眼结构物质，孔径大小由胶的浓度决定。以商品 Sepharose 为例，有 2B、4B 和 6B 等规格，B 前面数字表示胶百分浓度。这类凝胶孔径都比较大，适于分离较大的物质，其特性见表 4-3 所列。另一类为 Sepharose CL，适用于有机溶剂和氢键解离试剂存在的情况。还有一种称为 Bio-Gel A 是琼脂糖和丙烯酰胺的交联胶，适应氢键解离试剂存在的情况，其孔径较为一致，可用于酶分离。

表 4-3　各种琼脂糖凝胶

品　名	琼脂糖含量/%	颗粒度*	工作范围(相对分子质量)
Bio-Gel A-0.5M	10	50~100 目 100~200 目 200~400 目	$<10^4 \sim 5\times10^5$
Bio-Gel A-1.5M	8		$<10^4 \sim 1.5\times10^6$
Bio-Gel A-5M	6		$10^4 \sim 5\times10^6$
Bio-Gel A-15M	4		$4\times10^4 \sim 1.5\times10^7$
Bio-Gel A-50M	2		$10^5 \sim 5\times10^7$
Bio-Gel A-150M	1		$10^6 \sim 1.5\times10^8$
Bio-Gel A-6B	6	40~120μm	$10^4 \sim 4\times10^6$
Bio-Gel A-4B	4	40~190μm	$10^4 \sim 2\times10^7$
Bio-Gel A-2B	2	60~250μm	$10^4 \sim 4\times10^7$

注：* 这里颗粒度是湿态测得。

(3) *凝胶层析的操作*

① 凝胶选择：首先要选择合适的凝胶。如果凝胶用于脱盐，即从高相对分子质量的溶质中除去低相对分子质量的无机盐，则可选择型号较小的凝胶(如 G-10，G-15，G-25)；如果凝胶用于层析分离法，则可根据商品资料中所列分离范围而选择。

市售凝胶的粒度分粗(50 目)、中(100 目)、细(200 目)、极细(300 目)4 种。一般粗、中者用于生产上层析分离，细者用于提纯和科研，极细者由于装柱后容易堵塞，影响流速，不用于一般凝胶分离。

市售凝胶必须经充分溶胀后才能使用。将干燥凝胶加水或缓冲液在烧杯中搅拌、静置，倾去上层混浊悬浮液，除去过细的粒子。如此反复数次，直至上层澄清为止。G-75以下凝胶只需浸泡 1 d，但 G-100 以上型号，至少需要浸泡 3 d。加热能缩短浸泡时间。

② 装柱：柱的长度是决定分离效果的重要因素，一般选用细长柱作凝胶过滤。进行脱盐时，柱高 50 cm 比较合适；分级分离时，100 cm 就足够了。

凝胶柱用洗涤液洗净，关上螺旋夹，柱内装入缓冲液，螺旋夹微开出口，让缓冲液缓慢流出，排出死区中的气泡，柱中保留少量缓冲液，关闭螺旋夹。将基本平衡好的胶液放在抽滤瓶中减压除尽气泡，然后沿管壁倒入柱中，待沉降至床高约 1 cm 高度时，旋松部分螺旋夹，让溶液缓慢流出。注意，此时的流速要慢于正常洗脱时的流速，陆续加入较多的胶液，直至达到规定高度的柱床体积。装柱时环境温度应与使用时环境温度一致，否则会产生气泡。柱子装好后要检查其均匀性，可用蓝色葡聚糖-T 2000 配成 2 mg/mL 溶液过柱，观察色带是否均匀下降，也可对光检查，看其是否均匀或有无气泡存在。

③ 加样：样品上样前应除去不溶物。在平衡后吸去胶面上的液体，准备上样。被分离样品溶液一般以浓度大些为好，分析用量一般为每 100 mL 柱床体积中加样 1~2 mL，制备用量一般为每 100 mL 加样 20~30 mL，这样可使样品的洗脱体积小于样品各组分之间的分离体积，达到较满意的分离效果。待样品进入柱内自然流入凝胶后，可在凝胶表面再加入一些洗脱液，使其流入凝胶。

④ 洗脱：洗脱液成分应与溶胀胶所用液体成分相同，不相同时可通过平衡实现。洗脱液进入柱内的压力(即所谓操作压力)对凝胶过滤来说是一个重要的影响因素。一般操作压大，流速快。如操作压太大，会使凝胶压缩，流速会快速减慢，从而影响分离操作。每种凝胶都有适宜的操作压力范围，特别是使用交联度小的葡聚糖凝胶时更要特别注意。Sephadex G-100 的适宜液位差是 2.4~9.4 kPa，而 G-200 凝胶为 0.4~0.6 kPa。洗脱液可分部收集，根据检测器、记录仪，得到洗脱图谱。

⑤ 凝胶再生和保养：在洗脱过程中所有成分一般都会被洗脱下来，所以凝胶在装好柱后可反复使用，无需特殊处理。但多次使用后，凝胶颗粒可能逐步压紧，流速变慢，这时只需将凝胶倒出，重新填装。如短期不用，可加防腐剂(如 0.02%叠氮化钠)。若长期不用，则可逐步以不同浓度的乙醇浸泡，最后一步浸泡需用 95%乙醇，然后 60~80 ℃烘干。

4.2.3 基于酶分子电荷性质的纯化方法

4.2.3.1 离子交换层析

离子交换层析(ion-exchange chromatography)是以纤维素(cellulose)或交联葡聚糖凝胶等的衍生物为载体，在某一 pH 值下这些载体带有正电荷或负电荷，这时带有相反电荷的酶分子通过载体时，由于静电吸引力，被载体所吸附。然后，用电荷量更多即离子强度更高的缓冲液洗脱被载体吸附的酶分子，通过离子交换作用使酶分子脱离载体而得以分离。

离子交换剂由基质、电荷基团和反离子构成。基质与电荷基团以共价键相连，电荷基团与反离子以离子键结合。根据其反离子的不同，可以把离子交换剂分为两种类型，即阳离子交换剂和阴离子交换剂。

阳离子交换剂的电荷基团带负电，反离子带正电。因此，可以与溶液中的带正电荷物质进行交换反应，如羧甲基纤维素(CM-cellulose)等。根据电荷基团的强弱，又可将阳离子交换剂分为强酸型和弱酸型两种。其作用的原理可表示如下：

阳离子交换剂：$EXCH^{-}X^{+}+P^{+}\longrightarrow EXCH^{-}P^{+}+X^{+}$

阴离子交换剂的电荷基团带正电，反离子带负电。因此，可以与溶液中的带负电荷物质进行交换反应，如二乙氨基乙基纤维素(DEAE-cellulose)等。根据电荷基团的强弱，可将阴离子交换剂分为强碱型和弱碱型两种。其作用的原理可表示如下：

阴离子交换剂：$EXCH^{+}Y^{-}+P^{-}\longrightarrow EXCH^{+}P^{-}+Y^{-}$

两性物质(如蛋白质、酶等)与离子交换剂的结合力，主要取决于它们的物理化学性质和在特定pH值条件下呈现的离子状态。当pH值低于等电点(pI)时，它们带正电荷能与阳离子交换剂结合；反之，pH值高于等电点时，它们所带负电荷能与阴离子交换剂结合。pH值与等电点的差值越大，带电量越大，与交换剂的结合力越强。

在提纯过程中，酶的离子交换情况取决于该酶分子在操作溶液体系中的带电情况。酶通常都先溶解在浓度为0.01～0.02 mol/L的缓冲液中，pH值要依据酶溶液的p*K*值加以调整，使酶分子和离子交换载体间能发生比较强的结合力，以使其他无关的大分子化合物得以在此时洗脱。在酶溶液装入层析柱后，经过相当时间的冲洗，即可开始用离子强度较高的缓冲液，或改变洗脱缓冲液的pH值，使被吸附在离子交换载体上的酶解除吸附，洗脱到柱外。如果想进一步将混有多种蛋白质和酶的溶液加以分离，可采用梯度洗脱法(gradient elution)，即在洗脱过程中不断地改变洗脱液的离子强度或pH值。若在洗脱过程中逐渐改变缓冲液的浓度，而pH值维持不变，称为盐浓度梯度洗脱(salt concentration gradient)，应用较广；而洗脱液的浓度不变，逐渐变更pH值，称为pH值梯度洗脱(pH gradient elution)，因为分离效果不好，应用较少。

也可以根据离子交换剂中基质的组成和性质，将其分成两大类，即疏水性离子交换剂和亲水性离子交换剂。疏水性离子交换剂由于含有大量的活性基团，交换容量高、机械强度大、流动速度快，主要用于分离无机离子、有机酸、核苷、核苷酸和氨基酸等小分子物质；也可用于从酶溶液中除去表面活性剂(如十二烷基硫酸钠)、清洁剂(如Triton X-100)、尿素、两性电解质(ampholyte)等。而在酶的分离纯化中主要使用弱碱型和弱酸型亲水性离子交换剂。这类交换剂与水的亲和力较大，载体孔径大，适用的pH值范围较窄。在pH值为中性的溶液中交换容量也高，用于分离生物大分子物质时其活性不易丧失，因此适合于酶的分离。弱碱型和弱酸型亲水性离子交换剂有多种类型，如DEAE-Bio-Gel A、CM-Bio-Gel A、DEAE-纤维素、CM-纤维素、DEAE-Sephadex、CM-Sephadex、DEAE-Sepharose、CM-Sepharose等。可以看出其中的电荷基团主要是弱酸型的羧甲基(CM)和弱碱型的二乙氨基乙基(DEAE)。

选择理想的离子交换剂是提高酶纯化效果和得率的一个重要环节。任何一种离子交换剂都各有自身不同的特点，不可能适于分离所有的样品。例如，DEAE-Sephadex和CM-Sephadex的颗粒吸附力强，重现率高。但以浓度梯度分离时，因缓冲液离子强度变化而引起凝胶颗粒膨胀或收缩过速，致使效能减少，是其存在的缺点。此外，为了提高交换容量，一般应选择结合力较小的反离子。如果被分离酶带正电荷，应选择阳离子交换剂；如果被分离的酶带负电荷，则应选择阴离子交换剂。因此，要恰当地选择离子交换剂，必须对被分离物的性质和溶液组分及酸碱度等因素进行全面分析。

4.2.3.2　电泳法

带电颗粒在电场中向电荷相反方向的电极移动的现象称为电泳(electrophoresis，EP)。电泳法是利用溶质在电场中移动速度不同而实现物质分离的方法。溶质必须带电，它本身可以是离子或由于表面吸附离子而带电。蛋白质则因本身所具有的功能团的解离而带电。蛋白质具有正负两类解离基团，称为两性电解质，蛋白质在酸性时带正电，在碱性时带负电。在外界电场的作用下，如果酶蛋白不是处于等电点状态，它们就具有电泳现象，将向与其带电性质相反的电极方向移动。在一定的条件下，各种酶带电性、带电数量以及分子的大小都各不相同，其在电场中的移动速率(泳动率)也不尽相同，经过一定时间的电泳后，就可以将它们分离开来，逐渐形成各自碟状或带状的区带。如果电泳条件适当，各区带会分离得非常清楚，即每一组分能形成各自的单带。1937 年瑞典科学家 Tiselius 首次利用电泳技术成功地将血清蛋白质分成清蛋白、α_1-球蛋白、α_2-球蛋白、β-球蛋白、γ-球蛋白 5 个主要成分。由于他的突出贡献，于 1948 年荣获诺贝尔奖。电泳技术具有设备简单、操作方便、分辨率高等优点，目前已经成为酶分离纯化的一个重要手段，得到了广泛的研究和应用。

目前的电泳技术有多种不同的类型。如依据分离的原理可分为自由界面电泳、区带电泳、等速电泳、等电聚焦、免疫电泳、毛细管电泳、印迹转移电泳等；依据支持物的类型可分为醋酸纤维素薄膜电泳、琼脂糖凝胶电泳、聚丙烯酰胺凝胶电泳、淀粉凝胶电泳等；依据电场的强度可分为高压电泳和常压电泳；依据电泳的方式还可分为单向电泳和双向电泳等。下文介绍几种常用的电泳技术。

(1) 聚丙烯酰胺凝胶电泳

聚丙烯酰胺凝胶电泳(polyacrylamide gel electrophoresis，PAGE)使用的电泳支持物为聚丙烯酰胺凝胶，它由单体丙烯酰胺(acrylamide，Acr)和交联剂 *N*,*N*-甲叉双丙烯酰胺(methylene-bisacrylamide，Bis)在加速剂和催化剂的作用下聚合，并联结成三维网状结构的凝胶，以此凝胶为支持物的电泳称为聚丙烯酰胺凝胶电泳。

与其他凝胶相比，PAGE 有下列优点：在一定浓度时，凝胶透明、有弹性、机械性能好；化学性能稳定，与被分离物不发生化学反应；对 pH 值和温度变化较稳定；几乎无电渗作用，样品分离重复性好；样品不易扩散且用量少，其灵敏度可达 10^{-6}g；凝胶孔径可通过选择单体及交联剂的浓度调节；分辨率高，尤其在不连续聚丙烯酰胺凝胶电泳中，集浓缩、分子筛和电荷效应为一体，因而较醋酸纤维薄膜电泳、琼脂糖凝胶电泳等有更高的分辨率；应用范围广，可用于酶的分离、定性、定量及少量的制备，还可测定酶的相对分子质量、等电点等。

PAGE 凝胶的聚合常用过硫酸铵(AP)为催化剂，四甲基乙二胺(TEMED)为加速剂，碱性条件下凝胶易聚合，室温下 7.5%的凝胶在 pH 8.8 时 30 min 聚合，在 pH 4.3 时聚合约需 90 min，应选择合适的配方使聚合在 40~60 min 内完成。凝胶的孔径、机械性能、弹性、透明度、黏度和聚合程度取决于凝胶总浓度和 Acr 与 Bis 用量之比。凝胶浓度不同，则平均孔径不同，适合分离酶的相对分子质量也不同。例如，相对分子质量范围在 10 000~100 000 的酶，适用的凝胶浓度为 10%~15%；相对分子质量范围在 100 000~400 000 的酶，适用的凝胶浓度为 5%~10%。在实际操作时，可根据被分离物相对分子质量大小选择所需凝胶的浓度范围。

PAGE 根据其有无浓缩效应，分为连续系统与不连续系统两大类，前者电泳体系中缓冲液 pH 值、凝胶浓度不变，带电颗粒在电场作用下，主要靠电荷及分子筛效应移动；后者电泳体系中由于缓冲液离子成分、pH 值、凝胶浓度及电位梯度的不连续性，带电颗粒在电场中泳动不仅有电荷效应、分子筛效应，还具有浓缩效应，故分离效果更好。目前，PAGE 连续体系应用也很广，虽然电泳过程中无浓缩效应，但利用分子筛及电荷效应也可使样品得到较好的分离，加之在温和的 pH 值条件下，不致使酶变性失活，也显示出了其优越性。

SDS-PAGE 是聚丙烯酰胺凝胶电泳中最常用的一种。SDS(sodium dodecyl sulfate，十二烷基硫酸钠)带有大量负电荷，当其与酶结合时，所带的负电荷大大超过了天然酶原有的负电荷，因而消除或掩盖了不同种类酶分子间原有电荷的差异，使不同的酶分子均带有相同密度的负电荷，同时 SDS 的作用也使酶分子全部成为一样的棒状结构，消除或掩盖了不同种类酶分子间原有的形状差异，因此可以只利用各种酶蛋白质在相对分子质量上差异将其分开。故而采用 SDS-PAGE 电泳可以测定酶蛋白质的相对分子质量。SDS-PAGE 也用于酶混合组分的分离和亚基的分析，当酶经 SDS-PAGE 分离后，设法将各种蛋白质从凝胶上洗脱下来，除去 SDS，可以进行氨基酸序列、酶解图谱及抗原性质等方面的研究。但是应该注意：对于多聚体酶，SDS-PAGE 法测定的是酶亚基的相对分子质量；酶经过 SDS-PAGE 后活力丧失。

(2) 等电聚焦电泳

一种特殊的聚丙烯酰胺凝胶电泳技术即聚丙烯酰胺凝胶等电聚焦电泳(isoelectric focusing-PAGE，IEF-PAGE)。各种酶蛋白质由不同的氨基酸以不同的比例组成，因而有不同的等电点。利用酶分子的这一特性，以 PAGE 为电泳支持物，在其中加入两性电解质载体(carrier ampholyte)，在电场作用下，两性电解质载体在凝胶中移动，形成 pH 梯度，酶蛋白在凝胶中迁移至与其等电点相等的 pH 值处，即不再泳动而聚焦成带，这种方法称为聚丙烯酰胺等电聚焦电泳。应用等电聚焦电泳不但可以精确地分离纯化酶，而且还可以精确地测定酶分子的等电点。

4.2.3.3 聚焦层析

聚焦层析(chromatofocusing)是在层析柱中填满多缓冲交换剂(如 pH 7~9)，加样后以特定的多缓冲剂滴定或淋洗时，随着缓冲液的扩展，在层析柱中形成一个自上而下的 pH 梯度，样品中各种蛋白质按各自的等电点聚焦于相应的 pH 区段，随 pH 梯度的扩展不断下移，最后分别从层析柱中洗出。它是将层析技术的操作方法与等电聚焦的原理相结合，兼具有等电聚焦电泳的高分辨率和柱层析操作简便的优点。

4.2.4 基于酶分子特异性结合的纯化方法

4.2.4.1 亲和层析

亲和层析(affinity chromatography)是利用生物体内存在的特异性相互作用分子对而设计的层析方法。生物体内特异性相互作用的分子对有酶-底物或抑制剂、抗原-抗体、激素-受体、糖蛋白-凝集素、生物素-生物素结合蛋白等。将特异性相互作用的分子对其中一种分子用化学方法固定化到亲水性多孔固体载体上，装入层析柱中，在一定的 pH 条件下，用一定的离子强度缓冲液对柱子进行平衡，然后将样品溶解在缓冲液中上柱进行亲和吸附，之后用缓冲液淋洗层析柱，除去未结合杂蛋白，最后用适当的洗脱剂洗脱，得到纯化的目标蛋白(图 4-2)。

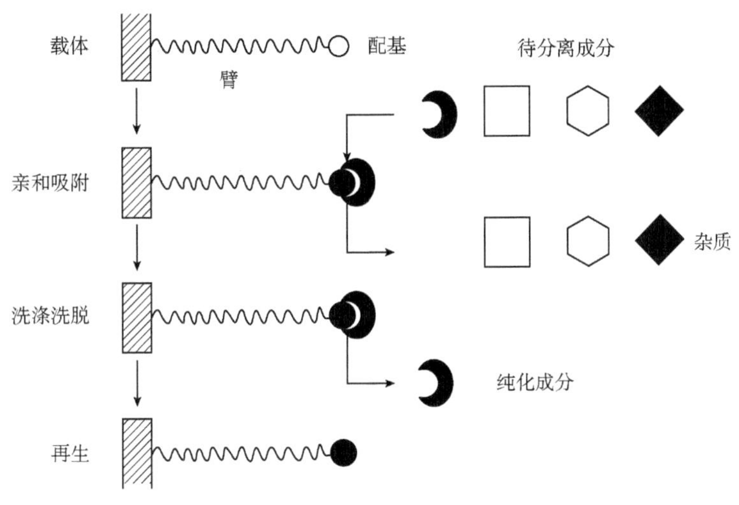

图 4-2　亲和分离原理示意图

(1) 基质

基质是用于固定配基，起支持作用的亲水性多孔载体。用作亲和层析的基质需满足下列条件：具有亲水性，尽可能少地产生非特异性吸附；具有可活化的大量化学基团用于连接配基；机械强度好，具有一定刚性，能耐受层析柱操作中一定的压力，并不随溶剂环境而发生显著体积收缩或膨胀；稳定性好，不被微生物降解，能耐受一定酸碱性和促溶剂清洗；颗粒大小及孔径均匀，能容纳生物大分子进出，有适当流速。在满足上述条件的介质中，琼脂糖是应用最普遍的。它具有亲水性和可活化的羟基，不被微生物降解，在 pH 2~13 范围内稳定。琼脂主要有两种成分，即琼脂糖与琼胶。琼脂糖是中性不带电荷的 3,6-脱水-L-吡喃半乳糖与 β-D-半乳糖残基的交替连接物。琼胶则是含磺酸基团和少量羧基的多糖聚合物。这些带负电荷基团的琼胶在制备琼脂糖的过程中混杂到产品中，用作层析介质时易产生非特异性吸附。因此，由琼脂制备琼脂糖时应设法除去琼胶而得到中性琼脂糖。

(2) 配基和臂

配基要性质稳定，要使配基连在基质上往往需要经过几步反应。直接将配基偶联于基质上得到的亲和层析剂，常因配基和载体间相距太近，而酶的活性中心一般又处在酶分子的内部，往往影响到酶与配基间的亲和作用。如果在配基和载体间加上一连接臂，便可提高亲和作用。

利用亲和层析纯化酶，配基的选择具有重要的作用。配基一般要符合以下的要求：配基-酶的解离常数的选择范围应在 10^{-8}~10^{-4} mol，如果解离常数太小，配基与酶的结合太强，亲和洗脱困难；解离常数太大，酶与配基的结合太松散，不能达到专一性亲和吸附的目的。配基上必须具有供偶联反应的活泼基团，而且当它们与载体(或臂)结合后，不能影响酶的亲和力。配基的偶联量太高也会造成过强的亲和吸附而洗脱困难，同时带来空间位阻和非专一性吸附，偶联量太低时，造成分离效率低，一般配基偶联量(膨润胶)应控制在1~20 μmol/mL。

臂的长短也必须适合，太长易断裂并往往产生非专一性吸附；太短起不到应有效果。一般对臂有以下要求：具有与载体和配基进行偶联反应的功能基团；要能经得起偶联、洗脱等操作过程的化学处理和条件的变化；亲水，但又不能带电荷。在实践中常采用的配基有：碳氢链类，如α，ω-二胺化合物、α，ω-氨基羧酸；聚氨基酸，如聚DL-丙氨酸、聚DL-赖氨酸等；某些天然白蛋白等。

4.2.4.2 免疫吸附层析

免疫吸附层析(immunoadsorption chromatography)是根据抗原和抗体的高度专一亲和作用，将某种酶的抗体连接到不溶性载体上，再利用带抗体的层析柱分离纯化相应的酶。这种方法在酶的分离纯化过程中经常被使用。用传统方法从一个生物种属中得到少量的纯酶(如0.1 mg)，利用它在另一种属(通常为兔子、羊或鼠)中产生多克隆抗体，这些抗体由于各自识别酶的不同抗原决定簇不同，因此与酶的亲和力大小也不一样。抗体经纯化后，偶联到溴化氰活化的Sepharose上，即可用于从混合物中分离出酶抗原。

4.2.4.3 疏水层析

将疏水性基团(如丁基、辛基、苯基)固定到介质上，这些基团会与蛋白质大分子上的疏水区亲和。同一疏水基团对不同蛋白质的亲和作用会存在差异，不同疏水基团对同一蛋白质的亲和作用也存在差异。亲和作用与配基密度有很大关系，配基密度高，亲和作用强，反之则较弱。在高盐浓度中有利于蛋白质亲和作用。

疏水亲和介质的制备需在有机溶剂中进行。疏水配基的偶联采用琼脂糖在有机溶剂中用CDI(羰基二咪唑)活化后，再与芳胺或烷胺在水相或部分水相中偶联形成酰胺键，得到电中性疏水层析介质。采用此方法所得到的疏水层析介质配基密度40~80 μmol/mL胶，根据需要控制反应条件可得到不同配基密度的疏水介质。

疏水亲和层析需在高盐浓度的环境中进行，一般用$(NH_4)_2SO_4$或NaCl调节盐浓度在1~2 mol/L。疏水性强的蛋白质，盐浓度可低一些；疏水性弱的蛋白质，盐浓度可调高一些。控制盐浓度既能使目标蛋白质结合完全，又能防止杂蛋白质过多吸附。pH值控制一般选在中性或偏酸性范围。

在样品吸附后，仅用结合缓冲液洗涤杂蛋白是不够的，最好用0.5%~2%表面活性剂洗涤杂蛋白，能明显除去大量杂蛋白，洗涤效果好。疏水层析洗脱往往比较困难，降低盐浓度是必需的，一般在缓冲液中加入0.1~0.5 mol/L NaCl，再结合pH值变化。若不能洗脱完全，则考虑采用低浓度促溶剂0.1%~0.5%纤维素硫酸半酯钠盐(NaCS)，或20%~40%乙二醇等增加洗脱率。一个好的洗脱条件，需要精心设计、反复试验才能最终确定。

4.2.5 基于酶稳定性差异的纯化方法

酶的活性以酶分子具有特定活性构象为基础。因此，在分离纯化过程中一般应避免使用过于激烈的条件与方法，以防止酶的变性、失活。而分离纯化是以得到纯的且有生物活性的酶为目的，在不破坏目标酶的前提下可以采用一些激烈的手段。选择性变性法就是根据目标酶和杂酶、杂蛋白在某种条件下稳定性的差异，采用激烈的手段使杂酶、杂蛋白变性而除去的方法。这种方法是建立在对目标酶的稳定性有一定了解，而且在某些情况下目标酶的稳定性要远远高于杂酶、杂蛋白，也就是充分发挥目标酶的“优势”，使之与杂酶、杂蛋白分离。

4.2.5.1 选择性热变性法

如果待分离的目标酶相当耐热，就可采用这一方法，即在严格控制条件的情况下，将酶溶液迅速升温到某一温度，并保温一定时间，而后迅速冷却，这样，大量不耐热的杂酶、杂蛋白就将变性析出，通过离心可除去，而目标酶的总活力损失会很少，同时比活力大大上升。个别酶对热特别稳定，如胰蛋白酶、胰核糖核酸酶、溶菌酶等在酸性条件下甚至可加热到 90 ℃而不破坏，故而使用这一方法来进行纯化更为有利。

为了使选择性热变性法有更广的适用范围，可在酶溶液进行热处理前，加入目标酶的底物、辅酶(基)、竞争性抑制剂、保护巯基的还原剂等，以增加目标酶和杂酶、杂蛋白间的耐热性差别。在应用选择性热变性法时，应在预试验中改变处理温度和处理时间，通过酶活回收率和比活力确定最佳处理条件。另外，还应该严格控制溶液的 pH 值，因为不同 pH 值条件下酶的热稳定性是有差别的，只有在一定 pH 值条件下，才能使操作具有较好的重现性。需要注意的是，在样品溶液有蛋白酶污染的情况下，应用此法应特别谨慎。

4.2.5.2 选择性酸碱变性法

如果在一定温度下，目标酶表现出强耐酸性或耐碱性，而这一条件对大多数蛋白质是不稳定的，就可以将溶液 pH 值严格控制在一定范围内处理一定时间，同样可以达到一定的纯化效果。例如，从麦芽中分离 β-淀粉酶，在 pH>3 时，只有 α-淀粉酶失效，但是，在 pH<3 时，两种淀粉酶都会失去活性。和选择性热变性相比，酸碱变性应用得不多，主要原因可能在于其操作较为复杂，条件不易控制，且纯化效果较差。

4.2.5.3 选择性表面变性法

很早就有人利用酶溶液和惰性溶剂(如氯仿)混合振荡，造成选择性表面变性来制备过氧化氢酶、醇脱氢酶和 α-淀粉酶等。振荡处理后通常分成 3 层：上层为未变性蛋白，中间层为乳浊状变性蛋白，下层为氯仿。这种处理时间通常不宜过长，否则将导致所有蛋白质变性。除此之外，利用泡沫的形成也可达到选择性表面变性的目的。例如，通氯气到磷酸核糖变位酶和核苷磷酸化酶的混合溶液中，可使变位酶表面变性而纯化磷酸化酶。应用表面变性法时需控制的因素很多，除了泡沫大小以及泡沫形成的速度外，pH 值和温度也十分重要。和酸碱变性法一样，它的应用范围远不如选择性热变性法广。

总之，选择性变性法灵活性很大，如果使用得当，可以大大地提高酶的纯度。成功的关键在于严格控制条件，除了所选用的主要因素外，还需注意其他因素，其中也包括蛋白质的浓度。蛋白质浓度太低时，一般不宜应用此法。

4.2.6 其他纯化方法

4.2.6.1 高效液相色谱法

高效液相色谱法(high performance liquid chromatagraphy，HPLC)，也称高效液相层析法，其分离原理与经典液相色谱相同。由于它采用了高效色谱柱、高压泵和高灵敏度检测器，因此它的分离效率、分析速度和灵敏度大大提高。高效液相色谱仪由输液系统、进样系统、分离系统、检测系统和数据处理系统组成。HPLC 按分离机理不同，可以分为体积排阻色谱、离子交换色谱、反相色谱及高效疏水色谱。

(1) 体积排阻色谱

体积排阻色谱(size exclusion chromatography, SEC)是一种纯粹按照溶质分子在流动相中的体积大小而分离的色谱法。其填料具有一定大小的孔径，大分子不能进入填料内部而从颗粒间最先流出色谱柱，小分子能进入填料颗粒内部，其路径较远而后流出。此时，若选用水系统作为流动相，又称为凝胶过滤色谱(GFC)。原理与本章4.2.2.4凝胶层析相似。有两种类型商品载体用于蛋白质的高效排阻色谱，即表面改性硅胶和亲水交联有机聚合物。表面改性硅胶具有许多蛋白质凝胶过滤填料所应有的性质，能很好地保持待分离蛋白的生物活性，回收率可达80%以上。高效排阻色谱的流动相比较简单，流动相的pH值范围一般选用6.5~8.0。有时为了控制蛋白质与固定相间可能发生的相互作用，通常在流动相中加入某些中性盐或有机改性剂。流动相的流速一般为1 mL/min。高效排阻色谱法应用于蛋白质(酶)的分离纯化，活力回收多，现已达到或超过凝胶过滤水平，在分离时间上缩短了100多倍。

(2) 离子交换色谱

离子交换色谱(ion exchange chromatography, IEC)是将离子交换和液相色谱技术相结合的一种方法，针对不同蛋白质解离时的电化学性质不同，利用IEC中固定相与之不同的亲和力来实现分离。IEC的固定相是以苯乙烯-二乙烯基苯共聚物为树脂核，树脂核外是一层可解离的无机基团，根据可解离基团解离时电学性质不同，可分为阳离子交换树脂和阴离子交换树脂。当流动相将样品带入分离柱时，利用样品中不同离子对离子交换树脂的相对亲和力不同而加以分离。蛋白质是两性电解质，在不同条件下有不同的解离性状，选择不同的离子交换剂，控制不同的条件，可以分离出不同的蛋白质。流动相的选择多用尝试法决定。通过调整流动相pH值、盐的种类、温度等，可以控制蛋白质的保留和提高选择性。和排阻色谱比较，离子交换色谱的分辨率高，对大多数的蛋白质来说，活力回收率可达80%以上，是分离蛋白质比较理想的方法。

(3) 反相色谱

反相色谱(reversed phase chromatography, RPC)是根据溶质、极性流动相和非极性固定相表面间的疏水效应而建立的一种色谱模式。用反相色谱法分离蛋白质时，许多蛋白质在接触到酸、有机溶剂时或吸附于疏水固定相时容易发生变性而失去生物活性。因此，当样品为纯蛋白时，应考虑其质量和活力的回收率。这就要求选择和控制好一定的分离条件。例如，色谱条件适宜、以中等极性反相柱为固定相、含磷酸盐的异丙醇水体系为流动相，在pH 3.0~7.0时，许多蛋白质可以用反相HPLC分离，并保持其生物活性。因此，分离关键在于固定相和流动相的选择。

分离蛋白质的固定相一般有C_{18}、C_8、CN基和苯基键合相，其中以C_{18}填料最为重要。到目前为止，在C_{18}柱上已经成功地分离了许多蛋白质和肽。在一些流动相中，极性肽在C_{18}、苯基柱上的色谱显示很大的差别。一些在C_{18}柱上不能分离的试样，能在中等极性柱上获得满意的分离效果。CN基键合相是分离非极性肽的有用的固定相。对于相对分子质量大于10 000的肽，一般选用填料粒径为5~10 nm；相对分子质量大于20 000的肽和蛋白质选用20~50 nm的大孔径填料。

选择分离蛋白质和肽的流动相时主要应该考虑有机溶剂的种类、酸度、离子强度以及离子对试剂等因素。在纯水中，大多数肽和蛋白质能牢固地保留在反相载体上，因此流动相必须含有有机溶剂，使溶质在合理的保留时间被洗脱。最常用的有机溶剂是甲醇、乙腈、丙醇、异丙醇、四氢呋喃等。它们和水组成的洗脱体系能得到高的回收率。洗脱强度随着有机溶剂的增加而增加，其排列顺序为：乙腈<乙醇<丙醇<异丙醇<四氢呋喃。在选择有机溶剂的同时，还要考虑到反相柱的类型和生物大分子的特性。流动相中离子对试剂分为无机酸和有机酸两种，无机酸有磷酸、盐酸和高氯酸，其作用是抑制固定相表面硅烷基离子化，增加蛋白质的亲水性，伴随蛋白质极性增加，降低其在色谱柱上的保留时间。有机酸以三氟乙酸(TFA)和七氟丁酸(HFBA)应用较多，虽然其作用也是阻止固定相表面硅烷基的离子化，但它增加了蛋白质的疏水性，使蛋白质在色谱柱上的保留时间增加，从而提高了分离度。

(4) 高效疏水色谱

高效疏水色谱(hydrophobic interaction chromatography，HIC)是利用适度疏水性填料，以含盐的水溶液作为流动相，借助于疏水作用分离活性蛋白质的一种液相色谱。它以表面偶联弱疏水性基团的疏水性吸附剂为固定相，根据蛋白质与疏水性吸附剂之间的弱疏水性作用的差别进行蛋白质分离纯化。由于蛋白质的空间排列极易从固有的有序结构转变成较无序的三维结构而发生变性作用，失去生物活性。高效疏水作用色谱洗脱和分离条件比较温和，大大减少了蛋白质在此过程中发生变性失活的可能性，获得很好的分离效果。这也是高效疏水色谱分离的最大优点。蛋白质通常含有被掩藏于内部的疏水残基，只有当蛋白质部分变性时，这些区域才与本体溶剂接近。但在蛋白质的表面也有一些疏水补丁(hydrophobie patches)，它们能与非极性部分相互作用而不变性。增加盐的浓度能促进这些表面的疏水作用，即使可溶性很好的亲水蛋白质也能被迫与疏水物质结合从而吸附于固定载体上，只要降低流动相的离子强度就可以逐次洗脱吸附的蛋白质而达到分离的目的。

高效疏水色谱的固定相是键合低密度的烷基或芳香基的葡聚糖，流动相为无机盐溶液，以递减盐浓度的方式进行梯度洗脱。近年来，人们制备了一系列以硅胶作为基体的弱的疏水性固定相，使高效疏水色谱用于生物大分子的分离更加广泛。

虽然反相色谱和高效疏水色谱柱上蛋白保留都是由于疏水作用，但高效疏水色谱柱的疏水性比反相色谱柱小很多，所以高效疏水色谱中能以盐溶液代替有机溶剂作为流动相。

高效疏水色谱的流动相一般是含硫酸铵的缓冲溶液，其 pH 6~7。采用梯度洗脱时，硫酸铵浓度逐渐降低。有时在流动相中加入一定的有机溶剂以提高分离度。流动相的种类、pH 值、有机溶剂等都会影响生物大分子的保留和回收。

4.2.6.2 结晶法

结晶(crystallization)是溶质从过饱和状态的液相或气相中析出，生成具有一定形状、分子按规则排列晶体的过程，由于各种分子间形成结晶的条件不同，且变性蛋白质或酶不能形成结晶，因此，结晶是制备纯物质的有效方法，也是分离纯化酶的常用方法。结晶包括 3 个过程：形成过饱和溶液、晶核形成和晶体生长。结晶质量直接反映酶制剂质量的好坏，评价晶体质量的主要指标包括：晶体的大小、形状(均匀度)和纯度。工业上通常需要得到粗大而均匀的晶体，这样的晶体容易过滤和洗涤，在贮存过程中也不易结块。

(1) 影响酶结晶的主要因素

① 酶的纯度：酶纯度越高，越容易获得结晶，一般酶纯度应达到50%以上。

② 酶蛋白的浓度：酶蛋白浓度越高，越有利于分子间相互碰撞而发生聚合现象，但是酶蛋白浓度过高，往往形成沉淀；酶蛋白浓度过低，不易生成晶核。所以，一定要控制好酶蛋白的浓度，一般以1%~5%为宜。

③ 晶种：有些不容易结晶的酶，往往需要加入微量的晶种才能形成结晶。在加入晶种前，要将溶液调整到适于结晶的条件，加入的晶种开始溶解时，还要加入沉淀剂，直到晶种不溶解为止。

④ 温度：结晶温度直接影响结晶的生成。温度要控制在酶的热稳定性范围内，有些酶对温度很敏感，要防止酶变性失活。一般温度控制在0~4 ℃范围内。低温条件酶溶解度降低，不易变性。

⑤ 饱和度：当溶液过饱和速度过快时，溶质分子聚集太快，会产生无定形的沉淀。控制溶液缓慢达到过饱和点，溶质分子就可能排列到晶格中，形成结晶。

⑥ pH值：pH值是影响酶结晶的一个重要条件，有时只相差0.2 pH单位时，就只能得到沉淀，而得不到晶体，pH值应控制在酶的稳定范围内，一般选择在被结晶酶等电点附近。

⑦ 金属离子：许多金属有助于酶的结晶，不同酶选用不同金属离子，常用Ca^{2+}、Zn^{2+}、Co^{2+}、Ni^{2+}、Cd^{2+}、Cu^{2+}、Mg^{2+}、Mn^{2+}等金属离子。

⑧ 搅拌：提高搅拌速度有利于晶核的形成和晶体的生长，但是搅拌速度过快会造成晶体的剪切破碎。

⑨ 重结晶：为了进一步提高晶体纯度，可以进行重结晶，特别是在不同溶剂中反复结晶，可能会取得较好的效果，因为杂质和结晶物质在不同溶剂、不同温度下的溶解度是不同的。

⑩ 其他因素：除了以上诸多因素之外，还有一些因素会影响结晶的形成。在结晶过程中避免微生物生长，一般高盐浓度或有乙醇时，可以防止微生物生长，在低离子强度的蛋白质溶液中，容易生长细菌和霉菌。因此，所有溶液需要用超滤膜或细菌过滤器进行过滤除菌。加入少量的甲苯、氯仿或吡啶也可有效地防止微生物的生长。另外，在结晶过程中，还要防止蛋白酶的水解作用。蛋白酶水解常引起结晶的微观不均一性，影响结晶的生成和生长。

(2) 酶结晶的主要方法

① 盐析法：采用一些中性盐，如硫酸铵、硫酸钠、柠檬酸钠、氯化钠、氯化钾、氯化铵、硫酸镁、氯化钙、硝酸铵、甲酸钠等，在适当条件下，保持酶的稳定性，慢慢改变盐浓度进行结晶。其中最常用的中性盐是硫酸铵、硫酸钠。

② 有机溶剂法：往酶溶液中滴加某些有机溶剂，如乙醇、丙酮、丁醇、甲醇、乙腈、异丙醇、二甲基亚砜等，也能使酶形成结晶。

③ 微量蒸发扩散法：将酶液装入透析袋，用聚乙二醇吸水浓缩至蛋白质含量为1 mg/mL左右，继而加入饱和硫酸铵溶液到10%饱和度左右，再将其分装于比色瓷板的小孔内，连同饱和硫酸铵溶液放入密封的干燥器中，在4 ℃下静置结晶。

④ 透析平衡法：将酶液装入透析袋中，对一定的盐溶液或有机溶剂进行透析平衡，

酶溶液可缓慢达到饱和而析出结晶。

⑤ 等电点法：酶蛋白在其等电点时溶解度最小，通过改变酶溶液的 pH 值使之缓慢地达到过饱和状态，最终析出酶蛋白结晶。

4.2.7 酶蛋白的大规模分离纯化

随着酶在食品工业上的应用越来越广泛，近年来，对大规模分离纯化酶的需求日益增加，酶大规模分离纯化已成为当前食品生物技术中的关键技术问题。

为了使分离纯化的酶能在食品研究和工业中得到实际应用，仅仅进行实验室水平的分离纯化远远不能满足实际需要。与小规模分离纯化相比，在对酶进行大规模分离纯化时，分离纯化的思路、策略以及主要方法的原理都是相同或相近的。总体来讲，大规模分离纯化酶的一般步骤同样包括选材、细胞破碎、酶的抽提、分离、纯化、酶纯度鉴定和酶的保存等。大规模分离纯化酶的总原则依然要根据分离纯化的目的与要求，选用合适的原料与方法，尽量在低成本和简化的程序下获得高比活力。

工业规模分离酶制品，需要在设备、材料、人力上进行大量投资。因此，首先需要考虑生产成本，这与最终产品的价格有关，故而纯化产品的收率特别重要。有些在实验室规模上能用的技术可能不适合大规模使用，特别是抽提方法更是如此。虽然大多数工业纯化方法所依据的原理与实验室采用的方法相同，但实际应用时要考虑的因素则稍有不同。

上述介绍的部分分离纯化技术可以直接在酶蛋白质大规模分离纯化中使用，如 PEG 沉淀技术、超滤技术、离子交换技术、盐析技术、亲和层析技术等。实际上这些技术也是酶蛋白质大规模分离纯化中最常用的技术。如实验室常用的普通层析技术也可扩大规模后用于酶的大规模分离纯化，纯化数十克乃至公斤级的酶制品，但分离技术使用顺序要仔细考虑，必须能处理大体积溶液，并能减少样品的总体积，如离子交换技术；而亲和层析和凝胶过滤技术则应该在分离后期使用。

一些仅适合于小体积分离的技术就不适用或必须经过一定的改造才能适用于酶蛋白质的大规模分离纯化，如离心沉淀时必须采用工业用连续离心机。一般来说，电泳法在小规模制备上得到了广泛的应用，在工业规模上应用则很少，主要是由于样品体积和上样量的限制。但近年来也出现了大规模应用的趋向，特别是自由流动电泳技术。

另外，双水相萃取技术是近年来涌现出的具有工业开发潜力的新型分离技术之一，特别适用于直接从含有菌体等杂质的酶液中提取纯化目标酶。此法不仅可以克服离心和过滤中的限制因素，而且可使酶与多糖、核酸等可溶性杂质分离，具有一定的提纯效果，有很好的实用价值。

一般而言，在食品工业中使用的酶并不需要很高的纯度，因此只需达到合理的纯度要求和食用安全性即可。另外，从经济的角度考虑，大规模纯化还是以微生物作为来源较好，因为微生物含有很多动、植物中没有的酶制品，且可以采用微生物育种较容易地筛选出新的高活力蛋白质和酶制品；细菌可以任何规模生产，以保证供应的连续性；利用遗传工程方法足可在细菌中高水平表达所需要的酶。

4.3 酶分离纯化的原则

酶分离纯化的最终目的是要获得高纯度的酶。酶的分离纯化包括3个基本环节：一是抽提，即把目标酶从原料中提取出来，并尽可能地减少杂质引入，得到粗酶溶液；二是纯化，即把杂质从目标酶溶液中除掉或把目标酶从酶溶液中分离出来；三是制剂，即把分离纯化后的酶制备成各种不同的剂型。

4.3.1 原料选择的原则

选择合适的原料是提取酶的首要步骤，也是最为关键的步骤。酶的性质、含量与选用的原材料密切相关。选材是否合适，不仅直接影响酶的后续分离纯化方法的选择，更影响着最终提取的酶的质量与提取效率。

总的来说，在选择酶提取的材料时应遵循的原则为目标酶含量多、干扰物质少；来源丰富、保持新鲜；容易得到、提取工艺简单；稳定性好、安全性佳；有综合利用价值等。在实践过程中则需要抓主要因素，全面考虑、综合权衡。例如，提取菠萝蛋白酶时应以菠萝加工的副产品为原料；在提取Cu-SOD、Zn-SOD(超氧化物歧化酶)时，一般就以含Cu-SOD、Zn-SOD较高的动物血球为原材料；Mn-SOD主要存在于线粒体中，所以龙虾、灵芝草、人体组织适宜作为提取Mn-SOD的原材料，但龙虾、灵芝草等价格昂贵，人体组织也很难获取。因此，除非是特殊目的的纯化，一般不选用这些材料提取Mn-SOD。

目前，利用动、植物细胞体外大规模培养技术，可以大量获得极为珍贵的原材料(如人参细胞、某些昆虫细胞等)，用于酶的分离纯化。利用基因工程重组DNA技术，能够使某些在细胞中含量极微的酶的纯化成为可能。例如，大肠埃希菌胞内芳香族氨基酸的合成需要EPSP合成酶(丙酮酰莽草酸磷酸合成酶)的参与。现已分离出这种酶的基因并重组入多拷贝质粒pAT1 53，将此质粒转化大肠埃希菌，产生一种比野生型大肠埃希菌株高100倍EPSP合成酶含量的新菌株。从18g新菌株的菌体中，可纯化得48 mg EPSP合成酶。

在酶的原料选择时，还要注意以下一些情况：

① 酶在细胞中有两种不同的存在状态，即胞内酶和胞外酶。一般而言，胞内酶比胞外酶难提取。

② 同一材料的部位或生长期不同，酶的含量也不尽相同。如脂肪氧化酶(lipoxidase)在大豆中的含量是在花生中含量的近100倍。

③ 同一种酶在动物材料、植物材料和微生物材料中的性质不同，安全性也不同。

④ 选择到合适的材料后应及时使用，以防止酶被破坏。在进行活体材料研究时，应尽可能在接近正常状态时采样，必要时应对采样的材料立即进行冷冻保存。

⑤ 植物材料具有一些不利于酶提取的因素，如含有较高的纤维素、色素和单宁，细胞不易破碎，液泡中的代谢物复杂等。

⑥ 动物脏器中含量较高的脂肪，容易氧化酸败导致原料变质，影响纯化操作和酶的得率。

⑦ 微生物具有种类多、繁殖快、诱变容易、培养简单且不受季节影响等优点，已成

为酶制备的主要材料之一。

4.3.2　分离纯化应遵循原则

(1) 分离纯化方法

酶的提取只是酶分离纯化的初步阶段。虽然，在食品工业上有时使用的液体酶制剂仅需要经过除去菌体和除渣后加以浓缩就可使用，但这毕竟只是少数情况。更多的情况下，一般根据应用目的和要求再进一步对提取的酶进行不同程度的分离纯化后才能满足使用要求。

酶的分离纯化主要是根据不同酶在物理、化学性质上的差异而采取相应的分离纯化方法。上文中提到可以根据酶的分子大小、溶解度差异、分子带电性不同、吸附性能不同等进行分离纯化。酶的分离纯化可供选择的方法很多，每种方法都有各自的优缺点，总体上来讲，评价酶分离纯化方法好坏的标准有3个，即重现性、纯化倍数和酶的回收率。

重现性：较好的重现性是任何方法可行性的必要条件，这就要求分离材料有较好的稳定性，操作条件易于控制。

纯化倍数：纯化倍数是纯化后样品酶的比活力与纯化前样品酶的比活力的比值，较高的纯化倍数表明比活力提高明显，说明纯化方法的有效性，即纯度得到有效提高。比活力，是单位质量蛋白质中含有的酶活力单位数，即样品的总酶活力除以总蛋白量，单位U/mg。一般地，对于同一种酶在确定的测定条件下其比活力是确定的，而无活力的杂蛋白的引入，将导致表观比活力低于酶蛋白的真实比活力。总之比活力越高，表明该酶的纯度越高。

酶的回收率：酶的回收率是纯化后样品的总酶活力占纯化前样品的总酶活力的百分比，这一比值越高表明该纯化方法对酶活力的保存率越高，酶活力损失越少。分离纯化操作的每一步都不可避免损失部分酶活力，原因可能有两种，一是酶的部分变性，二是由于各种纯化方法的分辨率有限，部分酶同杂蛋白一起被除去。

有时候，较高的酶纯化倍数与较高的酶回收率之间存在矛盾，如盐析操作时，沉淀范围越宽，酶的回收率越高，而纯化倍数越低。所以，应根据该操作步骤在整个纯化过程中所处的位置和作用，综合考虑这两个因素，从而确定合适的操作条件。

因而，在酶分离纯化方法选择时应选择重现性好、纯化倍数高、酶的回收率高的纯化方法。

(2) 分离纯化步骤

酶分离纯化的每一步操作都可能导致酶活性受到影响。酶分离纯化的过程越复杂，步骤越多，酶变性失活的可能性就越大。因此，在保证目标酶的纯度、活力等达到基本质量要求的前提下，分离纯化的过程、步骤越少越好。

(3) 分离纯化条件

分离纯化中不可避免损失部分酶活力，应控制好分离纯化条件，减少或防止酶的变性失活。一般地说，凡是用来预防蛋白质变性的方法与措施都可以考虑用于预防酶在分离纯化中的变性。

① 温度：除个别情况外，酶溶液的贮存以及所有分离纯化操作都必须在低温条件下进行。虽然某些酶不耐低温，如线粒体ATP酶在低温下很容易失活，但是大多数酶在低

温下是相对稳定的。一般选择 4 ℃左右比较适宜。

② pH 值：酶是一种两性电解质，其结构容易受到 pH 值的影响。大多数酶在 pH<4.0 或 pH>10.0 的条件下不稳定，因此应将酶溶液控制在适宜的 pH 值条件下，不宜过酸或过碱。实际操作过程中，应使酶处于一个适宜的缓冲液体系中，这样可以避免操作过程中溶液的 pH 值发生剧烈变化，从而导致酶活性受到影响。

③ 泡沫：酶是蛋白质，也是高起泡性物质，和其他蛋白质一样，酶易在溶液表面或界面处形成薄膜而使酶变性。因此，分离提取过程中要尽量避免大量泡沫的形成，如果需要搅拌处理，最好缓慢地进行，切记不可以剧烈搅拌，以免产生大量的泡沫，影响酶的活性。

④ 重金属离子：重金属离子也可能引起酶的变性失活。适当加入一些金属螯合剂有利于保护酶蛋白，避免其因重金属离子的影响而变性失活。

⑤ 底物及其类似物、抑制剂：酶与其作用的底物及底物类似物、酶的抑制剂等具有高亲和性。根据这一特性发展出了各种亲和分离法，同时，也可以在纯化过程中添加这些物质，往往会使酶的理化性质和稳定性发生一些有利的变化。

⑥ 微生物污染：微生物污染能导致酶被降解破坏，酶溶液中的微生物可以通过无菌过滤的方式除去，达到无菌要求，在酶溶液中加入防腐剂，如叠氮化钠等，可以抑制微生物的生长繁殖。

⑦ 蛋白酶：蛋白酶的存在会使酶蛋白被水解，在酶蛋白的分离提取过程中需要加入蛋白酶抑制剂防止其水解。常用的蛋白酶抑制剂有：PMSF(苯甲基磺酰氟)，抑制丝氨酸蛋白酶和巯基蛋白酶；EDTA(乙二胺四乙酸)，抑制金属蛋白水解酶；胃蛋白酶抑制剂，抑制酸性蛋白酶；亮抑蛋白酶肽，抑制丝氨酸和巯基蛋白酶；胰蛋白酶抑制剂，抑制丝氨酸蛋白酶。为了提高作用效果，还可以将几种蛋白酶抑制剂混合使用。一般情况下，未经纯化的酶不适合长期保存。

⑧ 表面效应：蛋白质的稀溶液经常迅速失活，可能是玻璃容器的表面使蛋白质变性的结果。可在溶液中加入高浓度的其他蛋白质如牛血清白蛋白(BSA)来防止此类情况发生。通常在酶活性测定中至少加入 0.1 mg/mL BSA，而蛋白质贮存液中则至少加入 10 mg/mL BSA。理想情况下，为了避免加入杂蛋白，应立刻将稀释的蛋白质溶液浓缩。

4.4 酶分离纯化的评价

酶经分离纯化后要确定该纯化步骤是否适宜，必须经过对有关参数的测定及计算才能确定。酶的产量是以活力单位表示的，因此在整个分离过程中始终贯穿比活力和总活力的检测和比较。

4.4.1 建立可靠和快速的测定酶活的方法

建立可靠和快速的测定酶活的方法，意味着整个分离纯化工作成功了一半。酶分离纯化的最终目的就是为了获得尽可能高比活力的酶制剂。因此，为了判断分离提纯方法的优劣和酶分离纯化的程度，必须在整个分离过程中每一步进行酶比活力和总活力的测定。一旦酶蛋白变性失活，通过酶活力的检测便可以及时发现，这为选择适当的分离方法和条件提供了直接依据。由于酶活性检测工作量大，要求迅速、简便，所以经常采用分光光度法、电化学测定法。由于酶在分离纯化过程中可能丢失辅助因子，辅助因子的丢失会影响到酶活力检测，所以有时还需要在反应系统中加入某些物质，如煮沸过的抽提液、辅酶、盐或半胱氨酸等。纯化过程中引入的某些物质可能对酶反应和测定造成干扰，故有时需要在测定前进行透析或加入螯合剂等。

4.4.2 酶活力的相关基本概念

酶活力(enzyme activity)是指酶催化某一化学反应的能力，它表示样品中酶的含量，用酶活力单位(U，activity unit)来表示。1961 年国际酶学委员会规定，1 min 催化 1 μmol 底物反应所需的酶量为该酶的一个活力单位(国际单位)，测定条件为温度 25 ℃，其他条件(pH 值、离子强度)采用最适条件。但由于在实际测定时，无法完全满足上述酶活力定义的条件，因此，人们常常采用一种非标准的习惯方法来定义酶的活力。例如，α-淀粉酶的 1 个活力单位就习惯上被定义为每小时分解 1 g 淀粉所需的酶量。

酶的总活力：样品的全部酶活力。总活力=酶活力(U/mL)×总体积(mL)[或酶活力(U/g)×总质量(g)]。

比活力(Specific activity)：比活力是指单位蛋白质(毫克蛋白质)所含有的酶活力(U/mg 蛋白)。比活力是酶纯度指标，比活力越高表示酶越纯，即表示单位蛋白质中酶催化反应的能力越大。但是，比活力仍然是个相对纯度指标，要了解酶的实际纯度，尚需采用电泳等测定方法。

酶活回收率：见本章 4.3.2。它表示分离纯化过程中酶的损失程度，回收率越高，酶损失越少。

纯化倍数：见本章 4.3.2。它表示分离纯化过程中酶纯度提高的程度，提纯倍数越大，提纯效果越佳。

4.4.3 酶活力的测定

酶活力是通过测定酶促反应过程中单位时间内底物的减少量或产物的生成量，即测定酶促反应的速率来获得的。可以通过测定完成一定量反应所需要的时间或测定在一定时间内反应中产物的增加量或底物的减少量来实现。一般情况下，产物和底物的改变量是一致的，但测定产物的生成要比测定底物的减少为好，这是由于反应体系中使用的底物往往是过量的，而反应时间通常又很短，尤其是在酶活力很低时，底物减少量仅占加入量的很小比例，因此测定不准确。反之，产物从无到有，变化相对明显，只要测定方法灵敏，准确度很高，所以酶活力测定大多采用测定产物生成速率的方法。

为了保证测定结果的可靠性，必须在酶的最适条件下测定，并保证所测的反应速率为初速率。通常以底物浓度变化在起始浓度的 5%以内的速率为初速率。但底物浓度太低时，5%以下的底物浓度变化在实验中很难测出，因此在测定酶活力时，常常使底物的浓度足够高，这样测定的反应速率就可以比较可靠地反映酶的活力。

同时测定酶活力时通常都需要适当的对照(control)以消除非酶促反应所生成的产物。常用的对照有样品对照、底物对照、时间对照等。例如，若测定酶活力的样品是粗酶液，往往含有所欲测定的产物，也可能在保温时由于内源性底物的反应产生相同的产物，这些可通过不加底物单加样品的对照予以消除。

4.4.4 蛋白质含量的测定

在酶的分离纯化中，比活力的测定比酶活力的测定更为重要。要计算出酶的比活力就必须在测定酶活力的同时，测定样品中总蛋白质的含量。在酶的分离纯化中，快速可靠地测定蛋白质的浓度，最常用方法有紫外吸收法、双缩脲法、Lowry 法和 Bardford 法，这些方法都是利用物质特有的吸收光谱来鉴定物质的性质及含量，操作简单，不需昂贵仪器。

（1）紫外吸收法

这个方法是利用蛋白质因含有酪氨酸、色氨酸而在 280 nm 处有最大吸收，在此波长下光吸收的程度与蛋白质的浓度(3~8 mg/mL)呈线性相关，因此可测定出样品中蛋白质的浓度。另外，由于蛋白质的肽键在远紫外区吸收更敏感，更少受氨基酸成分的干扰。因此，对于蛋白质浓度比较小的样品液，可以用 215 mm 和 225 nm 的吸收差法，测定蛋白质的浓度。紫外吸收法对所测样品无损伤，测后的样品可回收使用。

（2）Lowry 法(福林-酚法)

这个方法是利用蛋白质中的酪氨酸、色氨酸与福林-酚试剂的呈色反应及双缩脲和铜离子的呈色反应。在 500 nm 或 700 nm 处蛋白质的浓度与反应生成的蓝色物质的吸光度成线性相关。这个反应干扰甚多，要用标准蛋白质(如 BSA)在测定时做一条标准曲线，再比对标准曲线求出蛋白含量。该方法反应灵敏，样品需要量可低至 0.1 mg/mL，所以该方法仍旧被经常采用，尤其对粗酶该方法更适用。

（3）Bradford 法(考马斯亮蓝染料比色法)

这个方法将考马斯亮蓝染料 G-250 溶解在过氯酸中，然后用这个棕红色的试剂和蛋白质样品反应，即恢复染料本来的蓝色，蓝色的深浅与蛋白质的多少成线性相关，在 595 nm 处有最大吸收。这个反应极为灵敏，样品需要量仅为几十微克，反应时间只需 2~5 min，现在已被广泛应用。

（4）双缩脲法

在碱性溶液中用硫酸铜和双缩脲、肽或蛋白质反应，会呈紫色，在 540 nm 处有最大吸收。这个反应是 Cu^{2+} 和两个相邻的肽键发生络合反应。本方法受干扰小，也不会因蛋白质的氨基酸成分不同而变化。但需用样品量要多至几毫克，故已很少使用。

（5）凯氏定氮法

因为蛋白质大都含有约 16%的氮，具有特定的蛋白质系数(6.25)，所以用凯氏定氮仪测定出蛋白质的氮含量后，再乘上该蛋白质的蛋白质系数即可算出蛋白质的量。使用此方法时样品中不得混有非蛋白质的含氮化合物。该方法最为经典，也是测定蛋白质含量的国家标准方法，但操作较为烦琐。

4.4.5 酶纯度的评价

分离纯化后的酶必须进行纯度检验，酶纯度的检验方法主要有电泳法、层析法、沉降法、分光光度法、结晶法、免疫法等。

电泳法：该方法最常用于酶纯度的鉴定。如果样品在凝胶电泳上显出一条区带，可作为纯度的一个指标。但这只能说明，样品在荷质比方面是均一的。如果在不同 pH 值下电泳都得一条带，结果就更可靠。SDS-PAGE 电泳上出现一条带只能说明样品在相对分子质量方面是均一的，而且只适用于含有相同亚基的蛋白质。

层析法：当用线性梯度离子交换法或分子筛层析试验样品时，如果制剂是纯的，则各分级部分的比活力应当恒定。如果所有部分的比活力都相同，则可认为该样品的层析性质是均一的。分析型 HPLC 在证明酶均一性上的分辨率接近电泳法。

免疫化学法：免疫扩散、免疫电泳、双向免疫电泳、放射免疫分析等都是鉴定酶纯度的有效方法。特别是放射免疫分析法灵敏度很高。但缺点是需要一定的设备，操作人员需经特殊训练。

超速离心沉降分析法：用超速离心法进行酶纯度的检验时，在离心管中若出现明显的分界线，或者分别取出离心管中的样品，管号对样品浓度作图后，组分的分布是对称的，则表明样品是均一的。此法的优点是时间短、用量少，缺点是灵敏度较差、微量杂质难以检出。

分光光度法：纯蛋白质的 A_{280}/A_{260} 应为 1.75。酶也是蛋白质，因此可用分光光度法检查酶制剂中有无核酸存在。

结晶法：一般来讲，酶的纯度越高越容易结晶。同时对酶来说结晶作用不但可以作为均一性证据，而且也是一种纯化的方法。但结晶样品不一定是纯的，有时蛋白质或酶的第一次结晶纯度低于 50%，其中可能含有杂质。

实际上，从酶制剂中检测出少量杂质往往是很困难的，因为杂质可能低于很多分析方法检测极限。用一种方法测定酶纯度时，可能有两个或更多的酶表现行为类似，会造成错觉，把本来是混合物的样品也认为是均一的。因此，最好的纯度标准是建立多种分析方法，从不同的角度去测定蛋白质样品的均一性。

总之，检验纯度的最常用方法是电泳法，然后才是其他方法。对样品纯度的要求越高，则用来检验纯度的方法应当越多，而且对所得到的数据的解释越应谨慎。

4.5 酶纯化实例

4.5.1 过氧化物酶纯化过程中的收支表

酶分离、提纯过程有关酶活力、总酶活力、比活力、回收率和纯化倍数等参数，对于酶学研究及应用十分重要，由于酶与其他蛋白质一样，存在不稳定性，在操作过程中要特别注意防止酶的变性失活。同时，对食品级酶更要注意安全、卫生，防止重金属、有害化合物的污染。表 4-4 为大豆中过氧化物酶纯化过程的实验记录表。从表 4-4 可知，随着分离纯化步骤的增加，目标酶的比活力越来越高，纯化倍数越来越高，而其总活力、回收率则相对降低。

表 4-4　过氧化物酶纯化过程中的收支表

分离纯化方法	总的酶活力/U	产量/%	总的蛋白质/mg	比活力/(U/mg 蛋白)	纯化倍数
粗提取液	33 652	100	4 982	6.8	1.0
30% $(NH_4)_2SO_4$ 饱和度，上清液	32 200	96	3 300	9.8	1.4

（续）

分离纯化方法	总的酶活力/U	产量/%	总的蛋白质/mg	比活力/（U/mg 蛋白）	纯化倍数
Bio-Gel P-60 柱	25 560	76	1 474	17.3	2.5
DEAE-Sephadex 柱	17 253	51	308	56.0	8.2
ConA-Sepharose 柱	4 614	14	5.9	782.0	115.0
Phenyl-Sepharose CL-4B 柱	2 300	7	1.7	1 352.9	199.0
DEAE-Sephadex 柱	1 410	4	0.33	4 272.7	628.4

4.5.2 SOD 酶纯化过程实例

SOD 广泛存在于生物体内，被用作化妆品和食品添加剂。目前 SOD 的分离纯化方法主要有沉淀法、热变性法、色谱法、超滤法等。

(1) 分离纯化步骤

新鲜动物血→分离红血球→生理盐水洗涤→破裂红血球→有机溶剂萃取→有机溶剂沉淀→热变性→盐析沉淀→过离子交换树脂柱→透析→冷冻干燥

(2) 分离纯化工艺

① 分离红血球：取市售新鲜牛血，迅速将 7 份血加 1 份 5%的柠檬酸三钠溶液搅匀，用纱布过滤，以除去血液中的杂毛及其他异物。以 3 000 r/min 的转速离心处理 15 min，除去上清液（即血浆），收集下层红血球沉淀。

② 除血红蛋白、破裂红血球：收集好的红血球加 2 倍 0.9%的氯化钠溶液，3 000 r/min 离心处理 7 min，重复 3 次，可得洗涤红血球。洗涤红血球在-15 ℃条件下可保存 60 d。在洗净的红血球中加入等体积的去离子水（或蒸馏水），在 2 ℃左右条件下剧烈搅拌溶血 30 min，并在 0~4 ℃放置 10~24 h，使红血球细胞充分破裂。

③ 有机溶剂萃取：往溶血溶液中依次加入溶血血球体积 0.25~0.3 倍的 95%乙醇和 0.15~0.2 倍体积的氯仿，乙醇和氯仿已事先预冷。充分搅拌，静置 30 min，3 000 r/min 离心 30 min，弃去沉淀，收集微带蓝绿色的清澈透明粗酶液。此过程必须控制温度在 2 ℃左右（不超过 5 ℃）。

④ 有机溶剂沉淀：粗酶液中加入 1~2 倍体积的冷丙酮缓慢搅拌均匀，此时可产生大量白色沉淀，静置 30 min，3 000 r/min 离心 10 min，收集沉淀物。

⑤ 热变性：把沉淀物用 2 倍体积缓冲液溶解，在 55~65 ℃水浴中保温 15 min，迅速冷却至室温，离心收集上清液，并弃去下层变性蛋白。

⑥ K_2HPO_4盐析：将 K_2HPO_4研磨成粉末，按每 100 g 热变性上清液加 40 g 盐的比例缓慢添加 K_2HPO_4并搅拌使完全溶解，并以冰浴冷却，直至有清晰的分层出现。将此混合物置于分液漏斗中分层，收集上层溶液，3 000 r/min 离心 10 min，上清液中加 1 倍体积冷丙酮沉淀蛋白，得微带蓝绿色沉淀，沉淀物用 PBS 溶解。

⑦ 过离子交换树脂柱：用 DEAE-Sephadex A50 装柱，柱子选用 2.5 cm×30 cm 规格。装柱时应使树脂层粗细分布均匀、没有气泡、无断层现象。装好柱后用缓冲液缓慢冲洗，冲洗时不要带入气泡。柱上物质的洗脱，采用连续增加洗脱液中盐浓度的方法（K_2HPO_4-

KH_2PO_4的浓度从 2.5 mmol/L 到 50 mmol/L)，使吸附在柱上的各组分洗脱下来。

⑧ 透析：把初步分离纯化后的酶液，装于半透膜袋中，袋中留一定空隙，排除袋内空气后扎紧袋口，于 1 000 mL 上述缓冲液中透析过夜，透析袋置于液面下数毫米。保持温度在 0~4 ℃，其间更换两次透析液。

⑨ 冷冻干燥：在-30~-20 ℃的温度下冻结后，保持在较高真空度冷冻干燥到一定时间，得 SOD 酶粉。

4.6　酶的剂型与保存

4.6.1　酶的剂型

为了适应不同的需要，并考虑到经济和应用效果，一般而言，酶的剂型根据其纯度和形态的不同可以分为以下几种类型。

依据纯度可将酶制剂的剂型分为：纯酶制剂、粗酶制剂、复合酶制剂。

① 纯酶制剂：包括结晶酶，指纯度和比活都非常高，除目标酶外不含有任何其他酶的一类酶制剂，还要求单位质量的酶制剂中酶活力达到一定的单位数。通常用作分析试剂和医疗药物。如应用于生物技术领域的各种工具酶(限制性内切酶、连接酶、*Taq* 酶等)，这类酶制剂一般都价格昂贵，主要用于分析和基础研究领域。

② 粗酶制剂：这类酶制剂纯度和比活都不是很高，除目标酶外可能含有少量其他物质，但目标酶外的其他杂酶应该不对目标酶的正常催化功能造成明显影响。价格依据其纯度和比活力的大小差异很大，但比纯酶制剂要经济很多。食品工业上应用的酶制剂多属于此类。食品级酶制剂虽然对纯度不一定要求严格，但强调安全卫生，在使用时必须要严格按照国家制定的有关标准执行。

③ 复合酶制剂：为了适应特殊的应用目的，有意地把几种在作用效果上有协同作用的酶复合在一起。如为了改善谷物烘焙食品的品质，可以把 α-淀粉酶、脂肪氧化酶、戊聚糖酶等以一定的比例复合在一起，作为复合酶制剂生产和使用。

此外，依据形态的不同可以把酶制剂分为液体酶制剂、固体酶制剂和固定化酶制剂。

① 液体酶制剂：可以是纯酶制剂、粗酶制剂或复合酶制剂。由于酶在液体中比在固体时更容易失活，因此在生产时液体酶制剂中要加稳定剂并低温贮存。

② 固体酶制剂：也可以是纯酶制剂、粗酶制剂或复合酶制剂。有的固体粗酶制剂是发酵液经过杀菌后直接浓缩干燥制成；有的是发酵液滤去菌体后喷雾干燥制成；有的则加有淀粉等辅料后干燥制成。在食品工业上最常用的就是各种固体粗酶制剂和固体复合酶制剂。固体酶制剂便于运输和保存，成本也不高。

③ 固定化酶制剂：是一种特别有利于使用和保存的新型酶制剂，固定化酶的研究与应用是食品工业的重要领域。关于固定化酶的内容参见本书后面的章节。

4.6.2　影响酶保存期的因素

在酶的制备过程中必须始终保持酶活性的稳定，酶提纯后也必须设法使酶活性保持不变，才能使分离出来的酶作用得以发挥，有应用价值。但酶在离开生物体的天然环境保护之后非常容易失活。为了保持酶的活性，一般而言，在保存酶制剂时应该注意以下影响因素。

① 温度：在低温条件下(0~4 ℃)使用、处理和保存。有的需要更低的温度，加入甘油或多元醇有保护作用。

② pH值与缓冲液：pH值应在酶的pH值稳定范围内，采用缓冲液保存。

③ 酶蛋白浓度：一般酶浓度高较稳定，低浓度时易于解离吸附或发生表面变性失效。

④ 氧：有些酶易于氧化而失活。

⑤ 含巯基的酶：可加入巯基保护剂，如二巯基乙醇、GSH(谷胱甘肽)、DTT(二硫苏糖醇)等。

⑥ 保护剂：金属离子，如Ca^{2+}能保护α-淀粉酶，Mn^{2+}能稳定溶菌酶，Cl^{-}能稳定透明质酸酶。表面活性剂，如许多酶配置于1%的苯烷水溶液中，即使在室温下催化活力也能维持相当长时间。高分子化合物，如血清蛋白、多元醇等，特别是甘油和蔗糖是近年来低温保存添加剂。此外，在某些情况下，丙醇、乙醇等有机溶剂也显示一定的稳定作用。为了防止微生物污染酶制剂，可加入一定浓度的甲苯、苯甲酸和百里醇等。

推荐阅读

Westphal A H，van Berkel W J H. Techniques for enzyme purification. Biocatalysis for Practitioners：Techniques，Reactions and Applications，2021：1-31.

在过去的几十年里，酶驱动的生物催化已经成为诸多工业过程中的关键技术。酶分离纯化在生物催化领域中起着重要的作用。本文综述了酶纯化方面的一些经验，阐述了传统和现代酶纯化技术的理论背景、具体应用，并给出了不同纯化方法在实际使用中的选择依据。

开放性讨论题

1. 试讨论在分离纯化过程中应怎样选择合适的分离纯化方法和分离纯化路线？
2. 试讨论怎样最大限度地避免酶在分离纯化过程中的活性损失？

思考题

1. 细胞破碎的方法主要有哪些？请说明每种破碎方法的基本原理是什么？
2. 酶溶液浓缩的方法主要有哪些？
3. 酶分离纯化的原理及方法主要有哪些？其中效率最高的方法是什么？哪些方法还可以用于酶分子质量的测定？
4. 酶制剂的保存需要控制哪些因素？
5. 在酶分离纯化过程中为什么要始终贯穿酶活力的测定？
6. 影响酶结晶的主要因素是什么？
7. 酶制剂有哪些剂型？
8. 影响酶保存期的因素有哪些？

第 5 章　酶催化反应动力学

导　语

酶催化反应动力学是研究酶催化反应的速率及其相关影响因素的科学。酶促反应过程极其复杂，酶催化反应动力学不仅研究底物浓度、酶浓度对反应速率的影响，同时也要研究温度、pH 值、酶的抑制剂及激活剂对酶促反应速率的影响。酶促反应动力学的研究有助于阐明酶的结构与功能的关系；有助于寻找最有利的反应条件，以最大限度地发挥酶催化反应的高效率；有助于了解酶在代谢中的作用及某些药物作用的机理等。因此，酶催化反应动力学的研究具有重要的理论意义和实践意义。

通过本章的学习可以掌握以下知识：

❖ 米氏方程的推导；
❖ 酶促反应动力学参数的测定；
❖ 酶促反应动力学参数的意义；
❖ 多底物酶促反应动力学；
❖ 酶促反应的抑制动力学；
❖ 影响酶催化反应的因素。

知识导图

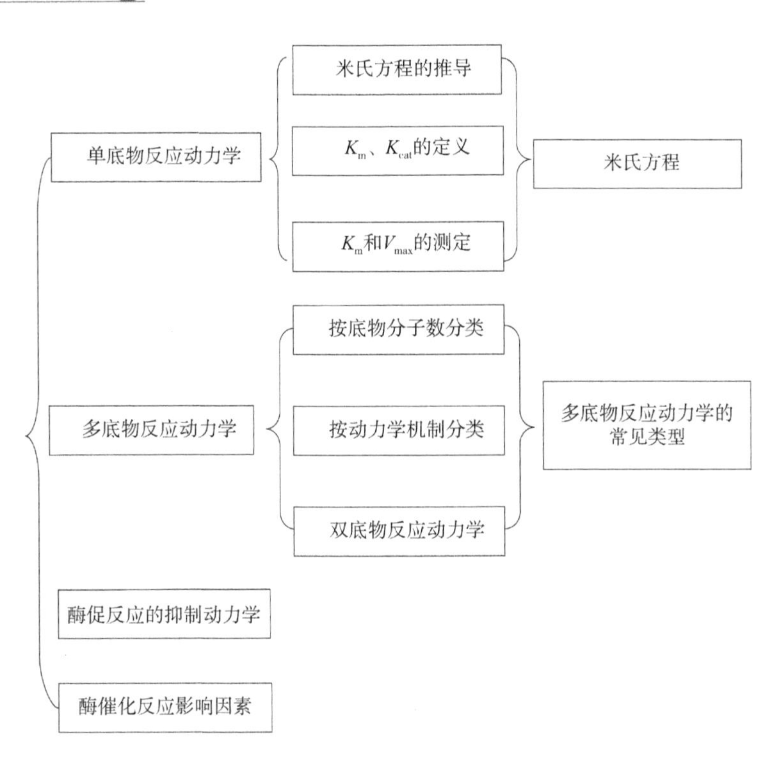

关键词

米氏方程　快速平衡动力学　稳态动力学　解离常数　米氏常数　催化常数　酶的转换数　反应速率　动力学参数　双倒数作图　随机反应　有序反应　乒乓反应　抑制动力学　竞争性抑制　非竞争性抑制　反竞争性抑制　抑制剂　激活剂

本章重点

❖ 各种情况下的酶动力学方程；
❖ 米氏方程和米氏常数的意义；
❖ 影响酶促反应速率的因素。

本章难点

❖ 酶催化反应动力学方程的推导；
❖ 抑制剂对酶促反应速率的影响；
❖ K_m和 V_{max}的测定过程。

5.1 酶的基本动力学

5.1.1 米氏方程的推导

建立反应动力学方程之前，首先要了解反应的方式和历程。1913 年，Michaelis 和 Menten 最先对酶促反应提出了中间产物学说，为酶促反应提供定量参数，同时中间产物学说成为推导米氏方程的依据。该学说认为，单底物的酶促反应可以分成两步进行，首先游离的酶分子(E)与底物(S)结合形成酶-底物(ES)复合物，然后 ES 复合物通过分解反应，释放酶分子与产物(P)。在假定形成酶-底物复合物 ES 的反应速度达到平衡状态，底物浓度远远大于酶浓度的情况下，酶-底物复合物 ES 分解成产物的逆反应可以忽略不计。催化反应模型如下：

$$E+S \underset{k_{-1}}{\overset{k_1}{\rightleftharpoons}} ES \xrightarrow{k_2} E+P \tag{5-1}$$

式(5-1)中，k_1、k_{-1}、k_2分别代表各步反应的速率常数。为了消除酶的不稳定性对催化反应速率的影响，一般采用初速率测定酶催化反应的速率，同时反应产物对酶催化反应速率的影响可以忽略。

单底物酶促反应有快速平衡动力学和稳态动力学两种反应模型：

(1) 快速平衡动力学

利用快速平衡动力学法推导米氏方程，对于式(5-1)有如下的假设：在快速平衡动力学模型中，E、S 与 ES 之间迅速达到平衡状态，酶与底物可以快速结合形成 ES 复合物，但是释放游离的酶分子和产物相对较缓慢。ES 解离成(E+S)的速度大大超过 ES 分解形成(E+P)的速度，即 $k_{-1} \gg k_2$，因此酶与底物的结合可以认为处于稳定状态。在快速平衡动力学模型中，$[E]_f$代表游离酶的浓度，[S]代表底物浓度，而底物浓度远高于酶的浓度，即$[S]>>[E]_f$。因此，酶与底物结合的平衡解离常数(K_S)为

$$K_S=\frac{k_{-1}}{k_1}=\frac{[E]_f[S]}{[ES]} \tag{5-2}$$

游离酶的浓度等于酶的总浓度减去与底物结合的部分：

$$[E]_f=[E]-[ES] \tag{5-3}$$

平衡解离常数可以表示为

$$K_S=\frac{([E]-[ES])[S]}{[ES]} \tag{5-4}$$

因此，ES 复合物的浓度为

$$[ES]=\frac{[E][S]}{K_S+[S]} \tag{5-5}$$

酶-底物复合物 ES 需要通过多个化学反应步骤分解形成产物，并释放游离酶。为简便起见，把这些化学反应步骤的整体反应速率定义为一级反应速率常数 k_{cat}。因此，酶促反应的模型可以简化为

$$E+S \underset{K_S}{\rightleftharpoons} ES \xrightarrow{k_{cat}} E+P \tag{5-6}$$

酶促反应的速率则以一级反应公式表示为

$$v=k_{cat}[ES]=\frac{k_{cat}[E][S]}{K_S+[S]} \tag{5-7}$$

可以看出，反应速率是底物浓度的双曲线函数，当底物浓度无限大时，反应速率达到最大(K_S相对于底物浓度可以忽略不计)：

$$V_{max}=\lim_{[S]\to\infty} v=k_{cat}[E] \tag{5-8}$$

与式(5-1)结合，可推导出反应速率的公式为

$$v=\frac{V_{max}[S]}{K_S+[S]}=\frac{V_{max}}{1+\frac{K_S}{[S]}} \tag{5-9}$$

式(5-9)表示了酶反应速率与底物浓度之间的定量关系，通常称为米氏(Michaelis-Menten)方程。

(2) 稳态动力学

1925 年，Briggs 和 Haldane 提出稳态动力学模型并对米氏方程的推导加以修正。该模型认为反应中的所有酶都发挥催化作用，因此要求底物的浓度远大于游离酶的浓度，即$[S]\gg[E]$，但不要求 $k_{-1}\gg k_2$。实际上，大部分酶促反应的酶-底物复合物浓度是恒定的，即酶-底物复合物生成和分解的速率相同，根据假设条件，从稳态理论出发，酶-底物复合物的浓度不变：

$$\frac{d[ES]}{dt}=0 \tag{5-10}$$

酶-底物复合物生成和分解的速率相同：

$$k_1[E]_f[S]_f=(k_{-1}+k_2)[ES] \tag{5-11}$$

移项后，酶-底物复合物的浓度为

$$[ES]=\frac{[E]_f[S]_f}{\frac{k_{-1}+k_2}{k_1}} \tag{5-12}$$

令 K_m 为

$$K_m=\frac{k_{-1}+k_2}{k_1}=\frac{[E]_f[S]_f}{[ES]} \tag{5-13}$$

同时，以([E]-[ES])替换$[E]_f$，$[S]\approx[S]_f$，这样式(5-12)可简化为

$$[ES]=\frac{[E][S]}{K_m+[S]} \tag{5-14}$$

同样的，以 k_{cat} 代表酶-底物复合物的分解速率常数，则酶促反应速率为

$$v=k_{cat}[ES]=\frac{k_{cat}[E][S]}{K_m+[S]} \tag{5-15}$$

当底物浓度趋向无限大时，反应速率达到最大值(K_m相对于底物浓度可以忽略不计)：

$$V_{max}=\lim_{[S]\to\infty}v=k_{cat}[E] \tag{5-16}$$

与式(5-1)结合，得到稳态动力学模型的反应速率公式，即米氏方程为

$$v=\frac{V_{max}[S]}{K_m+[S]} \tag{5-17}$$

当底物浓度等于 K_m时：

$$v=\frac{V_{max}[S]}{[S]+[S]}=\frac{V_{max}}{2} \tag{5-18}$$

此时酶促反应速率为$\frac{1}{2}V_{max}$。因此，把 K_m定义为在底物浓度饱和的前提下，酶促反应速率达到最大反应速率一半时的底物浓度，K_m也称为米氏常数(Michaelis constant)，当 $k_{-1}>>k_2$时，K_m与快速平衡动力学模型中的 K_S 相等。

上述两种模型中，稳态动力学模型更为常用。主要原因：①在稳态阶段中，底物消耗量少，可以认为底物浓度恒定。②产物生成较少，避免了产物对酶的抑制作用。③在催化反应的起始阶段，酶不会有显著的失活，酶的有效浓度较为恒定。因此，稳态动力学模型消除了不必要的干扰，是描述酶动力学特征的最佳选择。

5.1.2 米氏常数 K_m与催化常数 k_{cat}

通过米氏常数 K_m的定义，可知当底物浓度等于 K_m时，有一半的酶的活性中心被底物分子占据。米氏常数 K_m也是酶-底物复合物的平衡解离常数，与酶-底物复合物分解为游离酶和底物的速率相关。米氏常数的倒数($1/K_m$)则与游离酶与底物结合形成酶-底物复合物的速率相关。

$$K_m:\ ES\longrightarrow E+S$$

$$1/K_m:\ E+S\longrightarrow ES$$

因此，可以通过对比 K_m值的大小，比较或衡量某种底物与酶的亲和力强弱。K_m值越小，表示酶与底物的亲和力越大；K_m值越大，酶与底物的亲和力越小。

k_{cat}(catalytic constant)定义为在酶被底物完全结合的状态下，在单位时间内每一催化

活性中心可以转化的底物分子数，也称为酶的转换数(turnover number)。由式(5-16)可知，k_{cat}可以通过酶的最大反应速率 V_{max}和酶的浓度[E]计算得出。k_{cat}的单位是时间的倒数，如 min^{-1}、s^{-1}。酶与底物结合形成酶-底物复合物后，需要通过多个化学反应步骤分解形成产物，k_{cat}就是综合若干化学反应步骤的表观速率常数，与酶促反应中的限速反应步骤的速率最为接近。

$$k_{cat}: \ ES \longrightarrow ES^{\ddagger} \longrightarrow E+P$$

式中，$ES^{\ddagger}$为酶-底物复合物过渡态。

酶的催化过程离不开酶与底物的结合以及随后的催化反应步骤，K_m和 k_{cat}分别衡量这两个步骤的反应速率，而两个常数的比值 k_{cat}/K_m则可以表征酶的整体催化效率(catalytic efficiency)。k_{cat}/K_m是二级反应速率常数，反应酶催化全过程的宏观二级速率常数：

$$k_{cat}/K_m: \ E+S \longrightarrow ES \longrightarrow ES^{\ddagger} \longrightarrow E+P$$

通过比较 k_{cat}/K_m的大小，可以比较酶对不同底物的催化效率，以及测定反应条件(温度、pH 值)或基因突变对酶的催化能力的影响。

5.1.3　酶促反应动力学参数的测定

(1) 拟合米氏方程法

要获得动力学参数 V_{max}和 K_m，首先要测定不同底物浓度下的初始反应速率(图 5-1)。

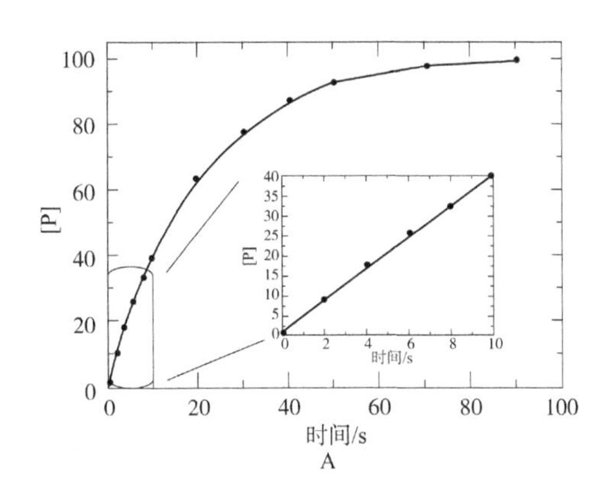

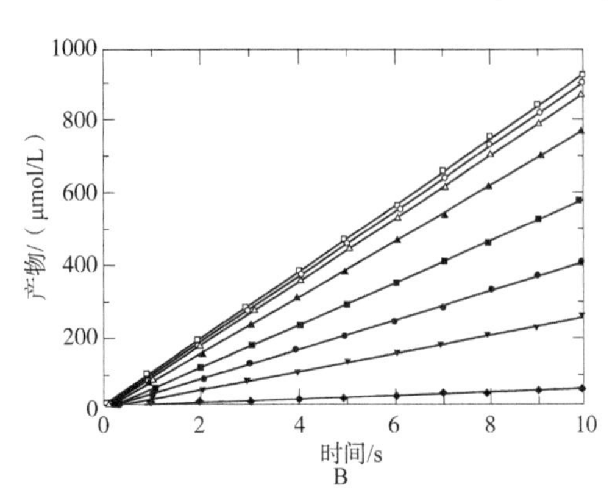

图 5-1　不同底物浓度下初始反应速率的测定

A. 某一底物浓度下的初始反应速率　B. 不同底物浓度下的初始反应速率

以底物浓度为横坐标，初始反应速率为纵坐标作图，数据以非线性最小二乘法拟合至米氏方程，即可求出动力学参数 V_{max}和 K_m(图 5-2)。KaleidaGraph、GraphPad 等数据处理软件都含有拟合米氏方程曲线的模块，并自动分析 V_{max}、K_m以及偏差、拟合优度等参数。该方法可获得较准确的动力学参数。

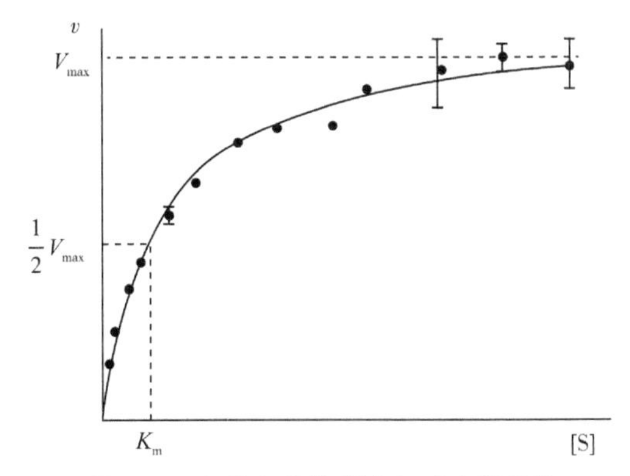

图 5-2　米氏方程的拟合与动力学参数

(2) Lineweaver-Burk 双倒数作图法

利用数据处理软件对动力学实验数据进行非线性拟合在近年来才逐渐使用。常用的动力学数据处理方法是把米氏方程线性化，再将实验数据转换后代入。

$$v=V_{\max}\left(\frac{1}{1+\frac{K_m}{[S]}}\right) \tag{5-19}$$

等号两边取倒数，得

$$\frac{1}{v}=\left(\frac{K_m}{V_{\max}}\frac{1}{[S]}\right)+\frac{1}{V_{\max}} \tag{5-20}$$

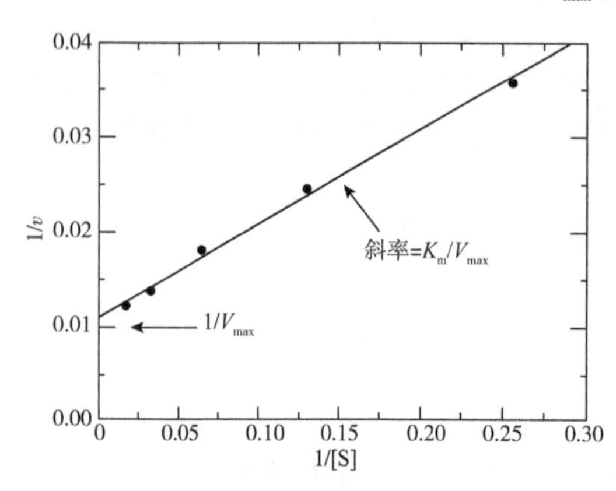

图 5-3 Lineweaver-Burk 双倒数作图法求解动力学参数

式(5-20)可以看成$\frac{1}{v}$与$\frac{1}{[S]}$的线性方程，方程的斜率为$\frac{K_m}{V_{\max}}$，在 y 轴上的截距为$\frac{1}{V_{\max}}$，恰好符合$\frac{1}{[S]}=0$ 即$[S]=\infty$时达到酶的最大反应速率。在适当的底物浓度范围内，通过实验获得反应初速度，然后通过双倒数作图(图 5-3)，可以得到线性方程，根据方程可以求出 $V_{\max}$ 和 K_m。该方程能得到较好的线性和较准确的动力学参数。

5.2 多底物酶促反应动力学

酶的基本动力学是最简单的酶促反应模式，反映的是单个底物在酶的催化下被转化成单个产物的反应。而实际上，发生的大多数的酶促反应都涉及两种或更多的底物，并产生一种以上的产物，称为多底物酶促反应，相关的动力学称为多底物酶促反应动力学。

5.2.1 多底物酶促反应方式和动力学机制

根据酶促反应中底物和产物的分子数，以单分子、双分子、三分子英文单词的前缀 uni、bi 和 ter 对反应进行命名，主要酶促反应方式见表 5-1 所列。

表 5-1 酶促反应按底物分子数命名

酶促反应	命名
$A\longrightarrow P$	Uni Uni
$A+B\longrightarrow P$	Bi Uni
$A+B\longrightarrow P_1+P_2$	Bi Bi
$A+B+C\longrightarrow P_1+P_2$	Ter Bi

多底物酶促反应涉及底物和产物的结合以及释放顺序。以 Bi-Bi 反应($E+AX+B\rightleftharpoons E+A+BX$)为例，该反应属于基团转移反应，X 基团从底物 AX 转移到底物 B 上。反应过程中底物 AX 和 B 是按照一定顺序，还是随机与酶进行结合？是否当底物 AX 与酶形成

E · AX复合物后，底物 B 才能与酶结合？X 基团是通过形成 E · AX · B 三元复合物传递，还是通过 E · X 中间体传递？根据动力学机制的不同，可以把双底物反应分为序列反应机制和乒乓反应机制。在序列反应机制中，只有当底物 AX 和 B 都与酶结合后，才开始发生酶促反应并释放产物；根据酶与底物的结合顺序，序列反应还可以分为随机反应机制和有序反应机制。乒乓反应机制也称为双-置换反应机制，只有当一部分产物释放后，其他底物才能继续参与酶促反应。研究酶促反应的动力学机制，对于酶活测定方法的设计、抑制剂作用的评估都有重要作用。

（1）随机反应机制

在该反应机制中，底物与酶的结合顺序对反应影响不大，对任意产物的释放顺序也没有特定要求。不过，只有当底物 AX 与 B 都与酶结合，形成 E · AX · B 三元复合物后，X 基团才能从底物 AX 直接转移到底物 B 上（图 5-4）。酶的作用是让两种底物相互接近，并把两种底物的活性基团带到酶活性中心的正确相邻位置，再产生催化作用。

E · AX
+AX
K^{AX}
+B
αK^{B}
E
E · A · X · B
E · A · X · B
E+A+BX
+B
K^{B}
+AX
αK^{AX}
E · B

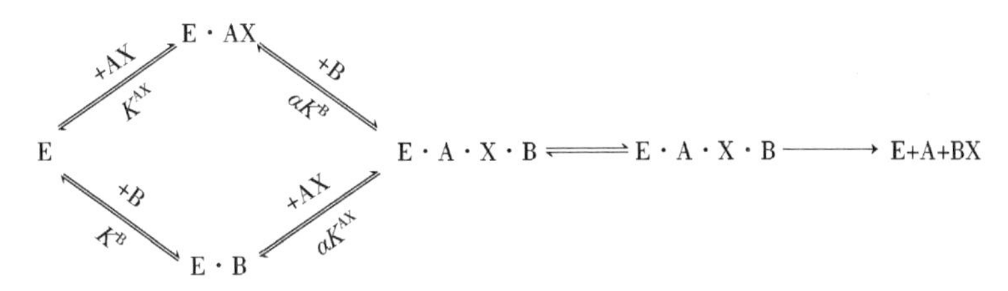

图 5-4　多底物酶促反应的随机反应机制

（2）有序反应机制

与随机反应机制类似，只有当酶与两种底物都结合形成三元复合物中间体 E · AX · B 后，催化反应才开始发生，但该机制要求只有当一种底物与酶结合后，另一种底物才可以继续与酶结合。以图 5-5 为例，只有当底物 AX 与酶分子结合形成 E · AX 复合物后，底物 B 才能继续结合。换言之，底物 B 无法与游离的酶分子直接结合，因为通常底物 B 对游离酶的亲和力较低，而对 E · AX 复合物的亲和力较高。

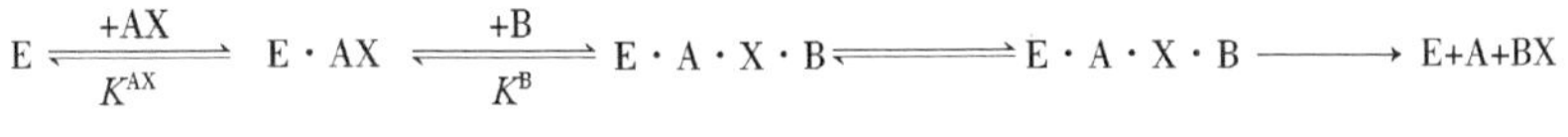

E
+AX
K^{AX}
E · AX
+B
K^{B}
E · A · X · B
E · A · X · B
E+A+BX

图 5-5　多底物酶促反应的有序反应机制

（3）乒乓反应机制

该机制不形成三元复合物中间体，而是分为两步反应。如图 5-6 所示，底物 AX 首先与酶结合，X 基团被转移到酶分子的活性中心形成 EX 复合物中间体（通常 EX 为共价复合物），产物 A 释放离去；然后底物 B 与 EX 复合物结合，X 基团从酶分子上传递到底物 B 上，最后形成产物 BX 离去。在该反应机制中，底物 B 只能与 EX 复合物结合，而不能与游离的酶分子结合。

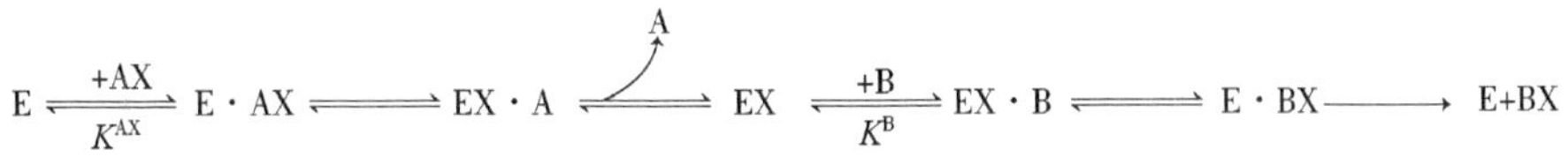

E
+AX
K^{AX}
E · AX
EX · A
A
EX
+B
K^{B}
EX · B
E · BX
E+BX

图 5-6　多底物酶促反应的乒乓反应机制

5.2.2 双底物酶促反应动力学

(1) 随机反应机制

如图 5-4 所示，K^{AX}和K^{B}分别表示酶与底物的平衡解离常数，α 表示一种底物与酶分子结合后对另一种底物与酶的结合亲和力的影响。当底物 B 达到饱和浓度时，αK^{AX}等于底物 AX 的米氏常数K_m^{AX}；同样当底物 A 的浓度达到饱和时，$\alpha K^{B}=K_m^{B}$。根据 v、V_{max}与催化常数 k_{cat} 的关系，以及各反应步骤的平衡解离常数与底物浓度的关系，可以推导出反应速率的公式：

$$v=k_{cat}[E\cdot AX\cdot B]K^{AX}=\frac{[E][AX]}{[E\cdot AX]}K^{B}=\frac{[E][B]}{[E\cdot B]} \tag{5-21}$$

$$\alpha K^{AX}=K_m^{AX}=\frac{[E\cdot B][AX]}{[E\cdot AX\cdot B]}\alpha K^{B}=K_m^{B}=\frac{[E\cdot AX][B]}{[E\cdot AX\cdot B]} \tag{5-22}$$

$$V_{max}=k_{cat}[E_t]=k_{cat}([E]+[E\cdot AX]+[E\cdot B]+[E\cdot AX\cdot B]) \tag{5-23}$$

$$v=\frac{V_{max}[AX][B]}{K^{AX}K_m^{B}+K_m^{B}[AX]+K_m^{AX}[B]+[AX][B]} \tag{5-24}$$

式中，$[E_t]$为酶的总浓度。

式(5-24)两边取倒数得

$$\frac{1}{v}=\frac{1}{V_{max}}\frac{1}{[AX]}(K_m^{AX}+\frac{K^{AX}K_m^{B}}{[B]})+\frac{1}{V_{max}}(1+\frac{K_m^{B}}{[B]}) \tag{5-25}$$

在不同浓度的底物 B 条件下，测定酶促反应速率与底物 AX 浓度的关系，以 Lineweaver-Burk 双倒数作图法作图，得到有同一交点的系列直线(图 5-7A)，把各直线的斜率与 1/[B]作图(图 5-7B)，以及在不同浓度的底物 B 条件下的表观最大反应速率V_{max}^{app}与 1/[B]作图(图 5-7C)，即可求出各动力学参数K_m^{AX}、K_m^{B}及V_{max}。V_{max}^{app}是当一种底物浓度固定(不饱和)，而另一种底物达到饱和时的最大反应速率，也称为表观最大反应速率；只有当两种底物都达到饱和时，测得的V_{max}才是真正的最大反应速率。

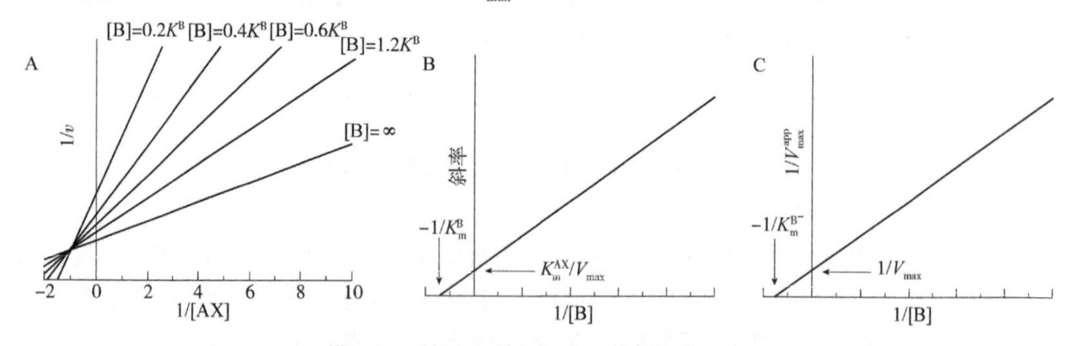

图 5-7 随机反应机制动力学参数的测定

A. 不同浓度底物 B 条件下，1/v 与 1/[AX]的双倒数作图 B. 图 A 中直线斜率与 1/[B]的双倒数作图

C. 1/V_{max}^{app}与 1/[B]的双倒数作图

(2) 有序反应机制

假设 E·AX·B ⇌ E·A·BX 是整个酶促反应的限速步骤，则反应速率的方程为

$$v=\frac{V_{max}[AX][B]}{K^{AX}K^{B}+K^{B}[AX]+[AX][B]} \tag{5-26}$$

这种情况下，该动力学方程的计算方法与随机反应机制类似。但如果 E · AX · B $\rightleftharpoons$ E · A · BX 不是整个反应的限速步骤，则稳态动力学方程更适用于该机制：

$$v=\frac{V_{max}[AX][B]}{K^{AX}K_m^B+K_m^B[AX]+K_m^{AX}[B]+[AX][B]} \tag{5-27}$$

式中，K^{AX}为 E · AX 的平衡解离常数；K_m^{AX}，K_m^B分别为底物 AX、底物 B 在另一种底物浓度饱和条件下的米氏常数。

有序反应机制中动力学参数的测定方法与计算方法与随机反应机制相同。由于两种机制的动力学方程的相似性，所得动力学双倒数图与随机反应机制相似，因此无法根据双倒数图区分两种动力学机制。

(3) 乒乓反应机制

乒乓反应机制的稳态动力学方程为

$$v=\frac{V_{max}[AX][B]}{K_m^B[AX]+K_m^{AX}[B]+[AX][B]} \tag{5-28}$$

其双倒数方程为

$$\frac{1}{v}=\frac{K_m^{AX}}{V_{max}[AX]}+\frac{1}{V_{max}}\left(1+\frac{K_m^B}{[B]}\right) \tag{5-29}$$

测定在不同浓度的底物 B 条件下，反应速率与底物 AX 浓度的关系，以 Lineweaver-Burk 双倒数作图法作图，可以得到相互平行的系列直线(图 5-8A)，把不同浓度 B 下的表观最大反应速率V_{max}^{app}与 1/[B]作图(图 5-8B)，以及不同 B 浓度下的表观米氏常数$K_m^{AX,app}$与 1/[B]作图(图 5-8C)，即可求出各动力学参数K_m^{AX}、K_m^B及V_{max}。

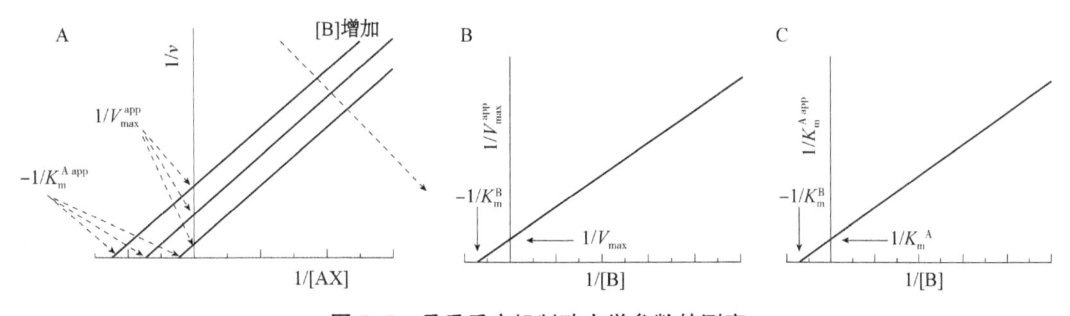

图 5-8　乒乓反应机制动力学参数的测定

A. 不同浓度底物 B 条件下，1/v 与 1/[AX]的双倒数作图　B. 1/V_{max}^{app}与 1/[B]的双倒数作图

C. 1/$K_m^{AX,app}$与 1/[B]的双倒数作图

5.3　酶促反应的抑制动力学

酶的抑制作用(enzyme inhibition)是指酶的功能基团受到某种物质的影响，而导致酶活力降低或丧失的作用。该物质即称为酶抑制剂。对酶催化反应过程的抑制动力学进行研究，不仅有利于了解酶的催化机制，而且有利于了解酶的结构与功能的关系，有一定的现实价值，如通过在食品加工过程中添加多酚氧化酶抑制剂来防止食物的酶促褐变；在疾病的药物治疗过程中抑制相关的酶类来起到干预的作用，很多药物都是酶抑制剂。酶受抑制

时其蛋白部分并未变性。由于酶蛋白变性造成的酶失活作用，以及除去活化剂(如酶活力所必需的金属离子)而造成酶活力的降低或丧失，不属于酶抑制作用的范畴。酶的抑制作用可分为可逆和不可逆抑制作用两大类。

5.3.1 可逆抑制作用

可逆抑制作用是指抑制剂与酶以非共价键可逆结合而引起酶活力的降低或丧失，用物理方法(如透析、超滤等)除去抑制剂后可使酶活力恢复的抑制作用，这种抑制剂叫作可逆抑制剂。可逆抑制作用中抑制剂与酶结合的非共价键通常是氢键、离子键、疏水作用和范德华力等。可逆抑制剂对酶促反应的影响可以分为竞争性、非竞争性和反竞争性抑制作用 3 种。

(1) 竞争性抑制(competitive inhibition)

如图 5-9A 所示，抑制剂(I)与底物(S)同时竞争结合游离酶(E)分子的活性中心，当抑制剂占据酶的活性中心，底物无法进入酶的活性中心产生催化作用，即已结合 S 的 ES 复合物不能再结合 I，已结合 I 的 EI 复合体也不能再结合 S，不存在 ESI 三联复合体，这类抑制剂通常与底物有类似的化学结构。酶促反应模型中(图 5-9B)，K_m 为酶-底物(ES)复合物的平衡解离常数，k_{cat} 为总体的一级反应速率常数，K_i 为酶-抑制剂(EI)复合物的平衡解离常数。由于竞争性抑制剂干扰了酶与底物的结合过程，因此酶与底物的亲和力降低，酶促反应的米氏常数 K_m 增大。在酶分子没有完全被抑制剂占据的情况下，未与抑制剂结合的游离酶仍然对底物有催化作用；竞争性抑制作用可通过增加底物的浓度克服抑制剂对酶的抑制作用，酶促反应速率可以达到最大反应，即酶促反应的 V_{max} 不变。

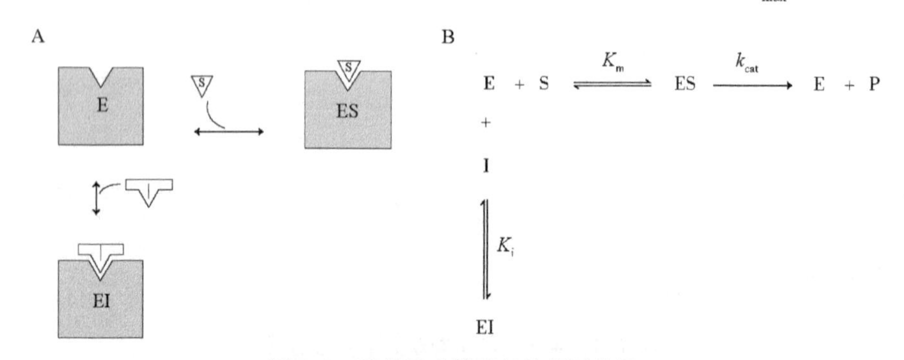

图 5-9 酶促反应的竞争性抑制作用

A. 抑制剂与底物竞争结合酶分子的活性中心 B. 竞争性抑制剂存在下的酶促反应模型

(2) 非竞争性抑制(noncompetitive inhibition)

如图 5-10A 所示，底物(S)和抑制剂(I)与游离酶(E)的结合完全互不相关，既不排斥也不促进，S 与 E 结合后，不影响 I 同 E 的结合；同样，I 与 E 结合后，也不影响 S 与 E 的结合。但三联复合体 ESI 也不再分解生成产物(P)。酶促反应模型中(图 5-10B)，α 因子可以表示抑制剂对游离酶和酶-底物复合物结合的选择性：α=1 表示抑制剂对两者有相同的亲和力；α<1 表示抑制剂对酶-底物复合物有更高的亲和力；α>1 表示抑制剂更倾向于与游离酶结合。非竞争性抑制剂与酶的活性中心以外的基团结合，不会对酶与底物的结合造成影响，因此酶促反应的米氏常数 K_m 不变。但是，酶促反应的最大反应速率 V_{max} 会下降，非竞争性抑制剂对酶的抑制作用不会因为底物浓度的提高而减弱。

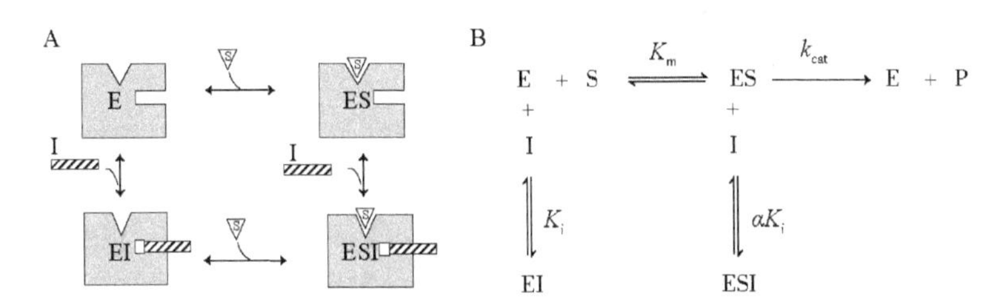

图 5-10　酶促反应的非竞争性抑制作用

A. 抑制剂可以与游离酶或酶-底物复合物结合　B. 非竞争抑制的酶促反应模型

(3)反竞争性抑制(uncompetitive inhibition)

如图 5-11A 所示，抑制剂不与游离酶结合，不与底物形成竞争关系，而与酶-底物复合物结合形成三联复合体，三联复合体不能再分解生成产物。E 和 S 的结合反而促进 E 和 I 的结合。由酶促反应模型(图 5-11B)可以看出当反应体系中加入抑制剂 I 时，可使 E+S 和 ES 的平衡倾向 ES 的形成。因此 I 的存在反而增加 E 和 S 的亲和力，也就是说酶促反应的米氏常数 K_m会下降。此情况正和竞争性抑制作用相反，故称为反竞争性抑制作用。反竞争性抑制剂会影响酶与底物结合后的催化反应步骤，使酶促反应的最大反应速率 V_{max}下降。但酶促反应的催化效率 V_{max}/K_m不变。

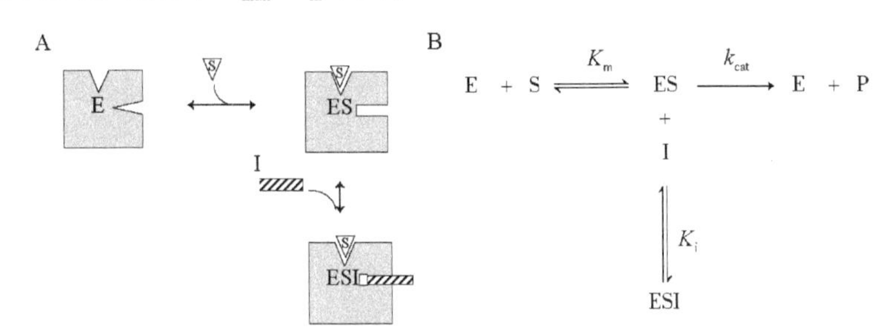

图 5-11　酶促反应的反竞争性抑制作用

A. 抑制剂只与酶-底物复合物结合　B. 反竞争抑制的酶促反应模型

5.3.2　可逆抑制作用动力学

(1) 竞争性抑制动力学

结合酶促反应的竞争性抑制作用模型图(图 5-9B)，根据 v、V_{max}与催化常数 k_{cat}的关系，以及酶-底物复合物、酶-抑制剂复合物的平衡解离常数的定义，可将竞争性抑制剂存在条件下的酶促反应速率计算公式表示为

$$v=k_{cat}[ES]\quad K_m=\frac{[E][S]}{[ES]}\quad K_i=\frac{[E][I]}{[EI]} \tag{5-30}$$

$$V_{max}=k_{cat}[E_t]=k_{cat}([E]+[ES]+[EI]) \tag{5-31}$$

$$v=\frac{V_{max}[S]}{[S]+K_m(1+\frac{[I]}{K_i})} \tag{5-32}$$

式中，$[E_t]$为酶的总浓度。

式(5-32)两边取倒数得

$$\frac{1}{v}=\frac{1}{V_{max}}+\frac{K_m}{V_{max}}\frac{1}{[S]}(1+\frac{[(I)]}{K_i})\tag{5-33}$$

根据式(5-33)，在不同抑制剂浓度下，测定酶促反应速率，以底物浓度为横坐标、反应速率为纵坐标作图，可得到如图5-12所示的曲线图。进一步以Lineweaver-Burk双倒数作图法作图，可得到在1/[S]=0处有同一交点的系列直线(图5-13A)，据此可获得V_{max}值和不同抑制剂浓度下的表观米氏常数K_m^{app}。把在不同抑制剂浓度下测得的K_m^{app}与抑制剂浓度作图(图5-13B)，即可求得酶-抑制剂复合物的平衡解离常数K_i和K_m。

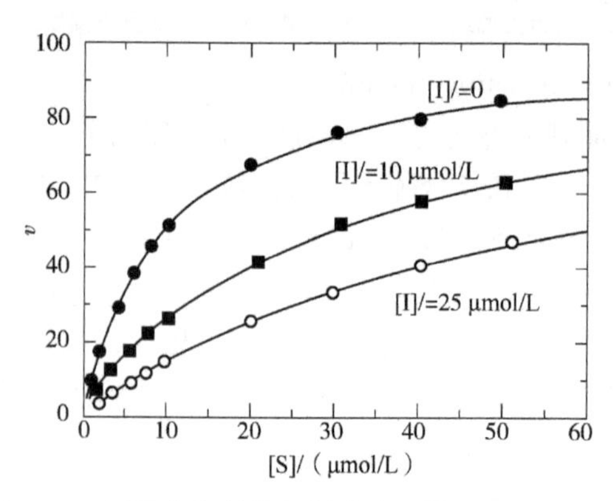

图5-12 不同竞争性抑制剂浓度下的酶促反应速率

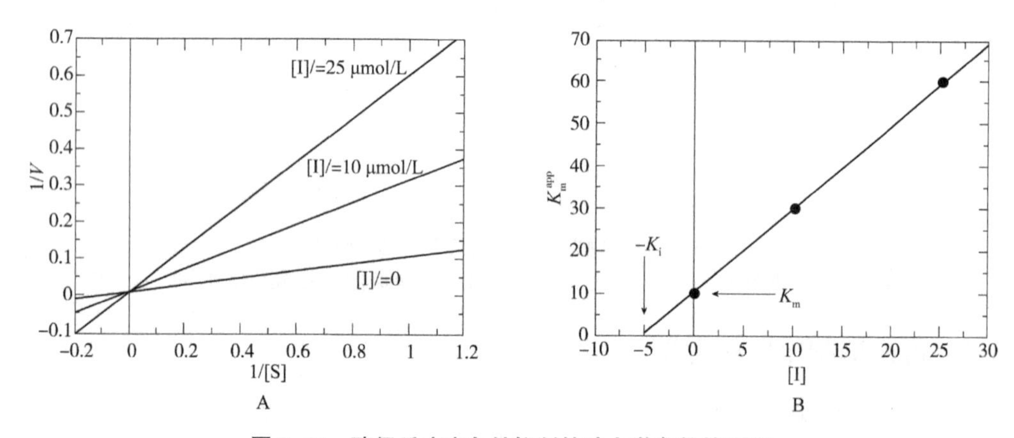

图5-13 酶促反应竞争性抑制的动力学参数的测定

(2) 非竞争性抑制动力学

结合酶促反应的非竞争性抑制作用模型图(图5-10B)，根据酶促反应动力学相关参数的定义，可将非竞争性抑制剂存在条件下的酶促反应速率计算公式表示为

$$v=\frac{V_{max}[S]}{[S]\left(1+\frac{[I]}{\alpha K_i}\right)+K_m\left(1+\frac{[I]}{K_i}\right)}\tag{5-34}$$

式(5-34)两边取倒数得

$$\frac{1}{v}=\frac{1+\frac{[I]}{\alpha K_i}}{V_{max}}+\frac{K_m}{V_{max}}\frac{1}{[S]}\left(1+\frac{[I]}{K_i}\right)\tag{5-35}$$

根据式(5-35)，在不同抑制剂浓度下，测定酶促反应速率，以底物浓度为横坐标、反应速率为纵坐标作图，可得到如图 5-14 所示的曲线图。进一步以 Lineweaver-Burk 双倒数作图法作图，可得到在 1/[S]<0 处有同一交点的系列直线，根据 α 因子的不同，双倒数图有不同的情况(图 5-15)。把在不同抑制剂浓度下测得的最大反应速率的倒数 $1/V_{max}$ 与抑制剂浓度作图(图 5-16A)，以及图 5-15 中各直线的斜率与抑制剂浓度作图(图 5-16B)，即可求得抑制剂常数 K_i 和 α 因子。

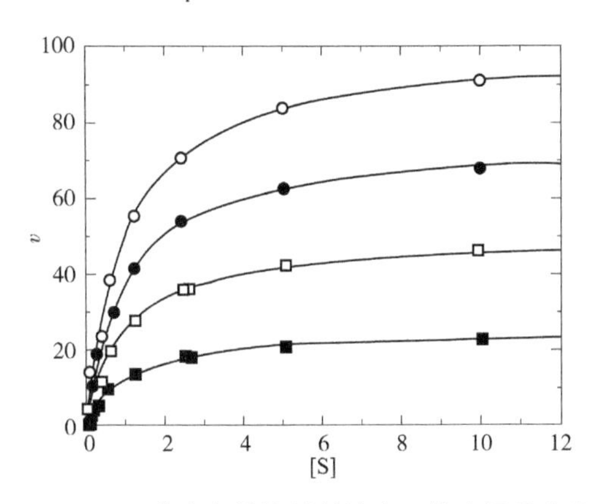

图 5-14　不同非竞争性抑制剂浓度下的酶促反应速率

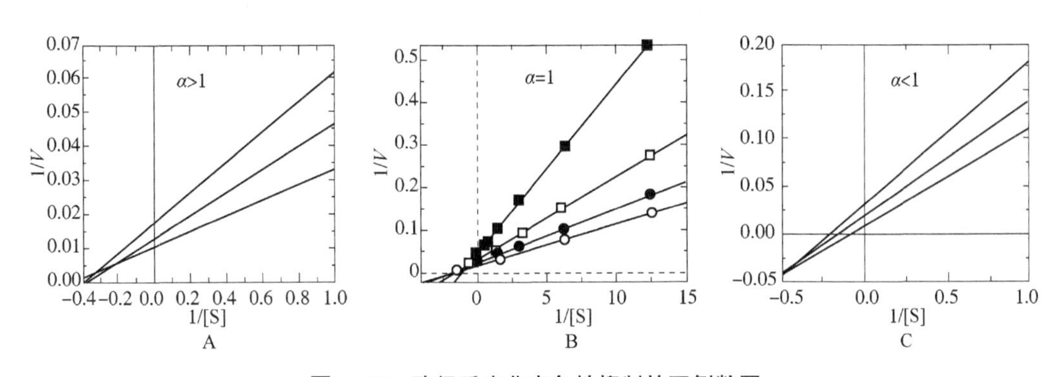

图 5-15　酶促反应非竞争性抑制的双倒数图

A. α>1　B. α=1　C. α<1

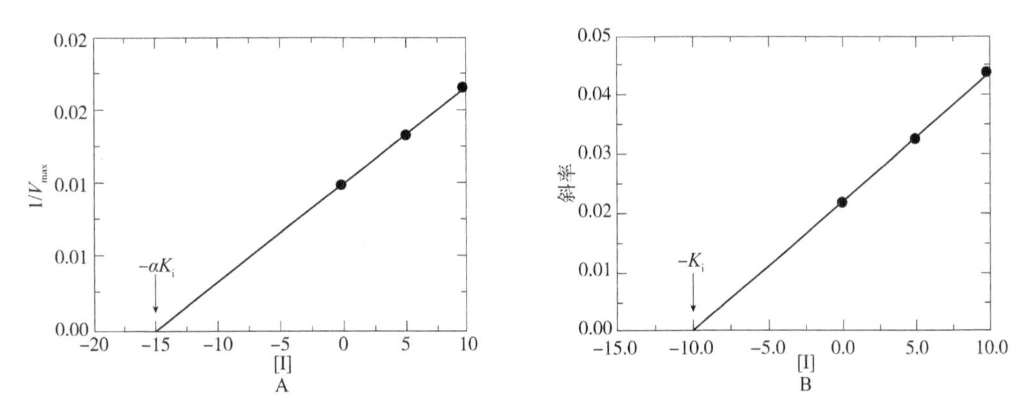

图 5-16　酶促反应非竞争性抑制的动力学参数的测定

(3) 反竞争性抑制动力学

结合酶促反应的反竞争性抑制作用模型图(图 5-11B),根据酶促反应动力学相关参数的定义,可将反竞争性抑制剂存在条件下的酶促反应速率计算公式表示为

$$v=\frac{V_{\max}[\mathrm{S}]}{[\mathrm{S}]\left(1+\frac{[\mathrm{I}]}{K_{\mathrm{i}}}\right)+K_{\mathrm{m}}} \tag{5-36}$$

式(5-36)两边取倒数得

$$\frac{1}{v}=\frac{1+\frac{[\mathrm{I}]}{K_{\mathrm{i}}}}{V_{\max}}+\frac{K_{\mathrm{m}}}{V_{\max}}\frac{1}{[\mathrm{S}]} \tag{5-37}$$

根据式(5-37),在不同抑制剂浓度下,测定酶促反应速率,以底物浓度为横坐标,反应速率为纵坐标作图,可得到如图 5-17 所示的曲线图。进一步以 Lineweaver-Burk 双倒数作图法作图,得到相互平行的系列直线(图 5-18A),据此可获得不同抑制剂浓度下的 $K_{\mathrm{m}}^{\mathrm{app}}$。把在不同抑制剂浓度下测得的 $K_{\mathrm{m}}^{\mathrm{app}}$ 与抑制剂浓度作图(图 5-18B),即可求得 K_{i} 和 K_{m}。

对酶促反应的可逆抑制动力学进行总结,可以归纳为表 5-2。

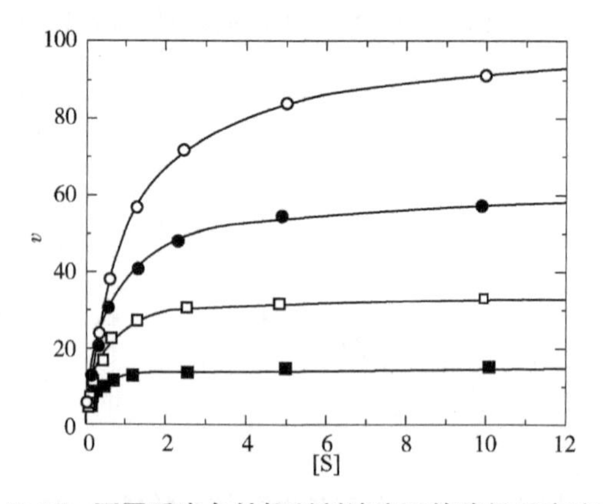

图 5-17 不同反竞争性抑制剂浓度下的酶促反应速率

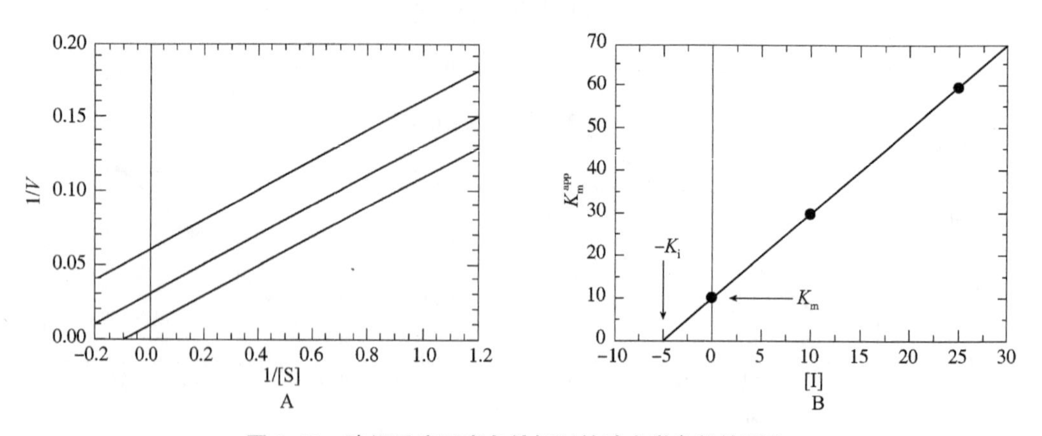

图 5-18 酶促反应反竞争性抑制的动力学参数的测定

表 5-2　可逆抑制剂对酶促反应的影响

抑制类型	无抑制剂	竞争性抑制	非竞争性抑制	反竞争性抑制
作用对象	—	游离酶	游离酶、酶-底物复合物	酶-底物复合物
影响步骤	—	E+S→ES	E+S→ES→E+P	ES→E+P
动力学方程	$v=\frac{V_{max}[S]}{K_m+[S]}$	$v=\frac{V_{max}[S]}{[S]+K_m\left(1+\frac{[I]}{K_i}\right)}$	$v=\frac{V_{max}[S]}{[S]\left(1+\frac{[I]}{\alpha K_i}\right)+K_m\left(1+\frac{[I]}{K_i}\right)}$	$v=\frac{V_{max}[S]}{[S]\left(1+\frac{[I]}{K_i}\right)+K_m}$
米氏常数	K_m	增加	不变	减小
最大反应速率	V_{max}	不变	减小	减小
催化效率	V_{max}/K_m	减小	减小	不变

5.3.3　不可逆抑制作用

抑制剂与酶的必需基团或活性部位以共价键结合而引起酶活力丧失，不能用透析、超滤或凝胶过滤等物理方法去除抑制剂而使酶活力恢复的称为不可逆抑制作用，这种抑制剂叫作不可逆抑制剂，也称为酶的灭活剂。不可逆抑制作用可以分为非专一性的与专一性的两类。

抑制剂作用于酶蛋白分子中一类或几类基团，对酶不表现专一性。这类抑制剂叫作非专一性的不可逆抑制剂，实际上是氨基酸侧链基团的修饰剂。虽然这类修饰剂主要作用于某类特定的侧链基因，如氨基、羟基、胍基、巯基、酚基等，但对其所修饰基团的选择性常常是不强的。

抑制剂只对某类或某一个酶起作用，这类抑制剂叫作专一性的不可逆抑制剂，包括亲和标记剂和自杀底物两大类。亲和标记剂，具有和底物类似的结构，是通过对酶的亲和力来对酶进行修饰的，所以又称为 K_s 型不可逆抑制剂。它们能与特定的酶结合，它们的结构中还带有一个活泼的化学基团可以与酶分子中的必需基团起反应使酶活力受到抑制。因而亲和标记剂只对底物结构与其相似的酶有抑制作用，显示其有专一性。例如，L-苯甲磺酰赖氨酰氯甲酮(TLCK)是胰蛋白酶的亲和标记剂，而 L-苯甲磺酰苯丙氨酰氯甲酮(TPCK)则是胰凝乳蛋白酶的亲和标记剂。自杀底物，有些酶的专一性较低，它们的天然底物的某些类似物或衍生物都能和它们发生作用。这些类似物或衍生物中的一类，在它们的结构中潜在着一种化学活性基团，当酶把它们作为一种底物来结合并在这一酶促催化作用进行到一定阶段以后，潜在的化学基团能被活化，成为有活性的化学基团并和酶蛋白活性中心发生共价结合，使酶失活。这种过程称为酶的“自杀”或酶的自杀失活作用，而这类底物则称为“自杀底物”，也叫 K_{cat} 型不可逆抑制剂。自杀底物所作用的酶，称为自杀底物的靶酶。酶的自杀底物实际上是专一性很高的不可逆抑制剂，因此，设计出某些病原菌或异常组织中所特有的酶的自杀底物对于制服病原菌或制止组织的异常生长是有用的。例如，由于广泛使用青霉素，很多菌株对青霉素产生了耐药性，其原因多半是细菌体内被诱导产生出一种能分解青霉素结构中具有杀菌能力的 β-内酰胺环的酶。近年来，合成了多种这个酶的自杀底物，如青霉素亚砜等，在杀死对青霉素有耐药作用的病原菌上很有效。

5.4 影响酶催化反应的因素

5.4.1 温度对酶催化反应的影响

每一种酶的催化反应都有其最适应的温度范围，并且只在最适的温度下，酶的催化速度才能达到最大值。温度对酶活力的影响如图 5-19 所示。一般而言，随着温度的增加，分子运动加快，酶的催化速率也会随之增加。通常情况，温度每提高 10 ℃，化学反应提升 1~2 倍。但是酶的本质是蛋白质或 RNA，随着温度的升高，容易破坏其固有结构，导致酶的性能受到影响，甚至引起变性失活。在某一特定的催化温度下，其酶的催化效率达到最大值，此温度即为酶的最适温度。一般情况下，酶的最适温度低于 60 ℃，高于该温度容易导致酶失活，但是有些酶耐高温，如 α-淀粉酶，其可在 90 ℃以上的环境中具有催化活性。考虑到大部分工业过程都需要较高的温度，因此，近年来为了扩大酶的应用范围，开发高温酶一直是酶学和酶工程研究的热点。

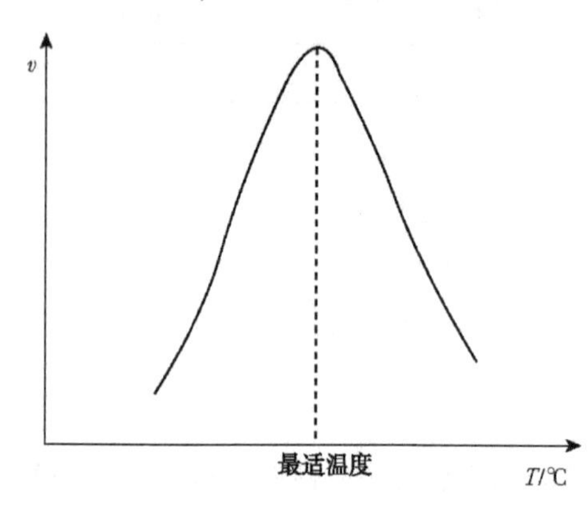

图 5-19 温度对酶活力的影响

5.4.2 pH 值对酶催化反应的影响

酶活力受反应体系 pH 值的影响很大，各种酶均有其最适 pH 值，酶的最适 pH 值也是其重要的酶学特征之一。pH 值对酶活力的影响如图 5-20 所示。但是酶的最适 pH 值并不是一个常数，它还受到底物种类和浓度、辅酶含量、缓冲液离子强度和种类等因素的影响。大多数酶的最适 pH 值通常在 5~7。过酸或过碱的环境往往能破坏酶的结构，导致酶的活力下降，甚至引起酶的失活。但是自然界中也可发现少数酶可适应极端 pH 值，例如，胃蛋白酶最适 pH 值为 1.5，而精氨酸酶最适 pH 值可达到 9.7。pH 值对酶活性的影响主要包括：过酸或过碱使酶的空间结构破坏，引起酶失活；影响底物的解离状态或酶分子活性部位上有关基团的解离状态或酶-底物复合物的解离状态，使底物不能与酶结合形成酶-底物复合物，或形成酶-底物复合物后不能生成产物；影响了与维持酶分子空间结构有关基团解离，从而改变酶活性部位的构象，进而影响酶的活性。

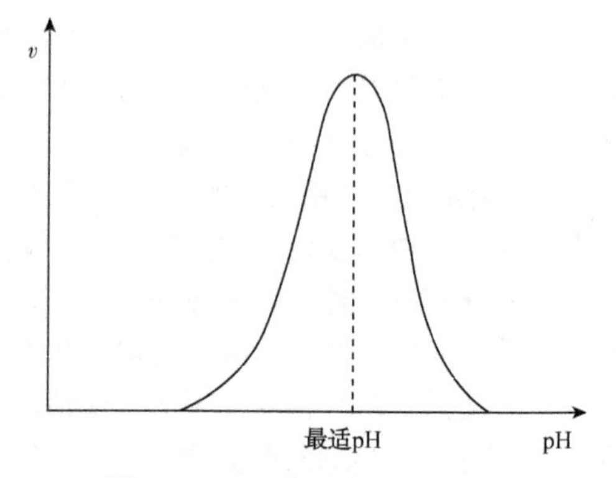

图 5-20 pH 值对酶活力的影响

5.4.3　底物浓度对酶催化反应的影响

在酶促反应一开始时的反应速度为初速度(V_0)时，符合一级反应动力学，米氏方程可以简化为

$$V_0=\frac{V_{max}}{K_m}[S] \tag{5-38}$$

即初速度与底物浓度成正比。当反应速度加快达到最大反应速度 V_{max}时，符合零级反应动力学，米氏方程可以简化为下列形式：

$$V_0=V_{max} \tag{5-39}$$

此时，速度不再随着底物浓度而变化。在食品工业中，为了节省成本，缩短反应时间，一般以过量的底物在短时间内达到最大的反应速度。在底物大量存在时，酶反应速度达到最大反应速度，此时，酶促反应的速度随酶浓度增加而加快。

5.4.4　抑制剂与激活剂对酶催化反应的影响

抑制剂对酶促反应的影响已在 5.3 节中介绍，在此不再赘述。能够增加酶的催化活性的物质称为酶的激活剂或活化剂。常见的活化剂一般为无机盐离子或简单的有机小分子。常用的金属离子包括 K^+、Ca^{2+}、Mg^{2+}、Zn^{2+}、Fe^{2+}、Mn^{2+}等，阴离子包括 Cl^-、Br^-、PO_4^{3-}、I^{2-}等，如 Mg^{2+}是葡萄糖异构酶的激活剂，Cl^-是唾液淀粉酶的激活剂。有些有机小分子化合物也可以提高酶的活性，如半胱氨酸可以激活含巯基的木瓜蛋白酶的活性。甚至有些酶也可以作为激活剂，如胰蛋白酶可以使天冬氨酸酶的催化活力提高 4~5 倍。通常情况下，酶的激活剂对酶的作用具有一定选择性和专一性，通常一种活化剂能够激活一种酶，但是对另外一种酶却可能又起到抑制作用。为了得到合适激活剂，通常需要大量的前期实验进行筛选，以适应其工业应用需求。

推荐阅读

1. Davidi D, Milo R. Lessons on enzyme kinetics from quantitativeproteomics. Current Opinion in Biotechnology, 2017, 46: 81-89.

近几十年来，酶的特性一直建立在体外酶分析的基础上。该文综述了近年来利用定量蛋白质组学深入研究体内酶动力学的研究进展。通过讨论酶催化在体内和体外的关系，展示蛋白质组学如何在不同条件下表征酶利用效率。

2. Dydio P, Key H M, Nazarenko A, et al. An artificial metalloenzyme with the kinetics of native enzymes. Science, 2016, 354(6308): 102-106.

该论文报道了一种含有铱卟啉的人工合成金属酶，其动力学参数与天然酶相似。通过研究酶对映体的活性，打破了化学催化和生物催化相结合的限制，为非生物反应创造了高效选择性的金属酶。

开放性讨论题

1. 你认为研究酶催化反应动力学具有哪些重要意义?
2. 研究酶抑制剂和激活剂在食品中有什么重要意义?

思考题

1. 什么是米氏方程？有哪些重要参数？

2. 米氏常数、催化常数的意义是什么？如何测定和计算？

3. 稳态动力学模型提出的前提条件是什么？

4. 多底物酶促反应有哪些分类方法？

5. 在多底物酶促反应中，随机反应、有序反应和乒乓反应的反应模型分别是什么？它们的动力学方程分别是什么？

6. 快速平衡法和恒态法在推导米氏方程中有何异同点？

7. 可逆型抑制剂如何影响酶促反应的动力学参数？

第6章　酶的分子修饰与基因改造

导　语

酶的工业应用广泛，在非水相酶催化获得成功后，其应用更加普遍。然而，目前大多数酶催化反应需在较温和的条件下进行以维持其正常活性，而在工业应用的不利条件下(如高温、高压、高盐、强酸、强碱等)，酶的耐受性较差，容易变性失活从而导致催化反应效率下降，极大地限制了其推广和应用。因此，需要对酶分子进行抗逆性改造以提高其稳定性和催化活性。酶的分子修饰与基因改造主要指用物理、化学或分子生物学方法对酶分子进行改造。随着相关学科及其技术的发展，特别对酶结构与功能的深入了解，基因工程及固定化技术的普及，酶的分子改造进入使用阶段。总的来说，酶的分子改造分为两部分：一是分子生物学水平，即用基因工程方法对DNA进行分子改造，以获得结构、功能更优越的酶蛋白；二是对天然酶分子进行改造，这包括酶一级结构中氨基酸置换、肽链有限水解、大分子结合修饰、金属离子置换修饰、氨基酸侧链修饰等。

通过本章的学习可以掌握以下知识：

- ❖ 酶分子化学修饰的常用方法与基本原理；
- ❖ 可被化学修饰的酶侧链基团及常用的修饰剂；
- ❖ 酶分子的定点突变；
- ❖ 酶分子的定向进化；
- ❖ 酶分子的半理性与理性设计。

知识导图

见下图。

关键词

酶分子修饰　化学修饰　金属离子置换　大分子结合修饰　肽链有限水解　酶蛋白侧链基团修饰　氨基酸置换　物理修饰　蛋白质工程　酶分子的基因改造　酶分子的非理性设计　定向进化　高通量筛选　易错PCR　DNA改组　外显子改组　定点突变　酶分子的理性设计　酶分子的半理性设计

本章重点

- ❖ 酶分子化学修饰的主要类型及主要修饰剂；
- ❖ 酶分子的定向进化方法；
- ❖ 酶分子的半理性设计。

本章难点

- ❖ 酶分子化学修饰机理及其调控手段；
- ❖ 酶分子的半理性设计和理性设计。

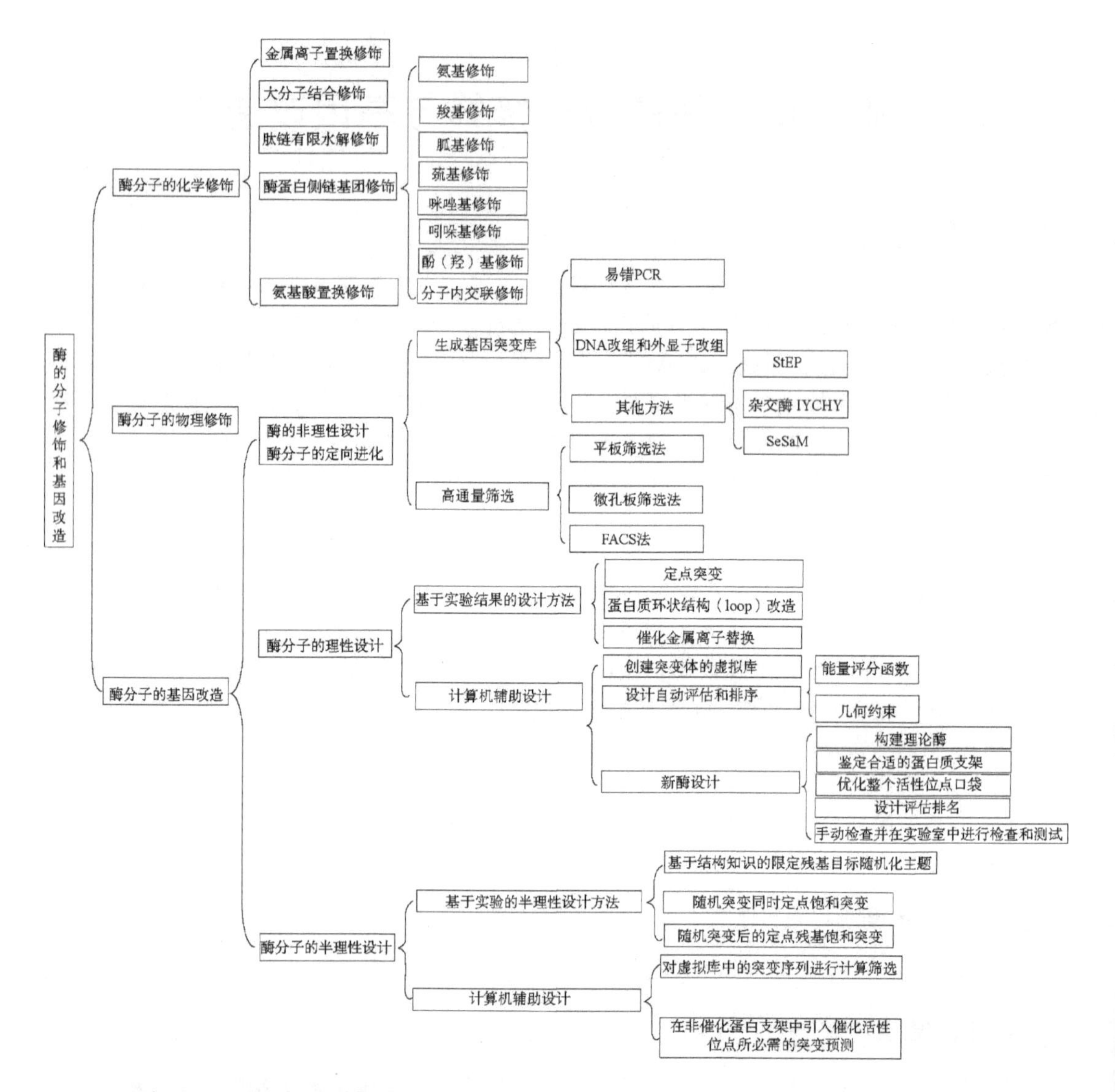

6.1 酶分子的化学修饰

近年来研究发现，由于酶分子表面外形的不规则性、各原子间极性和电荷的不同、各氨基酸残基间的相互作用等原因，使酶分子的局部结构形成了一种微环境。这种微环境可以是极性的，也可以是非极性的，但都直接影响着酶分子活性部位氨基酸残基的电离状态，为它们发挥作用提供了合适的条件。酶分子经过化学修饰后，除了能减少由于内部平衡力被破坏而引起的酶分子伸展打开外，同时由于大分子修饰剂本身就是多聚电荷体，所以有可能在酶分子表面形成一层“缓冲外壳”，在一定程度上抵御外界环境的电荷、极性变化，维持酶分子活性部位微环境的相对稳定，使酶能在更广泛的条件下发挥作用。

6.1.1 金属离子置换修饰

有些酶分子中含有金属离子，而且这些金属离子往往是酶分子活性中心的组成部分，对酶催化功能的发挥有重要作用。金属离子置换修饰是指通过改变酶分子中所含的金属离子，使酶的特性和功能发生改变的一种修饰方法。通过金属离子置换修饰，可以了解各种金属离子在酶催化过程中的作用，有利于阐明酶的催化作用机制，并有可能提高酶活力，增强酶分子的稳定性，甚至改变酶的某些动力学性质。

金属离子置换修饰的一般过程：首先，将欲修饰的酶分离纯化，除去杂质，获得具有一定纯度的酶液；其次，在此酶液中加入一定量的金属离子螯合剂，如 EDTA 等，使酶分子中的金属离子与 EDTA 等形成螯合物，通过透析、超滤、分子筛层析等方法将 EDTA 金属螯合物从酶液中去除；最后，在已经去除金属离子的酶液中加入一定量的另一种金属离子，酶分子与新加入的金属离子结合，除去多余的置换金属离子，就可以得到经过金属离子置换后的酶。金属离子置换修饰只适用于那些在分子结构中含有金属离子的酶。用于金属离子置换修饰的金属离子，一般都是二价金属离子，如 Ca^{2+}、Mg^{2+}、Mn^{2+}、Zn^{2+}、Co^{2+}、Cu^{2+}、Fe^{2+}等。

6.1.2 大分子结合修饰

大分子结合修饰是指采用水溶性大分子与酶分子的侧链基团共价结合，使酶分子的空间构象发生改变，从而改变酶的特性与功能的方法。大分子化合物通常用来对酶蛋白表面进行修饰，从而降低酶的免疫原性和增加酶的热稳定性。较为常见的水溶性大分子修饰剂有右旋糖苷、聚乙二醇、聚蔗糖、聚丙氨酸、白蛋白、果胶、淀粉、硬脂酸、壳聚糖等。大分子结合修饰的一般步骤：首先，选择修饰剂，一般选择溶解性好、生物相容性好、抗原性弱、无毒的大分子作为修饰剂；其次，修饰剂的活化，即将修饰剂分子中的基团(如—OH)转化为高反应性的基团；再次，修饰反应，将活化过的修饰剂与纯化的酶液按照一定比例混合反应，控制温度、pH 值等条件，由于酶分子的结构有差异，且不同的酶分子所能结合的修饰剂的分子数目也有所差别，故在进行修饰时，需按照所要求的分子比例控制好酶分子和修饰剂的浓度；最后，分离，一般采用层析分离，除去多余的修饰剂。

聚乙二醇(PEG)被广泛用于蛋白质化学修饰以降低被修饰蛋白质的抗原性。目前用于酶分子表面修饰的 PEG 多为单甲氧基聚乙二醇(mPEG)，相对分子质量一般在 500~20 000。在降低修饰酶抗原性方面，大分子 mPEG 的修饰效果优于小分子 mPEG，分子相对量越大效果越好，其中以 mPEG-5000 修饰效果最好；在保持酶活性方面，小分子 mPEG 的修饰效果优于大分子 mPEG。图 6-1 显示的是三氯均三嗪法活化 mPEG 修饰酶蛋白。

多糖具有无毒、易溶于水和生物相容性等优点，因此较多地被用于酶分子的化学共价修饰以提高酶的稳定性和降低免疫原性。右旋糖苷属于菌多糖，是由 D-葡萄糖通过 α-1，6-糖苷键连接而成的高分子多糖，具有良好的生物相容性和水溶性，其糖链上的双羟基经活化后可以与酶分子上的游离氨基相结合(图 6-2)。用右旋糖苷修饰的纤溶酶，原激活剂尽管在体内的活性降低了 36%，但其半衰期提高了 52%。活化右旋糖苷修饰的弹性蛋白酶在常温下其活性可保持 18 个月不变。用右旋糖苷修饰胰凝乳蛋白酶，每分子可以和 11 分子的右旋糖苷结合，经修饰后酶活力提高 5.1 倍。1 分子胰蛋白酶用 11 分子右旋

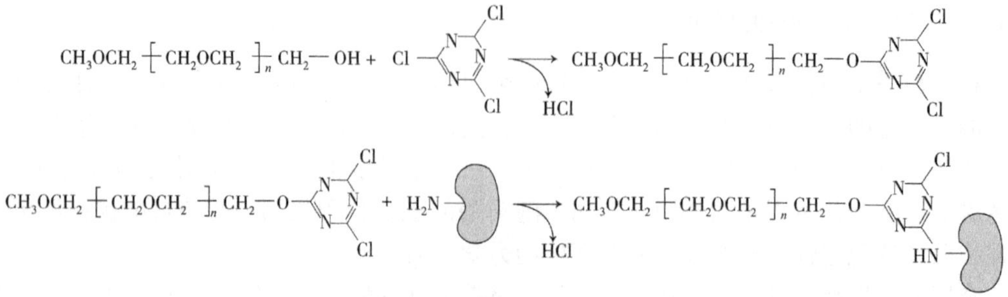

$$CH_3OCH_2\text{-}[CH_2OCH_2]_n\text{-}CH_2\text{-}OH + Cl\text{-}C_3N_3Cl_2 \longrightarrow CH_3OCH_2\text{-}[CH_2OCH_2]_n\text{-}CH_2\text{-}O\text{-}C_3N_3Cl_2 + HCl$$

$$CH_3OCH_2\text{-}[CH_2OCH_2]_n\text{-}CH_2\text{-}O\text{-}C_3N_3Cl_2 + H_2N\text{-}E \longrightarrow CH_3OCH_2\text{-}[CH_2OCH_2]_n\text{-}CH_2\text{-}O\text{-}C_3N_3Cl\text{-}HN\text{-}E + HCl$$

图 6-1　三氯均三嗪法活化 mPEG 修饰酶蛋白

糖苷结合修饰，可使胰蛋白酶的活力提高 30%。用低分子质量右旋糖苷对酵母蔗糖酶进行修饰，修饰后酶活性提高了 56.7%，在 pH 3.5 的条件下稳定性上升。壳聚糖和果胶修饰的蔗糖酶的酶活性提高，其在 65 ℃的半衰期延长 500 多倍。此外，蔗糖酯、槐糖酯等糖酯化合物也是有效的酶分子修饰剂。

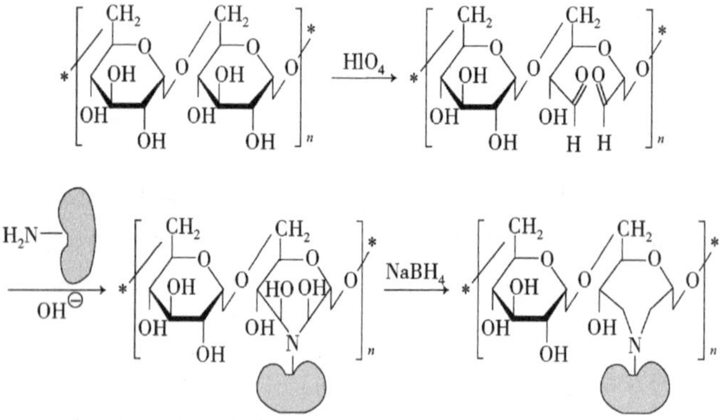

CH_2, OH, O, HIO_4, H, H_2N, $OH^{\ominus}$, $NaBH_4$, N

图 6-2　高碘酸氧化法活化右旋糖苷修饰酶蛋白

6.1.3　肽链有限水解修饰

肽链有限水解修饰是指在肽链的限定位点进行水解，使酶分子的空间结构发生精细改变，从而改变酶催化特性的修饰方法。肽链是酶分子的主链，是酶蛋白分子结构的基础，蛋白酶活性中心的肽段是酶催化作用必不可少的，活性中心之外的肽段起维持酶分子的空间构象的作用。若能用适当的方法将酶蛋白的肽链进行有限水解，既可保持酶活力，又可降低其抗原性，对酶蛋白的应用是极为有利的。通常使用专一性较强的蛋白酶或肽酶，如胰酶和胃蛋白酶等。

木瓜蛋白酶由 180 个氨基酸连接而成，若用亮氨酸氨肽酶对其进行有限水解，除去整条肽链的 2/3 后，该酶活力基本保持不变，而其抗原性却大大降低。又如酵母的烯醇化酶，除去 150 个氨基酸组成的肽段后酶活力仍可保持。

除了用专一性的蛋白酶或肽酶对酶分子进行有限水解修饰外，也可采用其他方法使肽链部分水解，进行修饰。如枯草杆菌中性蛋白酶，先用 EDTA 处理，再经纯水或稀盐酸溶液透析，可使蛋白酶部分水解，得到仍有蛋白酶活力的小分子肽段，用作消炎剂时不产生抗原性，表现出良好的疗效。但用化学方法对蛋白质水解修饰时，由于作用条件剧烈常常导致蛋白质功能特性及生物活性的降低或丧失。

此外，体内酶原的激活实质上便是一种自发的有限水解修饰。α-胰凝乳蛋白酶具有球形的三维结构，其中 5 个氨基酸残基(Ile16、Asp194、Asp102、Ser195 和 His57)对该酶的活力来说是至关重要的。这些氨基酸残基在酶蛋白的一级结构中相距很远。胰凝乳蛋白酶原 A 是由 245 个氨基酸残基构成的一条多肽链，当连接 Arg15 和 Ile16 的肽键被胰蛋白酶断开时，酶原转变成有活力的 π-胰凝乳蛋白酶，π-胰凝乳蛋白酶经自我消化作用除去两个肽之后产生 α-胰凝乳蛋白酶。在体外，也可以利用这一方法来提高酶蛋白的催化活力。例如，胰蛋白酶原用蛋白酶除去一个六肽，即可显示出胰蛋白酶的催化活力。用胰蛋白酶从天冬氨酰酶的 C 端切去 10 多个氨基酸的肽段后，活力提高 4.5 倍。

6.1.4 酶蛋白侧链基团修饰

用化学修饰的方法研究酶分子结构与功能已经成为一种重要的手段。酶分子侧链基团的修饰是通过选择性的试剂或亲和标记试剂与酶分子侧链上特定的功能基团发生化学反应而实现的，这是酶分子化学基础研究的一个方向。蛋白质侧链上的功能基团主要有：氨基、羧基、巯基、咪唑基、酚羟基、吲哚基、胍基等。根据化学修饰剂与酶分子之间反应的性质不同，修饰反应主要分为酰化反应、烷基化反应、氧化和还原反应、芳香环取代反应等类型。

(1) 氨基修饰

赖氨酸的 ε-氨基以非质子化形式存在时亲核反应活性很高，其 pK_a 值一般为 10，由于微环境的影响，蛋白质分子中也可能存在低 pK_a 值的赖氨酸残基，这些残基具有更强的反应性，因此容易被选择性修饰。

有许多化合物都可用来修饰赖氨酸的 ε-氨基，如亚硝酸、2,4-二硝基氟苯(DNFB)、丹磺酰氯(DNS)、2,4,6-三硝基苯磺酸(TNBS)、醋酸酐、琥珀酸酐、二硫化碳、乙亚胺甲酯、O-甲基异脲、顺丁烯二酸酐等。其中 TNBS 就是非常有效的一种修饰剂。TNBS 可以与酶分子中赖氨酸残基上的氨基反应，生成共价键结合的酶分子三硝基苯衍生物。该酶分子三硝基苯衍生物在 420nm 和 367nm 波长下能够产生特定的光吸收峰，据此可以快速、准确地测定酶蛋白中赖氨酸的数量。

$$\underset{\text{酶}}{E—NH_2} + \underset{\text{三硝基苯磺酸}}{TNBS} = \underset{\text{酶-三硝基苯衍生物}}{E—NH—TNB} + H_2SO_3$$

DNFB 和 DNS 可以专一地与多肽链 N 端氨基酸残基的氨基反应。据此可以进行肽链的 N 端氨基酸的检测。

$$\underset{\text{酶}}{E—NH_2} + \underset{\text{二硝基氟苯}}{DNFS} = \underset{\text{酶-二硝基苯}}{E—NH—DNF} + HF$$

$$\underset{\text{酶}}{E—NH_2} + \underset{\text{丹磺酰氯}}{DNS—Cl} = \underset{\text{丹磺酰-酶}}{E—NH—DNS} + HCl$$

目前，氨基的烷基化已成为一种重要的赖氨酸修饰方法，这些试剂包括卤代乙酸、芳基卤和芳族磺酸，或者在氢的供体(如硼氢化钠、硼氢化氰)存在的条件下使蛋白质分子与醛或酮反应，称为还原性烷基化。

赖氨酸残基还原性烷基化使用的羰基化合物取代基团大小，对修饰结果有很大影响。在硼氢化钠存在下，用不同的羰基试剂使卵类黏蛋白、溶菌酶、卵转铁蛋白的赖氨酸残基烷基化，修饰程度为40%~100%。其中，丙酮、环戊酮、环己酮和苯甲醛为单取代，而丁醛有20%~50%的双取代，甲醛则几乎100%为双取代。这3种蛋白的甲基化和异丙基化衍生物仍是可溶性的，并且仍然具有几乎全部的生物活性。

（2）羧基修饰

由于羧基在水溶液中的化学性质使得酶分子中谷氨酸和天门冬氨酸的修饰方法很有限，产物一般是酯类或酰胺类。可与蛋白质侧链上的羧基发生反应的化合物称为羧基修饰剂，如碳化二亚胺、重氮基乙酸盐、乙醇-盐酸和异唑盐等。水溶性的碳化二亚胺特定修饰酶分子的羧基基团，目前已成为一种应用最普遍的标准方法，它在比较温和的条件下就可以进行。但是在一定条件下，丝氨酸、半胱氨酸和酪氨酸也可以反应。抗冻糖肽8的末端羧基与1-乙基-3(3-二甲氨正丙基)碳化二亚胺反应结合上乙醇胺成为*N*-(2-羟胺)，仍然具有90%的剩余活力，说明该糖肽上羧基所带的电荷为非必需的。

羧基也可以与硼氟化三甲锌盐反应生成甲酯。胃蛋白酶与[^{14}C]硼氟化三甲锌盐在pH值为5.0的条件下反应，酶的活力完全丧失，表明该酶有两个羧基为其必需基团。

（3）胍基修饰

精氨酸残基含有一个强碱性的胍基，在结合带有阴离子底物的酶活性部位中起着重要作用。因此，对精氨酸残基的修饰研究是非常重要的。但是，由于精氨酸残基的强碱性，与大多数试剂很难发生修饰反应，并且反应所需的高pH值也会导致酶分子结构的破坏，而一些具有两个邻位羰基的化合物，如丁二酮、1,2-环己二酮、苯乙二醛都是修饰精氨酸残基的重要试剂，因为它们在中性或弱碱性条件下能与精氨酸残基反应。还有一些在温和条件下具有光吸收性质的精氨酸残基修饰剂，如4-羟基-3-硝基苯乙二醛和对硝基苯乙二醛。

丁二酮、1,2-环己二酮与胍基反应，可逆地生成精氨酸-丁二酮复合物，该产物可以与硼酸结合而稳定下来。上述反应要在黑暗中进行，因为丁二酮可以作为光敏性反应试剂破坏其他残基，特别是色氨酸、组氨酸和酪氨酸残基。丙酮酸激酶的精氨酸残基修饰可导致酶分子可逆的失活。

（4）巯基修饰

巯基在维持亚基间的相互作用和酶催化过程中起着重要的作用。因此，巯基的特异性修饰剂种类繁多，如酰化剂、烷基化剂、马来酰亚胺、二硫苏糖醇、巯基乙醇、硫代硫酸盐和硼氢化钠等。巯基具有很强的亲核性，在含半胱氨酸的酶分子中是最容易反应的侧链基团。烷基化试剂是一种重要的巯基修饰剂，修饰产物相当稳定，易于分析。目前已开发出许多基于碘乙酸的荧光试剂。马来酰亚胺或马来酸酐类修饰剂能与巯基形成对酸稳定的衍生物。*N*-乙基马来酰亚胺是一种反应专一性很强的巯基修饰剂，反应产物在300nm处有最大吸收峰。有机汞试剂(如对氯汞苯甲酸)对巯基的专一性最强，修饰产物在250nm处有最大吸收峰。

$$\underset{\text{酶}}{\text{E—SH}} + \underset{N\text{-乙基马来酰亚胺}}{\text{NEM}} = \underset{\text{修饰酶}}{\text{E—S—NEM}}$$

5,5′-二硫-2-硝基苯甲酸(DTNB，Ellman试剂)也是最常用的巯基修饰剂，它与巯基反应形成二硫键，释放出一个2-硝基-5-硫苯甲酸阴离子，此阴离子在412 nm处有最大吸收峰，因此能够通过光吸收的变化跟踪反应程度。虽然目前在酶分子的结构与功能研究中半胱氨酸的侧链的化学修饰有被蛋白质定点突变的方法所取代的趋势，但是Ellman试剂仍然是当前定量酶分子中巯基数目的最常用试剂，用于研究巯基改变程度和巯基所处环境，最近它还用于研究蛋白质的构象变化。

(5) 咪唑基修饰

组氨酸残基位于许多酶分子的活性中心，组氨酸含有咪唑基。咪唑基是许多酶分子活性中心的必需基团，在酶的催化过程中起重要作用。组氨酸残基的咪唑基可以通过氮原子的烷基化或碳原子的亲核取代进行修饰。

组氨酸残基的咪唑基修饰主要有两种方法。第一种是光氧化，但是光氧化的特异性很低，不但与组氨酸残基反应，而且也与甲硫氨酸、色氨酸、酪氨酸、丝氨酸和苏氨酸残基进行反应。碱性亚甲蓝和玫瑰红是该方法常用的两种试剂。第二种是焦炭酸二乙酯(diethyl pyrocarbonate，DPC)和碘代乙酸，DPC在近中性pH值下对组氨酸残基有较好的专一性，产物在240nm处有最大吸收，可跟踪反应和定量。碘代乙酸和DPC都能修饰咪唑环上的两个氮原子，碘代乙酸修饰时，有可能将N_1取代和N_3取代的衍生物分开，观察修饰不同氮原子对酶活性的影响。

(6) 吲哚基修饰

色氨酸残基一般位于酶分子内部，而且比巯基和氨基等一些亲核基团的反应性差，所以色氨酸残基一般不与常用的一些试剂反应。

N-溴代琥珀酰亚胺(NBS)可以修饰色氨酸的吲哚基，并通过280nm处光吸收的减少跟踪反应，但是酪氨酸存在时能与修饰剂反应干扰光吸收的测定。二甲基(2-羟基-5-硝基苄基)溴(HNBB)和4-硝基苯硫氯对吲哚基的修饰比较专一。但HNBB的水溶性差，与它类似的二甲基(-2-羟基-5-硝基苄基)溴化锍易溶于水，有利于试剂与酶作用。这两种试剂分别称为Koshland试剂Ⅰ和Koshland试剂Ⅱ，它们还容易与巯基作用，因此，修饰色氨酸残基时应对巯基进行保护。

(7) 酚(羟)基修饰

酪氨酸残基的修饰包括酚羟基的修饰和苯环上的取代修饰。除了某些专一修饰酚羟基的修饰剂外，一般的酚羟基修饰剂对苏氨酸和丝氨酸残基上的羟基也可以进行修饰，但反应条件比修饰酚羟基严格些，生成的产物也比酚羟基修饰形成的产物更稳定。

酚羟基修饰的方法主要有碘化法、硝化法、琥珀酰化法等。四硝基甲烷(TNM)在温和条件下可高度专一性地硝化酪氨酸酚羟基，生成可电离的发色基团——3-硝基酪氨酸，由于负电荷的引入，使酶分子对带正电荷的底物的结合能力显著增加，而且它在酸水解条件下稳定，可用于氨基酸的定量分析。苏氨酸和丝氨酸残基的专一性化学修饰相对较少。丝氨酸参与酶活性部位的例子是丝氨酸蛋白水解酶。酶分子中的丝氨酸残基对酰化剂(如二异丙基氟磷酸酯)，具有高度反应性。苯甲基磺酰氟(PMSF)也能与此酶分子的丝氨酸残基作用，在硒化氢的存在下，能将活性丝氨酸转变为硒代半胱氨酸，从而把丝氨酸蛋白水解酶变成谷胱甘肽过氧化物酶。

(8) 分子内交联修饰

酶分子内交联是一类重要的化学修饰方法。含有双功能基团的化合物如戊二醛、己二胺、葡聚糖二乙醛等，可以在酶蛋白分子中相距较近的两个侧链基团之间形成共价交联，从而提高酶的稳定性，并增加酶在非水溶液中的使用价值，这种修饰方法称为分子内交联修饰。通过分子内交联修饰，可以使酶分子的空间构象更稳定，提高酶分子的稳定性。

酶工程的主要任务之一就是提高酶的稳定性，尤其是在非水溶液中的稳定性。利用双功能或多功能交联剂对酶分子进行分子间和分子内交联，已取得了较好的研究进展。交联剂可以分为同型双功能试剂、异型双功能试剂和可被光活化试剂 3 种类型，每种类型的交联剂又分为可裂解型和不可裂解型等。同型双功能交联剂两端具有相同的活性反应基团，如己二胺的两端都含有氨基，可以与酶分子中的羧基反应形成酰胺键；戊二醛的两端都含有醛基，可以与酶分子中的氨基反应形成酰胺键或者与羟基反应形成酯键。异型双功能试剂的两端所含的功能基团不同。可以与酶分子上不同的侧链基团反应。如一端与酶分子的氨基作用，另一端与酶分子的巯基或羧基作用等。交联剂的种类繁多，不同的交联剂具有不同的分子长度，其交联基团、交联速度和交联效果也有所差别，可以通过实验找出适宜的交联剂进行分子内交联修饰。

值得注意的是，分子内交联是在同一个酶分子内进行的交联反应，如果双功能试剂的两个功能基团分别在两个酶分子之间或在酶分子与其他分子之间进行交联，则可以使酶的水溶性降低，成为不溶于水的固定化酶，即所谓的交联固定化。

6.1.5 氨基酸置换修饰

酶的催化能力及其稳定性主要依赖于酶分子的空间结构，而酶蛋白的空间结构主要靠副键(二硫键、盐键、酯键、疏水键和范德华力等)来维持，而各种副键的形成是由不同氨基酸所带基团决定的，如半胱氨酸残基上的巯基可形成二硫键，碱性氨基酸残基上的氨基和酸性氨基酸的羟基可形成盐键等。若将肽链上的某一个氨基酸换成另一个氨基酸，则可能引起酶蛋白空间结构的某些改变。这种修饰方法称为氨基酸置换修饰。

通过氨基酸置换修饰，可使酶蛋白的结构发生某些精致的改变，从而提高酶活力或增加酶的稳定性。例如，酪氨酸-tRNA 合成酶的功能是催化酪氨酸及其对应的 tRNA 合成酪氨酸-tRNA，若将该酶第 51 位的苏氨酸由脯氨酸置换，则可使酶活力提高 25 倍，使该酶对 ATP 的亲和性提高近 100 倍。又如，将 T4 溶菌酶分子中第 3 位的异亮氨酸变成半胱氨酸，使之与第 97 位的半胱氨酸形成二硫键，经过这个氨基酸置换修饰后，T4 溶菌酶活力保持不变，但该酶对温度的稳定性大大提高。

化学方法进行氨基酸置换修饰存在着许多困难，但近年来兴起和发展的蛋白质工程，却为氨基酸置换修饰提供了可靠的手段。

6.2 酶分子的物理修饰

通过各种物理方法使得酶分子的空间构象发生变化，使得酶的催化特性发生改变的方法称为酶分子的物理修饰。

通过对酶分子的物理修饰，可以了解在不同物理条件下，特别是在高(低)温、高压、高盐、真空、失重等条件下，由于酶分子空间构象改变而引起的酶的特性和功能的变化。极端条件下酶的催化特性的研究对于探索太空、深海、地壳深处以及其他极端环境中生物生存的可能性有重要意义。同时，还可能获得在温和条件下无法得到的各种酶的催化产物。通过对酶分子的物理修饰，还可以提高酶的催化活性，增强酶的稳定性或者使酶的催化动力学特性发生改变。

酶分子物理修饰的特点在于不改变酶分子的组成单位及其基团，酶分子中的共价键不发生改变，只是在物理因素的作用下，次级键发生某些改变和重排，使酶分子的空间构象发生改变。例如，羧肽酶 γ 经过高压处理，底物特异性发生改变，其水解能力下降，但有利于催化多肽合成反应；用高压处理纤维素酶，该酶的最适温度有所降低，在 30~40℃的条件下，高压修饰的纤维素酶比天然酶的活力提高 10%。

激光处理能激发酶分子化学键的高度选择性，影响其空间构象的改变而引起酶的特性和功能发生变化。例如，激光处理酵母蔗糖酶后，酶的 K_m 值和 V_{max} 均发生了不同程度的变化，酶活性提高 20% ~30%。紫外吸收光谱、紫外差示光谱分析结果表明，酵母蔗糖酶经激光处理后酶的构型和构象都发生了不同程度的改变，主要体现在芳香族氨基酸暴露程度的改变和酶分子中无规卷曲与 β-折叠的变化。

6.3　酶分子的基因改造

随着基因工程的发展，特别是 20 世纪 80 年代后蛋白质工程的快速发展，人们已实现了利用基因克隆技术通过发酵或细胞培养大规模生产酶的技术。通过对编码酶蛋白基因的定点改造，构建基因突变体，可以实现行之有效的酶分子的基因修饰。

蛋白质工程是在基因工程基础上发展和延伸起来的“第二代基因工程”，将蛋白质工程方法用之于解决酶的诸多问题，称之为“酶工程改造”或者“酶工程”，只是前者涵盖非酶类蛋白质(如功能性蛋白)，覆盖面更广。在本节中，只介绍利用基因工程技术进行酶的功能修饰的相关概念和技术。

酶工程通过遗传手段在 DNA 序列水平上修饰氨基酸序列的技术常用两种不同的基本方法，即酶分子的理性设计和酶分子的非理性设计。实际操作中为了获得更好的结果，常将这两种方法相结合使用。酶分子理性设计就是在对酶分子的基因序列、空间结构、催化机理以及氨基酸残基功能等方面的信息有较充分了解的基础上，对酶分子进行改造以得到理化性质和生物活性均优化的酶。酶分子的定向进化是一种蛋白质的非理性设计，它是在实验室环境下模拟自然进化机制，人为地创造特殊的进化条件，在体外改造酶分子基因，并定向选择出所需性质的突变酶。这两种方法都有各自的优缺点，技术上也能相互补充。两种方法都已在科研、工业中得到了应用。

本节首先介绍酶分子的理性设计中的一个常用技术——酶分子的定点突变技术，然后介绍酶分子的定向进化的基本概念，最后再综合说明酶分子的半理性与理性设计的基本工具及方法。

6.3.1　酶分子的定点突变

酶分子的定点突变主要用于：引入新的催化活性，改变酶的专一性，增加催化多样性。酶分子的定点突变位置主要在靠近酶的活性中心处进行。活性中心是酶的必需基团在空间结构上彼此靠近(但在一级结构上可能相距很远)组成的具有特定空间结构的区域，这个区域含有可以结合底物和提供反应基团的关键残基，根据酶分子的空间结构和催化机理对这些关键残基进行定点突变可以改变酶的性质，从而可能使得酶的催化活性发生改变，引入新的催化活性；也可以改善底物的立体选择性，获得选择性更强、底物谱更广的酶；还可以用来提高催化多样性，使得一个酶的活性中心可以催化多个化学反应，这些反应在底物结合和催化机制上都可能不同，因此扩大酶的实际应用范围。

（1）寡聚核苷酸引物介导的定点突变法

该实验设计是史密斯(Michael Smith)于1978年发现，并在生物化学杂志发表。用寡聚核苷酸引物介导的定点突变技术对噬菌体TNR174的基因片段(位置582~593)进行定点突变，标志着定点突变技术的正式发明。

定点突变技术第一步必须在感兴趣的位点设计一段DNA引物。引物包含必要的核苷酸差异(非互补的碱基)，以影响蛋白质序列的变化。该引物与模板单链DNA分子形成杂交分子时碱基不能形成氢键，称为错配对碱基。例如，考虑一个蛋白质序列读取Tyr-Leu-His-Val，对应于UACCUGCACGUC的遗传序列的情况。如果打算将组氨酸残基突变为亮氨酸残基，可以设计一个序列为UACCUGCUCGUC的引物。在适当条件下杂交，并使用DNA聚合酶进行延伸，可以获得编码蛋白质的突变双链DNA分子，并将该DNA分子转入宿主细胞(如大肠杆菌)中。双链DNA分子进入宿主细胞后将分开并各自复制自己的互补分子。由这个DNA序列产生的蛋白质将包含期望的突变(图6-3)。用适当的方法进行筛选，就可以从大量野生背景中找到突变体，从而进一步分离出突变型基因。

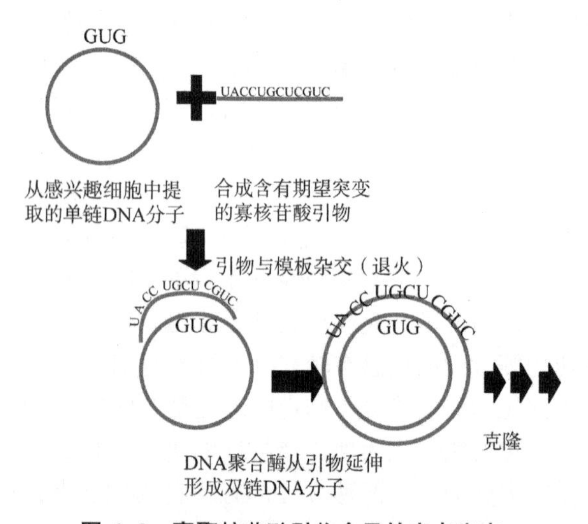

图6-3 寡聚核苷酸引物介导的定点突变

但是这种原始的单引物扩增方法进行的定点突变，存在一定的局限性。因为突变体产量低导致效率低，产生的混合物包含原始的未突变模板和突变链，形成突变和非突变后代的混合种群。此外，大肠杆菌中存在甲基介导的碱基错配修复系统，导致突变株可能被反向选择，产生更少的突变。因此，人们开发了许多改进方法来提高定点突变的效率，包括Kunkel's法、基于抗生素抗性恢复的筛选法及基于去除特定酶切位点的突变法。

此后很多生物公司也开发出更快捷、高效、基于PCR技术的定点突变方法的试剂盒。其中Strategene公司的Quick change Ⅱ定点突变试剂盒由于设计巧妙，质粒定点突变简单有效，已被广泛使用。用一对带突变位点的引物(正、反向)，用*Pfu Turbo*聚合酶通过反向PCR方法去扩增亲本质粒，正反向引物的延伸产物退火后配对成为带缺刻的开环质粒。用*Dpn* Ⅰ酶特异性消化甲基化的亲本质粒，模版质粒来源于常规大肠杆菌，被*dam*甲基化修饰的，对 *Dpn* Ⅰ敏感而被切碎。而合成的突变质粒对 *Dpn* Ⅰ酶切不敏感，将突变分子转化到大肠杆菌感受态细胞中进行缺口修复并获得完整的带有突变位点的质粒。另外，由于 *Pfu* 聚合酶是高保真聚合酶，能够有效避免延伸过程中不需要的错配。只需要一次酶切和转化，实验可以在 1 d 完成。这个试剂盒适用于质粒大小不超过 8 kb 的质粒。后来推出的 Quik Change XL site-directed mutagenesis kit 则是针对大于 8 kb 的质粒的定点突变的，通过优化试剂特别是其感受态细胞(XL10-Gold)，使得较大的质粒的定点突变也一样简单。

(2) 盒式突变

盒式突变(cassette mutagenesis)又称片段取代法(fragment replacement)。在这种方法中，一段人工合成的含基因突变序列的寡核苷酸片段，取代野生型基因中的相应序列。寡聚核苷酸双链的末端与限制性切割位点互补，因此像"盒式磁带"那样容易地连接到质粒载体上的两个限制性内切酶位点之间。人工合成的寡核苷酸片段可以含有各种合适的基因突变片段，由于不存在异源双链的中间体，因此重组质粒全部是突变体。这种方法可以以接近 100%的效率产生突变体，在一次的实验中便可以获得数量众多的多种突变体。一次修饰，可以在一个位点产生 20 多个不同的氨基酸突变体，从而可以对酶分子中某些重要氨基酸进行"饱和性"分析，大大缩短了"误试"分析的时间，加快了研究速度。该方法不仅可以改变一个或数个氨基酸的序列，还可以通过改变一段 DNA 序列而产生嵌合蛋白质，但是该方法受到待突变位点两侧合适限制性内切酶位点的局限。为了在目标基因的特定位置产生合适的酶切位点，可以利用遗传密码的简并性，在不影响氨基酸序列的前提下，通过改变某些核苷酸的序列产生合适的酶切位点。

(3) PCR 介导的定点突变

利用寡核苷酸引物的 PCR 可以克服盒式突变中限制性位点的局限性，从而产生一个更大的片段，覆盖两个方便的限制性位点。PCR 中的指数扩增产生一个含有所需突变的片段，其数量足以通过凝胶电泳从原始的未突变质粒中分离出来，然后可以使用标准的重组技术将其插入原始质粒中。

该技术有多种形式。当待突变位点靠近目的基因的 5′或 3′末端时，其中一条引物需要包含待突变的核苷酸，只需要一步 PCR 反应即可完成。但需要使用较长的引物以增加合适的酶切位点。

另一种方法就是较为常用的重叠延伸 PCR 法(图 6-4)。该技术可以在 DNA 片段的任意部位产生定位突变。它在需要诱变的位置合成两个带有变异基因碱基的互补引物(如引物 b 和引物 c)，然后分别与目标基因的 5′引物和 3′引物(引物 a 和引物 d)做 PCR，这样得到的两个 PCR 产物分别带有变异碱基，并且彼此有部分重叠碱基，将产物混合，经变性、复性和链延伸后，再用目的基因外侧引物扩增即可获得带有突变位点的全长 PCR 产物。任何基因，只要两端及需要变异的部位的序列已知，就可用该法去改造基因的序列。该方法简便易

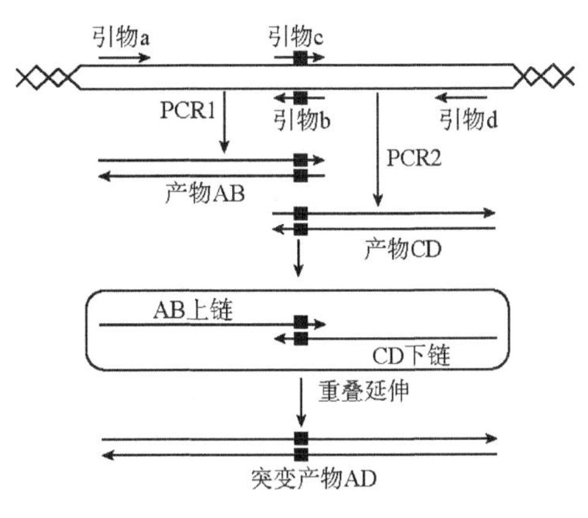

图 6-4　重叠延伸 PCR 法

行，结果准确高效，因此已成为最常用的定点突变方法。该方法不仅可以进行单个或多个氨基酸的定点突变，还可以进行部分碱基的插入或删除的突变体构建。

(4) CRISPR 法

CRISPR(clustered regularly interspaced short palindromic repeats)是原核生物基因组内的一段重复序列，是生命进化历史上，细菌和病毒进行斗争产生的免疫武器。简单地说，就是病毒能把自己的基因整合到细菌染色体上，利用细菌的复制工具为自己的基因复制服务，细菌为了将病毒的外来入侵基因清除，进化出 CRISPR/Cas9 系统，利用这个系统，细菌可以不动声色地把病毒基因从自己的基因组上切除，这是细菌特有的免疫系统。CRISPR 簇是一个广泛存在于细菌和古生菌基因组中的特殊 DNA 重复序列家族，其序列由一个前导区(Leader)、多个短而高度保守的重复序列区(Repeat)和多个间隔区(Spacer)组成。前导区一般位于 CRISPR 簇上游，是富含 AT 长度为 300~500 bp 的区域，被认为可能是 CRISPR 簇的启动子序列。重复序列区长度为 21~48 bp，含有回文序列，可形成发卡结构。重复序列之间被长度为 26~72 bp 的间隔区隔开。Spacer 是被细菌俘获的外源 DNA 序列，类似免疫记忆，当含有同样序列的外源 DNA 入侵时，可被细菌机体识别，并进行剪切使之表达沉默，达到保护自身安全的目的。

微生物学家掌握了细菌拥有多种切除外来病毒基因的免疫功能，其中比较典型的模式是依靠 CRISP/Cas 复合物，在一段 RNA 指导下，定向寻找目标 DNA 序列，然后将该序列进行切除。许多细菌免疫复合物都相对复杂，其中科学家掌握了对一种特殊编程的酶 Cas9 的操作技术，并先后对多种目标细胞 DNA 进行切除。这种技术被称为 CRISPR/Cas9 基因编辑系统，迅速成为生命科学最热门的技术。

CRISPR/Cas9 技术是在 20 世纪 90 年代初发现的，并在 7 年后首次用于生物化学实验。自 2013 年以来，该技术的发展使得各种突变能够有效地引入到多种生物的基因组中。该方法不需要转座子插入位点，不留标记，可以高效、便捷地进行任意基因的改造，如基因的定点突变、敲除和插入，目前已成为基因编辑的首选方法。

Cas9 真正的优势在于它具有将 3 种主要生物大分子(DNA、RNA 和蛋白质)结合在一起的特殊能力。各种功能性蛋白(包括酶)都可以通过与 Cas9 蛋白结合，然后利用 gRNA 的靶向作用结合到 dsDNA 的任意位点，发挥预期的功能，这正是酶分子定点突变需要完成的。

6.3.2 酶分子的定向进化

酶分子的定向进化(directed evolution)技术，是通过模拟自然进化，对目的基因进行多轮的突变、表达和筛选，从而在短时间内(数天至数月)完成自然界中需要成千上万年的进化，最终获得性能改进或具有新功能的酶。虽然它只是酶工程改造中的一个小的分支，但由于它独特的优势，已经成为学术界和工业界酶工程改造领域的通用技术，和其他技术相比其影响不可同日而语。酶分子定向进化的概念首先由美国科学家阿诺德(Frances H Arnold)于 1993 年提出，将易错 PCR(error-prone PCR)方法用于天然酶的改造或构建新的非天然酶。她因此获得了 2018 年诺贝尔化学奖。

天然酶通常只有在水里才能切割肽键，而有机溶剂会改变其结构并使之失活。阿诺德团队创造了一种在有机溶剂中能切割肽键的酶。她首先用易错 PCR 技术将随机突变引入编码肽切割酶的基因中，将不同版本的突变基因转入细菌中，细菌开始产生许多略有不同的酶。从中选出在有机溶剂中切割肽键最有效的细菌，并让它们进一步的驯化。在仅仅三代之后，一种新酶被创造出来，其在有机溶剂中的工作效率是原来的256倍。

酶分子定向进化过程包括如下步骤：

① 在酶分子的基因水平上尽可能多地人为造成随机突变或重组，形成一个庞大的基因突变库。

② 基因在适当的宿主内表达出相应的酶蛋白突变体库。

③ 在人工模拟环境下(如高温、有机溶剂)，通过高通量筛选，从酶蛋白突变体中定向筛选出具备理想性状的酶蛋白突变体(如高活性、高选择性、高稳定性等)。

④ 从筛选出的酶蛋白突变体中提取基因，并作为母本，进入下一轮酶基因突变库建立，实现酶的进化，并最终得到预期性状的酶。

自从酶定向进化技术发明以来，至今为止已经衍生出相当多的细分技术，但是无论如何发展，都可以归结为两大方面：基因突变库构建和高通量筛选。

6.3.2.1 基因突变库构建技术

基因突变库构建技术包括：易错PCR法(error-prone PCR，epPCR)；DNA改组(DNA shuffling)和外显子改组(exon shuffling)；交错延伸法(stagger extension process，StEP)；渐增切割产杂交酶法(incremental truncation for the creation of hybrid enzymes，ITCHY)；其他方法。

(1) 易错PCR(ePCR)

创建高质量的突变库是定向进化的一个重要部分，因为得到预期性状的酶的能力完全取决于这些分子是否存在于起始池中。尽管有许多方法可以将遗传多样性引入亲本序列，1989年Leung等首次提出易错PCR技术，对标准的PCR方案作了如下修改：增加*Taq* DNA聚合酶的浓度；增加聚合酶延长时间；增加$MgCl_2$离子浓度；增加dNTP底物浓度；反应中补充$MnCl_2$离子。在这些条件下，每个PCR反应的随机突变率为2%。

易错PCR属于酶分子无性进化策略，是基于单个基因创建组合突变基因文库的方法。它是在DNA合成过程中使用降低Taq DNA聚合酶的保真度的条件进行的。由于*Taq* DNA聚合酶没有3′→5′外切酶活性，因此缺乏校正功能，发生错配后不可自我修正，这恰恰是构建基因文库需要的性质。这是一种向目的基因中引入随机突变的快速、简便的无性进化技术。

Taq DNA聚合酶的碱基偏好性(通常AG>TC)、突变效率低且缺少后续突变(每轮每基因仅3~5个突变)等，为了克服这一局限性，Arnold团队于1993年使用多轮epPCR(sequential epPCR，图6-5)，连续反复地对枯草杆菌蛋白酶进行随机突变，逐步提高了突变体在有机溶剂DMF中的稳定性。该技术目前仍然应用广泛，通过该项技术，很多酶分子的性质得到了提高，如Trevizano等利用易错PCR技术对来源于*Orpinomyces* strain PC2的内切-β-1,4-聚糖酶进行改造，以提高其热稳定性。实验获得的4株突变体在60 ℃时的半衰期分别是野生型的26.5、4.2、51和1.9倍，其中两株突变体在极端pH值环境下也具有很好的稳定性。

突变基因在降低*Taq* DNA聚合酶保真度的条件进行随机插入DNA序列中。突变基因的数量随着复制的次数增加而增加。PCR引物结合点在DNA序列的5′端和3′端。随机突

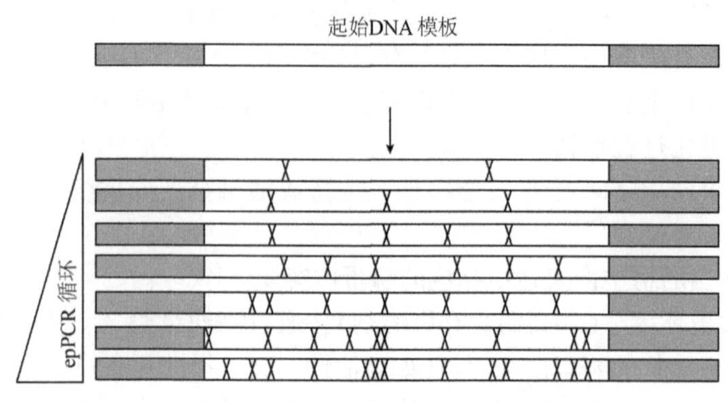

图 6-5　由易错 PCR 介导的突变

变点以"X"代表。

(2) DNA 改组和外显子改组

在上述易错 PCR 方法中，一个正突变基因在下一轮易错 PCR 过程中持续引入突变也是随机的，所以再次引入突变是正向突变的概率很小。计算机模拟中的遗传算法证明了迭代同源重组对于序列进化的重要性。同样如果从自然界中存在的基因家族出发，利用他们之间的序列同源性进行 DNA 改组可实现同源重组。由于每一种天然酶都经历了千百年的进化，基因之间存在着比较显著的差异，由它们获得的突变重组基因库既体现了基因的多样化，又最大限度地排除那些不需要的突变。这种策略拓宽了酶分子突变库中的序列空间，又限制了有害突变的掺入，也没有增加突变库的大小和筛选难度，从而保证了对较大的序列空间中有益候选区域进行快速定位。

DNA 改组是指 DNA 分子的体外重组，是基因在分子水平上进行有性重组。通过改变单个基因(或基因家族)原有的核苷酸序列，创造新基因，并赋予表达产物以新功能。1994 年 Stemmer 等用 DNA 改组技术进行体外蛋白的定向进化，可以进行单基因或多基因的重组，不仅可加速有益突变的积累，还能组合两个或多个已优化的参数。

该技术利用脱氧核糖核酸酶 I(DNase Ⅰ)将一组带有有益突变位点的同源基因随机切成 10~50 bp 片段，经过不加引物的多次 PCR 循环(无引物 PCR)，导致不同基因的碱基序列重新排布引起基因突变。该策略将 DNA 片段互为模板和引物，使用自组装 PCR (self-assemble PCR)使之延伸，进行扩增和延伸时碱基序列会重新排布而形成较多的突变基因，亲本基因群中的优势有可能组合在一起，并用一对与目的基因外侧互补的引物进行第二次扩增，即可获得全长重组基因库(图 6-6)。该方法的优点是操作简单，不需要蛋白结构信息，容易获得有益突变。缺点是要求基因序列间至少具有 70%的同源性。

在之后的研究中，该方法又得到不断改进和完善。DNA 改组技术的应用，促进了酶分子定向进化技术的成熟。Stemmer 团队成功地改造了数十种具有工业用途的蛋白质。

真核生物的 DNA 分为编码区和非编码区。非编码区起调控和连接的作用。编码区又分为内含子和外显子。基因转录后内含子被剪切，外显子被保存下来，并可在蛋白质生物合成过程中被表达为蛋白质。外显子是最后出现在成熟 RNA 中的基因序列，又称表达序列。在许多基因中，一个外显子编码一个折叠结构域，所有的外显子一同组成了遗传信息，该信息会体现在蛋白质上。真核生物的基因，其线性表达被内含子阻断，这就是所谓的断裂基因。

内含子的重组可使外显子在不同基因之间进行交换组合，这种交换组合就是外显子改

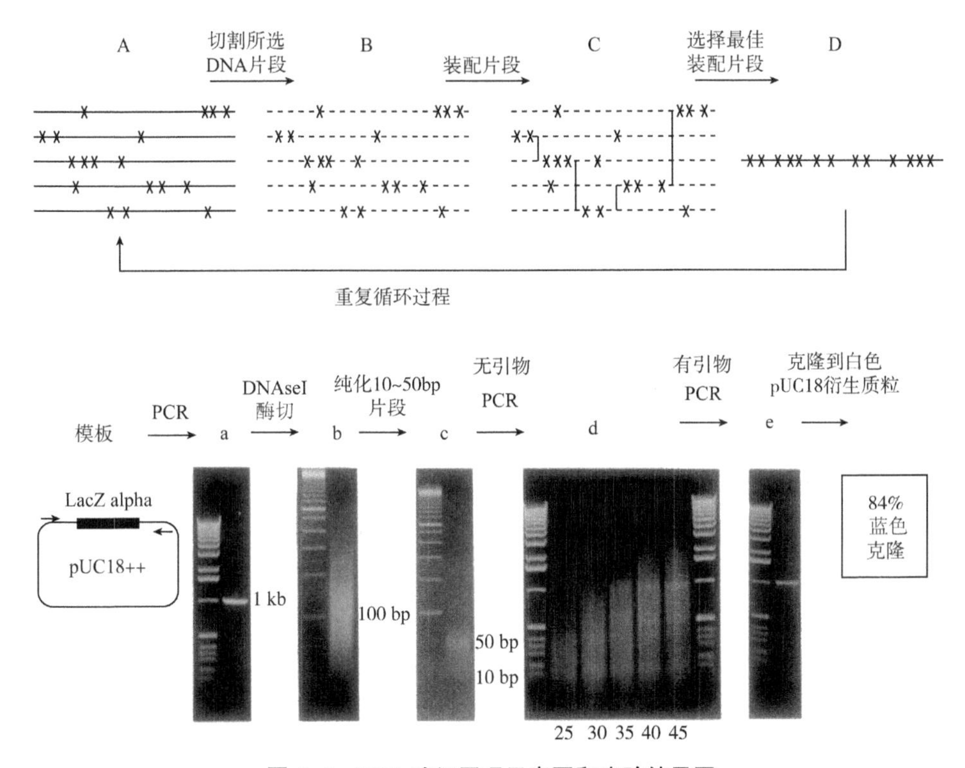

图 6-6　DNA 改组原理示意图和实验结果图

A-B 用 DNase I 切割在不同位点有突变点的同源基因库　B-C 被 DNase I 剪切后的短片段，为简单起见，假设图中所有的突变是有益突变并且是可叠加的

C-D 将这些片段组装成带有重组和模板交换的全长基因，一个重组基因带有 4 个交换(粗线条表示)

组。显然外显子改组类似于 DNA 改组，两者都是在各自含突变的片段之间进行交换，它特别适合于真核生物。自然界中不同分子的外显子发生同源重组，导致不同外显子结合，是产生新蛋白或蛋白进化的重要机制。因此，人为模拟自然进化过程来定向进化酶分子成为一个很具吸引力的途径。

(3) 其他基因突变库建立方法

交错延伸(StEP)是 Amonld 于 1998 年发明的 DNA 有性 PCR 技术。其原理是在 PCR 反应中把常规的退火和延伸合并为一步，并大大缩短其反应时间(55 ℃、5 s)，从而只能合成出非常短的新生链，经变性的新生链再作为引物与体系内同时存在的不同模板退火而继续延伸。在每一次循环中，不断延长的片段，根据序列的互补性与不同模板退火并进一步延伸，此过程反复进行，直到产生完整的基因长度。在此过程当中，由于模板的转换，结果产生间隔的含不同模板序列的新生 DNA 分子。StEP 法重组操作在单一试管中进行，亲本 DNA 和产生的重组 DNA 不需分离。它采用的是变换模板机制，这正是逆转录病毒所采用的进化过程。该法简便且有效，为酶的体外定向进化提供了又一强有力的工具。Zhao 等使用 StEP 技术重组了一组在易错 PCR 突变和筛选过程中鉴定出的 5 个热稳定好的枯草杆菌素 E 变异体，重组文库进行筛选，得到一个在 65 ℃下半衰期是野生型的枯草杆菌素 E50 倍的突变体。

渐增切割杂交酶(ITCHY)是一种随机重组两个基因的定向进化技术。ITCHY 主要优点是不需要两个基因共享任何序列相似性。这将 ITCHY 与基于同源重组的定向进化方法(如 DNA 改组)区分开来。ITCHY 的基本步骤包括从 3′端逐渐截断一个亲本基因，创建一组序列，其中每个碱基截断都表示出来。同时，第二亲本基因从其 5′端逐渐被截断。这两个随机截短的亲本基因被串联克隆到一个质粒中。用一种在两个基因之间切割的限制性内切酶将质粒线性化，然后用大肠杆菌外切酶Ⅲ消化产生一组增量截短的序列，产生一个嵌合组合文库。ITCHY 提供了一种利用重组能力来获取序列空间的方法，并能在两个结构基因同源性小于 70%的情况下找到意想不到的解决方案。例如，使用 ITCHY 重组两个序列同源性仅为 48%的脱氧核苷激酶，产生一种嵌合酶，可以磷酸化核苷类似物前体。

除了上述方法外，定向进化技术不断发展，还出现其他一些改进的方法。例如，序列饱和突变(sequence saturation mutagenesis，SeSaM)是 Schwaneberg 教授开发的，这是一种针对单链 DNA 进行突变的新技术，基本原理是在 PCR 扩增中，通过 dNTP 与事先借助单链 DNA 在全长基因中添加的通用次黄嘌呤脱氧核糖核苷酸(I)的交换达到突变目的，该实验操作过程需要 2~3 d 完成。此方法与易错 PCR 相比，能较好地克服 DNA 聚合酶的碱基偏好性，且突变效率高，缺点是操作较烦琐、使用药品多、费用较贵。此外，还有瞬时模板的随机嵌合方法(random chimeragenesis on transient templates，RACHITT)，即利用一个瞬时的 DNA 模板进行排序、修剪、连接等进行重组，该方法可明显地提高重组频率。

6.3.2.2 高通量筛选技术

通过定向进化技术构建得到的庞大的突变基因文库需要高通量的筛选方法以获得有益突变的目标酶。通常根据突变酶的某种特征或固有性质，控制实验条件，从突变文库中筛选出目标酶。以下简单介绍 3 种常用的筛选方法：平板筛选、多孔板筛选、流式细胞荧光分选技术。这 3 种方法一次性筛选能力(即通量)各不相同，平板筛选最高为 10^2~10^4，微孔板筛选最高为 10^4~10^5，流式细胞仪可以超过 10^7，但各自都有其优缺点。

(1) 平板筛选(solid phase screening)

平板筛选主要是依据细胞的表型，将含有随机突变基因的重组细胞从平板培养基上筛选出来，该方法简便、快速、直观，得到了广泛的应用。根据细胞表型的多样性，可以从多个方面筛选突变基因：逐步改变重组细胞生长的环境，依据细胞的耐受情况，可以筛选出一些对热、pH 值、底物、极端环境等耐受性提高的突变酶；也可以将突变酶作用的底物加入平板培养基中，依据最终形成的透明圈的大小来筛选活力提高的酶，或者利用营养缺陷株作为宿主菌，根据菌株的生长情况对突变酶进行筛选；此外，通过颜色的变化排除无效重组细胞，也可以筛选高活力的突变酶，pH 指示剂法即是一例，它经常用于检测酯酶，以酚红为指示剂，随着酶催化酯类水解产生酸，通过体系中 pH 值改变导致的颜色变化，就可以初步测定酶的活性。

(2) 微孔板筛选法(microtiter plate screening)

微孔板(96 孔或 384 孔)筛选比平板筛选更加费力，但是获得的信息通常更有用。一般用于二次筛选。用酶的突变体文库转化的细胞在微量滴定板中生长，通常每孔只植入单个转化子。通常(并非总是如此)需要裂解细胞后分析每个特定孔中细胞表达的酶突变体的特性。如果反应涉及有色或荧光物质的形成或降解，则可以很容易地用肉眼观察或用微孔板分光光度计监测。尽管微量滴定板筛选功能多样，并提供了较大的动态范围，但由于实际的因素(如板制备和反应时间)，可筛选的文库大小受到限制。

(3) 流式细胞荧光分选技术(fluroescence-activate cell sorting，FACS)

经典的荧光筛选大多是结合酶的荧光底物或产物，或用一种荧光物质作为指示剂或报告物质，随着反应的进行，通过荧光强度的变化鉴定酶的活性。这种方法经常结合微孔板(如96孔或384孔)进行，但其缺点是过分依赖人力、筛选通量较低等，这就限制了新酶定向进化研究的进展。最新的进展允许将单个样品或单个细胞分隔为微滴，并使用FACS进行快速文库筛选。其原理是通过将酶活性转化为可检测的荧光信号，并与酶所在的细胞构建联系，从而实现酶活性与细胞荧光强度的偶联。然后利用流式细胞仪监测荧光强度信号变化，并通过给目标细胞加上对应的电荷，对不同的酶进行分选收集。

该方法提供了高通量筛选，因此可以以低水平的手工劳动并减少试剂和消耗品的量来筛选大型文库。迄今为止，用FACS进行筛选被认为是敏感且灵活的，但是流式细胞仪是较昂贵的专用设备，因此并非总是可以采用。

6.3.3　酶分子的理性与半理性设计

6.3.3.1　酶分子的理性设计

6.3.2介绍了酶分子的定向进化，它可能是目前改造酶的性能或获得全新品种的酶的最为有效的方法之一。它通过从随机突变产生的大量突变体中筛选出理想的突变体。这种方法不需要事先了解酶分子的空间结构和催化机理，而是通过模拟自然进化过程以改善酶的性质，因而称这种方法为非理性设计。

酶分子的理性设计是在对酶分子的结构和催化机理有充分了解的基础上，对酶分子的结构进行精确的调控，从而获得所需催化活性的酶。显然，与定向进化相比，理性设计的目的性更强，更为高效和快捷。目前，酶分子的理性设计方案主要分为基于实验结果的设计和计算机辅助设计，前者针对活性中心进行人为改造，而后者则利用计算机软件辅助预测和设计改造酶分子，这也是理性设计的主要发展方向，尤其近期在酶分子的从头(*de novo*)设计方面取得了一系列重要进展。

目前，基于实验结果的设计方法主要有定点突变、蛋白质环状结构(loop)改造以及催化金属离子替换。

上文已比较详细地介绍了定点突变的方法、概念，特别是CRISPR/Cas9技术的发展和成熟，使得定点突变的实施越来越方便。定点突变主要选在靠近活性中心的位置，这是因为活性中心含有可以结合底物和提供反应基团的关键残基，对这些关键残基进行定点突变可以改变酶的性质，所产生的影响明显高于远离活性中心的位置。当然远离活性中心的突变有时可以起活性微调和增强热稳定性的作用。

环状结构属于蛋白质的二次不规则空间结构。它通常发现于分子表面，由2~16个残基形成，对蛋白质功能起着关键作用。对于酶分子而言，许多酶催化反应的关键残基也定位于环状结构。因此，对关键环状结构的改造可以直接影响活性中心的结构以及关键残基的分布。同时，环状结构的构象变化经常参与许多酶的反应通道的调节。

在金属酶中，辅因子金属离子的替换可以对酶的活性、立体选择性等特性产生重要影响。目前关于通过改变金属离子来改变酶催化性质的研究大多集中于氧化还原酶类。例如，Soumillion等将碳酐酸酶活性中心中的Zn^{2+}替换为Mn^{2+}，产生了环氧化物合成酶活性。

基于实验结果的设计方法并没有一个统一的策略，而是具体问题具体分析，因此设计成功与否完全取决于对酶结构功能关系的理解。其中，利用酶的晶体结构往往能提供较为直观的理论依据。现今解析蛋白质结构的手段多样，较为常规的 X 光衍射技术(X-ray crystallography)可以获得高分辨率的蛋白质晶体结构；高分辨率的蛋白质核磁共振(NMR)技术可获得小分子蛋白晶体结构；而通过冷冻电子显微镜技术(Cryo-EM)可以获得分子质量在 1.0×10^5 以上的蛋白结构。但是，上述手段往往需要操作者对蛋白质结构解析技术有着非常深厚的积累，并且蛋白结构解析的成本较高，一些特定蛋白的结构目前还没有有效的手段可以解析。

利用计算机软件辅助预测和设计改造酶分子，涉及酶的空间结构、催化机理、能量计算、动态分布、搜索空间等一系列的计算和大量数据处理。目前已经开发出许多计算工具，可以在酶分子的理性设计中处理各种数据。比如说用软件计算可以方便地在硬盘中创建大量突变体的虚拟库。然后，酶分子设计可以通过能量评分函数或几何约束等被自动评估和排序，只有少量(十到数百)排在前面的设计需要进一步用实验进行手动检查和验证。不同的工具常常同时引入几个突变，用于创建库。酶分子的计算设计可以为已经被酶催化的特定化学转化反应设计“高度对映选择性”的催化剂；也可以为适应与天然底物结构非常不同的底物结构，完全重新设计活性位点；重新设计酶(*de novo* design)，催化非天然蛋白质。重新设计酶技术已是酶工程中一种可望与定向进化媲美的较有前途的方法。利用计算机软件对现有酶分子的改造，基本涉及酶分子的建模(三维结构)、小分子与蛋白质的对接和分子动力学模拟及拉伸分子动力学。

在结构信息不可用的情况下，蛋白质一级序列为理性设计提供了最直接和最容易获得的信息，可以从氨基酸序列中提取潜在突变位点的重要线索。使用多序列比对(MSA)软件、协同进化分析软件、三维模型构建软件和模型评估软件可以进行所谓的蛋白质同源建模。蛋白质同源建模的过程一般可分为 4 步：模板筛选、目标序列与模板序列比对、模型构建及模型评估。虽然这些软件或服务器内部的算法不尽相同，但是他们都是基于蛋白质的三维结构的保守性要远高于蛋白质的氨基酸序列保守性这一结论，即使两个蛋白质之间的氨基酸序列相似性较低(一般不低于 30%)，通过计算机算法，依然能够得到在三维构象上较为接近的蛋白质结构，而这些结构，虽然精确度无法比拟晶体结构，但是建模过程节省了大量时间精力，且模型能够为之后的蛋白功能预测与改造提供一定的指导作用。

分子对接是基于结构的药物设计或蛋白质改造过程中最常用的技术手段，该手段能够预测小分子配体在蛋白大分子中的空间位置及空间取向，对于蛋白设计及改造有着指导性作用。根据酶催化的“诱导契合学说”，底物和酶在结合过程中构象往往会发生改变，配体与受体会通过最适的空间取向结合并进行下一步的催化，然而捕捉这一过程对于现有技术来说较为困难，所以通过计算机模拟的手段来获得小分子配体在蛋白中的空间取向不失为一种明智的选择。分子对接的计算方法一般有两种，第一种将蛋白受体与小分子配体设置为相互互补的表面；第二种方法通过计算配体与蛋白质受体之间相互作用的能量来模拟小分子对接过程。进行分子对接的先决条件是拥有可信的蛋白质三维结构以及小分子配体的结构，而对接结果的优劣则取决于对接软件内嵌的筛选算法及模型评估算法。现有的分子对接软件主要有：AutoDock、COACH 及 Rosetta 内嵌的对接模块等。

分子动力学(molecular dynamics，MD)是一种用于研究原子和分子物理运动的计算机模拟方法。通过一定时间内原子和分子的相互作用，推导出整个系统的动态演变，这其中原子和分子的运动轨迹可通过求解牛顿运动方程来确定，而粒子之间的作用力和势能通常使用原子间势或分子力学力场计算。分子动力学模拟在酶分子改造领域的应用主要有两个方面。一方面，分子动力学模拟可以用于蛋白模型的结构优化。在一般建模软件或服务器构建的蛋白质三维模型中，某些非保守区域的氨基酸由于具有较高的随机性，往往导致模型准确度不高，而分子动力学模拟能够通过长时间的运算，将体系的能量最小化，从而得到相对优化的蛋白结构，用于后续的分子对接或其他计算机辅助分析。另一方面，针对蛋白受体与小分子配体复合物，分子动力学模拟能够将分子对接后初筛得到的上百个复合体以结合自由能为筛选标准进行复筛，得到小分子配体最佳的空间取向。

受到原子力显微镜的启发，在传统分子动力学模拟基础上开发的拉伸分子动力学(steered molecular dynamics，SMD)能够模拟蛋白质或底物小分子在拉力作用下的运动情况。SMD 一般有两种模式：第一种是恒速牵拉，将蛋白或底物沿某个方向以恒定的速度牵拉，研究拉伸过程中拉力的变化；第二种为恒力牵拉，研究拉伸过程中速度的变化。这些拉伸方法能够很好地应用于模拟蛋白分子间或蛋白与小分子间的相互作用，为后续的实验提供理论指导。目前，常见的分子动力学模拟软件或服务器主要有 NAMD、AMBER、CHARMM 及 GROMACS 等。

最让人激动，也是对我们理解酶催化机理的最终检验，是酶分子的从头计算设计。它涉及新的蛋白质折叠、底物结合口袋和催化活性等的创建。新酶的理性设计过程大致如下。

第一步，构建“理论酶”。酶催化之所以比化学催化更具优越性，部分原因是通过与催化残基的相互作用降低了过渡态的自由能。因此，对于给定的反应，根据过渡态构象、催化基团进行建模，预测模型官能团对过渡态稳定化的最佳几何构型。由此产生的氨基酸残基构型被称为“理论酶”(theozymes)。当然，对于一个期望的反应，通常存在多个可能的催化机理。因此，必须为每个催化基序建立三维模型，每个模型中不同键的自由度和取向可能会有很大的变化，从而产生大量可能的三维活性位点，称为“理论酶库”。由于涉及模拟化学键断裂或形成的过程，需要用到量子化学，常用的软件包有量子化学/分子力学(QM/MM)模拟软件包。

第二步，为“理论酶库”中的每一个酶选择合适的蛋白质支架。许多具有配体结合腔和高分辨率 X-射线结构的支架可在多个公共蛋白质数据库中获得。如果对潜在的支架有一定的限制，例如，在需要耐热支架的情况下，可以缩小选择范围。常用的软件包有 ORBIT、OptGraft、Scaffold-Selection、PRODSA_ MATCH、SABER、Rosetta Match 等。

第三步，支架匹配优化。由于有大量的候选支架匹配，且匹配中过渡位置与催化侧链之间仍存在一定的空间冲突，因此需要进一步优化。常用的软件包有 Rosetta Design 以及第二步中的一些软件。

第四步，对“虚拟设计”进行评估排名。一些重要的因素，特别是配体结合能特征，经常被用来评估和排序所有设计。Rosetta Design 或分子动力学软件可以进行这一步操作。只有少数(10 到大约数百个)“优秀设计”还需要进行人工手动检查。

当然设计最终都要在实验室中进行实际操作、检查和测试。该策略成功地用于重新设计 Kemp 酶、反醛缩酶、二烯醛化酶，也用于生成高对映选择性环氧化物水解酶。

6.3.3.2 酶的半理性设计

酶分子的理性设计已经成为科学家们改造乃至创造酶分子的有力工具。蛋白质分子改造技术的不断完善，蛋白质数据库的不断丰富以及计算机科学的快速发展，都为酶分子的理性设计的发展提供了广阔空间。尽管如此，酶分子的理性设计仍然受限于对酶分子催化机理的理解和空间结构的整体把握，导致目前设计成功的案例十分有限。

定向进化是目前修饰酶活性最成功的方法之一，但它必须对大量的突变体进行筛选才可能获得所预期效果的酶。必须开发一种高通量筛选方法是定向进化的主要限制。定向进化的另一个限制与引入的突变的随机性质有关，由于全基因段小概率引入突变，得到正向突变体的可能性也很小。

因此，在拥有功能信息(来自点突变、随机突变或通过序列比对推断)或结构信息的情况下，通过将突变集中在可能最有效的地方，如活性位点或活性位点附近尤其是与底物结合或催化有关的残基附近，进行单点饱和突变或多点组合饱和突变(用所有 20 种天然氨基酸进行测试)，可增加获得正向突变体的可能性。或者说在与随机全基因突变方法相同数量的突变体情况下，构建了“更聪明”的文库。在没有高通量筛选方法的情况下，这种偏向活性位点的组合变变的半理性设计尤其有利。

(1) 基于实验的半理性设计修饰酶活性

用理性方法和随机蛋白质工程方法相结合的实验已成功地应用于酶活性的修饰。根据研究开始时可用的结构、功能信息的数量和性质，下面对具体实验方法进行了一些分组。

① 基于结构信息的限定残基目标随机化：如果结构信息清楚，可以在直接接触底物或靠近活性位点空腔的情况下单独或组合地针对特定的残基进行突变。大多数情况下，突变位点的选择是理性的，但编码氨基酸的选择可以更广泛。此外，在目标位点同时随机化可能导致协同效应，而单独位点突变是无法获取这样的结果。在某些情况下，可用的结构信息不足以理性地选择要随机化的残基。因此，分子模拟研究就可以用于识别最有可能与底物分子接触的残基。这方面也已有许多成功的实例。

② 随机突变同时定点饱和突变：这可以通过一个具体的例子来说明。基于两个相关酶家族的进化蛋白折叠相似性，Peimbert 和 Segovia 通过易错 PCR(epPCR)和目标位点的饱和突变，将 β-内酰胺酶活性引入肺炎链球菌 PBP2X-DD 转肽酶中。实际操作中将两个活性位点残基(F450 和 W374)作为饱和突变的靶点，并在活性位点空腔附近的 8 个位置同时进行氨基酸替换，经寡核苷酸突变后，基因进一步扩增，随机突变率为 0.8%。对该文库进行了头孢噻肟抗性筛选，获得了比野生型 PBP2X 抗性提高 10 倍的突变体。随机突变在 312、452 和 554 位，在活性基因的近端和远端都产生了额外的突变位点。为了评估某些随机插入突变的影响，在 312、336、450 和 452 位置进行饱和突变。虽然与原突变体相比，头孢噻肟的耐药性没有进一步增加，但有一个新突变体在不影响 PBP2X 的原 DD 转肽酶活性的情况下显示出 β-内酰胺酶活性。

③ 随机突变后的定点残基饱和突变：合理选择残基突变所需的结构或功能信息并不总是可得到的。为了规避这一限制，可以有效地进行一轮全基因随机化，以提供“引导点”(leads)(即在突变时被识别为潜在优势的残基)，同时通过对位点进行饱和突变来微调“示范突变体”，以此重复多轮操作。这种在随机分布的突变中进行少量采样，并在可能

影响研究性质的有限数量位置的饱和突变之间的循环，增加了识别酶的有益催化和协同效应的可能性。

(2) 基于计算方法的半理性组合设计

尽管针对活性位点残基的半理性、组合突变限制了相对于可用序列空间产生的变异的数量，它仍能产生对于人工筛选来说数量大得多的突变体。因此，为了提高半理性和组合修饰酶活性的能力，人们发展了基于蛋白质设计算法的计算方法。这些方法既可以对一个庞大的文库进行虚拟筛选，也可以应用于酶活性位点的设计。

① 对虚拟库中的突变序列进行计算筛选：Hayes 等人开发了一种称为蛋白质设计自动化(protein design automation，PDA)的大型文库计算筛选策略，用于预测可以采用的最佳序列。PDA 用于预先筛选大型的虚拟突变体库(10^{23})，从而将感兴趣的序列空间减少许多数量级。利用 PDA，Hayes 等从计算机中模拟得到的 7×10^{23}个突变体产生的残基中，精确定位了 TEM-1β-内酰胺酶的 19 个感兴趣的残基，并选择了大约 200 000 个最低能量突变体的文库，然后开展诱变和重组实验，通过对抗生素头孢噻肟的筛选，发现在活性部位附近有 6 个突变，对头孢噻肟的耐药性增加了 1 280 倍。PDA 可以对大量的序列多样性进行采样，并允许同时识别多个突变，因此当多个突变呈现协同效应时尤其有益。此外，标准随机突变方法中存在重要偏置，但由于 PDA 在氨基酸序列水平而不是在核苷酸序列水平上产生突变，所以对需要两个或三个核苷酸修饰的突变没有偏置。这种方法并不是专门为提高酶活性而设计的，但大大增加了可探索的序列空间。

② 在非催化蛋白支架中引入催化活性位点所必需的突变预测：Hellinga 等开发了这项开创性的工作，在计算酶分了设计方面取得了迄今为止最显著的成功。他们将一种非催化核糖结合蛋白(RBP)转化为磷酸丙糖异构酶(TIM)的类似物。他们首先用计算法预测出核糖结合区的突变位点，以允许 TIM 底物磷酸二羟基丙酮(DHAP)的结合。然后，该算法将一组 TIM 催化残基放置在新的 DHAP 结合袋中，生成的 14 个虚拟结构用实验测试了其 TIM 活性。其中 7 个突变体具有比背景反应更强的 TIM 活性。其中一种特别活跃，通过计算设计和随机突变进一步改进。最活跃的 TIM 类似物比背景反应速率增加 10^5~10^6倍，并且足够活跃，得以在 TIM 缺乏的大肠杆菌中生长，这是迄今为止理性设计酶分子增加的最大反应速率。尽管这类设计成功需要事先了解目标酶活性的精确化学和空间要求，但它为在稳定和性能良好的框架内更广泛地创造理想的催化活性打开了大门。

因为很容易产生相邻突变、多个同时突变和需要多个核苷酸替换的突变，有针对性的半理性组合突变可以有效地对提高酶的活性。这特别有利于酶分子活性的修饰，因为活性位点突变经常耦合并且具有协同效应。计算方法学的重要发展有望大大增加可搜索的序列空间。半理性突变允许研究人员将突变集中在更可能产生“领先”结果的区域。这些方法为酶的研究，包括对既有活性的改造、在既有框架内开发新活性及进化出“混杂”的新催化活性，从而为酶的高效开发开辟了新的路径。

综上所述，随机突变(非理性设计)、理性设计和半理性设计所需方法总结成表 6-1。

表 6-1 酶活性的工程化策略的比较

	随机突变	理性设计	半理性设计
高通量筛选方法	必需	非必需	有优势但并非必需
结构和功能信息	两者均非必需	两者均必需	两者仅需一种
序列空间探索	中等	低	中等规模的实验，大量的目标计算
获得协同效应突变体的可能性	低	中等	高

推荐阅读

周海梦，王洪睿．蛋白质化学修饰．北京：清华大学出版社，1998.

酶的本质是蛋白质，蛋白质研究是当今生物化学和分子生物学中最活跃的课题，其核心问题是探讨蛋白质结构与功能的关系。该书所介绍的蛋白质化学修饰方法是研究上述关系的常用手段，是我国生物化学家对生物化学与分子生物学的重要贡献。

开放性讨论题

目前在酶的结构与功能研究中，氨基酸侧链的化学修饰有被蛋白质定点突变的方法所取代的趋势。试讨论一下酶的化学修饰还有存在的必要吗？如果有必要，又如何创新性地开展这方面的研究呢？

思考题

1. 如何根据酶分子的性质来选择化学修饰方法？
2. 物理修饰为何能改变酶分子的催化特性？
3. 说明蛋白质工程与基因工程的异同点。
4. 举例说明 3 种定点突变的原理。
5. 为什么说 DNA 改组比易错 PCR 技术获得突变体效率更高？
6. 酶的定向进化取得成功的关键因素是什么？
7. 如何基于实验结果进行酶的半理性设计？

第 7 章　固定化酶与固定化细胞

导　语

当前，酶固定化技术已取得了显著的进步，既在理论研究上拥有独特地位，又在实际应用中发挥重大作用。酶固定化技术可以改善酶的各种特性，满足实际使用要求。同时，固定化技术还可用于创造适应特殊要求的新酶。本章介绍了多种酶固定化方法，以及固定化载体材料；概括了固定化效果的评价指标，以及固定化酶的性质与表征等内容；在此基础上，对固定化酶在食品、生物传感检测、医学等方面的应用进行了简介。

通过本章的学习可以掌握以下知识：

❖ 固定化酶(细胞)的概念；

❖ 固定化酶(细胞)的载体；

❖ 固定化酶(细胞)的主要方法；

❖ 固定化效果的评价；

❖ 固定化酶(细胞)的性质与表征；

❖ 固定化酶(细胞)的应用。

知识导图

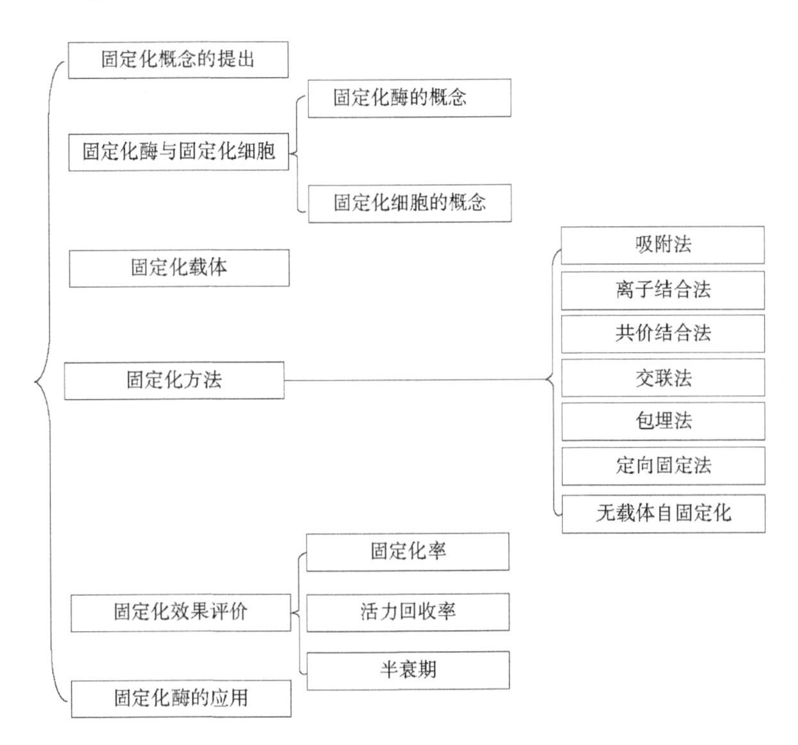

关键词

固定化酶　固定化细胞　物理吸附　离子结合　共价结合　交联法　包埋法　凝胶包埋法　植物细胞固定化　动物细胞固定化　固定化酶动力学　固定化酶的特征参数　固定化酶的活性　固定化率　半衰期

本章重点

❖ 酶(细胞)的固定化方法；
❖ 固定化效果的评价方法；
❖ 固定化酶(细胞)的性质与表征。

本章难点

❖ 酶(细胞)的固定化方法；
❖ 固定化酶(细胞)的性质与表征。

7.1　固定化概念的提出

酶是一类具有特殊构象和活性中心的生物催化剂，可参与各种代谢反应，且反应后数量与性质不变。在常温常压条件下，酶可高效催化反应(相较于一般催化剂，效率可高出 $10^7 \sim 10^{13}$倍)，且专一性(选择性)高，这些优点推动了酶的应用研究。但是，酶的高级结构易受环境因素影响，包括物理因素、化学因素、生物因素在内的各种因素均可影响游离酶的结构，可能导致酶的生物活性降低或丧失，从而限制了游离酶的工业应用。

酶(细胞)的固定化就是在这一背景下产生的。酶(细胞)的固定化技术就是借助物理或化学的方法将酶或细胞固定或束缚于一特定的相，使酶或细胞被局限在某一特定区域但保留酶或细胞的催化活力，仍能够进行底物、效应物(如激活剂、抑制剂)分子交换并发挥其催化效能的一种酶制剂形式。在 20 世纪 50 年代，固定化技术逐步发展起来，并在工业中开始得到应用。固定化酶(细胞)因其在节能减排、环境保护、生产自动化及连续化等方面都具有优势，极大地开阔了酶的应用领域。在 1971 年第一届国际酶工程会议上，正式采用“固定化酶”(immobilized enzyme)的名称。

7.2　固定化酶与固定化细胞概述

图 7-1 所示为固定化酶发展的时间简图。Grubhofer 和 Schleith 等针对淀粉酶、核糖核酸酶、胃蛋白酶等的固定是有效固定化酶研究的开始。此后，特别是 20 世纪 60 年代，Katchalski-Katzir 等人针对固定化酶的物理固定化、化学固定化新技术的研究报道，标志着固定化酶技术研究的广泛开展。

随着固定化技术的发展，固定化酶的对象由分离纯化的酶扩展到细胞或者细胞器。

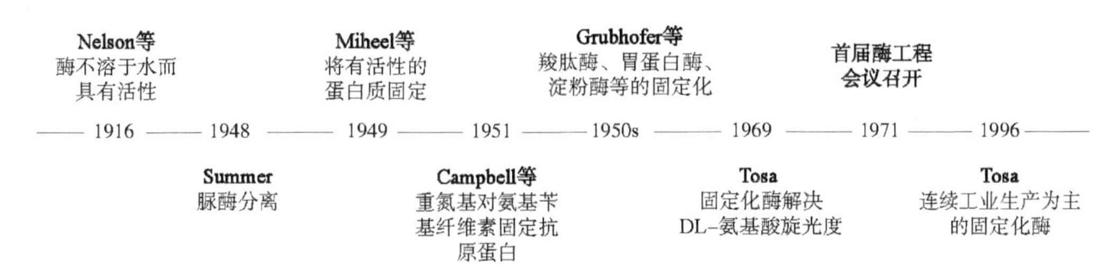

图 7–1　固定化酶的发展历史

1973 年，微生物细胞固定化后生产 L–天冬氨酸标志着固定化微生物细胞在工业生产上应用的开始。之后，啤酒等的生产用到了固定化酵母细胞。1978 年，固定化细胞生产 α–淀粉酶标志着固定化活细胞技术的开端。酶固定化技术经历了半个多世纪的发展，取得了显著进步，既在理论研究(如阐明酶作用机理)上拥有独特地位，又在实际应用中发挥重大作用。然而，目前可用于工业化规模生产的固定化酶(细胞)数量很少，仍然需要进一步开发适用于工业化生产的固定化酶(或细胞)。

7.2.1　固定化酶

酶固定化技术可以改善酶的各种特性，满足实际使用要求(稳定酶、提升酶活力、改变专一性)。同时，固定化技术还可以用于开发适应特殊要求的新酶。目前，已开发了多种固定化方法、多种固定化载体。

固定化酶相较于游离酶，有以下优点：可重复使用，使酶的使用效率提高，降低了使用成本；易于从反应体系中分离，便于产品的分离；多数情况下，酶经过固定化后稳定性提高；固定化酶有一定的机械强度，可在搅拌罐或柱式反应器中使用，便于连续化、自动化操作；适应于多酶体系反应。但同时，也具有以下缺点：酶活力在固定化时有所损失；酶固定化后其反应动力学会发生变化；固定化酶使用成本较游离酶高；固定化酶只适用于小分子底物，对于大分子底物不适用；对于需要辅因子的酶需要考虑辅因子的同时固定；对于胞内酶需要分离纯化后才能固定。

尽管固定化酶在诸如食品、医药、化工等各行业上均有成功的应用，但是由于固定化所需的试剂以及载体价格昂贵、固定化效率差、设备复杂等，使得实现大规模工业化应用的固定化酶并不多。发展简便易用的固定化方法、性能优异稳定的载体材料，以实现更多的固定化酶的大规模工业化应用，仍是这一领域的研究热点。

7.2.2　固定化细胞

尽管酶是由有机体(动物、植物和微生物)产生的，但从工业生产方面来说，微生物制酶更为合适。可将微生物酶分为胞外酶(从细胞分泌至培养液)和胞内酶(存在于细胞内)。对于胞内酶，需将其从微生物细胞中提取出来才能使用，但得到的酶通常稳定性差。此外，微生物细胞内的多酶系统具有良好的催化活性，许多有用的化学物质可经微生物发酵由胞内多酶系统催化产生。

鉴于酶的不稳定性，微生物细胞中提取酶易导致酶失活，应避免提取酶，同时，为了利用微生物细胞内的多酶系统，可直接将整个微生物细胞予以固定。固定化微生物细胞是指将微生物细胞自然束缚或固定于一定的空间内，保留其固有催化活性，并可连续地重复使用。一般地，固定化微生物细胞在以下场景下使用：①微生物胞内酶；②提取细胞内的酶易失活时；③微生物胞内无杂酶干扰催化反应或干扰酶容易失活或去除；④催化的底物和产物均不是大分子化合物。工业生产中所期望的固定化微生物细胞具有以下优势：①酶无需纯化或提取；②固定化过程中最大限度地保留细胞内的酶活；③工艺稳定且产量高；④成本低。

除了固定化微生物细胞，也可以固定化动、植物细胞。固定化植物细胞可以从植物中生产天然药物，如固定化植物细胞已用于蒽醌、阿吗灵异构体、地谷新的生物转化。固定化动物细胞有助于制作生物传感器及生产有用的生物材料，如 Rechnitz 等在电极膜表面固定猪肾脏薄片，利用气体渗透实现氨气检测。

7.3 固定化载体

多种来源的材料可以作为酶或细胞固定化的载体。这些材料一般可分为有机、无机和杂化或复合材料(表 7-1)。载体应能保护酶的结构不受恶劣反应条件的影响，从而帮助固定化酶保持较高的催化活性。此外，使用合适的固定化载体，如固定化脂肪酶的疏水性载体，还可以增加生物催化剂的活性。载体应暴露催化剂的活性位点，便于底物分子的结合，减少底物和产物的扩散限制。固定化酶或细胞所需载体材料的主要特征如图 7-2 所示。

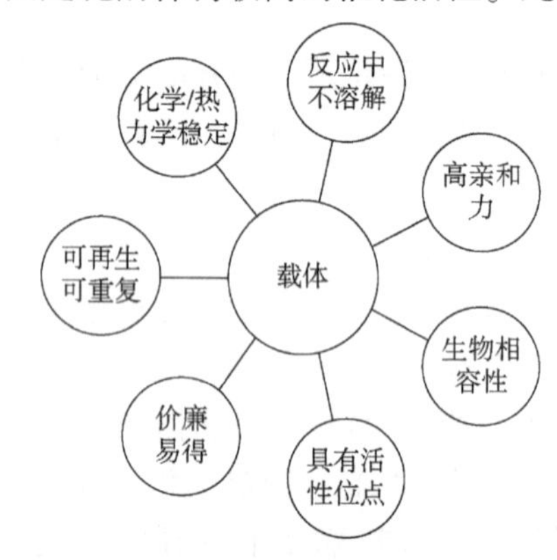

图 7-2 用于酶或细胞固定的载体主要特征要求

固定化酶或细胞的实际应用开发研究日益增加。因此，发现和使用新的具有更好性能的材料，以适应特定的酶或细胞的固定化，越发重要。表 7-2 总结了固定化酶使用的一些新型载体材料，并介绍了有关结合基团、固定化类型或交联剂的种类等。新的载体材料一般具有优异的热化学稳定性和良好的机械性能。

表 7-1 适用于固定化酶的无机载体和有机载体示例

载体	结合基团	交联剂	固定类型	固定化酶
		无机载体		
硅胶	—OH；C═O	戊二醛	共价结合	商业脂肪酶
氧化锆	—OH	—	吸附	枯草芽孢杆菌 α-淀粉酶
羟基磷灰石	—OH	—	吸附	黑曲霉葡萄糖氧化酶
膨润土	—OH；—NH_2	四甲基氢氧化铵	共价结合	黑曲霉葡萄糖氧化酶
活性炭	—OH；C═O		吸附	黑曲霉纤维素酶
活性炭	—OH；C═O；COOH	—	吸附	木瓜蛋白酶
活性炭	—OH；C═O；COOH	—	吸附	淀粉葡糖苷酶

（续）

载体	结合基团	交联剂	固定类型	固定化酶
		有机载体		
聚苯胺	—N—H；C=O	戊二醛	共价结合	α-淀粉酶
聚苯乙烯	C=O；环氧基	聚甲基丙烯酸缩水甘油酯	共价结合	脂肪酶
聚丙烯	—OH	等离子激活	共价结合	葡萄糖氧化酶
纤维素纳米晶体	—OH	—	吸附	假丝酵母脂肪酶
壳聚糖	—OH；$—NH_2$	—	包埋	假丝酵母脂肪酶
琼脂糖	—OH	—	包埋	α-淀粉酶

表 7-2　利用新型材料作为载体的固定化酶

载体	结合基团	交联剂	固定类型	固定化酶
		无机材料		
硅胶 SBA-15	—OH	—	吸附	碱性蛋白酶
中孔二氧化硅	—OH	—	封装	过氧化氢酶
二氧化钛纳米粒子	—OH	—	吸附	碳酸酐酶
还原氧化石墨烯	C=O	戊二醛	共价结合	辣根过氧化物酶
		有机材料		
聚己内酯电纺纤维	C=O	—	吸附	过氧化氢酶
聚乙烯醇静电纺丝纳米纤维	—OH	—	封装	洋葱伯克霍尔德菌脂肪酶
聚醚砜膜	—	—	吸附	硫黄杆菌内酯酶
NTR7450 膜	—	—	吸附	酪蛋白糖巨肽
		混合/复合材料		
聚丙烯酰胺-聚丙烯腈复合材料	—N—H	—	封装	葡萄糖氧化酶
纤维素-聚丙烯酸酯纤维	—OH；COOH	—	共价结合	辣根过氧化物酶
壳聚糖-海藻酸盐珠	$—NH_2$；—OH	—	包埋	淀粉葡糖苷酶
氧化石墨烯	—OH；C=O	氰尿酰氯	共价结合	葡萄糖淀粉酶
聚丙烯腈多壁碳纳米管	—NH；C=O；—OH	*N*-羟基亚磺酰亚胺	共价结合	过氧化氢酶
二氧化硅-氧化石墨烯颗粒	—OH；C=O	*N*-羟基琥珀酰亚胺	共价结合	胆固醇氧化酶
$ZnO-SiO_2$ 纳米线	—OH	—	交联	辣根过氧化物酶
碳酸钙金纳米粒子	—OH；C=O	—	吸附	辣根过氧化物酶

7.4　固定化方法

7.4.1　酶的固定化方法

将酶与水不溶性载体结合的固定化方法是载体结合法，载体结合有不同的形式，可分

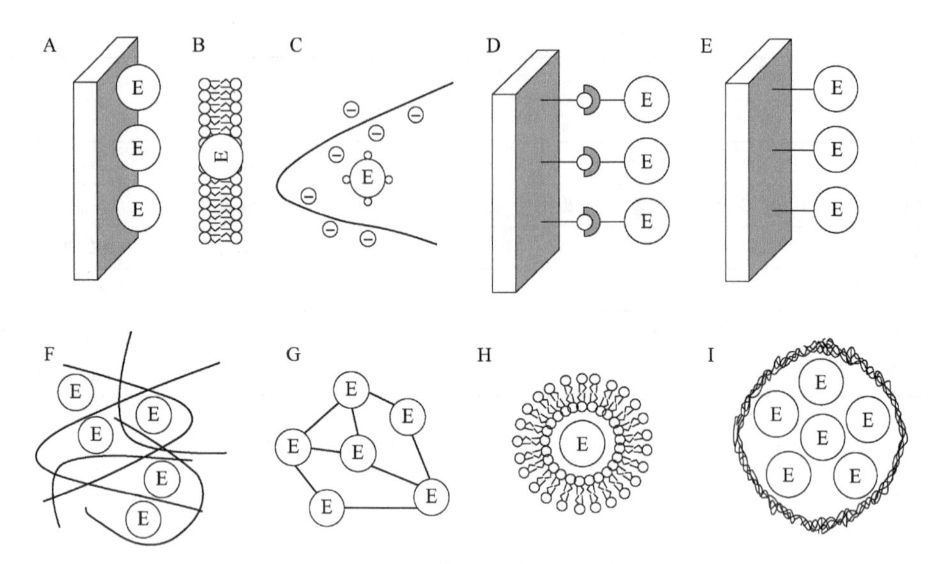

图 7-3 固定化酶的几种方法

A. 物理吸附 B. 静电吸附 C. 离子结合 D. 特异性亲和吸附

E. 共价结合 F. 包埋 G. 交联 H. 脂质体包埋 I. 微囊化

为共价结合法、离子结合法和物理吸附法等多种。图 7-3 展示了固定化酶的固定方法。

(1) 吸附法

吸附法包括物理吸附和离子交换吸附两种，是最简单的固定方法。吸附法是通过静电作用、范德华力、疏水作用等较弱的结合力，将酶分子固定在载体上。物理吸附法的优点包括酶活性中心不易破坏、酶的高级结构较少发生变化等，在有合适载体存在的情况下，物理吸附法是很好的固定化方法。当然，载体与酶的相互作用力弱、酶容易脱落等不利因素亦需重视。

根据作用力的不同，吸附法可分为：非特异性物理吸附；静电吸附；疏水作用力吸附；生物特异性吸附等。在静电吸附为主的酶固定化中，可以通过 pH 值调节，或者调节酶与载体表面所带相反电荷的电荷量等，促进酶的固定。疏水表面较大的酶分子与载体疏水表面更容易发生吸附，这种吸附依赖于酶分子和载体表面的亲水性与疏水性，同时也受 pH 值、离子强度、温度等的影响。此外，共沉淀也是吸附法中的一种。将载体加到酶溶液中，利用沉淀法或者蒸发溶剂后进行回收，可得到相应的固定化酶。

常用的吸附载体包含无机载体、高分子载体等。无机载体有多孔玻璃、漂白土、羟基磷灰石、活性炭、磷酸钙、高岭石、膨润土、酸性白土、金属氧化物、硅胶、氧化铝等；天然高分子载体有谷蛋白与淀粉等；除此之外，具有疏水基的载体可以借助疏水性实现酶的吸附，如丁基或已基葡聚糖凝胶；大孔树脂载体与陶瓷载体等也是研究热点；还有纤维素衍生物(单宁为配基)等载体。

(2) 离子结合法

离子结合法是指酶与水不溶性载体(有离子交换基团)通过离子键结合。该结合法有以下优点：操作简单、条件温和、酶活回收率较高、酶的高级结构和活性中心的氨基酸残基不易破坏等。但是载体与酶之间的弱结合力，使该系统容易受 pH 值及缓冲液种类的影响，在高离子强度下反应时，容易造成酶从载体上的脱落。离子结合法常见的载体有合成高分子离子交换树脂载体，以及多糖类离子交换剂载体，如 CM 纤维素、DEAE 纤维素(或葡聚糖凝胶)等。至今，借助于离子结合法固定的酶已有很多，如利用多糖类阴离子交换剂 DEAE-葡聚糖凝胶固定化氨基酰化酶用于工业生产。

(3) 共价结合法

酶分子表面有许多化学基团可供利用，利用酶分子表面特定稀有基团(如巯基)与载体上的活性基团进行共价交联，以实现酶的固定。为避免对酶的活性产生过多影响，所使用的特定基团需要远离酶的活性位点。共价结合法是将酶以共价键结合于载体，同时也是报道数量最多的一种载体结合法。

酶分子的侧链基团与载体的功能基团一般不能直接反应，反应前，需要先将载体的功能基团进行活化，然后酶分子就可以和表面活化了的载体进行偶联，常用的活化方法有重氮法、溴化氢法、叠氮法、烷基化法等。酶的功能基团，如 α-或 ε-氨基、羟基、γ-羧基、巯基、吲哚基、咪唑基、酚羟基等，可与载体偶联。参与共价偶联的氨基酸残基是酶的非必需基团，且不影响酶催化活性，以免造成酶固定化后酶活性的损失或者完全丧失。

相较于物理吸附法和离子结合法，共价结合法的反应条件更严格，操作更复杂。激烈反应条件的使用，也可能导致酶蛋白高级结构的变化，以及引起部分活性中心的破坏，因此，共价结合法得到的固定化酶活性较低，甚至有可能会导致底物的专一性等酶的性质改变，但优点是酶与载体结合更牢固，一般不会因底物浓度高或存在盐类等不利条件引起酶的轻易脱落。

(4) 交联法

交联法是利用双功能或多功能试剂实现酶的交联固定。交联法也是利用共价键固定化酶。交联法经常用作辅助方法进行酶的固定化。酶固定化的交联反应可发生在酶分子间以及分子内部。分子间与分子内交联的比例在一定程度上受交联试剂浓度、酶浓度的影响，也与 pH 值、离子强度等因素有关。

常用的交联剂有戊二醛(形成 Schiff 碱)、异氰酸酯(形成肽键)、双重氮联苯胺或 N,N'-乙烯双马来亚胺(发生重氮偶合反应)等。图 7-4 为脂肪酶固定在戊二醛修饰硅表面的示意图。酶蛋白参与交联的功能基团有 N 末端的 α-氨基、酪氨酸的酚羟基、赖氨酸的 ε-氨基、组氨酸的咪唑基、半胱氨酸的巯基等。交联法较为激烈的反应条件导致酶回收率较低。降低交联剂浓度，以及缩短交联时间有助于提高固定化酶的活性。

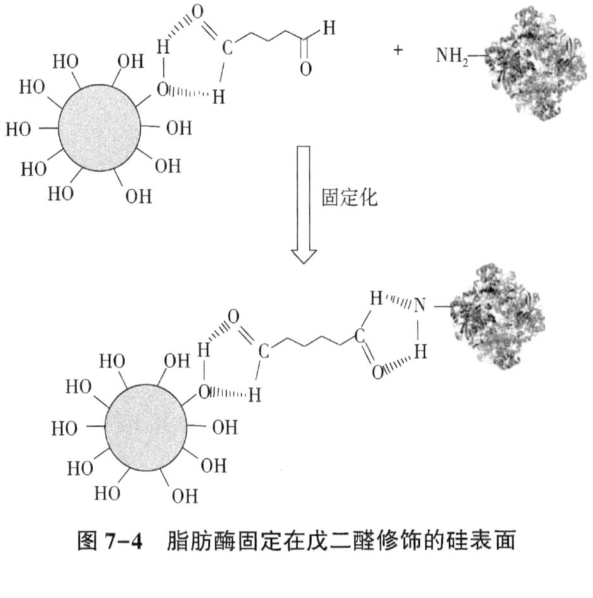

图 7-4　脂肪酶固定在戊二醛修饰的硅表面

(5) 包埋法

网格型和微囊型是常见的两种包埋法。网格型是将酶包埋在高分子凝胶细微网格中；微囊型是将酶包埋在高分子半透膜中。与共价结合法相比，包埋法不需要借助于酶的氨基酸残基的结合反应(图 7-5)，因此对其高级结构影响较少，酶活回收率高。但是，由于包埋时的化学聚合反应容易导致酶失活，所以设计聚合条件时应特别注意。包埋法对于催化大分子底物或者产物的酶不适用，因其不能通过高分子凝胶的网格实现扩散，仅适用于催化小分子底物和产物的酶。通过高分子凝胶网格，小分子可扩散。但固定化酶的动力学行为会受到扩散阻力的影响，引起酶的表观活性降低。通常采用惰性材料作包埋载体，避免固定化过程中化学反应的发生以便提高固定化酶的活性，同时减少产物的扩散阻力。

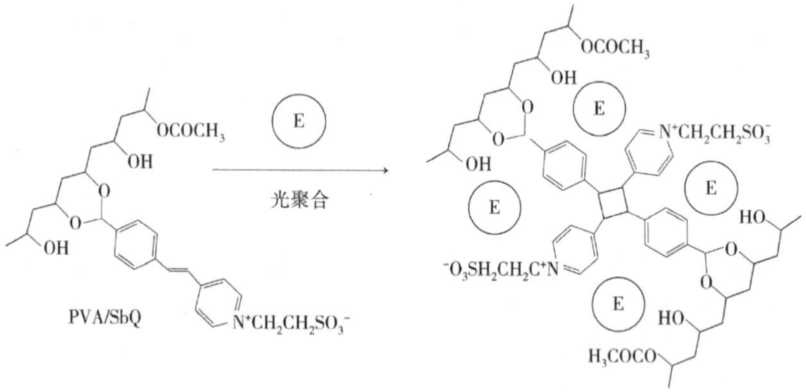

图 7-5　PVA-SbQ(聚乙烯醇-苯乙烯基吡啶基)光聚合包埋酶示意图

网格型的载体材料有两类，一是合成高分子化合物，二是天然高分子化合物。高分子合成材料包括聚丙烯酰胺、光敏树脂、聚乙烯醇等；天然高分子化合物包括淀粉、海藻酸、明胶、胶原、角叉菜胶等。合成高分子化合物常采用单体或高聚物聚合的方法，天然高分子化合物一般直接凝胶化。网格型是用得最多、最有效的包埋方法。微囊型固定化酶所使用的球状体直径为几微米到几百微米，相较于网格型，颗粒要小得多，更有利于底物以及产物的扩散，但同时成本较高，反应条件相对苛刻。微囊型固定化酶的制备方法有：界面沉淀法、界面聚合法、二级乳化法、脂质体包埋法等。

(6) 定向固定法

利用酶的某些特定位点与载体进行连接，使酶按一定方向排列在载体表面的技术称为定向固定技术。由于酶的连接位点不是酶活性必需位点，不影响其活性，所以定向固定化酶的活性要远远高于其他种类的固定化酶。Huang 等通过定点突变在枯草芽孢杆菌蛋白酶分子表面远离其活性中心的位点引入半胱氨酸(Cys)残基，并利用 Cys 残基上的巯基固定枯草芽孢杆菌蛋白酶分子，固定化效果良好，催化活性也有很大提高。目前，定向固定技术有氨基酸置换法、抗体偶联法、酶与金属离子连接和多酶共固定法等。其中，多酶共固定技术是将不同的酶固定化于同一载体上，以发挥不同酶的协同催化作用，提高催化效率。

(7) 无载体自固定化法

无载体自固定化是指在没有任何载体存在的环境下，酶通过聚集或交联形成不溶于水的聚集体从而实现固定化。目前，无载体固定化主要采用交联酶法，该技术起源于 20 世纪 60 年代初发现的交联酶(cross-linked enzymes，CLEs)。然而，由于 CLEs 机械强度差、活性低且传质阻力大等问题，多年前已不再使用该方法。之后，在 CLEs 基础上相继发展了交联酶晶体(cross-linked enzyme crystals，CLECs)技术和交联酶聚集体(cross-linked enzyme aggregates，CLEAs)技术。与 CLEs 相比，CLECs 虽然具有极佳的操作稳定性、粒子的尺寸可控、方便回收等优点，但因其需要高纯度的结晶酶，导致制备成本较高，从而限制了该技术的应用。CLEAs 是一种新型固定化酶制备技术，其优点在于无须载体、不需要高纯度并结晶的酶，且可使酶纯化和固定化同步集成。CLEAs 制备技术(图 7-6)包括沉淀和交联两个步骤。目前，最常用的交联剂是戊二醛。从工业规模化操作的角度来说，CLEAs 在同步结合两个或者多个相关联酶而形成多酶体系(Combi-CLEAs)方面具有明显的优势，且较有载体固定化酶而言，其催化活性和产率更高。

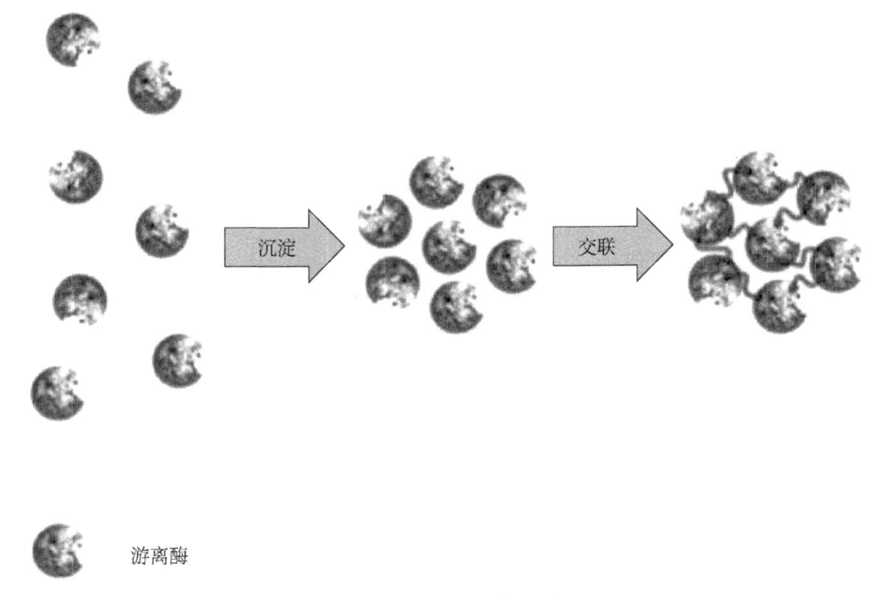

图 7-6　CLEAs 制备示意图

(8) 辅酶的固定化

辅酶与酶蛋白的结合松弛，因此超滤膜截留效果不理想，利用固定化方法可以有效地回收辅酶。而固定化辅酶仍需要保持其自由移动参与酶促反应的特性。通常使用的辅酶固定化方法有两种。

① 通过一段可自由移动的长链固定化辅酶：在不溶性载体和辅酶分子之间链接一段自由摆动的长链基团(接壁分子)，空间位阻效应减小，辅酶的可移动性增加。琥珀酸、2-羟基-3-羧基丁胺、1,6-已二胺、6-氨基已酸等常用作接壁分子。纤维素、多孔玻璃、琼脂糖等为辅酶固定化中经常使用的不溶性载体。辅酶固定化的方法类似于固定化酶，有碳二亚胺法、溴化氰法、重氮偶联法等共价结合方法。

② 辅酶分子的高分子化：辅酶键合到水溶性的大分子载体上，实现辅酶的高分子化，同时仍旧可以溶于水，辅酶的催化作用得以保持，反应之后可用超滤膜回收，辅酶得以连续使用。可溶性大分子载体拥有较小的扩散阻力，因此，此方法得到的固定化辅酶活性较高。葡聚糖、聚赖氨酸、聚乙二醇、聚丙烯酸、右旋糖苷等为经常选用的可溶性大分子载

体。使用这些载体时，与使用不溶性载体时的方法类似，碳二亚胺法、溴化氰法、重氮偶联法等方法均可。可溶性分子要求分子质量适中，分子质量过小易透过超滤膜，分子质量过大则容易造成溶液黏性过大，对操作产生影响。

7.4.2 微生物细胞的固定化

微生物细胞种类繁多，各不相同，故其固定化方法也多种多样。

(1) 吸附法

吸附法是指将微生物细胞吸附在各种固体吸附剂表面而使细胞固定化的方法。主要的吸附剂有硅藻土、多孔陶瓷、金属丝网、多孔塑料、多孔玻璃、中空纤维等。在 pH3～5 时，带有负电荷的酵母细胞能够吸附在多孔陶瓷等载体表面，实现酵母细胞的固定化，用于发酵生产酒精和啤酒；沉积吸附在硅藻土、多孔塑料、多孔陶瓷等载体表面的多种微生物制成的活性污泥，可广泛用于环保领域的有机废水处理，有效降低其化学(或生物)需氧量；中空纤维外壁吸附的各种霉菌的菌丝体可用于生产次级代谢物，如色素、香精、药物等。制备固定化微生物细胞时，吸附法的优点是操作简便，不影响细胞生长繁殖以及新陈代谢；但也存在诸如吸附力弱、不牢固易导致细胞脱落等缺点，限制了其应用。

(2) 包埋法

包埋法是将微生物细胞包埋在多孔载体内部的细胞固定化方法，包括凝胶包埋法、半透膜包埋法。凝胶包埋法是将微生物细胞包埋在多孔凝胶(作为载体)的微孔内以固定化细胞的方法。经包埋后，细胞的生长繁殖以及新陈代谢被限制在凝胶的微孔内。凝胶包埋法是微生物细胞固定化中应用最为广泛的固定方法，其载体常采用琼脂凝胶、角叉菜胶、海藻酸钙凝胶、聚丙烯酰胺凝胶、明胶和光交联树脂等。因机械强度差，氧气扩散、底物和产物扩散受限，琼脂凝胶的使用被限制。角叉菜胶包埋法操作简便、通透性好，并且对细胞无毒害作用，是良好的固定化载体，得到广泛应用。海藻酸钙凝胶包埋法优点是条件温和，操作简便，对细胞无毒，可通过控制凝胶孔径大小而实现多种细胞的固定化，但使用时应控制反应液中磷酸盐的浓度，避免其破坏凝胶结构，同时钙离子的维持，有助于保护凝胶结构的稳定性。聚丙烯酰胺凝胶包埋法可固定多种细胞，获得的固定化细胞机械强度较高，凝胶的孔径可以通过丙烯酰胺的浓度来调节。在制备过程中，鉴于丙烯酰胺对细胞的毒害作用，应缩短聚合时间，减少接触时间。明胶固定化细胞的机械强度较差，可使用戊二醛等交联试剂交联予以强化。光交联树脂包埋法可通过使用不同分子质量的高聚物调节树脂孔径，以适用于固定不同直径的细胞，固化过程可在几分钟内完成，对细胞的生长、繁殖以及新陈代谢的影响不明显，光交联树脂强度高，可连续使用较长。

(3) 无载体固定化

无载体细胞的固定化主要是指生活细胞的固定化，通过化学或物理手段，实现细胞之间的彼此附着相连从而实现固定。化学交联是指细胞之间借助于双(多)功能试剂，如醛(胺)的共价交联实现固定。例如，利用戊二醛、甲苯二异氰酸酯等双功能试剂，可交联细胞壁或细胞膜。相较于化学交联法，物理絮凝法在无载体固定化细胞中也具有很大的应用潜力。促进细胞之间的絮凝可通过使用不同种类的絮凝剂。絮凝剂种类很多，有阳离子聚合电解质，如聚乙烯亚胺、聚胺等；阴离子聚合电解质，如聚苯乙烯磺酸盐、羧基取代的聚丙烯酰胺、聚羧酸；金属化合物，如 Mg^{2+}、Ca^{2+}、Mn^{2+} 的氧化物、硫酸盐、氢氧化物、磷酸盐等。有关固定化活细胞的存活问题有较多报道，但实际应用中更为强调单酶反应，因此细胞的存活常常不被重视；但如果需要多酶系统时，则要求是活细胞，且在固定化时就必须巧妙设计，以解决细胞“存活”的问题。表 7-3 列出了可用于化学或物理交联的某些固定化整细胞材料

表 7-3 可用于化学或物理交联的固定化整细胞材料

方法	交联剂	细胞	反应基质	产品
化学交联	重氮化二胺	*Streptomyces* sp.	D-葡萄糖	D-果糖
	甲苯二异氰酸酯	*E. coli*	富马酸	L-天冬氨酸
	戊二醛	*E. coli*	延胡索酸	L-天冬氨酸
	戊二醛	*Bacillus coagulans*	D-葡萄糖	D-果糖
物理交联	阳离子聚合电解质	*Streptomyces olivoceous*	D-葡萄糖	D-果糖
	阳离子聚合电解质+阴离子聚合电解质	*Arthrobacter* sp.	D-葡萄糖	D-果糖

7.4.3 动物、植物细胞的固定化

7.4.3.1 植物细胞固定化

植物是各种天然产物(如天然色素、药物、酶、香精等)的重要资源。植物细胞培养和发酵技术的发展，为上述天然产物的工业化生产开辟了新途径。但是，由于植物细胞培养生长周期长、体积较大的植物细胞对剪切力较为敏感，而且植物细胞培养过程中容易聚集成团等原因，植物细胞悬浮培养或发酵生产时存在稳定性差、产率低等问题。为解决这些问题，人们进行了不断的尝试，其中，植物细胞固定化技术的优点有效弥补了植物游离细胞的不足之处。固定化植物细胞具有下列特点：

① 载体的保护作用可减轻剪切力或者其他因素对固定后植物细胞的影响，对其存活率和稳定性有良好的提高作用。

② 固定化植物细胞被束缚，其生命活动在一定的空间范围内进行，减轻了聚集成团的可能。

③ 固定化植物细胞发酵过程中的培养液易于在不同阶段更换，可根据生长增殖和发酵需要更换相应的培养基，对次级代谢物的生产大有裨益。

④ 固定化植物细胞可反复或连续使用，缩短生产周期。

⑤ 固定化植物细胞与培养液的分离简单，有助于分离纯化目标产物，提高产品质量。

植物细胞固定化的方法主要包括吸附法和包埋法。其中，吸附法是指将植物细胞吸附在泡沫塑料的裂缝或者孔洞内，或者中空纤维的外壁上。例如，在辣椒细胞的培养液中放入洗净、灭菌后的泡沫塑料粒，振荡培养一段时间，辣椒细胞吸附在泡沫塑料的孔洞内，并在其中进行生长繁殖和新陈代谢。利用中空纤维为载体进行固定化，是一种优良的固定法。将植物细胞吸附在中空纤维的外壁，中空纤维的管内流动培养液及氧气，透过中空纤维的半透膜将各种营养成分及溶解氧传递给管外壁的细胞，又通过中空纤维使植物细胞代谢产物分布到管内培养液中，与培养液一起流出。该方法类似于植物体内的物质传递和交换，有效促进细胞生长和新陈代谢。但它也具有缺点，如难以大规模生产、成本高、纤维

管有可能会阻塞影响物质传递。根据报道，豌豆细胞和胡萝卜细胞经过中空纤维固定化可以用于生产多酚化合物，效果良好，且可连续工作一个月。

将植物细胞包埋在琼脂、海藻酸钙凝胶、聚丙烯酰胺凝胶、角叉菜胶、明胶等多孔凝胶之中称为包埋法。它与微生物细胞包埋方法类似，且广泛应用在植物细胞固定以及代谢产物发酵生产中。利用海藻酸钙凝胶得到固定化长春花细胞、海巴戟细胞及毛地黄细胞，打开了植物细胞固定化的大门。截至目前，已有许多相关报道。表 7-4 中列举了部分固定化植物细胞的载体及产物。

表 7-4 部分固定化植物细胞的载体及产物

植物细胞	固定化载体	产品
薄荷	聚丙烯酰胺	新薄荷酮
长春花	琼脂或明胶	阿吗碱
澳洲茄	聚苯氧化物	甾类糖苷生物碱
甜菜	尼龙片	甜菜花青苷
大豆	中空纤维	酚类
毛地黄	藻酸盐	地高辛
薰衣草	藻酸盐	蓝色素
烟草	Xanthan/聚丙烯酰胺	生物碱

7.4.3.2 动物细胞固定化

动物细胞可生产功能蛋白质(酶、激素、免疫物质等)，但由于体积大，缺乏细胞壁保护，剪切力等外界因素在培养过程中容易产生较大影响；加之生长缓慢、产率低、培养基组分复杂且昂贵等因素，严重限制了其生产应用。因此，需要对动物细胞稳定性、生长周期、生产速率等方面进行优化提升。细胞固定化便是一个解决方法。

只有小部分动物细胞可在培养液中悬浮培养，除此之外，大部分动物细胞是附着细胞，必须附着在固体表面以便维持正常的生长繁殖，因此，对于动物细胞，固定化技术便更有意义。

固定化动物细胞特点：

① 细胞存活率提高：经固定化后动物细胞有载体保护，使剪切力的影响减弱或免除，附着在载体表面生长的细胞，存活率大幅提升。

② 产率提高：经固定化后动物细胞可在培养基中生长繁殖，使其在载体上的分布达到最佳密度。再更换成发酵培养基，方便发酵条件的控制，使其从生长期转变到生产期，提高产率。

③ 增加使用期限，或可以反复使用：例如，中国仓鼠卵巢细胞(CHO)用于人干扰素的生产可稳定 30 d。

④ 提高产品质量：易于分离，有助于产物的分离纯化。

吸附法和包埋法是动物细胞固定化的两种方法。吸附法由于操作简便，而且吸附条件温和，该方法在动物细胞的固定化中得以更早的研究和使用。吸附法常用微载体、转瓶和中空纤维等固定化载体。根据载体和方法的不同，动物细胞包埋法可分为凝胶包埋法和半透膜包埋法。动物细胞固定化以各种多孔凝胶为载体。在凝胶微孔中被限制的细胞，因载体的保护作用，使其具有良好的稳定性，得以继续生长繁殖以及新陈代谢，大幅提高存活率。琼脂糖凝胶、血纤维蛋白、海藻酸钙凝胶等多孔凝胶可用作动物细胞固定化的载体。半透膜包埋法是指采用高分子聚合物形成的半透膜制备微囊型的固定化动物细胞，其孔径可按需改变或调节，该固定化动物细胞可用于生产诸如单克隆抗体、疫苗、激素和酶等多种功能性蛋白质。

7.5 固定化酶(细胞)效果的评价

游离酶或细胞固定后，均相体系中的催化功能随之变为固液相不均一反应的催化功能。因此，制备固定化酶(或固定化细胞)后，必须对其性质加以考察。较为常见的评估指标有固定化酶(细胞)的固定化率、活力回收率的测定，固定化酶(细胞)的活力，以及固定化酶(细胞)的半衰期。

7.5.1 固定化率及活力回收率

在固定化过程中有诸多因素会影响固定化效果和固定化酶或细胞的活力。固定化率是指投入的酶蛋白或细胞被固定化的比例。因此，固定化率=(投入酶蛋白量或细胞量-固定化反应液上清中的酶蛋白量或细胞量)/投入酶蛋白量或细胞量×100%。活力回收率是指固定化酶或细胞的活力占投入酶或细胞活力的比例。因此，活力回收率=固定化酶或细胞的活力/(投入酶蛋白或细胞的活力-固定化反应液上清中的酶蛋白或细胞活力)×100%。一般地，固定化率越高，活力回收率越高，则采用的固定化方法较好。

7.5.2 蛋白质含量测定

要测定固定化率需要测定蛋白质含量，具体方法参看第 4 章 4.4.4。

7.5.3 固定化酶(细胞)的活力测定

固定化酶(细胞)的活力是指针对某一特定化学反应固定化酶(细胞)的催化能力，固定化酶(细胞)在一定条件下催化某一反应的反应初速度可用来指示活力的大小。固定化酶(细胞)的活力单位定义为每毫克干重固定化酶(细胞)每分钟转化底物或产生产物的量，表示为 μmol/(min·mg)。如是酶膜、酶管、酶板，则以单位面积的反应初速度来表示，即 μmol/(min·cm^2)。一般测定酶活力的方法在测定固定化酶时，需要加以改进才能适用，采用填充床或均匀悬浮在保温介质中是目前常用的两种测定基本系统。测定方法按照测定过程可以分为间歇测定和连续测定两种。

间歇测定：在搅拌或振荡反应器中，测定条件与游离酶测定条件一致，间隔一定时间取样，过滤后依照常规流程进行测定。该方法较为简单。然而，反应容器或者搅拌容器的大小、形状以及反应中的液体量均会对反应速度的测定有影响，所以测定时必须固定相应的反应条件。同时，反应速度随着搅拌或振荡速度的加快而上升，并且达到某一水平后，反应速度便不再升高。因此，反应应尽量维持在同一水平进行。除此之外，如搅拌速度过快造成固定化酶的破碎释放，也会引起酶的活力上升，影响酶活力测定的准确性。

连续测定：装入具有恒温水夹套的柱中形成固定化酶柱，底物以不同流速通过，对酶柱流出液进行测定。依据反应速度和流速之间的关系，推算酶活力(需要注意的是，酶的形状对反应速度可能存在影响)。而在实际应用中，不一定在底物饱和的情况下与固定化酶反应，因此，进行测定时，条件应尽量与实际工艺相同，以便有利于比较和评价整个工艺。

7.5.4 固定化酶(细胞)的半衰期

通常用半衰期来表示固定化酶或细胞的使用稳定性，半衰期即酶或细胞活力下降到初始活力一半时所经历的连续使用时间。直接的测定方法是长期使用固定化酶，直到活力下降一半时，记录使用的时间。除此之外，也可以通过假定酶活损失与时间呈指数关系，进行短期操作推算，则半衰期可表述为

$$t_{1/2}=\frac{0.693}{K_d}$$

式中，K_d 为衰减常数，由下式计算

$$K_d=\frac{2.303}{t}\lg\left(\frac{E_0}{E}\right)$$

式中，E_0为初始酶活；E 为 t 时残留的酶活。

7.6 固定化酶(细胞)的应用

在工业生产中，固定化酶(细胞)的研究日益增多，并且固定化技术的发展与进步必将进一步推动其应用领域的扩大。本节将对固定化酶(细胞)在工业领域的一些应用实例进行简单介绍。

表 7-5 固定化酶在食品工业中的应用举例

酶的种类	载体	基质	产品
β-半乳糖苷酶	聚丙烯酰胺	乳糖	无乳糖乳制品
α-淀粉酶	纤维素包被的磁性纳米颗粒	淀粉	淀粉降解
α-淀粉酶	二氧化钛纳米颗粒	淀粉	淀粉水解
脂肪酶	多孔有机或无机材料	甘油三酯	代可可脂
转化酶	3-甲基硫烯基甲基丙烯酸酯共聚物	蔗糖	葡萄糖或果糖
嗜热菌蛋白酶	有机载体	多肽	阿斯巴甜
乙醇脱氢酶	金或银载体	乙醛	乙醇水解

固定化酶在食品工业中的应用较为广泛(表 7-5)。牛奶中的乳糖容易引起乳糖不耐受导致腹泻等，可以采用聚丙烯酰胺包埋固定化乳糖酶，用以处理牛奶，生产无乳糖的牛奶，用于乳制品的加工中。有研究指出，采用固定化脂肪酶(1,3-特异性脂肪酶)可用于催化酯交换反应，将价格低廉的棕榈油转化为生产巧克力的原料代可可脂。固定化酶在柑橘类产品加工中主要用于去除苦味物质，工业上采用固定化柚皮苷酶减少果汁中的柚皮苷含量，降低果汁的苦味。果胶酶和丹宁酶的固定化可用于茶叶加工中，可改善茶饮料的品质，以及除去涩味等。除此之外，固定化酶还可用于啤酒类产品新生产工艺的开发，或用

于增加啤酒稳定性。目前，在制糖行业，果葡糖浆的大规模生产普遍采用固定化葡萄糖异构酶。在食品添加剂和食品配料(阿巴斯甜、L-苹果酸、天门冬氨酸、低聚果糖、酪蛋白磷酸肽等)的生产也广泛使用到固定化酶。

固定化酶也被开发用于分析检测领域。表 7-6 介绍了部分固定化酶构建的生物传感器在检测领域的一些应用。此外，在医学领域，固定化酶近年来也得到了关注(表 7-7)。

在环境保护方面，固定化酶(细胞)可用于环境监测和污染物处理等方面。可利用固定化硫氰酸酶对氰化物进行检测；多酚氧化酶制备的固定化酶与氧电极检测器联合，对水中酶的检测可达到 2×10^{-5}g/mL。同时利用固定化酶(或微生物)制备的处理系统可以连续、稳定、高效地处理工业废水。同时，固定化酶也可用于氢气、甲烷等能源气体的生产；固定化微生物的电池也有相关报道，但尚未应用于实际生产。

表 7-6　固定化酶在生物传感领域的应用举例

酶的种类	EC 编码	基质	应用
乙酰胆碱酯酶	3. 1. 1. 7	乙酰胆碱	检测氨基甲酸酯类农药残留
胆固醇氧化酶	1. 1. 3. 6	胆固醇	用于医学检测
葡萄糖氧化酶	1. 1. 3. 4	葡萄糖	用于糖尿病检测、食品及生物领域
谷氨酸氧化酶	1. 4. 3. 11	谷氨酸	用于食品及生物领域
辣根过氧化物酶	1. 11. 1. 7	过氧化氢	用于生物化工领域
乳酸脱氢酶	1. 1. 1. 27	乳酸	运动健康、食品等领域
氨酸酶	1. 14. 18. 1	酚类	用于食品中酚类物质的检测

表 7-7　固定化酶在医学领域的潜在应用举例

酶的种类	EC 编码	应用
精氨酸酶	3. 5. 3. 1	癌症
过氧化氢酶	1. 11. 1. 6	过氧化氢酶缺乏血症
碳酸脱水酶	4. 2. 1. 1	人工肺
葡萄糖淀粉酶	3. 2. 1. 3	糖原沉积病
葡萄糖氧化酶	1. 1. 3. 4	人工胰腺
葡萄糖-6-磷酸脱氢酶	1. 1. 1. 49	葡萄糖-6-磷酸脱氢酶缺乏症
苯丙氨酸氨裂解酶	4. 3. 1. 5	苯丙酮尿症
脲酶	3. 5. 1. 5	人工肾
尿酸盐氧化酶	1. 7. 3. 3	高尿酸血症
黄嘌呤氧化酶	1. 1. 3. 22	Lesch-Nyhan 综合征
天冬酰胺酶	3. 5. 1. 1	白血病

固定化酶对于基础理论研究也有极大的促进作用。固定化酶技术有助于探究和阐明酶催化反应机制；对酶不同亚单位的固定或者解离，进行酶亚单位的重聚杂交实验；固定化酶也可用于分析肽段中的氨基酸组成等；除此之外，固定化酶也可用于揭示酶原激活机理；固定化酶可用作膜结合酶模型，以探究酶在细胞内的具体功能和相关的反应机制。

推荐阅读

1. Homaei A，Sariri R，Vianello F，et al. Enzyme immobilization：an update. Journal of Chemical Biology，2013，6(4)：185-205.

Homaei 等综述了近 20 年来有关酶固定化的各种技术以及酶固定化在工业上的各种应用。该文涉及相关的专利、论文、应用进展等内容。

2. Zdarta J，Meyer A S，Jesionowski T，et al. A general overview of support materials for enzyme immobilization：characteristics，properties，practical utility. Catalysts，2018，8，92.

该文综述了酶固定化过程中所使用载体的特点和性能，概括了经典载体和新型载体的研究进展。该文将有助于选择合适性能的载体。

开放性讨论题

1. 采用 3D 打印载体或者支架，如何设计可以更好适用于酶的固定化?

2. 利用一种新型纳米材料作为酶的载体将某种酶固定化时，固定化的效果需要用哪些指标来衡量? 在研究中如何设计相关的实验验证?

思考题

1. 固定化酶有何优缺点?
2. 固定化有哪些方法? 介绍各自的优缺点。
3. 影响固定酶活力的因素有哪些?
4. 讨论固定化酶性质的影响因素时要考虑哪些参数?
5. 固定化酶(细胞)的评价指标有哪些?

第8章　非水酶学

导　语

20世纪80年代，A. M. Klibanov等人的研究成果颠覆了传统生物催化理论对反应介质的"直觉"认识，开创了非水相酶催化的新时代。随后科学家对非水介质中的生物催化进行了系统研究，基本建立了非水介质酶学理论体系。非水相酶催化在食品、医药、能源、环境等多个领域得到了广泛应用。

通过本章的学习可以掌握以下知识：

❖ 非水酶学的发展历史与基本概念；

❖ 有机溶剂中酶催化的优势和劣势；

❖ 有机溶剂体系的主要类型；

❖ 有机溶剂中影响酶催化的重要因素；

❖ 有机溶剂中酶催化特性与调控；

❖ 代表性的其他非水相催化体系；

❖ 非水相酶催化在食品工业中的应用举例。

知识导图

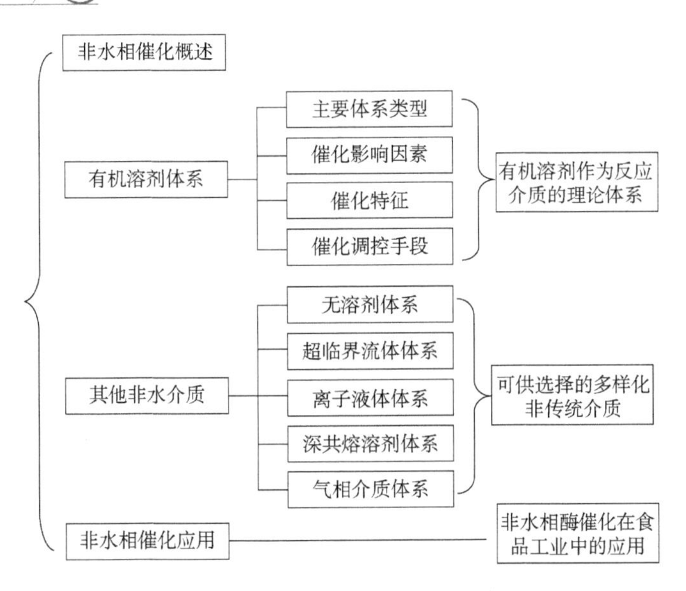

关键词

非水相　均一体系　两相体系　反胶束　必需水　水活度　lg*P*值　溶剂工程　pH记忆　仿水溶剂　底物专一性　立体选择性　化学键选择性　印迹酶　抗体酶

无溶剂体系　超临界流体　气相介质　离子液体　深共熔溶剂

本章重点

❖ 有机溶剂体系的主要类型；
❖ 有机溶剂中影响酶催化的主要因素，特别是有机溶剂和水对酶催化的影响；
❖ 有机溶剂中酶催化特性与调控。

本章难点

❖ 非水介质中水和介质对酶催化的影响规律及相关机制。

8.1 非水酶学概述

传统生物化学家一般认为生物催化剂酶只能在水介质中保持活性，非水介质如有机溶剂往往被视为酶的变性剂。然而，在非传统介质或者非水介质中发现的酶催化作用颠覆了这一“直觉”。20世纪60年代，S. Price等发现胰凝乳蛋白酶(chymotrypsin)晶体和黄素腺嘌呤氧化酶(xanthine oxidase)悬浮于在一些有机溶剂中表现出催化活力。A. M. Klibanov等(1977年)利用水-有机溶剂双相体系代替水相，发现胰凝乳蛋白酶催化的*N*-乙酰-L-色氨酸乙酯合成反应，产率从0.01%提高到了100%；K. Martinek等(1978年)发现胰凝乳蛋白酶和过氧化物酶可在1，2-双(2-乙基己基氧羟基)-1-乙烷磺酸钠形成的反胶束体系中保持催化活性。1984年，A. M. Klibanov等介绍了猪胰脂肪酶在100 ℃有机溶剂中的催化作用。随后A. M. Klibanov等系列报道了不同非水介质(有机相、气相介质等)中的酶促反应(涉及多个反应类型)，引起了广泛关注，为非水相酶催化的发展奠定了基础。随后，非水相酶学研究得到研究人员的广泛重视，大量研究数据表明六大酶类几乎都可以在非传统介质中催化反应，涉及几乎所有的反应类型。非水相酶学研究的建立，是对传统酶学研究内容的一次重要创新和扩展。

目前，非水酶学研究的内容主要包括：①非水酶学基础研究，包括了非传统介质中酶催化反应的影响因素、酶促反应热力学和动力学研究及活性调控机理研究等；②非水介质中酶分子构效关系研究，对非传统介质中酶的催化作用机制进行阐释，建立和完善非传统介质酶学的基本理论体系；③非水酶学基础理论指导下的生物催化应用基础研究和应用研究。所涉及的非水介质主要有：有机溶剂介质、无溶剂介质、超临界流体介质、气相介质、离子液体介质、深共熔溶剂介质等。通过数十年的研究和探索，非水酶学理论体系已经基本确立，非水介质工业生物催化在医药、食品、轻工等多个领域得到了应用推广。非水酶学促进了介质工程的发展，与蛋白质工程一道，成为人为调控和利用生物大分子结构和功能的有效手段。

8.2 有机溶剂体系中的酶催化

1984年，A. M. Klibanov等首次发现脂肪酶在接近无水的有机溶剂中仍表现出催化功能，从而彻底打破了酶只能在单一水溶液介质中应用的局限认识，拓宽了酶的适用范围，开创了非水相生物催化的新时代。现已报道，多类酶在有机溶剂体系中都表现出良好的催化活性，包括水解酶(酯酶、脂肪酶、蛋白酶、纤维素酶、淀粉酶)、氧化还原酶(过氧化物酶、过氧化氢酶、醇脱氢酶、多酚氧化酶)和裂合酶(醛缩酶)等。

8.2.1　有机溶剂体系的优点

酶在有机溶剂中能同样发挥催化作用，其催化活性与水溶液中相当甚至更高。而在有机溶剂中的酶促反应具有与水相酶促反应不同的特点，不仅拓展了酶制剂的使用范围，也成为反应过程优化的重要手段。大量研究结果表明，相对于水介质，有机溶剂中酶促反应可能具有的优势如下：

① 有机溶剂可以增加不溶于水的有机疏水性底物的溶解性，增加了底物的绝对浓度，从而提高了疏水性底物的反应速率，减少反应时间。

② 许多反应在水相中无法进行，但是在有机溶剂中却可以比较顺利的进行，如转酯反应等。

③ 用有机溶剂替代水介质，可以改变部分反应的平衡方向，推动反应平衡向目标方向移动，如酯化反应、多肽合成等。

④ 对于某些反应来说，反应体系中溶剂水的存在会引发如水解反应等副反应，采用有机溶剂则可以有效消除这一类副反应。有机溶剂的使用还可以消除产物的抑制作用。

⑤ 可以调节酶催化的专一性，提高酶促反应的立体和结构选择性，减少底物侧链基团的保护需求。

⑥ 酶不溶于有机溶剂，在反应结束后，可以用离心、过滤等简单的方法进行回收重复利用，从而降低了酶制剂的使用成本，减少了分离纯化步骤的复杂性。

⑦ 相对于水介质，有机溶剂的采用可以提高酶的结构刚性，从而提高酶制剂的热稳定性和延长商品酶制剂的货架期。

⑧ 相对于水来说，很多有机溶剂的溶沸点相对较低，适合采用蒸馏等常规手段进行产物的浓缩分离纯化。

⑨ 有机溶剂可以抑制体系中的微生物生长，减少了反应体系中的微生物污染。

8.2.2　有机溶剂体系的主要类型

目前已经报道的酶催化反应有机溶剂体系主要包括四大类：微水含量的有机溶剂体系(简称微水体系)、与水互溶的极性有机溶剂形成的均一体系(简称均一体系)、与水不互溶的有机溶剂形成的两相体系(简称双相体系)、正反胶束体系(图 8-1)。酶催化中有机溶剂体系的选择，需要综合考虑催化反应的类型、底物和产物的物理化学性质以及酶制剂剂型等诸多因素，同时还要兼顾酶回收再利用和产物分离纯化等后续处理步骤。

(1) 微水体系

微水体系是指含有少量水的有机溶剂体系，其中有机溶剂可以采用的极性范围比较宽泛，已经报道有二氧六环、环己烷、氯仿、辛烷、正庚烷等。微水体系中的酶制剂制备，可以通过将溶解在含水缓冲液中的酶冷冻干燥得到，也可以将酶蛋白沉淀后吸附至硅胶、硅藻土、玻璃珠等惰性载体上制备。将制备好的酶制剂加入到含有少量水的有机溶剂，即

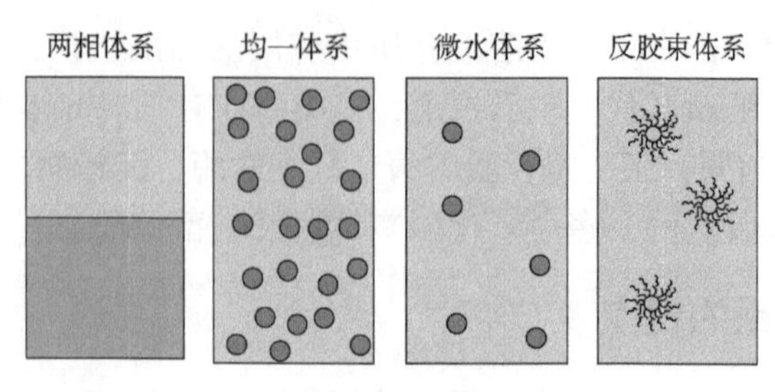

图 8-1 4 种有机溶剂酶催化反应体系

可以催化相应的化学反应。微水体系由于含水量较少，避免了由水所引发的各种副反应，特别是水解副反应，因此对合成反应尤其有利。固态的酶制剂与液态有机溶剂互不相溶，可以通过简单的方法对酶制剂进行回收重复利用，同时有机溶剂较低的熔、沸点对产物的回收也十分有利。酶在微水体系中活性主要受体系的含水量、有机溶剂种类以及酶制剂的制备方法影响。

(2) 均一体系

一般是采用极性有机溶剂与水互溶形成均匀的单相溶液体系，酶、底物和产物都可以溶解在此溶液中。由于所采用的有机溶剂极性较强，容易夺取酶分子的结合水，导致酶活性必需的水分子丢失，降低酶的活性。因此在均一体系中，水溶液需要占有一定的比例，以维持酶催化的必需水分子。

(3) 两相体系

两相体系中，有机溶剂在水中的浓度很低，溶液被分成有机相和水相两个主要部分。一般来说，酶以及水溶性的底物和辅助因子分布在水相，而疏水性底物和产物在有机相中溶解度较高。反应物需要通过振荡或搅拌从有机相转移到水相中的催化剂附近。催化剂可以是游离形式的酶或者细胞，也可以是通过包埋等方式得到的固定化酶和细胞。反应完成后，产物由水相转移到有机相中。通过底物和产物在两相中的选择性分配，可以有效地避免高浓度底物或产物对酶的抑制或者毒害作用。但是由于反应需要进行振荡或者搅拌，所产生的机械剪切和碰撞会影响酶的稳定性，因此振荡的频率和搅拌的速率要避免过高。同时，由于酶和底物的两相分布，底物的可及性成为制约反应速率的重要因素。特别是反应物从水相渗透进入细胞或者固定化酶的时候，由于细胞膜等障碍的存在，底物在亲水性和亲脂性之间的平衡尤为重要。

(4) 反胶束体系

反胶束是由具有两亲性的表面活性剂在含有少量水的非极性有机介质中形成的纳米尺度的球状聚集体，属于热力学稳定性体系(图 8-2)。其中，由烃链组成的疏水性尾部向外与非极性的连续有机相接触，构成了微囊结构的外壳；亲水的头部向内聚集形成一个极性核，可以容纳少量水分子和其他亲水物质，形成纳米尺寸的“水池”(waterpool)。典型的反胶束体系由约 10%的表面活性剂，80%~90%有机溶剂及少量水混合后形成。反胶束体系中常用的有机溶剂包括环己烷、庚烷、正辛烷、异辛烷、苯、卤化烷、卤化苯等。常用的表面活性剂包括二(2-二乙基己基)丁二酸酯磺酸钠(AOT)、烷基三甲基卤化胺(TMAD)、吐温(Tween)、山梨糖醇脂类(Span)、磷脂类和聚氧乙烯型等。有些体系还需要加入苯甲醇、己醇等助表面活性剂。反胶束不仅可以溶解酶，还可以包埋细胞，可以视为一种新的生物催化剂固定化技术。但如何克服表面活性剂对底物的污染，寻找更合适的表面活性剂和获取工业生产规模所需的基础研究数据等都是反胶束体系亟待解决的问题。

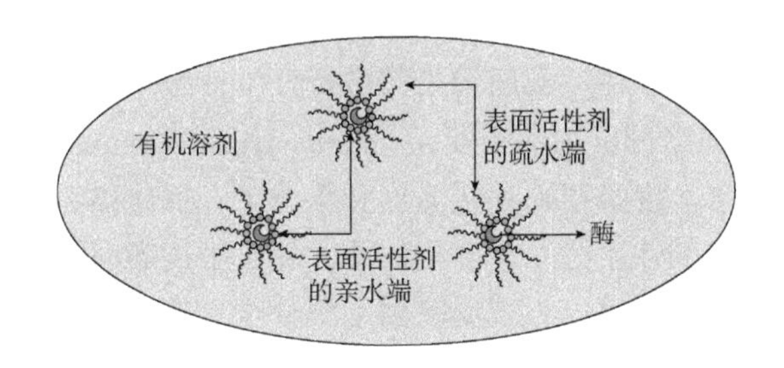

图 8-2　反胶束酶催化反应体系

8.2.3　有机溶剂体系中水的影响

水分子通过直接或者间接方式参与了所有维持酶分子高级结构的非共价作用力(氢键、静电作用、疏水作用和范德华力等)，酶分子中广泛存在的非共价相互作用综合起来可以有效地稳定生物化学反应的过渡态。因此，对于酶的催化作用来说，水分子是必不可少的。

M. N. Gupta 认为在无水条件下，酶分子的带电基团和极性基团相互作用，形成一种“封闭”的非活性结构。加入水后，可能是由于水的高介电性，带电基团间的相互作用明显减弱，使得原来封闭的非活性结构“疏松”，酶分子整体柔性提高，活性增加。因此，他认为水分子在酶结构中起到类似“润滑剂”或者“软化剂”的作用。同时在分子内氢键形成中，水分子可以作为氢键的供体和接纳体与原有的氢键相互竞争，导致氢键强度大幅度减弱(降至约 5 kJ/mol)。水分子与蛋白质氨基酸残基侧链官能团相互竞争氢键的结果，是使得蛋白质分子功能团之间的“去连接”，由氢键网络参与维持的“封闭”结构被打开。Zaks 和 A. M. Klibanov 等发现，3 种共溶剂甘油、乙烯甘油醇和甲酰胺可部分代替水作为酶的活化剂，但是它们作为“氢键形成体”的能力较弱，溶剂化效率较低，进一步证明水的“润滑剂”作用与其形成氢键的能力有关。

然而问题是，酶分子到底需要多少个水分子来维持其天然构象和催化活性? 一般认为，维持酶分子天然构象所需要的最少水分子称为其“必需水”，除此之外的反应介质则影响相对有限。酶分子在有机溶剂中催化反应所需要的水分子数量与酶的种类有很大关系，如脂肪酶仅需要结合数个水分子，糜蛋白酶在辛烷中催化反应需吸附约 50 个水分子，而属于氧化酶类的多酚氧化酶和乙醇脱氢酶需要的水分子数量足够在酶周围形成单分子层。Zaks 认为，有一些水分子以非常牢固的形式吸附在酶上，不会被常规的干燥处理除去，再补充适量的水就可以使得酶的天然构象得到恢复。R. Affeck 发现，加入一定量的水可以使四氢呋喃中的枯草杆菌蛋白酶活性中心柔性增加，极性提高，酶的催化活性大幅度增加。但是过量的水分子会在活性中心堆积成内部水簇，导致活性中心的构象发生改变，活性下降。由此可以看出，“必需水”是酶分子的润滑剂，主要起到维持酶分子活性必需构象的作用，往往并不直接参与反应。

(1) 水活度

在有机溶剂介质中，酶催化活性主要取决于酶分子结合水的数量和紧密程度，与反应体系中总含水量和有机溶剂种类无关。因此，反应体系的含水量是否合适在很大程度上决定了酶是否表现出高催化活性。体系最适含水量与有机溶剂和酶本身特性有关。由于反应体系中的水会在溶剂、酶、载体甚至底物之间进行分配，很难用体系的加水量来反应酶与水结合的程度。Halling 提出可以用水活度 A_w(thermodynamic activity of water)作为研究结合水对反应影响的参数。水活度是指在一定温度和压力下，反应体系中水的蒸气压与纯水的蒸气压之比。由于微水溶剂体系是一个多相体系，处于平衡态时各相的水活度相等，因此水活度不受其他的因素影响，可以直观反映固态酶分子上的水分子数量。水活度采用间接的方法来测定，首先是将试样置于专门的密闭容器内，达到表观平衡(试样恒重)后，测定容器内的压力或相对湿度。目前主要应用的检测方法和仪器有水分活度测定仪(或新型水分活度自动检测仪)、扩散法、溶剂萃取法、公式模拟法及冰点法等。

为了消除水分配的影响，需要在恒定的水活度条件下对酶活性进行比较。恒定的水活度可以通过将酶与某种盐的饱和溶液平衡，将含底物的溶剂平衡至相同水活度，然后两者混合获得。或者使用高水合盐作为生物催化剂的水供体，利用水合盐的供体/受体对作为体系中水的缓冲剂，从而维持催化剂处在一个恒定的水活度。

在与水互溶的均一体系中，由于酶和底物均溶解在介质中，最佳水活度不随酶浓度变化而变化。水不互溶介质的最佳水活度与酶浓度成正相关，但是过高的水含量会使得冻干酶粉之间互相黏结，阻碍底物的传质过程，导致酶催化效率下降。水会在各相中进行分配，溶剂的亲疏水性会影响水在溶剂中的溶解量。疏水性较强的有机溶剂，争夺水的能力较弱，在这种溶剂中酶分子更加容易保持必需水分子。而亲水性较强的溶剂会倾向于剥夺酶分子表面的水化层，从而导致酶失去活性。因此，在有机介质中进行的酶促反应，如何控制溶解于溶剂和吸附于酶分子上面的水量非常关键。

(2) 水化方式对酶活性的影响

通过冷冻干燥等干燥处理后得到的酶粉，在有机介质中进行反应之前，需要从环境获取酶活性所必需的水分，这一过程称为酶的水化过程。在这个过程后酶分子和介质的水活度达到平衡(水平衡)。C. P. Marie 等人研究在己烷中，枯草杆菌蛋白酶催化转酯反应时，两种不同的水平衡方式对酶的初始反应速率影响：① 空气平衡，先将酶在一定湿度的空气中进行平衡，再与相同水活度的溶剂混合。② 原位平衡，将冻干的酶直接放入相应水活度的溶剂中进行平衡。

结果表明，不同的水平衡方式会在较大程度上影响酶的初始反应速率，由于平衡过程中环境水活度是统一的，最终酶分子结合的水分子数目没有差异，最可能的原因是水化方式差异导致酶构象出现不同，从而导致酶催化活性不同。酶在水化时会释放大量的吸附热，可能导致构象出现不利变化。在有机溶剂中进行水化时，有机溶剂存在“热疏散剂”作用，可以引导部分吸附热从酶分子疏散，减少构象的有害变化，更大程度上保持酶的活性。而在空气平衡时，水分子在酶分子表面不仅形成单分子层，还会产生次级水化层。当空气平衡后的酶分子被放入溶剂中后，这部分水分子很容易被溶剂剥夺置换，导致酶分子周围出现微水相环境，使得酶粉颗粒“崩溃”成胶样，导致物料传质过程受阻。

8.2.4 有机溶剂体系中有机溶剂的影响

有机溶剂体系中有机溶剂是反应的主要介质，可以从动力学和热力学两个不同方面对酶促反应产生影响。有机溶剂可以影响酶的稳定性、催化活性和底物特异性，可以改变反应的平衡方向及速率。了解有机溶剂对酶促反应影响的规律及其机制，可以帮助我们选择最优的有机溶剂，是有机溶剂中酶促反应优化的重点。

(1) 有机溶剂对酶活性的影响

有机溶剂对酶活性的影响主要表现在3个方面。第一，有机溶剂可以影响底物和产物的分配和扩散，从而改变酶分子附近的绝对底物浓度，改变有效碰撞发生的频率，同时影响产物和底物对酶分子的毒害和抑制作用。第二，有机溶剂可以作用于构成酶分子微环境的水化层，极性有机溶剂(如甲醇等)具有较强的剥夺酶分子结合水的能力，容易导致酶失活，而疏水性有机溶剂对酶分子的必需水化层影响较小。第三，有机溶剂直接作用于酶分子，改变或者破坏维持酶分子高级结构所必需的氢键、静电相互作用等非共价作用力，抑制或者使酶失活。

为了方便对有机溶剂的影响进行定性和定量描述，研究人员试图将有机溶剂的物理化学性质如极性、水溶性、介电常数、希尔布莱德溶解度参数(Hildebrand solubility parameter)、底物和产物在溶剂-水中的分配系数等，作为溶剂影响酶催化的特征性参数。目前，常用的是溶剂疏水性参数 $\lg P$ 值(图8-3)。$\lg P$ 值定义为特定溶剂在正辛醇-水两相体系中分配系数的对数，$\lg P$ 值越高，疏水性越强。以 $\lg P$ 值为指标，生物催化中的有机溶剂选择遵循以下的基本规律：

① $\lg P<2$，溶剂对水的溶解度>0.4%，此类溶剂将剧烈破坏酶的必需水层而使酶失活，不适合作为催化反应的介质。

② $2<\lg P<4$，溶剂对水的溶解度在0.04%~0.4%之间，溶剂对酶的必需水层有微弱破坏作用，对酶活性有影响但不确定。

③ $\lg P>4$，溶剂几乎不溶解水，对酶的必需水化层和催化活性无影响。

约50%的常用有机溶剂 $\lg P<2$，不适合作为酶促反应的介质，仅有约20%的溶剂可作为酶促反应的介质。对于并不是高度疏水的非极性底物，使用 $\lg P$ 值在2~4之间的有机溶剂也可能获得较高的酶活性。

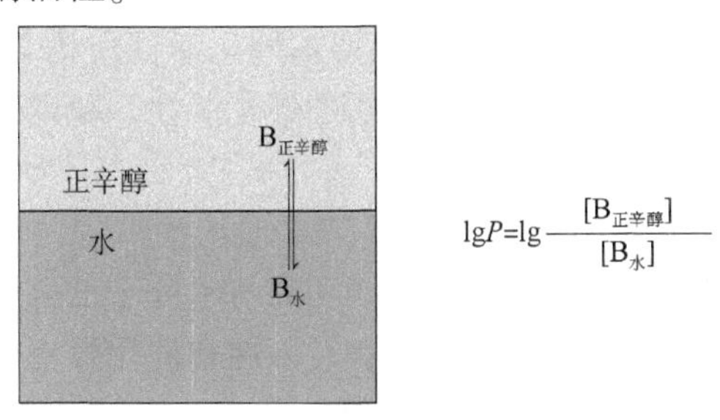

图8-3　有机溶剂的 $\lg P$ 值

(2) 有机溶剂对酶底物特异性的影响

在有机溶剂介质中进行的酶促反应，酶的底物特异性(结构专一性和立体专一性等)

受有机溶剂的种类影响非常大，成为所谓“介质工程”的新研究方向。酶与底物结合的能量可以分成两个部分：一部分用来将底物去溶剂化，一部分用于酶与底物之间相互作用。在有机溶剂中，酶的“记忆性”使得它保持天然的结构特征、活性中心和解离状态。但是有机溶剂的改变会影响底物的去溶剂化，改变底物对映体和基团在水相和有机相间的分配。当反应介质由水变成有机相或者从一种有机溶剂转移到另外一种有机溶剂时，酶的底物特异性都可能出现变化。

(3) 有机溶剂对反应平衡点的影响

在有凝聚态参与的反应，化学平衡常数是温度和压力的函数。酶作为催化剂，只能改变反应到达平衡点的时间，不能改变反应的平衡点。因此，在有机溶剂中进行酶促反应时，通常关注溶剂对酶催化效率的影响，而倾向于忽略溶剂对反应平衡点的影响。化学反应平衡点受到底物和产物浓度等多个因素的影响，用有机溶剂替代水作为反应介质，可以改变底物和产物在不同相中的分配系数，从而推动化学平衡的移动，改变反应的转化率和产率。特别是对于有水参与的反应，在微水体系中，反应方向甚至可以逆转。在水溶液中，脂肪酶和蛋白酶等水解酶类常催化底物的水解反应。但在有机溶剂中，他们可以很好地催化逆向的脂肪和肽合成反应或者脂肪改性的转酯反应。

(4) 有机溶剂对酶的热稳定性的影响

通常认为将酶置于有机溶剂将导致酶失去活性。但是研究人员发现酶粉在有机溶剂中，表现出比在水相中更好的稳定性，特别是热稳定性得到大幅度提高，而且有机溶剂中的酶热稳定性随着水含量上升而下降。如猪胰脂肪酶在含有 0.02%水的三丁酸甘油酯中，100 ℃半衰期为 12 h；当水含量增加到 0.8%时，半衰期减少到 12 min；而在纯水相中，100 ℃下酶立即失活。研究人员认为水分子不仅是酶分子保持催化活性的必需因素，也是酶热变性失活的重要参与者。如前所述，水分子作为“润滑剂”在一定程度上赋予酶分子结构柔性，强化了温度上升对酶分子构象的扰动，加速了不规则结构的出现。Klibanov 认为，随着温度的上升，由水引起的酶分子中天冬酰胺、谷氨酰胺残基的脱氨基和天冬氨酸肽键水解以及二硫键破坏增加，导致蛋白热失活发生。因此，在有机溶剂中，酶的热稳定性和存储稳定性提高。

8.2.5 有机溶剂体系中酶的催化特性

酶的“记忆”使得它在有机溶剂中能够保持其催化活性所需要的整体结构和活性中心的完整构象。有机溶剂的存在，不仅会影响酶的催化活性、稳定性和底物特异性，还会改变反应的热力学和动力学平衡。

(1) 底物专一性

酶促反应专一性的来源是酶与底物结合能和酶与水分子结合能的差值。因此，如果用其他介质代替水，有极大的可能改变酶的底物专一性和催化效率(k_{cat}/K_m)。Zaks 和 A. M. Klibanov 发现，如果将底物中疏水性的苯丙氨酸换成亲水的丝氨酸，胰凝乳蛋白酶催化 *N*-乙酰-L-氨基酸乙酯水解的反应效率将下降 5×10^4 倍；而在正辛烷中进行转酯反应时，丝氨酸酯的反应性比苯丙氨酸酯高 3 倍。Wescott 认为溶剂的改变导致底物在溶剂和活性中心之间的分配系数发生了改变，导致酶在不同的有机溶剂中其专一性也不同。Carlsberg 枯草杆菌蛋白酶催化 *N*-乙酰-L-氨基酸乙酯与正丙醇之间的转酯反应，对苯丙氨酸酯和丝氨酸酯的反应专一性在不同溶剂中相差68倍。

(2) 立体选择性

酶区分立体异构体的能力称为酶的立体选择性。当反应介质由水换成有机溶剂或者在有机溶剂间互换时，酶的选择性可能发生变化。一般认为，有机溶剂中的酶的立体选择性与溶剂的疏水性、介电常数和偶极矩有关系。在有机溶剂中，酶分子存在一定的结构刚性。A. M. Klibanov 在研究枯草杆菌蛋白酶催化的转酯反应时发现，R 异构体在与酶结合时存在一定的空间位阻。当溶剂的介电常数增加时，酶活性中心结构柔性增加，降低了 R 异构体进入活性中心的难度，酶对该对映体催化活性上升，导致酶的选择性下降。不同的异构体与酶结合方式的差异，将水从酶的活性中心置换出来的需求有所不同。介质疏水性的增加，使得底物从活性中心置换水的过程在热力学上变得不利，酶的选择性将有利于那些置换水较少的对映体，因为酶对它们的反应活性下降幅度比较低。曹淑桂等研究脂肪酶催化拆分 2-辛醇时，结合酶的立体选择性"口袋学说"模型(图 8-4)，认为酰基化脂肪酶中间体供亲核基团结合部位存在两个体积大小不同的口袋，R 型 2-辛醇若以图 8-4 左图所示的方式与酶结合，恰好己基进入大口袋，甲基进入小口袋，这种方式有利于 R 型 2-辛醇的羟基进攻酰基化脂肪酶中间体的碳基；相反，S 型 2-辛醇若要进攻酰基脂肪酶中间体的碳基，则需要按照图 8-4 右图的方式与酶结合，其体积较大的己基必须克服一定的空间位阻。因此，2-辛醇的 R 型异构体比 S 型异构体容易反应，酶催化表现出一定的对映体选择性。用二甲基甲酰胺代替环己烷作为反应介质后，溶剂极性的改变使得疏水性较强的己基结合能力出现变化，酶的对映体选择性发生改变。

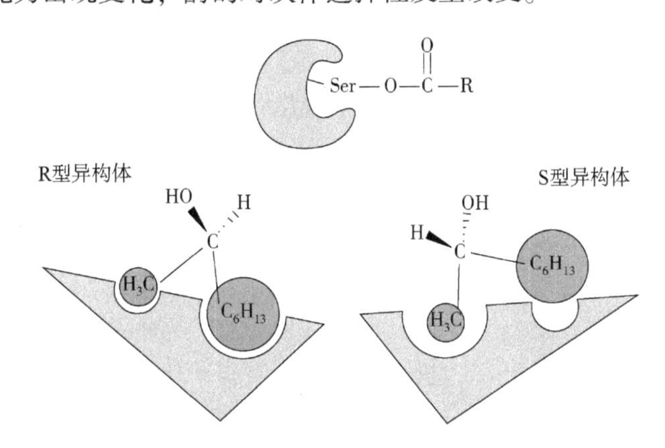

图 8-4 酶的立体选择性"口袋学说"模型

酶的另一个特征是前手性选择性，即酶可以催化非手性底物形成具有一定立体构型的产物。酶的前手性选择性在一定程度上由催化中心进攻底物的部位和方向决定。溶剂极性的改变可能导致底物中的疏水性基团结合部位出现变化，从而导致酶活性中心基团进攻底物的部位和方向改变，使得酶的前手性选择性增加或者减少。Terradas 等用来源于假单胞菌属的脂肪酶催化水解 *N*-萘甲酰基-2-氨基-1，3-丙二醇二丁酸酯时发现，疏水性的萘甲酰基在亲水性强的溶剂中，倾向于与酶的疏水活性中心结合，在疏水性溶剂中则更加容易暴露在溶剂中，导致酶在不同极性的溶剂中对底物的进攻方向出现改变，前手性选择性出现变化。

(3) 区域选择性

在酶促反应中，底物某一位置上的基团被选择性地转化而另一位置上的相同基团没有被转化，这种现象称为酶的区域选择性。Cezary 等用脂肪酶催化合成糖酯时发现，选择性生成 6′-*O*-棕榈酸糖酯，与酰基供体的种类无关。Rubio 等在研究脂肪酶催化反应发现(图 8-5)，酶的区域选择性随溶剂的改变而改变。作者推测在酶的活性中心可能有一个疏水结合位点，在疏水性较强的甲苯中反应时，底物中疏水性强的辛基侧链倾向于暴露于溶剂中，而不是占据该位点，使得远离辛基的丁酰基被水解。而在疏水性较弱的乙腈中反应时，辛基与酶的疏水部位结合的趋势增加，导致近端丁酰基被水解的可能性提高。

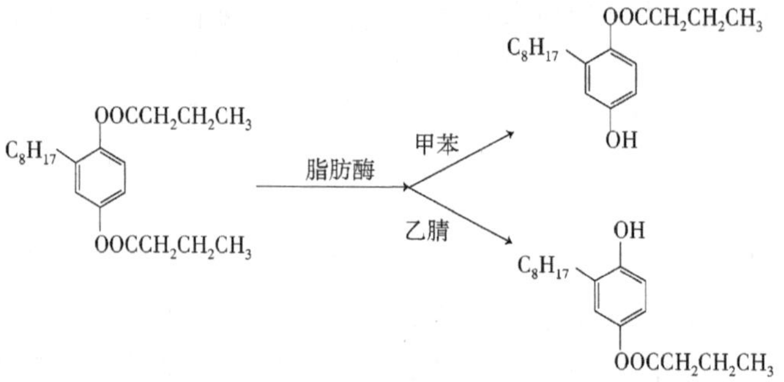

OOCCH₂CH₂CH₃
C₈H₁₇
OOCCH₂CH₂CH₃
脂肪酶
甲苯
乙腈
OOCCH₂CH₂CH₃
C₈H₁₇
OH
OH
C₈H₁₇
OOCCH₂CH₂CH₃

图 8-5 反应介质对酶位置选择性的影响

(4) 化学键选择性

化学键的选择性也是非水介质中酶催化的一个显著特点。黑曲霉来源的脂肪酶在催化 6-氨基-1-己醇的酯化反应时，与传统的化学催化完全相反，羟基的酯化也就是酯键形成占绝对优势，提供了在不对氨基进行保护的情况下合成氨基醇酯的可能。

(5) pH 记忆

A. M. Klibanov 等研究发现有机溶剂中冻干酶粉的最适 pH 值与冷冻干燥前酶所处水溶液的 pH 值相当，说明酶“记住”了该水溶液的 pH 值，称为“pH 记忆”(pH memory)(图 8-6)。由于有机溶剂中不发生质子化和去质子化，当酶分子转移到有机溶剂时，酶继续保持其在水溶液中的电离状态。同时由于酶在有机溶剂中的结构刚性，水溶液中 pH 值对酶构象的影响在有机溶剂中被保存，因此那些从最适 pH 值水溶液中脱水的酶在有机溶剂中有最大的催化效率。当冻干酶粉溶解于水溶液中时，蛋白质分子柔性增加，结构趋向伸展、松弛，不存在“pH 记忆”。

配体或缓冲液
+
酶
冻干、去配体
水溶液
有机溶液

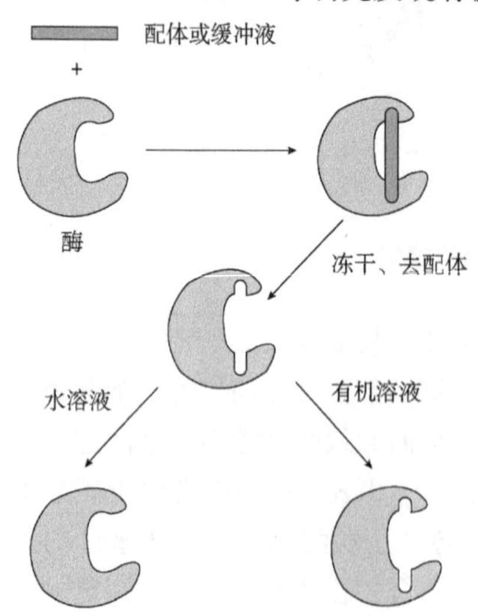

图 8-6 酶的“pH 记忆”功能

8.2.6 有机溶剂体系中酶催化的调控

(1) 必需水及仿水溶剂

在有机溶剂中，酶的催化活性与反应系统的含水量密切相关。系统含水量包括酶粉的结合水，溶于有机溶剂中的自由水以及固定化载体和其他杂质的结合水。考虑到系统含水量与溶剂的亲、疏水性密切相关，为了排除溶剂对系统含水量的影响，人们采用系统中水活度来描述有机溶剂中酶活性与水的关系。最适水活度不受溶剂的影响，而系统中含水量则由溶剂的极性决定。有机溶剂中酶活性与酶含水量有关，最适水量是保证酶的极性部位水分子结合和催化活性所必需的，即“必需水”(essential water)。含水量低于最适水量时，酶构象过于“刚性”，催化活性降低；含水量高于最适水量时，酶结构柔性过大，酶的构象将向疏水环境下热力学稳定的状态变化，引起酶结构的改变而失活。在最适水量时，蛋白质结构的动力学刚性(kinetic rigidity)和热力学稳定性(thermodynamic stability)之间达到最佳平衡，酶表现出最大活力。各种酶因其结构不同，维持酶活性构象所必需的水量也不同。

如前所述，酶在有机溶剂中主要依靠其“必需水”与酶分子间的氢键维持酶的活性构象。用仿水溶剂替代水的意义在于利用其形成氢键的能力，调节酶的柔性，提高酶活力和控制酶的选择性；而且还可以控制由水产生的逆反应和副反应。曹淑桂等用能够与酶分子形成氢键的二甲基甲酰胺(DMF)和乙二醇作为辅助溶剂，部分或全部替代系统中的辅助溶剂水。DMF 部分替代水后，脂肪酶活力显著降低，全部替代时酶活力仅为水做辅助溶剂时的 21%，但是比不加任何辅助溶剂时高 2 倍，乙二醇替代水则能显著提高酶活力。

(2) 溶剂工程

通过改变溶剂，来调节酶的催化活性和选择性，改变酶的动力学特性和稳定性等性质，称为“溶剂工程”(solvent engineering)。溶剂工程提供了一种蛋白质工程之外改变酶的结构和功能的工具和方法，促进了生物催化剂的开发和利用。在溶剂选择时，需要遵循以下几个原则：①溶剂具有惰性，不参与反应；②溶剂促进底物和产物的溶解和传质；③溶剂的生物安全性好，成本可控且容易获得；④产物容易从溶剂中分离纯化等。

(3) 酶的修饰与预处理

印迹酶：利用酶与配体的选择性相互作用，可以诱导、改变酶的构象，通过交联剂交联等办法固定构象，可以制备具有特定配体结合能力的生物印迹“新酶”。A. M. Klibanov 等将枯草杆菌蛋白酶在含有配体 N-Ac-Tyr-NH_2 的缓冲液中进行处理后，沉淀干燥除配体得到配体印迹酶。在无水有机溶剂中，发现配体印迹酶的活性比无配体冻干酶高 100 倍，在水溶液中的活性则与未印迹酶相同。这种方法巧妙地利用了酶在有机溶剂中具有结构“刚性”的特点，首先通过肽链与配体间的相互作用改变酶的构象，而新构象在有机溶剂中可以“保存”，酶通过氢键能特异地结合该配体进行催化反应。

pH 记忆酶：由于在有机溶剂中不发生质子化和去质子化过程，且由于酶在有机溶剂中的结构“刚性”。因此，酶在有机溶剂中的活性与脱水前所处的缓冲液 pH 值和离子强度密切相关，其最适 pH 值与水相中最适 pH 值一致。Lohmeier-Voge 和 Aliverty 分别采用了核磁共振谱和分子探针检测酶转入微水有机溶剂中的 pH 值和构象变化，结果表明酶能够“记忆”原来的缓冲液 pH 值，保持原始构象。酶的催化活性与活性中心基团的离子化状态相关，而离子化状态与 pH 值和离子强度有关。因此，通过适当种类和 pH 值的缓冲液预处理或者在缓冲液中加入冠醚等，可以有效地提高酶在有机溶剂中的催化活性和选择性。

化学修饰酶：酶在有机溶剂中溶解度较低，因此酶在非水介质中的催化效率大幅度降低。使用双亲性的聚乙二醇共价修饰或者二烷基型脂质非共价修饰酶分子表面，可以增加酶分子表面疏水性，提高酶在有机溶剂中的溶解度，提高催化效率和稳定性。表面活性剂AOT可以增加酶在有机溶剂中的溶解度，如AOT在异辛醇中能增溶胰凝乳蛋白酶。曹淑桂等用具有长疏水链的带负电荷两亲分子增溶脂肪酶，拆分外消旋2-辛醇的立体选择性提高24倍。

固定化酶：常见的非水相反应体系使用固态的酶粉，悬浮在溶剂中。但是反应过程中酶粉的聚集将降低催化效率。将酶固定化是获得固态酶的重要方法，包括载体结合法、载体表面共价交联法、凝胶包埋法等(图8-7)。固定化可以调节和控制酶的活性与选择性，有利于酶的回收利用和连续化生产。在水相中使用固定化酶，相比于溶解后的游离酶分子，底物和产物的传质阻力往往增加，反应动力学出现变化。而在有机相中，使用固定化酶代替固态酶粉，可以增加酶与底物的接触，提高酶在溶剂中的扩散效果和稳定性，但需要满足酶促反应的最适水活度。所以，在有机相中固定化载体和方法选择与水相中有所不同。

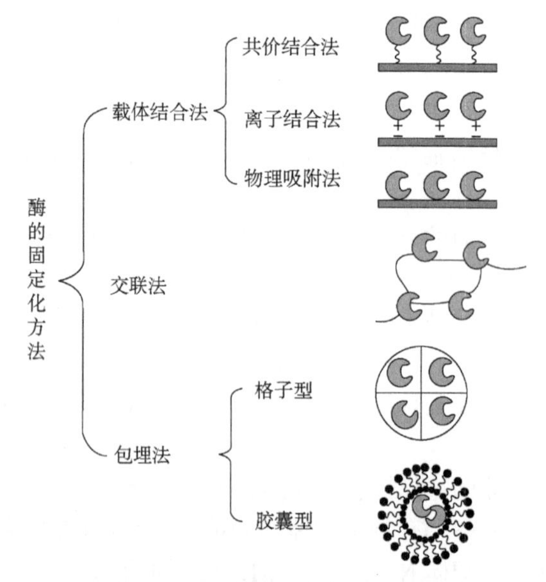

图8-7 酶的固定化方法示意图

蛋白质工程和抗体酶技术：蛋白质工程技术是在分子水平改变酶的天然结构，改善催化性质乃至获得新的催化功能的理论和实践。通过蛋白质工程技术，可以使得酶更加"适应"有机溶剂，提高其活性、稳定性和选择性。但目前对于如何通过分子设计提高酶的有机溶剂耐受性，还缺乏明确的理论机制指导。定向进化是通过构建突变文库，再经过筛选获得满足特定需求的生物催化剂。枯草杆菌蛋白酶在6个位点同时突变(Met 50 Phe，Gly 169 Ala，Asn76 Asp，Gln 20 Cys，Tyr 217 Lys，Asn 218 Ser)后，在DMF中的稳定性提高50倍。Janda用脂肪酶水解反应的底物α-甲基苯酯(R或S)的过渡态类似物作抗原，制备了具有脂肪酶活性的两种单克隆抗体-"抗体酶"(abzyme)，抗体酶对R(或S)型底物呈现明显的对映体选择性；该抗体酶固定化后，在有机溶剂中的稳定性提高。

温度及微波辅助：温度对酶存在"双重"作用，一方面随着温度的上升，根据阿伦尼乌斯方程，酶促反应速率加快；另一方面，温度升高使得酶逐渐变性失活。酶的最适反应温度与反应时间有关，反应时间的延长往往会降低最适温度。由于酶在有机溶剂中的热稳定性较高，因此可以通过提高反应温度来增加催化速率。温度还会影响酶的选择性。一般认为，低温条件下酶分子活性中心基团的无规则运动减少，酶分子结构柔性下降，酶的选择性增加。Philips 等认为在热力学焓的控制下，酶在低温表现出较高的立体选择性；在热力学熵的控制下，酶、底物和其他相关因素与较高温度相匹配时，也可以得到较高的立体选择性。因此，通过优化反应温度，可以有效地提高酶促反应的转化率和产率。

在酶促反应中，微波辅助技术越来越受到人们的重视，微波辅助除了能通过致热效应提高反应物温度，提升反应速度外，还可以通过非热效应提升反应平衡转化率、减少副产物、改变酶的立体选择性和位置选择性等。

(4) 反胶束中酶活力的调控

反胶束对酶的溶解作用，依赖于酶与反胶束表面电荷间的相互作用和反胶束水池尺寸大小。增强静电作用和增大反胶束体积，可以促进酶在反胶束中的溶解。实验表明，影响反胶束酶体系形成因素有：表面活性剂种类和浓度、体系水含量(W_0)、水相 pH 值、水相离子强度和酶分子大小等。酶的活性受含水量的影响最大，因此可将反胶束酶体系分为4类(图8-8)：①饱和曲线型。反胶束中含水量到达一定值后，酶达到最高活性，继续升高 W_0 值对酶活性无影响。②钟形曲线型。反胶束中有最佳含水量 W_0时，酶存在最高活性，一般认为此时胶束中水池直径与酶尺寸大小相当。③渐减型。酶活性随 W_0增大而逐渐降低，低 W_0下酶活性较高。④超活性效应型。某些酶在反胶束中 k_{cat} 比水中大得多，即所谓超活性效应。Martinek 认为在水中酶结构波动扰动酶的催化构象，而在反胶束中，表面活性剂壳层的刚性能缓冲此种波动，能稳定酶分子的特定构象，从而使酶表现出超活性。

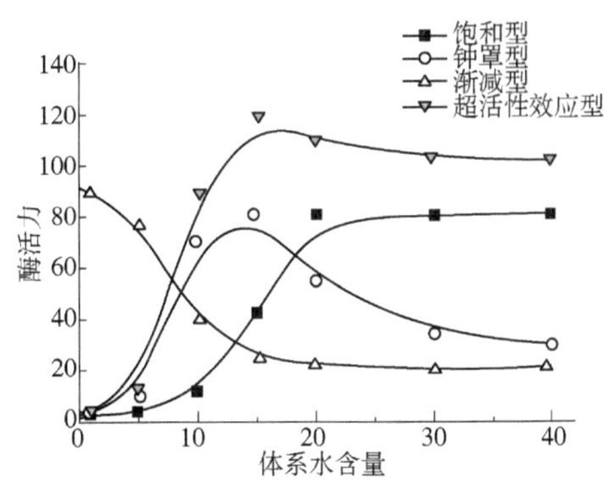

图8-8 水含量对反胶束体系酶催化活性的影响

8.3 其他非水相体系中的酶催化

8.3.1 无溶剂体系

(1) 无溶剂体系及其优缺点

无溶剂体系以纯底物作为反应溶剂，没有其他溶剂的参与和稀释。在无溶剂体系中，酶直接作用于反应底物，具有如下优点：①底物浓度和产物浓度较高；②反应速度快；③产物收率高；④反应体积小；⑤产物分离提纯的步骤减少；⑥不使用有机溶剂，减少了环境污染和降低了回收有机溶剂的成本；⑦酶催化的分子环境与传统溶剂不同，有可能使反应的选择性、转化率得到提高。因此，无溶剂体系是一个极具潜力的清洁反应新技术。

但是无溶剂反应体系也有其固有的缺点，使用无溶剂体系替代有机溶剂，应用到固体物质参与的反应时，可能会出现以下问题：①根据碰撞理论，分子必须经过有效碰撞才能发生反应。在无溶剂体系中，不同固体反应物粉末混合后，距离接近的反应物分子比例很小，因此很多反应无法进行。②有些化学反应会释放大量热量，无溶剂体系下散热困难，会影响酶的稳定性。③反应完成后得到的固体混合物，可能还需要有机溶剂来溶解分离。④反应系统流动性较差，限制了大规模的自动化生产。

(2) *无溶剂体系酶促反应的主要影响因素*

无溶剂体系是微水反应体系，一般水含量低于 0.01%。在无溶剂体系下，米根霉脂肪酶催化植物油与甲醇发生酯交换反应，完全没有水时，脂肪酶几乎不发生作用。因此，必需水是酶在无溶剂体系表现活性的必要条件。水的最佳加入量随底物体系和酶的种类不同而不同。底物比例的改变也会影响无溶剂体系反应的速率和平衡。在无溶剂体系中，特别是固体物质参与的反应，加入一定量亲水性的含氧有机溶剂，如醇、酮、酯等作为辅助剂，可以改善体系的性质，加快体系中液相的形成，提高反应速度。辅助剂不是反应的溶剂，在反应机理中起着复杂的作用，它影响体系中液相的组成和理化性质，其次对酶的活性、产物的结晶也有影响，而且它还与反应的产率有关。辅助剂的种类和数量随反应和酶的种类变化，溶解度参数(δ)值在 8.5~10.0，$\lg P$ 值在-1.5~-0.5 为最好。对于液-固形式的无溶剂体系，混合程度也是重要的影响因素，常用的提高混合程度的方法有超声波处理或振荡，搅拌桨式反应器及流化床反应器比较适合无溶剂体系。与其他所有酶促反应一样，温度、pH 值及酶浓度等因素也影响无溶剂体系中的酶促反应。

8.3.2 超临界流体体系

(1) *超临界流体及其作为酶催化反应介质的优点*

超临界流体(super critical fluid，SCF)是一种温度和压力都处于临界点以上的流体。SCF 同时具备液体的溶解能力和气体高扩散性能。在超临界状态下，随温度、压力的变化，流体的密度也随之变化。SCF 的许多物理化学参数(如黏度、介电常数、扩散系数、溶解度)都与密度相关，因此可以方便地通过调节温度和压力来控制 SCF 的物理化学性质。

超临界流体作为酶反应介质的优点有：①具有似液体的高密度，似气体的高扩散系数，低黏度和低表面张力，较高的底物溶解能力和传递特性，有效降低了酶反应的传质阻力，提高反应速率；②物质的溶解性对超临界的操作条件(如温度、压力)特别敏感，通过简单改变操作条件，就可达到产物分离的目的；③无毒、不可燃、化学惰性、价格便宜等；④很多超临界流体的临界温度小于 100 ℃，不会使产物热分解，温和的温度适合酶反应，甚至可用于热敏型酶的反应之中；⑤因为超临界流体在常压下是气体，所以不存在产物中溶剂残留的问题；⑥超临界流体可与其他气体任意浓度混溶(如氧、氢)，使得氧化和氢化反应易于控制。目前研究的超临界流体中酶反应主要是酯化、酯交换、醇解、水解、氧化等反应，研究最多的是脂肪酶。

(2) *作为酶催化反应介质的超临界流体选择*

超临界流体作为反应介质，能够改变酶的底物专一性、区域选择性和对映体选择性，增强酶的热稳定性。酶在不同超临界流体中的活性存在较大差异。因此对超临界流体的选择特别重要，应遵循两个基本原则：①酶在超临界流体中必须具有较高的活性；②流体的临界温度与酶的最适反应温度接近。同时，还需要综合考虑如下因素：①临界温度和临界压力是否容易达到；②反应底物在流体中的溶解度；③超临界流体对底物、产物和酶的化学惰性。

有一定实用价值的超临界流体包括 CO_2、SO_2、C_2H_4、C_2H_6、C_3H_8、C_4H_{10}、C_5H_{12}、$CClF_6$、SF_6 等，在酶催化反应中最常用的是超临界 CO_2(SCCO$_2$)。CO_2 的优势在于它的临界温度(31.1 ℃)足够低，与一般酶的最适反应温度相近；临界压力(7.4 MPa)比较容易达到；同时 CO_2 无毒、不可燃、价格便宜、来源广泛，不存在环境污染问题。因此，超临界 CO_2 在食品和医药工业中具有广泛的应用前景。

(3) 影响超临界流体中酶催化的因素

① 超临界流体对酶活性的影响：酶在超临界流体中的活性，与超临界流体的特性有关。因为酶并不是完全溶解到超临界流体中，可能存在一定数量的活性中心不参与反应。溶剂的改变会影响酶的活性中心。与有机溶剂体系一样，酶在疏水性流体中的活性往往较在亲水性流体中的活性要高。亲水性溶剂使得分配给酶分子的水减少，导致酶附近的微环境被破坏，酶分子得不到保持催化活性所需要的必需水。相反，疏水性溶剂对水的溶解性较差，更能保持酶附近的微环境稳定。

② 水含量的影响：研究表明，超临界条件下的酶催化反应体系中固相(酶及载体)必须含有水。水的存在是维持酶的活性及其构象所必需的。超临界流体反应体系中的最适含水量受以下几个因素的影响：流体的极性、载体类型、反应类型和水的添加方式。

③ 温度和压力：温度和压力可以改变超临界流体的物化性质，影响反应物质在超临界流体中的溶解度和水在流体和固定化载体之间的分配，但最重要的是影响酶的活性。一般来说，温度越高，物质在超临界流体中的溶解度越大，酶的活性越高，但过高的温度会引起酶热失活。压力对 SCF 中酶催化反应也有重要影响。压力降低，传质速率上升，但是底物溶解度也降低，因此压力变化对反应速率存在正、负两方向的影响，故存在一个最适压力范围。而且压力变化对反应的影响具有特异性，一般情况下，高压有利于酶反应的选择性，但也会影响酶的稳定性。压力对酶活性的影响效果是不确定的，压力增高时有些酶活性会增高，有些会降低。但加压或减压时的速度不宜太快，否则易导致酶丧失活性。此外，酶活性在不同超临界流体中对温度和压力的敏感程度也不同。

④ 共溶剂的影响：在超临界流体中加入少量共溶剂(主要为醇)，能增加溶剂的极性从而提高极性底物的溶解度，提高反应速率。但值得注意的是，加入乙醇等极性物质虽然可以增加有机物在 SCCO$_2$ 中的溶解度并改善反应条件，但共溶剂将影响产物的分离，且有可能产生副反应。其次，极性共溶剂还可能与水竞争酶的微环境，降低酶的结构稳定性或在其活性中心产生位阻。因此，共溶剂的添加仍需谨慎。

8.3.3　离子液体体系

(1) 离子液体及其溶剂特性

离子液体(ionic liquids)，又称室温熔盐，是由特定的有机阳离子和无机或有机阴离子组成的在室温或近室温下呈液态的熔盐体系，第一种离子液体是在 1914 年发现的硝基乙胺。20 世纪 80 年代中期以来，离子液体的研究在许多领域都开始活跃起来。与传统的水、有机溶剂和电解质相比，离子液体具有以下优势：①几乎没有蒸气压，难以挥发，减少了使用过程的气体污染；②具有高热稳定性和化学稳定性，在宽广的温度范围内维持液体状态，许多离子液体的液程超过 300 ℃，相比之下水只有 100 ℃；③溶解能力强，能溶解有机物、无机物和聚合物等各种物质；④具有高而稳定的电导率和离子迁移率，宽广的电化学窗口，大部分离子液体的电化学窗口为4 V左右；⑤具有一定的可设计性，通过阴阳离子的组合可调节无机物、水、有机物及聚合物在离子液体中的溶解性，并且其酸度可调节至超酸性。

离子液体具有高极性(介于水和某些醇类之间)，但并不像高极性的有机溶剂一样使酶失活，相反却能够维持酶的活性和稳定性。而且离子液体溶解能力强，可用于极性亲水底物和非极性疏水底物的反应，特别适合底物具有不同的亲水性和疏水性的反应。尽管具有高极性，离子液体的水溶性却变化很大且难以预测。与有机溶剂不同，离子液体的水溶性和极性互不相关，不能依据极性的不同来判断离子液体的水溶性。如[BMIm][BF_4]和[BMIm][$MeSO_4$]能与水互溶，但[BMIm][PF_6]和[BMIm][Tf_2N]与水却不相溶。离子液体具有吸湿性，干燥处理后的离子液体仍残留部分水，残留的水分会影响离子液体的性质。

离子液体具有高黏度，如25 ℃时，[BMIm][Tf_2N]、[BMIm][BF_4]和[BMIm][PF_6]的黏度分别为52、219和450 cP，比有机溶剂(如甲苯为0.6 cP)以及水(0.9 cP)高很多。酶通常以固态或游离态的形式悬浮在离子液体中，其催化作用会受到内外表面传质速率的控制，而传质速率又决定于反应介质的黏度。因此，高黏度阻碍了离子液体在生物催化中的应用，同时也对产物的分离纯化不利。离子液体的黏度和组成它的阴阳离子种类相关，同时随温度变化而大幅度波动，如20 ℃时，[BMIm][BF_4]的黏度为154 cP，30 ℃时为91 cP。因此，可以通过改变反应温度或者振荡速度来减小离子液体高黏度对生物催化反应的影响。

与有机溶剂和水相比，离子液体蒸气压很低，沸点普遍较高，高温下的挥发较少，因此在作为生物催化反应溶剂时，其热稳定性主要取决于其热降解温度。离子液体的降解温度一般在400 ℃以上。同水和大多数有机溶剂相比，离子液体具有更大的稳定液态温度范围。由于生物催化的反应条件较温和，故离子液体的热稳定性可完全适合生物催化过程。离子液体的热稳定性按阴离子[BF_4]$^-$、[Tf_2N]$^-$、[PF_6]$^-$的顺序增强，阳离子烷基链长度对其影响不大。离子液体的表面张力比一般有机溶剂高、比水低，使用时可以加速相分离的过程。

(2) 酶在离子液体中的性能

离子液体由于其独特的性质，成为生物催化领域研究的新热点。离子液体作为酶促反应的溶剂，可以和水一起作混合溶剂，或者单纯作溶剂，或者和其他非水溶剂组成两相体系，广泛应用于酯化反应、氨解反应、氧化反应、还原反应、Aldol反应和水解、醇解反应等。酶在离子液体中的催化活性、选择性及稳定性与在传统的水相或有机相中往往有较大的差异，催化特性受多种因素影响，变化幅度较大。

离子液体中酶的催化活性：酶在离子液体中的催化活性与酶的种类有关，多种酶能在离子液体中保持活性。但也有某些酶，如纤维素酶、过氧化物酶和蛋白酶等在离子液体中活性会降低，甚至丧失。离子液体的组成、纯度及溶剂性质也会影响酶的活性，而且并不是在所有的离子液体中酶都有活性，具体原因尚有待进一步研究。Kaar等认为酶在离子液体中是否具有催化活性受离子液体的阴离子部分决定，酶通常在以[BF_4]$^-$、[Tf_2N]$^-$和[PF_6]$^-$为阴离子的离子液体中具有活性，而在含NO_3^-、CH_3COO^-、$CF_3SO_3^-$和CF_3COO^-等阴离子的离子液体中不具活性。娄文勇等发现酶的活性与离子液体的极性相关，在含

[C_nMIM][BF_4](n=2~6)的介质中，木瓜蛋白酶的活性随离子液体的极性增大而提高。Nara 等发现离子液体的亲水、憎水性也影响酶的活性。酶在离子液体中的活性还与离子液体和酶的相溶性有关。脂肪酶在 5 种水饱和的离子液体中催化外消旋萘普生甲酯水解时，酶的剩余活性随其在离子液中溶解度的增大而减小。但也有研究发现脂肪酶在与其相溶的[Et_3 MeN][$MeSO_4$]中活性并没有降低。由此可见，离子液体中酶的活性受酶和离子液体种类及催化反应类型等多种因素的影响，其相互匹配的规律尚不明确。

离子液体中酶的稳定性：酶在离子液体中的稳定性主要取决于酶的特性。Yuan 等分别研究了脂肪酶在[BMIM][PF_6]和正己烷中的稳定性，发现酶在离子液体中稳定性显著高于正己烷。Lozano 等在 6 种不同的离子液体中，考察了 Novozyme 435 或 α-糜蛋白酶催化的酯基转移反应，发现 6 种离子液体都可增加酶的热稳定性。另外一项研究表明，α-凝乳蛋白酶在[BMIM][Tf_2N]中的稳定性好于水相、山梨糖醇和 1-丙醇。离子液体中酶的稳定性也可通过一定的方法来提高，如当有底物存在时青霉素 G 酰化酶在[BMIM][PF_6]中的半衰期提高了 6 倍。差示扫描量热法(DSC)结果显示，酶在一些离子液体中的融化温度和热容都得到提高。荧光光谱和圆二色光谱(CD)均显示一些离子液体具有稳定蛋白质结构，提高蛋白质稳定性的能力。但是，离子液体是否能够普遍提高酶的稳定性，尚有待更多的研究证实。

离子液体中酶的选择性：离子液体作为酶反应介质，不但可提高酶的活性和稳定性，还能提高反应的选择性。某些脂肪酶在离子液体中动力学拆分手性醇时，表现出高的对映体选择性。如在低水活度(<0.53)下，荧光假单胞菌脂肪酶在[BMIM][Tf_2N]中的选择性高于在甲基叔丁基醚中的选择性。脂肪酶催化的糖类酯化在离子液体中较有机溶剂中的区域选择性明显提高。皱褶假丝酵母脂肪酶在[BMIM][BF_4]和[MOEMIM][BF_4]中催化葡萄糖苷和半乳糖苷与乙酸乙烯酯的反应时，主要得到 2 号位的酰化产物。

(3) 离子液体中酶催化的发展前景

离子液体的独特性质，使得它在生物催化中的应用，成为非水酶学研究的新领域和新热点，为新的生物催化工艺开发提供了更多可能。随着更多的研究者加入，离子液体中生物催化反应所涉及的酶和反应类型将进一步扩展。离子液体所具有的可设计性有助于应对不同溶解度，如高极性化合物的生物催化反应，使过去在传统非水溶剂中不能进行的反应得以实现。对离子液体和酶之间相互作用研究的深入，有助于揭示离子液体性质对酶催化活性的影响规律，改善离子液体中酶催化的效率和选择性。离子液体的不挥发性可以使生成的产物通过减压蒸馏分离，同时也可以促进生物催化反应的进行。但是离子液体的酸度和水的活度对酶催化活性有影响；并不是所有酶都在离子液体中有活性；离子液体的毒性数据还很少，并且价格昂贵，在实现工业化前还需要做大量工作。

8.3.4 深共熔溶剂体系

(1) 深共熔溶剂及其特点

2003 年，英国 Leicester 大学的 Abbott 等发现氯化胆碱和尿素形成的液体具有特殊的溶剂性质，首次提出了深共熔溶剂(deep eutectic solvents，DESs)的概念。DESs 通常是由一定化学计量比的氢键受体(hydrogen-bond acceptors，HBAs)和氢键供体(hydrogen bond donors，HBDs)组合而成的低共熔混合物，由于氢键的存在，DESs 的凝固点较构成它的组分显著下降。DESs 的物理化学性质与离子液体极其相似，因此也有人把它归为一类新型离子液体或离子液体类似物。除了具备室温离子液体的诸多优点外，DESs 还具有如下特点：①原料价格低廉，制备过程中原子利用率达 100%，不产生废物，且制备工艺简单，无需纯化，容易实现大规模工业化生产；②DESs 易生物降解，生物相容性优于离子液体；③DESs 是多元体系，因此比离子液体更容易进行结构设计和修饰，以适应不同的应用要求。目前，DESs 已引起了世界各国研究者的广泛重视，并在化学反应和生物催化等领域显示出良好的应用前景。

（2）深共熔溶剂的组成

深共熔溶剂可用通式 Cat^+X^-zY 表示，Cat^+ 可为任何种类的铵、磷、硫阳离子，X^- 为 Lewis 碱，通常为卤化物阴离子，复合阴离子由 X^- 与 Lewis 或 Brønsted 酸 Y 构成，z 指 Y 的分子数。大多数研究主要集中在季铵盐、咪唑阳离子，特别是氯化胆碱阳离子[ChCl，$HOC_2H_4N^+(CH_3)_3Cl^-$]。根据使用的复合试剂的性质，DESs 分类见表 8-1 所列。类型 Ⅲ DESs 由氯化胆碱与 HBDs 构成，比较容易制备，不与水反应，具有生物可降解性，而且价格低。至今，已有许多类型的 HBDs 被用于制备 DESs，有酰胺类、羧酸类、脲类和醇类化合物。HBDs 的多样性意味着这一类 DESs 的高可设计性，可以根据不同的应用领域选择不同的 HBDs。

表 8-1 DESs 的类别

类型	通式	举例
类型 Ⅰ	$Cat^+X^-zMCl_x$	M = Zn，Sn，Fe，Al，Ga，In
类型 Ⅱ	$Cat^+X^-zMCl_x \cdot yH_2O$	M = Cr，Co，Cu，Ni，Fe
类型 Ⅲ	Cat^+X^-zRZ	Z = $CONH_2$，COOH，OH
类型 Ⅳ	$MCl_x+RZ = MCl_{x-1}^+ \cdot RZ+MCl_{x+1}^-$	M = Al，Zn 和 Z = $CONH_2$，OH

（3）深共熔溶剂中的酶催化反应

深共熔溶剂作为酶促反应的溶剂，可以和水一起作混合溶剂，或者单纯作溶剂，或者和其他非水溶剂混合，广泛应用于脂肪酶、蛋白酶、环氧化物水解酶、脱卤酶以及全细胞等催化的反应中。一般认为深共熔溶剂的黏度、氢键形成能力、水含量、分子摩尔比和 pH 值是影响酶催化的重要因素。黏度会影响反应体系中的物质传递过程，过高的黏度会导致反应速率降低。HBD 高的氢键形成倾向可以有效地提高酶的稳定性，但是在含有复杂底物成分的生物催化反应体系也有可能引发副反应。少量水的添加可以提高酶的活性，同时降低深共熔溶剂体系的黏度，但是过量的水会破坏深共熔溶剂的“完整性”，削弱其对酶的“保护”能力。HBD 和 HBA 的分子摩尔比会影响 DES 的黏度和稳定性。pH 值则会影响酶的活性。

深共熔溶剂中脂肪酶的催化反应：2008 年 Kazlauskas 在 8 个 DESs 体系中考察了几个脂肪酶催化戊酸乙酯与正丁醇的转酯化反应。结果发现，游离和固定化的南极假丝酵母脂肪酶 B(CALB)在所有 8 个 DESs 中都表现出催化活力，在其中 5 个 DESs 中 CALB 催化底物的转化率与甲苯体系中相当。Kazlauskas 实验室的研究还发现脂肪酶在 DESs 中也可以催化戊酸乙酯与丁胺的胺解反应。CALB 在氯化胆碱-甘油(ChCl-G)和氯化胆碱-尿素

(ChCl-U)中催化胺解的速率和反应转化率与甲苯体系中相当，比 ILs 体系要高。2011 年和 2013 年，Zhao 等和 Huang 等的研究发现 DESs 可以用作脂肪酶催化生物柴油合成的反应溶剂。2012 年，Durand 等发现 ChCl-U 和 ChCl-G 两种 DESs 中固定化 CALB 可催化月桂酸乙烯酯与丁醇、辛醇、十八醇的醇解反应。

深共熔溶剂中蛋白酶的催化反应：2011 年，Zhao 等在 DESs 中考察了交联蛋白酶聚集体和壳聚糖固定化蛋白酶催化 *N*-乙酰-1-苯丙氨酸乙酯与正丙醇转酯反应的能力，发现枯草杆菌蛋白酶聚集体在含 3%水的 ChCl-G 具有高的催化转酯活性和高的选择性。2013 年，Maugeri 等在 DESs 中考察了 α-胰凝乳蛋白酶催化肽的合成，发现在 ChCl-G 中 α-胰凝乳蛋白酶表现出高的肽合成活力，几乎没有水解反应发生，该体系用于生物催化合成肽类化合物显示了诱人的前景。

深共熔溶剂中全细胞催化的氧化还原反应：2014 年，Maugeri 等在不同的 DESs-水共溶剂中考察了面包酵母催化 β-酮酸酯乙酰乙酸乙酯的还原反应，发现面包酵母在 DESs-水共溶剂中仍然保持活力，只是催化还原反应的能力下降。2015 年，华南理工大学娄文勇课题组报道了 *Acetobacter* sp. CCTCC M209061 在 DESs-水体系中催化氧化还原反应制备重要的光学纯化合物。2015 年，Mao 等考察了不同 DESs-水体系中 *Arthrobacter simplex* 催化醋酸可的松(CA)生物脱氢制备醋酸泼尼松(PA)，发现 ChCl-U 可以作为共溶剂改善 *Arthrobacter simplex* 催化脱氢反应的效率。

深共熔溶剂中其他酶的生物催化反应：①环氧化物水解酶。2010 年，Gorke 等在 ChCl-G-水体系中考察了 *Agrobacterium radiobacter* 环氧化物水解酶 EHAD1 催化氧化苯乙烯的水解情况，向水相中添加 25%的 ChCl-G，可以将底物的转化率从水相的 4.6%提高到 92%，且光学选择性没有发生改变。②苯甲醛裂解酶。2014 年，Maugeri 等报道了苯甲醛裂解酶(BAL)在不同 DESs-缓冲液体系中催化 C—C 键形成反应。研究发现，用 ChCl-G 作为共溶剂，BAL 在 60：40 的 DESs-缓冲体系中保持 100%的催化活性，并具有高的对映体选择性。③脱卤酶。2014 年，Stepankova 等比较了 3 个脱卤酶在 DESs 共溶剂体系和 3 个有机溶剂共溶剂体系中的催化活性，发现 DESs 可以作为环境友好溶剂代替传统的有机溶剂作为共溶剂构建新型脱卤酶反应体系，以避免卤代烷烃底物的低水溶性和非酶水解。

总体来说，相对于传统溶剂，深共熔溶剂中的生物催化反应往往具有较高的转化率和产率，催化剂的活性和稳定性较好，手性和区域选择性提高，同时催化剂和溶剂的回收利用性较好。这些催化表现与深共熔溶剂的特殊性质有关，特别是深共熔溶剂中广泛存在的氢键网络。一般认为，酶在深共熔溶剂中稳定性提高的重要原因是溶剂与酶表面基团的相互作用，特别是氢键作用。因为单独的氢键受体和氢键供体往往是酶的变性剂，如尿素和氯化胆碱。只有当它们形成氢键后，酶的热稳定性和活性才会增强。过量的水分子被认为是降低酶热稳定性的重要因素，深共熔溶剂的使用能够在酶分子周围形成“保护网”，避免酶与多余水分子的作用。一些深共熔溶剂甚至可以改变酶的高级结构，从而增加它的活性或者稳定性，如在一些由氯化胆碱和醋酸胆碱构成的深共熔溶剂中，辣根过氧化物酶的二级结构元件中 α 螺旋含量上升，而 β 折叠和无规则卷曲含量下降，使得它的整体构象更加接近活性状态。因此，深共熔溶剂和酶分子的兼容性非常重要，这可以通过深共熔溶剂的高可设计性来达成。

8.3.5 气相介质体系

传统的生物催化反应一般在液态介质中进行，对气态底物溶解性差，反应效率低。因此，有必要探索在气相介质中进行气态底物的酶催化反应。气体作为反应介质，具有扩散性能好、传质效率高等优点，气相中酶促反应更利于易挥发性产品生产。反应体系中多数底物是以气态形式存在，一般没有液态溶剂存在，使产物的分离相对比较容易。固态形式存在的酶在气相介质中催化反应，与液-固形式反应体系相比较，不存在液相系统中固定化酶的解吸附问题。因此，可以使用一些简单温和的方法进行酶的固定化，如吸附固定。但是气态底物的浓度较低，且只有挥发性的物质可以参与反应。

气相介质中的酶催化反应往往采用较高的反应温度、连续流的操作方式。气态底物连续通过固定化酶柱，形成气态产物后随气体流出。连续流的操作方式提高了酶的催化效率，也便于自动化生产，但同时也要求酶在该系统中具有较高的稳定性。酶在气相系统中的稳定性与在有机介质中有一些共同的规律。酶分子必须保持其必需水，才能维持其催化活性，在一定范围内催化活性随着水活度的增加而增加，但酶的热稳定性随水活度上升而下降。

采用生物酶的气-固相反应器已用于单步的生物催化，包括氢化酶、醇氧化酶、醇脱氢酶、脂肪酶等。氢化酶的天然底物是气态氢。干燥状态的氢化酶可以活化氢分子进行反应，而水质子不参与反应，不仅可以进行转化、交换反应，而且可以进行可逆的电子载体细胞色素的氧化还原反应。固定化醇氧化酶，在没有水时，可以在较高温度下氧化甲醇、乙醇蒸气。

8.4 非水相酶催化在食品工业中的应用

8.4.1 合成糖酯

糖酯作为表面活性剂具有毒性低、生物降解性好和起泡性弱等优点，被广泛应用于医药、食品和化妆品等行业。传统的化学法合成糖酯需要高温、高压条件，苛刻的反应条件易导致糖类焦化。糖类上含有多个可酯化羟基，化学法区域选择性较差，导致副产物较多且难以分离纯化。由于酶法催化效率高，反应条件温和且专一性强，1986 年 Klibanov 等开始探索在有机相中酶催化合成糖酯。生物催化合成糖酯的一大挑战在于底物糖分子具有亲水性，脂肪酸及其乙烯酯具有疏水性，而产物糖酯具有两亲性。使用极性有机溶剂作为介质，尽管可以同时有效地溶解亲水和疏水底物，但是极性有机溶剂会剥夺酶分子的必需水，导致其失活。作为“绿色溶剂”的离子液体热稳定性好，难挥发，特别是溶解能力强，能溶解有机物、无机物和聚合物等各种底物，在糖酯生物催化合成中具有非常好的应用前景。

F. Ganske 等(2005 年)首次报道了离子液体中的糖酯合成(图 8-9)。研究人员首先采用源自咪唑鎓盐的离子液体和来自南极假丝酵母的脂肪酶 B(CALB)，发现并没有催化活性。对 CALB 进行 PEG 修饰后，在纯的离子液体[BMIM][BF_4]和[BMIM][PF_6]中，使用月桂酸乙烯酯或者肉豆蔻酸乙烯酯作为底物，糖转化率达到 30%和 35%。当加入 40%叔丁醇作为共溶剂后，使用未经修饰的 CALB，底物脂肪酸和糖分子摩尔比为 2，使用月桂酸乙烯酯或者肉豆蔻酸乙烯酯作为酰基供体，在 60 ℃反应后，糖转化率达到 90%和

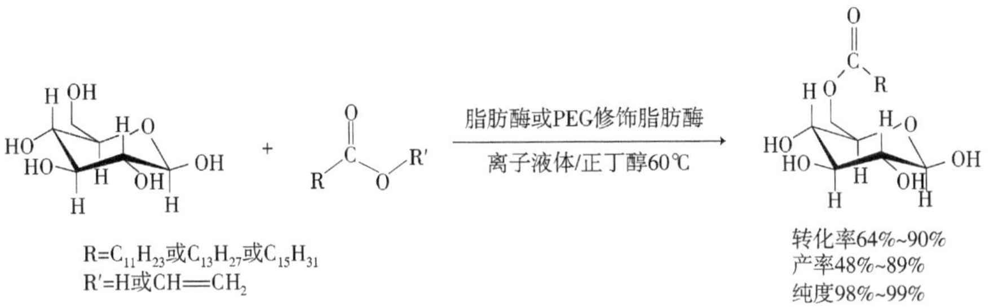

图 8-9　离子液体和叔丁醇共溶剂中脂肪酶催化葡萄糖酯合成反应

89%。直接使用棕榈酸作为酰基供体，同样可以生成糖酯，糖的转化率为 64%。

S. H. Lee 等(2008 年)在离子液体中使用 Novozym 435 合成葡萄糖月桂酸酯。发现与水混溶的离子液体[BMIM][TfO]可以溶解高浓度底物葡萄糖，酶催化活力最高。而在疏水性的离子液体[BMIM][Tf_2N]中酶的稳定性最好。当使用 222 mmol/L 葡萄糖，444 mmol/L月桂酸乙烯酯作为底物，100 mg/mL Novozym 435 作为催化剂，在离子液体[BMIM][TfO]中，40 ℃反应 11 h 后，底物葡萄糖的转化率达到 86%(图 8-10)。

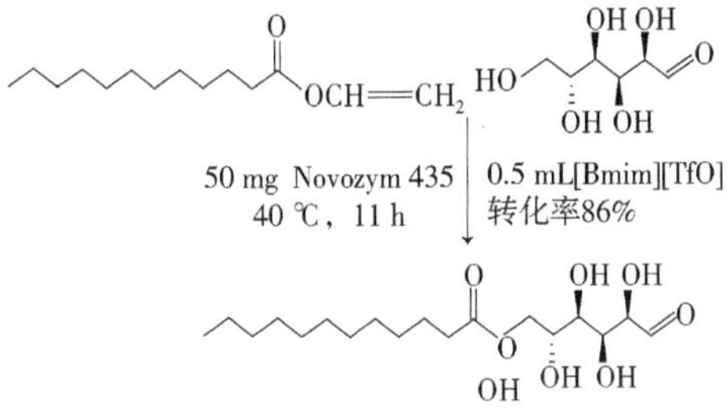

图 8-10　离子液体中脂肪酶催化葡萄糖酯合成反应

S. H. Lee 等(2011 年)进一步使用[BMIM][TfO]/[BMIM][Tf_2N](1∶1)的混合离子液体作为反应介质，反应体积由 0. 5 mL 放大到 2. 5 L。在过饱和的情况下，体系中的葡萄糖浓度达到 12 g/L。通过响应面优化，得到的最适反应条件为温度 66. 8 ℃，月桂酸乙烯酯与葡萄糖的摩尔比为 7. 63，投酶量为 73. 33 g/L，反应 8h 后葡萄糖转化率达到 96. 4%。由于疏水性和亲水性离子液体的混合使用，保持了底物的高溶解度和酶的高催化活性，同时酶的稳定性得到显著改善，反应温度从 40 ℃提高到 66. 8 ℃，在循环使用 10 次后酶依然保持 75. 16%的活性，显示出良好的工业应用前景。

8. 4. 2　合成维生素酯

维生素是维持机体正常代谢功能所需要的微量营养物质。人体自身不能合成或者合成的量很少，需要从食物中补充，摄入不足会引发维生素缺乏症。

维生素 C 又称抗坏血酸，由于其分子水溶性较高，进入人体后随尿液的流失率较高。将维生素 C 酯化后，亲脂性得到改善，可以有效减少其对胃部的刺激作用，提高人体消化吸收的效率。同时从尿液中流失的速度下降，血浆有效浓度增加。传统化学方法合成维生素 C 酯使用酸或者碱催化剂，产率较低，区域选择性差，反应条件苛刻，耗时长且纯化步骤复杂。酶法合成维生素 C 酯被认为是化学法的有效替代，但是在极性底物的溶解度和酶催化效率之间取得平衡非常重要。通过对固定化酶(4 种脂肪酶和 1 种酯酶)的筛选，Y. D. Hu 等发现 CALB 具有高的催化合成维生素 C 十一碳烯酸酯的活性，6 位上的选择性达到 99%以上。叔丁醇和 2-甲基四氢呋喃(MeTHF)的共溶剂被筛选出来作为反应介质，在保持抗坏血酸的溶解度同时，CALB 具有较高的活性和稳定性。当使用 60 mmol/L 抗坏血酸和 100 mmol/L 十一碳烯酸乙烯酯作为底物时，反应 5~8 h 后，维生素 C 十一碳烯酸酯的产率达到 84%~89%(图 8-11)。

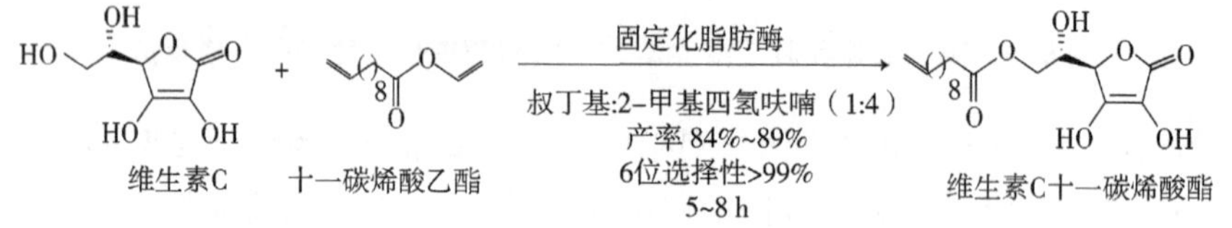

图 8-11 叔丁醇和 2-甲基四氢呋喃共溶剂中脂肪酶催化维生素 C 酯合成反应

维生素 A 是一种多烯化合物，其带有双键的侧链不稳定，容易被空气或者紫外线氧化。维生素 A 与长链脂肪酸(如棕榈酸)成酯可以有效提高维生素 A 的化学稳定性，同时不影响其活性，被广泛运用于化妆品、医药和食品添加剂等领域。传统的维生素 A 酯的化学合成方法需要苛刻的反应条件，使用包括苯、硫酸和卤代物等有毒有害试剂。生物催化剂被使用来提高反应的产率，同时减少环境污染。Z. Q. Liu 报道了使用固定在大孔丙烯酸树脂的脂肪酶来合成维生素 A 棕榈酸酯(图 8-12)。反应在正己烷中进行，底物视黄醇含量为 300 g/L，棕榈酸与视黄醇的分子摩尔比为 1.1 : 1，投酶量为 10 g/L，反应温度为 30 ℃。反应 2 h 后，产率达到 97.5%。纯化之后的维生素 A 棕榈酸酯纯度>99%，产物回收率为 88%。

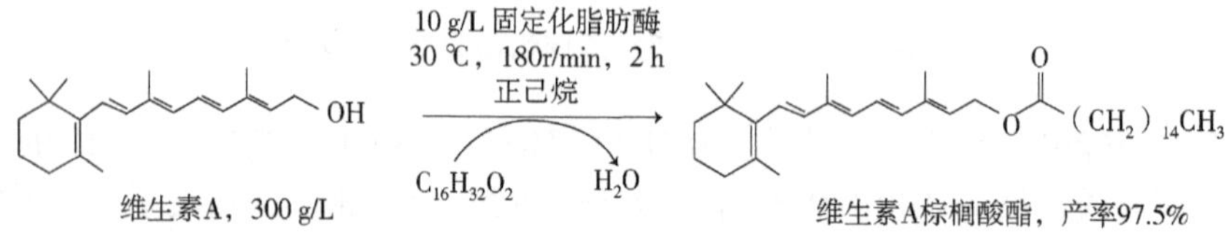

图 8-12 正己烷中脂肪酶催化维生素 A 棕榈酸酯合成反应

维生素 E 又名生育酚，容易被空气和光照氧化。为了提高其稳定性，调节它的溶解度以方便使用，常制备成维生素 E 的乙酸酯或者琥珀酸酯，其中维生素 E 的琥珀酸酯具有潜在的抗癌活性，受到人们的关注。化学法合成维生素 E 琥珀酸酯需要使用有毒的叔胺和吡啶化合物作为催化剂。C. H. Yin 等使用修饰后的 Novozym 435 作为催化剂，在叔丁醇和二甲基亚砜(DMSO)的共溶剂(2 : 3)中反应，琥珀酸酐与维生素 E 的分子摩尔比为 5 : 1，反应温度为 40 ℃，产率达到 94.4%，催化剂可以重复使用 5 次(图 8-13)。

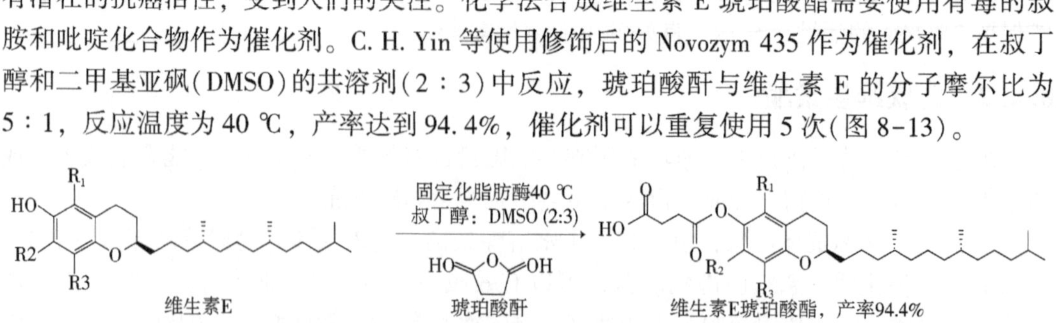

图 8-13 叔丁醇和二甲基亚砜共溶剂中脂肪酶催化维生素 E 琥珀酸酯合成反应

8.4.3 合成芳香酯

香叶酯或者香茅酯是芳香酯类天然有机化合物，主要用作面霜和肥皂的香料或是食品调味成分。同时，它们还有潜在的抗真菌、消炎和杀菌效果，具有重要的经济价值。芳香酯可以通过化学酯化或者天然植物提取的方式获得。

J. J. Damnjanovic 等利用固定化在环氧基载体 Sepabeads© EC-EP 上的南极假丝酵母脂肪酶来催化香叶醇与丁酸的酯化反应(图 8-14)。反应在异辛烷中进行，体系含水量在3.6%，酸与醇分子摩尔比为 2.5∶1，在 25~30 ℃、150 r/min 振荡反应 48 h 后，香叶醇丁酸酯产率大于 99.9%。

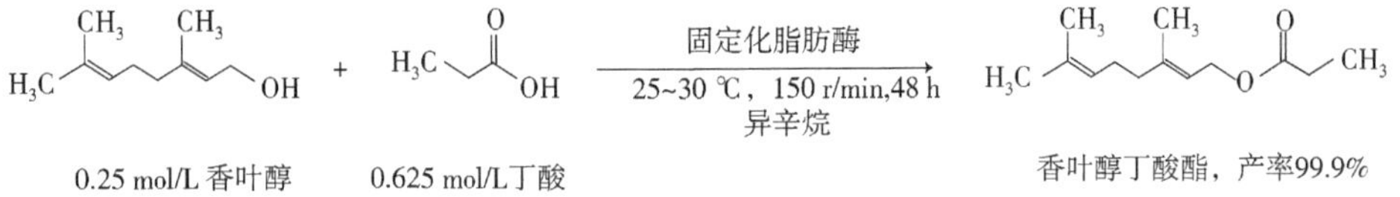

固定化脂肪酶
25~30 ℃，150 r/min,48 h
异辛烷

0.25 mol/L 香叶醇　0.625 mol/L丁酸　香叶醇丁酸酯，产率99.9%

图 8-14　异辛烷中脂肪酶催化香叶醇丁酸酯合成反应

P. A. Claon 等用固定化的南极假丝酵母脂肪酶催化香叶醇和乙酸的酯化反应。反应在正己烷中进行，体系加水量在 0~5%。底物乙酸浓度为 0.1 mol/L，香叶醇浓度为 0.12 mol/L，在 30 ℃、200 r/min 振荡反应 24 h 后，香叶醇乙酸酯的产率达到 99%。催化剂在重复使用 10 个批次后依然保持 80%的活性(图 8-15)。

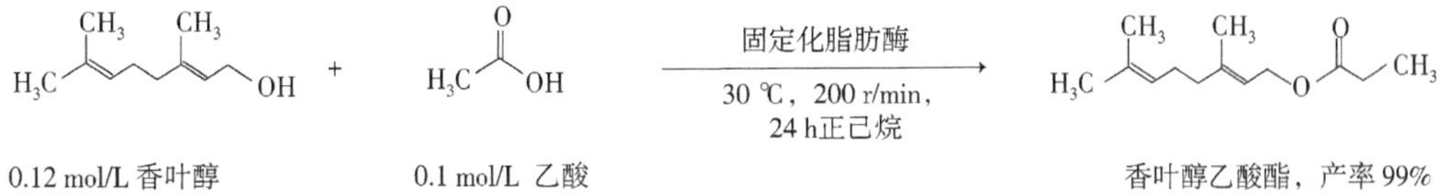

固定化脂肪酶
30 ℃，200 r/min,
24 h正己烷

0.12 mol/L 香叶醇　0.1 mol/L 乙酸　香叶醇乙酸酯，产率 99%

图 8-15　正己烷中脂肪酶催化香叶醇乙酸酯合成反应

P. A. Claon 等还使用固定化的南极假丝酵母脂肪酶催化香茅醇和乙酸的酯化反应。反应同样在正己烷中进行。底物乙酸浓度为 0.1 mol/L，香茅醇浓度为 0.12 mol/L，投酶量为 10%。在 30 ℃、200 r/min 振荡反应 14 h 后，香茅醇乙酸酯的产率达到 98%。催化剂在重复使用 10 个批次后，香茅醇乙酸酯的产率依然可以达到 95.6%(图 8-16)。

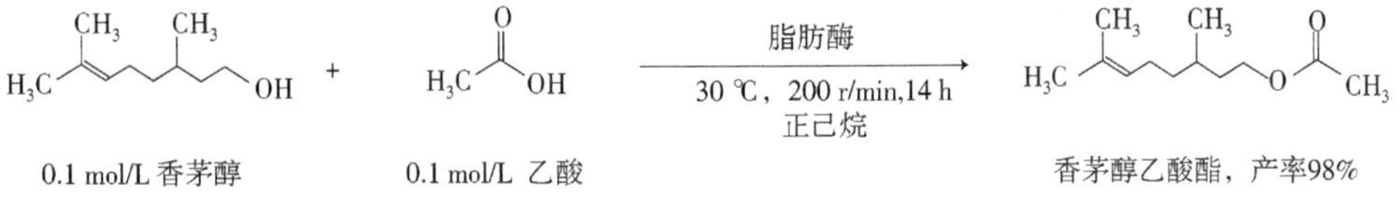

脂肪酶
30 ℃，200 r/min,14 h
正己烷

0.1 mol/L 香茅醇　0.1 mol/L 乙酸　香茅醇乙酸酯，产率98%

图 8-16　正己烷中脂肪酶催化香茅醇乙酸酯合成反应

8.4.4 合成生物活性成分

食物除了含有蛋白质、核酸、糖类和脂类等多种营养素外，还含有许多对人体有益的物质，被称为非营养素生物活性成分或者食物中的生物活性成分。

红景天苷是从景天科植物大株红景天中提取的一种化合物，有预防肿瘤、增强免疫功能、延缓衰老、抗疲劳、抗缺氧、防辐射等潜在作用，通常用作对慢性病者和体弱易感染病人的治疗。M. L. Wang 等用 PEG 修饰后的β-葡萄糖苷酶，催化葡萄糖和酪醇合成红景天苷(图 8-17)。离子液体[BMIM][PF_6]被选作反应溶剂。发现与传统的有机溶剂介质不同，离子液体不仅能够溶解极性较高的糖类底物，而且可以维持酶的催化活性和稳定性。优化后的反应体系含水量为 2%。少量水的添加可以有效提高酪醇的转化率，但是当水含量超过 2%后，酪醇转化率下降。最适反应温度为 50 ℃，酪醇浓度为 70 mmol/L，葡萄糖浓度为 140 mmol/L，反应 24 h 后红景天苷产率为 88.5%。

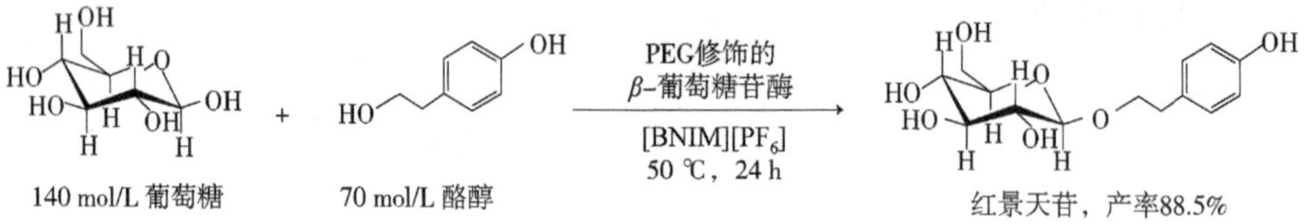

140 mol/L 葡萄糖 + 70 mol/L 酪醇 → (PEG修饰的 β-葡萄糖苷酶；[BNIM][PF_6]；50 ℃，24 h) 红景天苷，产率88.5%

图 8-17　离子液体中β-葡糖苷酶催化红景天苷合成反应

熊果苷是一种代表性的植物多酚，是酪氨酸酶抑制剂，在高级化妆品中作为美白剂使用，还可以有效地消除自由基，具有抗炎和抗刺激作用。熊果苷的使用受到其较差的皮肤穿透能力限制，对它进行脂肪酸酯化可以提高其稳定性，增加活性。R. L. Yang 等人发现扩展青霉 脂肪酶在催化熊果苷酯化时具有良好的6 位选择性(图 8-18)。反应体系中包含 20 mmol/L 熊果苷，150 mmol/L 十一碳烯酸乙烯酯，100 U 固定化酶，在 2 mL 无水四氢呋喃中，35 ℃、200 r/min 反应 0.5 h 后，熊果苷转化率达到 99%以上，同时 6 位选择性大于 99%。

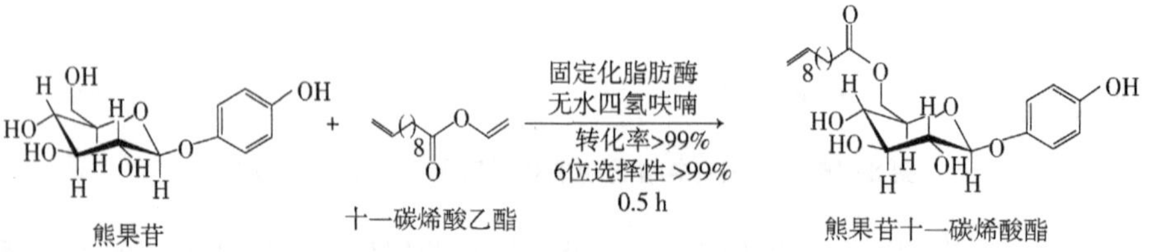

熊果苷 + 十一碳烯酸乙酯 → (固定化脂肪酶；无水四氢呋喃；转化率>99%；6位选择性 >99%；0.5 h) 熊果苷十一碳烯酸酯

图 8-18　四氢呋喃中脂肪酶催化熊果苷酰化反应

植物甾醇具有降血脂、抗炎等多种生理学功能，被广泛应用于食品、医药、化妆品、动物生长剂等领域。但是植物甾醇在油中的溶解度较低，限制了它在食品加工领域的应用。将植物甾醇酯化为甾醇酯是重要的改性手段之一，可以有效地提高其在油中的溶解度。Z. H. Jiang 等利用南极假丝酵母脂肪酶催化植物甾醇与月桂酸的酯化反应(图 8-19)。反应在正己烷中进行，月桂酸与植物甾醇的分子摩尔比为 2∶1，投酶量为 7.5%，40 ℃反应 10 h 后产率达到 96.6%，在反应 6 个批次后酯化效率依然保持在 85%。

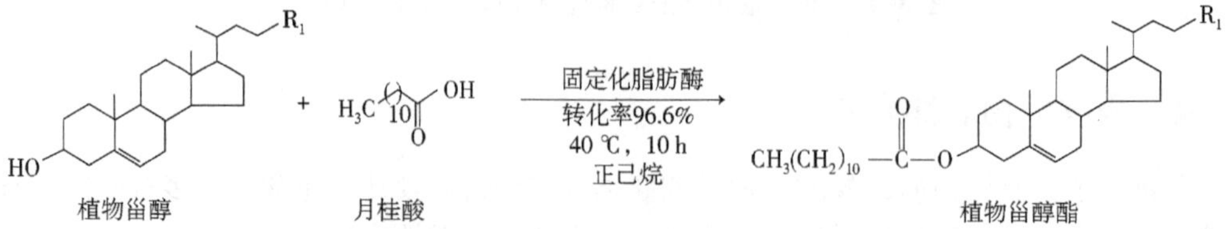

植物甾醇 + 月桂酸 → (固定化脂肪酶；转化率96.6%；40 ℃，10 h；正己烷) 植物甾醇酯 ($CH_3(CH_2)_{10}$—C(=O)—O—)

图 8-19　正己烷中脂肪酶催化植物甾醇脂肪酸酯合成反应

大豆苷元具有雌激素样作用和抗缺氧作用，可用于高血压、冠心病、脑血栓等疾病的辅助治疗，也可用于妇女更年期综合征。Q. B. Cheng 等研究了深共熔溶剂作为共溶剂的大豆苷元合成(图 8-20)。以氯化胆碱作为氢键受体，研究者测试了其与不同氢键供体形成的深共熔溶剂。发现在加入 ChCl/G 2：1、ChCl/G 1：2、ChCl/EG 2：1 和 ChCl/Glu 2：1等深共熔溶剂后，β-葡糖苷酶的活性基本不变，同时酶的稳定性有所提高，底物异黄酮苷的溶解度大幅度提升。经响应面优化后，最适反应条件为 53 ℃，pH 5.35，投酶量 1.68 U，反应 100.5 min 后，转化率达到 97.5%。与传统的酸水解法相比，含有 30%深共熔溶剂的体系中底物异黄酮苷的水解率相当，但是底物浓度大幅度提高。

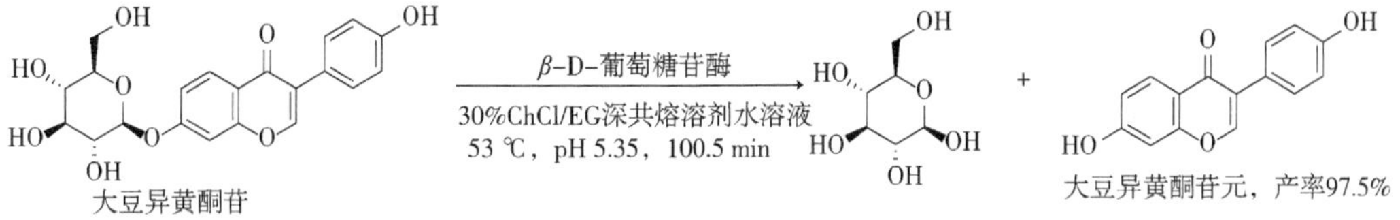

图 8-20　深共熔溶剂中β-葡糖苷酶催化大豆苷元合成反应

8.4.5　功能磷脂合成

磷脂酰丝氨酸(PS)有着独特的理化性质和营养价值，在食品、保健品、医药以及饲料行业被广泛使用。可以从天然大豆榨油剩余物中提取，或以大豆卵磷脂或蛋黄卵磷脂(主要成分为磷脂酰胆碱，PC)和 L-丝氨酸为底物，以酶法合成。由于底物磷脂酰胆碱为脂溶性物质，L-丝氨酸为水溶性物质，且磷脂酶 D 同时催化逆向的水解反应，因此采用双相体系等非水体系进行酶促反应。J. Qian 在含有乙酸盐缓冲液的双相体系中，对磷脂酶 D 催化的磷脂酰丝氨酸合成条件进行了优化，最适反应条件为有机相二氯甲烷、反应温度 35 ℃、pH 5.5、酶用量 1.15 U/mL、钙离子浓度 10 mmol/L，磷脂酰胆碱和 L-丝氨酸摩尔比为 1：20，反应 10 h 后磷脂酰丝氨酸的生成率达 94%(图 8-21)。

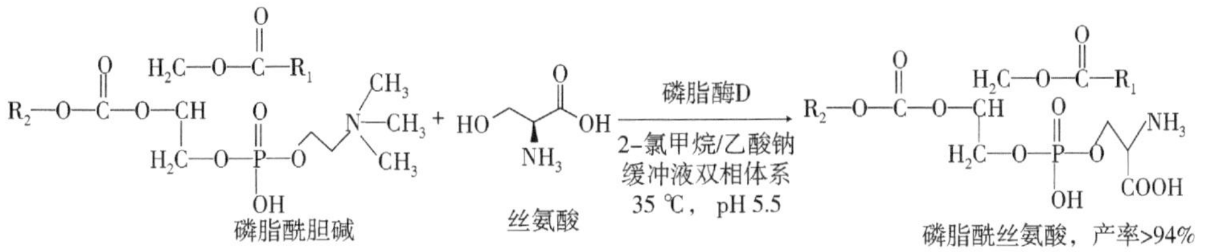

图 8-21　双相体系中的磷脂酶 D 催化磷脂酰丝氨酸合成反应

P. D'Arrigo 等在含有离子液体/乙酸盐缓冲液/甲苯的三相体系中由来自链霉菌的磷脂酶 D 催化合成磷脂酰丝氨酸。脂溶性的磷脂酰胆碱被溶解于 0.2 mL 甲苯中，丝氨酸和氯化钙溶解在 0.4 mL 离子液体/乙酸盐缓冲液。混合后加入磷脂酶 D，反应在 40 ℃，磁力搅拌下进行。当使用[BMIM][PF6]/ 乙酸盐缓冲液(95：5)，发现磷脂酶催化的水解副反应几乎被完全抑制，24 h 后 PS 产率达到 92%。S. L. Yang 等对深共熔溶剂中磷脂酶 D 催化的磷脂酰丝氨酸合成进行了研究。研究人员以氯化胆碱作为氢键受体，测试了其与不同氢键供体形成的深共熔溶剂在催化反应中的表现。发现酶在深共熔溶剂中的反应速率与溶剂的黏度呈负相关，同时深共熔溶剂的 pH 值也对酶的催化表现有重要影响。最高的转化率在氯化胆碱和乙二醇以 1∶2 摩尔比形成的深共熔溶剂中获得，溶剂的黏度为 0.025 Pa·s(25 ℃)，pH 值为 6.02，体系含水量为 0.5%，反应 7 h 后 PS 产率达到 90.3%。酶在重复使用 10 个批次后依然保持 81%的活性。

推荐阅读

Zaks A, Klibanov A M. Enzymatic catalysis in organic media at 100 ℃. Science, 1984, 224: 1249-1251.

猪胰脂肪酶在 99%的有机介质中催化三丁酸甘油酯和各种伯、仲醇之间的酯交换反应。经过进一步脱水，这种酶变得非常耐热。在有机介质中脂肪酶不仅能承受 100 ℃的高温长达数小时，而且在这个温度下它还表现出很高的催化活性。含水量的减少也改变了脂肪酶底物的专一性。该论文第一次揭示了非水介质中酶的稳定性大大提高，底物专一性与水相体系的明显不同，极大地推动了非水酶学的发展。

开放性讨论题

1. 非水相酶催化现象的发现，颠覆了传统生物催化理论对反应介质的“直觉”认识。值得同学们注意的是，科学研究往往是反“直觉”的。这对我们从事科学研究工作有哪些启示?

2. 非水相催化可以采用微水体系，但不能是无水体系，在某种程度上是否反映了非水相催化和水相催化的“统一性”?

思考题

1. 名词解释：必需水　水活度　lg*P* 值　溶剂工程　pH 记忆
2. 简述有机溶剂体系中酶催化反应的主要优点。
3. 为什么在有机溶剂中酶会出现“pH 记忆”现象，而在水相中不出现?
4. 简述有机溶剂体系的 4 种主要类型。
5. 有机溶剂对酶的热稳定性有什么样的影响?
6. 有机溶剂对酶的选择性有什么样的影响?

第9章　食品工业常用酶制剂

导　语

自从葡萄糖淀粉酶作为第一个食品工业用酶成功开发以来，酶作为绿色生物催化剂用于食品工业正在改变传统食品加工方式。基于酶具有高效、专一、反应条件温和和天然环保等理化特征，以及可降低工艺能耗、提高产率和易于控制的应用特点，越来越多的酶被发现并成功应用于食品原料开发、品质改良、工艺改造等食品工业领域，在现代食品工业的发展进程中扮演着重要的角色。

通过本章的学习可以掌握以下知识：

❖ 食品工业中常用酶的类型；

❖ 食品工业中常用酶的催化机制及特点；

❖ 食品工业中常用酶的应用场景。

知识导图

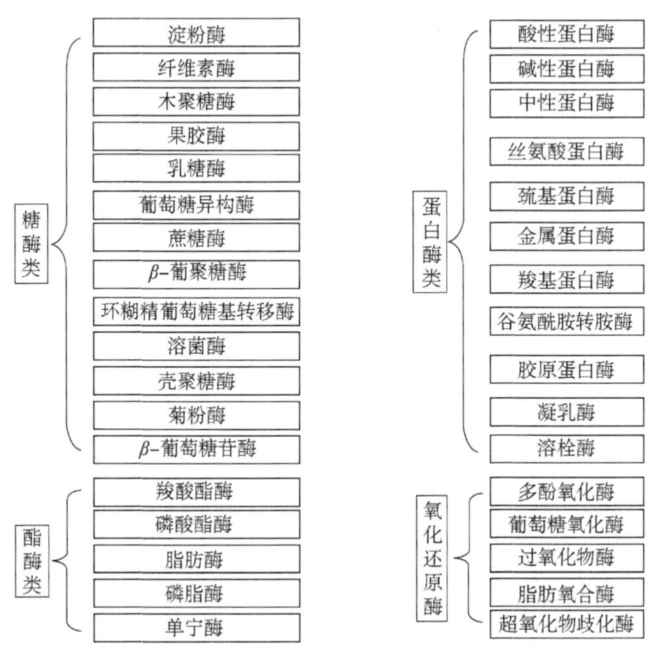

关键词

糖酶　淀粉酶　纤维素酶　木聚糖酶　果胶酶　乳糖酶　葡萄糖异构酶　蔗糖酶　β-葡聚糖酶　环糊精葡萄糖基转移酶　溶菌酶　壳聚糖酶　菊粉酶　β-葡萄糖苷酶　蛋白酶类　酸性蛋白酶　碱性蛋白酶　中性蛋白酶　丝氨酸蛋白酶　巯基蛋白酶　金属蛋白酶　羧基蛋白酶　谷氨酰胺转氨酶　胶原蛋白酶　凝乳酶　溶栓酶　酯酶　羧酸酯酶　磷

酸酯酶　脂肪酶　磷脂酶　单宁酶　氧化还原酶　多酚氧化酶　葡萄糖氧化酶　过氧化物酶　脂肪氧合酶　超氧化物歧化酶　概念　分类　来源　催化作用　性质　应用

本章重点

- ❖ 食品工业常用酶的概念与分类；
- ❖ 食品工业常用酶的催化机制与性质；
- ❖ 食品工业常用酶的应用领域。

本章难点

- ❖ 食品工业常用酶的催化机制；
- ❖ 不同食品酶在食品工业中应用的原理；
- ❖ 基于食品工业应用场景选择食品酶制剂。

9.1 糖酶类

糖酶(carbohydrases)的作用是裂解多糖中将单糖连接在一起的化学键，使多糖降解成较小的分子。糖酶还能催化糖单位结构上的重排，形成新的糖类化合物，这类反应称为转糖苷作用[由糖基(G)与糖苷配基(R)组成的糖苷 RG，把糖基转移给别的物质(A)生成 AG 的反应：RG+A ⟶R+AG]。

9.1.1 淀粉酶

9.1.1.1 淀粉酶的概念和分类

淀粉酶(amylase)，属于糖苷水解酶类(glycoside hydrolases，EC 3.2.1.-)，能水解淀粉分子内的 α-1,4-糖苷键或 α-1,6-糖苷键，生成葡萄糖、寡糖或者糊精等产物的一类酶。基于其来源和用途的广泛性，结构及作用底物的特异性，淀粉酶的分类依据多种多样。

根据淀粉酶催化反应的底物特异性和分子机理，淀粉酶分为 α-淀粉酶(EC 3.2.1.1)、β-淀粉酶(EC 3.2.1.2)、葡萄糖淀粉酶(EC 3.2.1.3)、异淀粉酶(EC 3.2.1.68)、普鲁兰酶(EC 3.2.1.41)等。

根据淀粉酶水解产物的构型，淀粉酶可以分为 α-淀粉酶和 β-淀粉酶，即酶水解淀粉后产物还原型末端异头碳的构型分别为 α-构型和 β-构型，则该酶分别为 α-淀粉酶和 β-淀粉酶。

根据酶水解淀粉的方式不同，分为 α-淀粉酶、β-淀粉酶、葡萄糖淀粉酶、脱支酶(EC 3.2.1.9)，还可分内切型和外切型。内切型淀粉酶(endo-amylases)的水解对象是底物淀粉分子内部任意的 α-1,4-糖苷键，终产物都含有葡萄糖，一般都属于 α-淀粉酶。外切型淀粉酶(exo-amylases)从底物多糖链的非还原末端，顺次切下麦芽糖单元或者葡萄糖单元，一般多为 β-淀粉酶和 γ-淀粉酶。外切型 α-淀粉(exo-α-amylases)与一般的 α-淀粉酶的区别仅仅在于酶切不同位置的 α-1,4-糖苷键。前者从淀粉分子还原性末端依次切

开 α-1,4-糖苷键，而后者则在淀粉分子内部任意切开 α-1,4-糖苷键。

根据淀粉酶的酶学性质分为高温淀粉酶(60 ℃以上)、中温淀粉酶(30~60 ℃)、低温淀粉酶(30 ℃以下)和酸性(pH<6.0)、中性(6.0<pH<8.0)、碱性淀粉酶(pH>8.0)以及嗜盐淀粉酶等。

根据淀粉酶的用途可分为液化酶和糖化酶。液化型淀粉酶能够将淀粉快速液化，其终产物为寡聚糖和糊精；而糖化型淀粉酶有较强的酶切活性，随着水解时间的延长，依次产生寡聚糖、麦芽糖直至葡萄糖。

根据淀粉酶的来源分为微生物淀粉酶、植物淀粉酶、动物淀粉酶等，如枯草芽孢杆菌BF-7658是典型的细菌 α-淀粉酶来源，米曲酶(taka-amylase A，TAA)是典型的真菌 α-淀粉酶来源。

9.1.1.2　淀粉酶的来源

淀粉酶广泛存在于动物、植物及微生物中。但工业生产中使用的淀粉酶多来源于微生物，主要包括真菌淀粉酶和细菌淀粉酶。食品工业中所用的 α-淀粉酶大多数来自霉菌，如米曲霉、黑曲霉、米根霉等。β-淀粉酶不存在于哺乳动物中，但存在于高等植物(如大麦、麦芽、甘薯和大豆等)和微生物(如巨大芽孢杆菌、多黏芽孢杆菌、蜡状芽孢杆菌、假单胞菌和链霉菌等)中。葡萄糖淀粉酶只存在于微生物中，工业生产葡萄糖淀粉酶所用的最重要菌种是黑曲霉，其他根霉和曲霉等真菌也是重要的来源。脱支酶主要由微生物发酵生产，菌种有酵母、细菌、放线菌。微生物来源的淀粉酶具有成本效益高、一致性好、生产所需时间和空间少、易于工艺修改和优化等优点。如细菌芽孢杆菌来源的淀粉酶具有表达量高、嗜热等优良性质；曲霉属的丝状真菌也是淀粉酶的常用表达宿主，其高效、高产的特性为淀粉酶的应用提供了极大便利。

9.1.1.3　淀粉酶的催化作用

淀粉酶种类不同，对直链淀粉和支链淀粉作用方式也不同，不同的淀粉酶对淀粉的催化水解或对各种淀粉水解物的催化转化具有高度的专一性。

α-淀粉酶，是一种内切酶，专一水解淀粉分子内部 α-1,4 糖苷键，但不能水解相邻分支点的 α-1,4 糖苷键以及任何 α-1，6 糖苷键，使直链淀粉水解成麦芽糖、麦芽三糖和较大分子质量的麦芽寡糖，然后再将麦芽三糖和寡糖水解成麦芽糖和葡萄糖(不能水解麦芽糖)，所以 α-淀粉酶也称液化酶。目前液化效果最好的 α-淀粉酶是高温 α-淀粉酶。

β-淀粉酶只能从非还原性末端逐次以麦芽糖为单位切断 α-1,4-葡聚糖链，将直链淀粉完全水解得到麦芽糖和少量的葡萄糖，但水解支链淀粉或葡聚糖时只能生成分子质量比较大的糊精。

葡萄糖淀粉酶又称 γ-淀粉酶(γ-amylase)，或糖化酶，是一种外切酶，从淀粉分子非还原端依次切割 $\alpha(1\rightarrow4)$ 链糖苷键和 $\alpha(1\rightarrow6)$ 链糖苷键，逐个切下葡萄糖残基，水解产生的游离半缩醛羟基发生转位作用，释放 β-葡萄糖。所以，葡萄糖淀粉酶水解直链淀粉和支链淀粉的最终产物都是葡萄糖。

淀粉脱支酶(系统命名为支链淀粉 α-1,6-葡聚糖水解酶)，主要分为普鲁兰酶和异淀粉酶，能够专一地切开支链淀粉分支点中的 α-1,6-糖苷键，将小单位的支链分解，从而切下整个侧枝，最大限度地利用淀粉原料。根据水解的糖苷键差异，普鲁兰酶分为Ⅰ型(专一性水解普鲁兰糖的 α-1,6 糖苷键)和Ⅱ型(可水解普鲁兰糖的 α-1,6 糖苷键以及其他多聚糖的α-1,4 糖苷键)两种。

9.1.1.4 淀粉酶的性质和应用简述

不同来源的淀粉酶具有不同的热稳定性和最适反应温度。耐高温淀粉酶的最佳反应温度为 95 ℃左右，中温淀粉酶的最适反应温度为 70 ℃，低温淀粉酶的最佳反应温度为 55 ℃，属于非耐热性α-淀粉酶。工业生产用α-淀粉酶均不耐酸，当 pH 值低于 4.5 时，活力基本消失，在 pH 5.0~8.0 之间较稳定，最适 pH 值为 5.5~6.5。钙能保持淀粉酶分子最适空间构象，使淀粉酶具有最高活力和最大稳定性，促进酶热稳定性的提高。

淀粉酶可广泛用于淀粉软糖、饮料、面制品、肉制品以及调味品的生产加工之中，提高淀粉的增稠、悬浮、保水和稳定能力，使食品更具有令人满意的感官与食用品质。如通过改性马铃薯淀粉来增加酸奶的黏稠度、透明度以及口感；可将淀粉水解成糊精和一些低聚糖范围大小的分子，从而降低料液的黏度，增高料液的流动性和改进口感，保证高淀粉冷饮的质量；作为安全高效的改良剂可降低成本，杜绝国内面包化学改良剂中含有致癌物溴酸钾的食品安全隐患。

在食品工业烘焙过程中，加入适量的α-淀粉酶可水解面粉中的受损淀粉而进一步生成小分子糊精便于酵母发酵，可以提升面包的口感和蓬松度，改善外观；在啤酒酿造时，添加α-淀粉酶降解麦芽来提高其利用率；α-淀粉酶与葡萄糖淀粉酶混合使用进行双酶法制糖。

β-淀粉酶作为糖化剂在酿造、饮料以及麦芽糖制造中广泛应用。如β-淀粉酶水解大分子多糖物质生成甜味剂麦芽糖；β-淀粉酶作为糖化剂可加快糖化速率，影响着麦汁的糖化性能，从而影响啤酒的质量及产量。

葡萄糖淀粉酶在食品、轻工、发酵等行业具有广泛的应用。如水解玉米生产玉米糖浆；将糖化发酵脱胚的玉米粉生成苹果酸；水解大米生成葡萄糖和麦芽糖来增加米酒的甜度。目前使用葡萄糖淀粉酶最多的是与α-淀粉酶混合使用，水解淀粉双酶法制葡萄糖。

9.1.2 纤维素酶

9.1.2.1 纤维酶的概念和分类

纤维素酶(cellulase)又名为β-1,4-葡聚糖-4-葡聚糖水解酶，是降解纤维素生成β-葡萄糖和短链多糖的一组酶的总称，是起协同作用的多组分酶系，是一种复合酶。

按照作用底物的不同，纤维素酶可分为 C1 酶、Cx 酶和β-葡萄糖苷酶。C1 酶破坏纤维素大分子长链间的晶体结构，暴露出其末端，为下一步水解提供非结晶化的纤维素分子。Cx 酶可按两种方式继续作用于非结晶化的纤维素分子：内部切断非结晶纤维素分子β-1,4-糖苷键生成纤维糊精和纤维二糖(酶称为 Cx1 酶)；切断非结晶纤维素分子外侧非还原性末端的β-糖苷键生成葡萄糖(酶称为 Cx2 酶或纤维二糖酶)。β-葡萄糖苷酶是将以上步骤里的小分子多糖产物分解为葡萄糖。

依据纤维素酶作用部位不同而分成 3 种：内切葡聚糖酶(endo-1,4-β-D-glucanohydrolase，EC 3.2.1.4)是水解纤维素分子内部非结晶区的β-1,4-糖苷键生成大小不同带有非还原性末端的短链；外切葡聚糖酶(exo-1,4-β-D-glucanohydrolase，EC 3.2.1.91)，又称纤维二糖水解酶，是水解纤维素分子的还原端或非还原端生成葡萄糖或纤维二糖；葡萄糖苷酶(1,4-β-D-glucosidase，EC 3.2.1.21)水解纤维素二糖等小分子生成葡萄糖。

9.1.2.2　纤维素酶的来源

纤维素酶主要来源于微生物，其中真菌、放线菌和细菌占据了绝大多数，尤其是霉菌。单从降解酶水平上来看，细菌纤维素酶不如霉菌纤维素酶，但霉菌的生长速度缓慢，相关酶类结构复杂且热稳定性及耐碱性等指标较差，难以大规模工业化生产应用。细菌纤维素酶耐高温，且来源广和种类多，因此细菌的纤维素酶系被视为生物燃料工业中植物细胞壁解构的生物催化剂的潜在来源。有些动物(如福寿螺、白蚁、蜗牛、文蛤、小龙虾等)和植物也能产生纤维素酶，但含量不高，提取困难。

9.1.2.3　纤维素酶的催化作用

目前，纤维素酶的作用机制尚未被阐明，主要有以下 3 种假说：

(1) C1-Cx 假说

先由内切葡聚糖酶 C1 酶随机地作用于纤维素的结晶区，形成无定形纤维素(非结晶纤维素分子)，然后由外切葡聚糖酶和 β-葡萄糖苷酶共同作用生成纤维二糖和葡萄糖。

(2) 顺序作用假说

先由内切葡聚糖酶作用于不溶性纤维素，生成可溶性的纤维糊精和纤维二糖，然后再由外切葡聚糖酶作用于纤维糊精，生成纤维二糖，最后由葡萄糖苷酶将纤维二糖分解成葡萄糖。

(3) 协同作用假说

目前被普遍接受和认同。首先，内切葡聚糖酶攻击纤维素纤维内的无定形区域，随机水解 β-1,4-葡萄糖苷键，产生新的多糖链末端。然后，外切葡聚糖酶作用于纤维素多糖链的还原或非还原末端，水解 β-1,4-糖苷键，从末端逐步释放纤维二糖单位。最后，β-葡萄糖苷酶水解纤维二糖生成葡萄糖。该过程消除底物抑制的现象发生(纤维二糖的积累抑制纤维二糖水解酶的活性)，只有在 3 种纤维素酶的协同作用下，才能彻底水解结晶纤维素，任何单一类型的酶都不能单独水解结晶纤维素。

9.1.2.4　纤维素酶的性质及应用简述

纤维素酶的活性会因受到温度、pH 值、激活剂、抑制剂、底物及产物浓度等因素的影响而变化。纤维素酶属于一种复杂的酶系，来源不同其相对分子质量也不尽相同。内切型酶的相对分子质量为 2.3×10^4~1.46×10^5，如真菌的两种异构酶，其中 EGⅡ相对分子质量约 5.4×10^4，EGⅢ相对分子质量约 4.98×10^4，然而最小内切酶的相对分子质量为 5.3×10^3。外切型酶的相对分子质量为 3.8×10^4~1.18×10^5，如木霉的 CBH 有两种异构酶，其中 CBHⅠ相对分子质量约 6.6×10^4，CBHⅡ分子量约 5.3×10^4，β-葡萄糖苷酶相对分子质量约 7.6×10^4。纤维素酶不同，则最适温度也不同。在大多数情况下，纤维素酶的最适温度为 45~65 ℃，纤维素酶在温度过高的情况易失去活性。纤维素酶受酸碱度的影响较大，pH 值过低(过酸)或过高(过碱)都可导致酶蛋白变性而失活。不同的纤维素酶的最适反应 pH 值也不同。根据催化反应的最适 pH 值，纤维素酶可分为酸性纤维素酶(最适 pH 3~5)、中性纤维素酶(最适 pH 6~8)和碱性纤维素酶(最适 pH 8~11)。某些物质对纤维素酶发挥激活作用，而另一些物质起着抑制作用。有研究表明，Nd^{3+} 对纤维素酶的激活作用最显著，最适宜激活浓度范围为 1.0×10^{-9}~1.0×10^{-8}g/L。它可以使羧甲基纤维素钠酶活力提高 175.8%，使滤纸酶的活力提高 25.92%，纤维二糖酶活力提高 33.82%。

纤维素酶是一种具有重要工业应用价值的酶，约占据全球酶市场的 20%。纤维素酶的应用领域非常广，在食品工业中发挥着重要作用，如水解纤维素多糖生成β-糊精；用于谷物和豆类等植物性食品的软化和剥皮；降低咖啡提取物的黏度；用于食品原料的预处理；用于脱脂大豆粉和分离大豆蛋白；制造琼脂类和藻类食品；消除果汁、葡萄酒和啤酒中含有的纤维引起的浑浊等，提高啤酒和果汁出汁率，改善口感和提高营养价值；协同酒曲进行糖化反应，帮助大豆内容物的释放和分解，提高黄酒和酱油的品质，等等。

9.1.3 木聚糖酶

9.1.3.1 木聚糖酶的概念和分类

木聚糖酶(xylanase)属于糖苷水解酶(*O*-糖苷水解酶，EC 3.2.1.-)，广义的木聚糖酶是指随机水解木聚糖内部的β-1,4-D-木糖苷键，生成不同链长木寡糖的一组酶总称，其中内切β-1,4-木聚糖酶(EC 3.2.1.8)是木聚糖最关键的水解酶之一。狭义的木聚糖酶仅指内切β-1,4-木聚糖酶。

不同家族木聚糖酶的结构、作用方式、酶学性质及底物特异性都有很大区别，但是它们之间又表现出一定的相似性。

根据木聚糖酶的理化性质，木聚糖酶分为碱性木聚糖酶和酸性木聚糖酶。

根据木聚糖酶的功能和作用位点，木聚糖酶包括内切β-1,4-木聚糖酶(endo-1,4-β-D-xylanohydrolase，EC 3.2.1.8)、β-1,4-D-木糖苷酶(β-1,4-D-xylanxlylohydrolase，EC 3.2.1.37)、α-L-呋喃阿拉伯糖苷酶(α-L-arabinofuranosidase，EC 3.2.1.55)、α-D-葡萄糖醛酸苷酶(α-D-glucuronidase，EC 3.2.239)、乙酰木聚糖酯酶(acetyl xylan esterase，EC 3.2.72)和酚酸酯酶(phenol acid esterases)等(表 9-1)。内切β-1,4-木聚糖酶主要用于切断木聚糖的主链骨架，是酶系中主要的降解酶，产物为木糖和直链或带有支链的低聚/寡聚木糖。

表 9-1 木聚糖酶系组成及作用位点

木聚糖酶酶系组成	酶的作用位点
β-1,4-内切木聚糖酶	随机地切割木聚糖主链骨架的β-1，4-糖苷键，产生木糖和低聚木糖或带有侧链的寡聚木糖
β-木糖苷酶	主要以外切方式从非还原末端水解木二糖和低聚木糖，生成木糖或木寡糖
α-L-阿拉伯呋喃糖苷酶	从阿拉伯糖基木聚糖以及阿拉伯半乳聚糖的非还原端水解α-L-阿拉伯呋喃糖基
α-葡萄糖醛酸苷酶	水解葡萄糖醛酸和木糖残基之间的α-1,2-糖苷键
乙酰基木聚糖酶	水解乙酰化木聚糖中木糖残基 C2 和 C3 位上的 *O* 乙酰取代基团
酚酸酯酶(阿魏酸酯酶和香豆酸酯酶)	分别作用于阿魏酸、香豆酸与阿拉伯糖残基之间的酯键

根据疏水性和保守氨基酸不同，木聚糖酶分属 GH11 家族和 GH10 家族。其中，GH10 家族木聚糖酶等电点低，具有广泛的底物特异性，对短链的木寡糖具有较高的活性，相对分子质量通常较大，催化所得的产物中单糖较多，最适反应温度一般是 60~80 ℃，其空间构造呈现出“碗”的形状。GH11 家族木聚糖酶等电点高，具有高度的底物特异性，不能水解木二糖和木三糖，能迅速降解木五糖和木六糖，底物结合位点多，对长链木寡糖的亲和力更高，催化所得的产物里寡聚糖则较多，单糖较少，最适反应温度一般是 50~60 ℃，其空间构造呈现出“右手半握”的形状。

9.1.3.2　木聚糖酶的来源

木聚糖酶广泛存在于动物、植物和微生物中，其中细菌和真菌是木聚糖酶的主要来源。细菌产生的木聚糖酶通常为内切木聚糖酶，具有较好的耐碱性和热稳定性、酶解效率较高、对酶抑制剂不敏感，可作用于不溶性及可溶性木聚糖。真菌木聚糖酶主要来源于酵母菌和霉菌，大多数真菌木聚糖酶最适 pH 5 左右，最适温度为 50 ℃左右。

9.1.3.3　木聚糖酶的催化作用

木聚糖酶的分子结构较复杂，一般包括以下几部分：

① 催化结构域(catalytic domain，CD)：又称为功能结构域，是木聚糖酶中起催化和降解作用的关键结构域。多数木聚糖酶中仅含一个 CD，少数木聚糖酶含两个或两个以上 CD。

② 纤维素结合结构域(cellulose binding doman，CBD)：结合纤维素，存在于具有纤维素酶/木聚糖酶双水解功能的木聚糖酶中，能调节和固定连接有纤维素的底物木聚糖。

③ 木聚糖结合结构域(xylan binding domain，XBD)：促进酶通过侧链基团间的静电作用与底物木聚糖结合，XBD 虽然对酶催化活性无明显影响，但 XBD 的缺失会导致酶无法降解不溶性木聚糖。

④ 连接序列(linker sequence)：用于连接木聚糖酶分子中各个结构域。

⑤ 热稳定区域(thermostabilizing domain，TD)：该区域脂肪族、芳香族氨基酸的含量较高，蛋白折叠程度复杂，主要是对酶的热稳定性起作用。

⑥ 碳水化合物结合结构域(carbohydrate binding module，CBM)：可形成独立的亚基结构，也可通过多样连接方式与 CD 连接，能增加底物周围酶的浓度，增加酶催化能力来断裂多糖底物。

⑦ 未知功能非催化结构域：一般都与特异性的酶学性质相关，还有部分区域与木聚糖酶的分子进化有关。

木聚糖酶的催化机制包括两种：保持异头构型的保留机制(又称两步置换机制)和形成倒位异头构型的反转机制(又称一步置换机制)，两种机制的共同点是酶的活性部位均有带极性负电的氨基酸残基和带正电的碳离子。

保留机制催化过程：首先，其中一个谷氨酸残基的羧基作为质子供体提供一个质子给 β-1,4-糖苷键使之断裂，导致底物中原有基团离去和 α-糖基酶中间体的形成($\beta\rightarrow\alpha$)；然后，另一个谷氨酸残基的羧酸酯基从亲核水分子中提取质子，攻击异头碳使其通过氧化碳离子过渡态，从而产生具有 β 构型的产物($\alpha\rightarrow\beta$)。

反转机制催化过程：首先，谷氨酸残基起酸催化作用，将羧基中的 H^+ 提供给 β-1,4-糖苷键，天冬氨酸残基作为一般碱基起作用，活化亲核水分子以攻击异头碳，从而裂解糖苷键并导致异构碳上的构型反转。

9.1.3.4 木聚糖酶的性质及应用简述

不同来源的木聚糖酶在相对分子质量、最适反应温度和最适反应 pH 值等方面的性质差异很大。大多数木聚糖酶都是单亚基蛋白，相对分子质量为 8.0×10^3 ~ 1.45×10^5，pI 为 3~10。来源于细菌和真菌的木聚糖酶的最适反应温度在 40~60 ℃，多数细菌木聚糖酶的耐热性稍好于真菌木聚糖酶。大多数木聚糖酶的最适 pH 4.0~7.0，细菌木聚糖酶中性或者偏碱性，其最适 pH 6.0~8.0，真菌木聚糖酶偏酸性，最适 pH 4.0~6.0。

木聚糖酶能够实现含木聚糖底物的高效转化，同时具有环境友好的特点，因此在造纸、食品、动物饲料和洗涤剂等工业中具有重要的应用价值。真菌木聚糖由于其在较低温度下和酸性环境下能够发挥较高活性而被应用于食品工业。木聚糖酶用于预处理富含高黏度阿拉伯木聚糖的小麦可以解决啤酒制造中的过滤速率低或雾气形成这类问题；可澄清果汁和葡萄酒，提取咖啡、植物油和淀粉等；木聚糖酶与其他酶制剂混合使用，可提高果蔬的果汁产量、增加香气以及营养成分的回收率，可使面团更柔软、更易揉搓，增加面包体积，增强吸水性，提高耐发酵性；可利用木聚糖酶进行低聚木糖的生产，开发针对肥胖症患者或糖尿病患者的甜味剂。

9.1.4 果胶酶

9.1.4.1 果胶酶的概念和分类

果胶酶(pectinase)，是一类能分解果胶质(由 D-半乳糖醛酸以 α-1,4-糖苷键聚合而成)的酶的总称，包括果胶酯酶、聚甲基半乳糖醛酸酶、聚半乳糖醛酸酶、聚半乳糖醛酸裂解酶和聚甲基半乳糖醛酸裂解酶等。

根据最适 pH 值，果胶酶分为酸性果胶酶和碱性果胶酶。酸性果胶酶一般指聚半乳糖醛酸酶，其最适 pH 3.5~5，主要用于果胶的提取和酒类的澄清。碱性果胶酶一般指聚半乳糖醛酸裂解酶，其最适 pH 8~10，通过反式消去作用方式将聚合物果胶质分解成小分子半乳糖醛酸。

根据催化方式，果胶酶包括两类：一类催化果胶解聚，另一类催化果胶分子中的酯水解。其中催化果胶物质解聚的酶分为作用于果胶的酶(聚甲基半乳糖醛酸酶、聚甲基半乳糖醛酸裂解酶或者果胶裂解酶)和作用于果胶酸的酶(聚半乳糖醛酸酶、聚半乳糖醛酸裂解酶或者果胶酸裂解酶)。催化果胶分子中酯水解的酶有果胶酯酶和果胶酰基水解酶。

根据氨基酸序列和结构的划分可将果胶酶分为糖苷水解酶(glycoside hydrolases, GHs)、多糖裂解酶(polysaccharide lyases, PLs)和糖酯酶(carbohydrate esterases, CEs) 3 类。

9.1.4.2 果胶酶的来源

果胶酶普遍存在于高等动植物和微生物中，但目前国内外果胶酶的工业化生产都是通过微生物发酵实现的。真菌来源的果胶酶大部分都是酸性果胶酶，主要来源于黑曲霉；细菌来源的果胶酶大部分是碱性果胶酶，主要来源于芽孢杆菌、短小杆菌等。

9.1.4.3 果胶酶的催化作用

果胶裂解酶是作用于高酯化的果胶的一类酶，其作用方式为 β-消除反应，它将果胶最终分解为寡聚半乳糖醛酸甲酯。内切型果胶酸裂解酶作用的底物是果胶酸和低甲酯化果胶，但对高酯化度的果胶没作用。外切型果胶酸裂解酶切割果胶的还原末端生成不饱和二聚体。

聚半乳糖醛酸酶分为内切酶和外切酶两种。聚半乳糖醛酸内切酶只对游离羧基相邻的糖苷键起作用，底物的酯化程度是影响酶发挥作用的一个决定性因素。

果胶酯酶是羧酸酯水解酶，通过单链机制沿底物分子线性进行对果胶的去酯化过程，只对甲基化的果胶才起作用。

9.1.4.4 果胶酶的性质及应用简述

如 9.1.4.1 所述，酸性果胶酶一般指聚半乳糖醛酸酶，其最适 pH 3.5~5，碱性果胶酶一般指聚半乳糖醛酸裂解酶，其最适 pH 8~10。果胶裂解酶主要作用于高酯化程度的果胶，生成低聚物为不饱和的甲基半乳糖醛酸，其相对分子质量在 2.5×10^4 ~ 4.5×10^4，pI 6.5~11.5，最适 pH 7.5~10.0，最适温度 40~50 ℃。

酸性果胶酶的应用大多集中在食品行业，如用于提高果汁的澄清度和果蔬的出汁率；改善酒的风味、增加酒香；提高提取物的生物活性成分等。除此之外，酸性果胶酶还可用于细胞组织的软化，作用于细胞间质将其分解，使其成为悬浮细胞组织。碱性果胶酶可减少咖啡和茶发酵时间，提升咖啡发酵中果胶和果皮的脱净率，有效地降低了发酵液的黏稠度，解决茶粉末在冲泡过程中容易起泡这一难题。碱性果胶酶也可用于植物油的提取工艺，破坏果胶乳化作用，从而提高出油率，并且能够提高提取物中营养物质的含量，如多酚类和维生素 E 等。

9.1.5 乳糖酶

9.1.5.1 乳糖酶的概念和分类

乳糖酶(lactase)，又称为 β-D-半乳糖苷半乳糖水解酶(β-D-galactohydrolase，EC 3.2.1.23)，简称 β-半乳糖苷酶(β-galactosidase)，可将乳糖水解为半乳糖和葡萄糖，也可以催化转移半乳糖基反应。

目前发现的乳糖酶种类多样，主要分为异半乳糖苷酶、半乳糖苷酶及酸性半乳糖苷酶，其中半乳糖苷酶能水解大部分乳糖。

9.1.5.2 乳糖酶的来源及催化作用

乳糖酶来源广泛，植物(如桃、杏、苹果)和动物的肠道中都存在乳糖酶，但目前应用于工业中的乳糖酶只来源于微生物，如细菌(大肠埃希菌、乳酸菌)、酵母菌(乳酸克鲁维酵母、脆壁克鲁维酵母)和霉菌(黑曲霉、米曲霉)等。

乳糖酶具有水解乳糖和转移半乳糖苷两种功能，所以乳糖酶有两种酶的作用机制。首先乳糖酶切割 β-1,4-半乳糖苷键，水解乳糖生成葡萄糖和半乳糖；同时也可转移乳糖上的半乳糖生成异乳糖，异乳糖进一步被水解成葡萄糖和半乳糖，或继续在转糖基作用下生成其他半乳糖苷低聚糖。

9.1.5.3 乳糖酶的性质及应用简述

乳糖酶的性质根据其来源不同而各有不同(表 9-2)。细菌来源的乳糖酶均为胞内酶，最适 pH 6.0~7.5，热稳定性好，易于大规模发酵，但只有极少数的细菌可以作为乳糖酶的安全来源，同时某些极端嗜热细菌(如嗜热链球菌和嗜热脂肪芽孢杆菌)乳糖酶的耐热性强，具有制成固定化酶的潜力。酵母菌是目前最常用的工业乳糖酶来源菌，其最适 pH 6.0~7.0，最适温度为 40 ℃，相对分子质量约为 8.5×10^4，Mg^{2+}、Mn^{2+}等对酶活有促进作用，常被用于在乳制品工业中水解乳糖。但酵母来源的乳糖酶都是胞内酶，且需乳糖进行诱导才能表达。曲霉来源(如米曲霉和黑曲霉)的乳糖酶都是胞外酶，最适 pH 2.5~5.5，比酵母乳糖酶低，最适温度 45~60 ℃，是市场上常用的乳糖酶商品来源。

表 9-2　微生物乳糖酶的性质

微生物	分类	酶种类	最适 pH 值	最适温度/℃
真菌	黑曲霉	胞外酶	3.0~4.0	55~60
	米曲霉		5.0	50~55
酵母	乳酸克鲁维酵母	胞内酶	6.5~7.0	30~35
	脆壁克鲁维酵母		6.6	30~35
细菌	大肠埃希菌	胞内酶	7.2	40
	嗜热乳杆菌		6.2	55
	明串珠菌		6.5	66
	环状芽孢杆菌		6.0	65

乳糖酶可将乳糖分解为人体可吸收的半乳糖和葡萄糖，增加鲜奶的甜度，改善其品质和口感；能有效解决乳糖不耐症问题，并提高了营养价值；用于低乳糖乳制品生产、改善浓缩乳制品、发酵乳制品、奶粉的品质。利用乳糖酶的转糖苷作用，生产低聚半乳糖和功能性低聚糖或人工合成糖苷化合物，制备口感纯正和风味更佳的低聚半乳糖乳制品或新型的食品乳化剂。采用乳糖酶水解乳清获得乳清糖浆，能有效解决乳清排放问题。

9.1.6　葡萄糖异构酶

9.1.6.1　葡萄糖异构酶的概念和分类

葡萄糖异构酶(glucose isomerase)，又称木糖异构酶，指的是能将 D-木糖、D-葡萄糖、D-核糖等醛糖异构化为相应酮糖的异构酶。葡萄糖异构酶是一种胞内酶，最早研究发现其进入体内后的最适底物为 D-木糖。后来研究发现，在体外也可以将 D-葡萄糖转化为 D-果糖，也可将 D-木糖和 D-核糖等醛糖转化为相对应的酮糖。根据葡萄糖异构酶一级结构中 N 末端一般将其可分为Ⅰ型和Ⅱ型，Ⅰ型的肽链 N 端少 30~40 个氨基酸残基。目前已有多种来源的Ⅰ型葡萄糖异构酶被商业化生产，该类酶催化反应温度一般在 60 ℃左右，由于 D-葡萄糖异构化为 D-果糖为吸热反应，受到反应温度的影响，其转化率最高只能达到 42%~45%。Ⅱ型葡萄糖异构酶具有较强的热稳定性，一般存在于嗜热厌氧杆菌和栖热袍菌等一些极端嗜热环境(如深海、火山口)中生长的厌氧微生物中。该类酶可在高于 85 ℃的温度下反应，促进 D-葡萄糖向 D-果糖的转化，转化率达到 55%以上。

9.1.6.2　葡萄糖异构酶的来源及催化作用

葡萄糖异构酶来源非常广泛，细菌、真菌和放线菌等微生物以及植物和动物细胞中均有葡萄糖异构酶的存在，其中以放线菌和细菌中发现的最多。目前工业生产的葡萄糖异构酶主要来源于微生物，如嗜水假单胞菌、短乳杆菌、戊糖乳酸菌、暗色链霉菌和白色链霉菌等，这些微生物生产的葡萄糖异构酶大多为胞内酶，极少为胞外酶。产酶微生物菌株大多为嗜温性，少数为嗜热性。

葡萄糖异构酶催化过程主要分为 4 个步骤：底物结合、底物开环、氢迁移反应(异构化)和产物分子的闭环(图 9-1)，其中氢迁移反应被认为是整个反应过程的限速步骤。葡萄糖异构酶是一种非糖蛋白同源四聚体，四聚体亚基之间都以非共价键相结合，无二硫键，二聚体之间的结合力强于二聚体内的亚基间结合力。每个亚基分 2 个结构域(αβ 桶的 N 端的主结构域和无 β-片层的 C 端的小结构域)和 1 个深陷的口袋状的活性中心，每个活性中心具有 2 个金属离子结合位点，以及与底物结合和催化过程相关的保守残基。不同来源的葡萄糖异构酶的一级结构有一定的差异，但在空间结构上具有相似性。

9.1.6.3 葡萄糖异构酶的性质及应用简述

不同微生物来源的葡萄糖异构酶的性质也不相同。乳酸杆菌和大肠埃希菌来源的葡萄糖异构酶的热稳定性较差，链霉菌和枯草芽孢杆菌来源的葡萄糖异构酶在高温下相当稳定。嗜热高温菌来源的葡萄糖异构酶的热稳定性最高，可能是它对缬氨酸及脯氨酸等氨基酸的偏爱选择，使其具有更紧密的空间结构。葡萄糖异构酶除了 D-葡萄糖和 D-木糖外，还能以 D-核糖、L-阿拉伯糖、L-鼠李糖、D-阿洛糖和脱氧葡萄糖以及葡萄糖 C_3、C_5 和 C_6 的修饰衍生物为催化底物。但是葡萄糖异构酶只能催化 D-葡萄糖或 D-木糖 α-旋光异构体的转化，而不能利用其 β-旋光异构体为底物。葡萄糖异构酶的最适 pH 值通常微偏碱性，在 7.0~9.0 之间。在偏酸性的条件下，大多数种属的葡萄糖异构酶活力很低，最适反应温度一般在 70~80 ℃。葡萄糖异构酶的活力及稳定性跟二价金属离子有重大关系，Mg^{2+}、Co^{2+}、Mn^{2+} 等对该酶有激活作用，Ca^{2+}、Hg^{2+}、Cu^{2+} 等则起抑制作用。金属离子还影响葡萄糖异构酶对不同底物的活性，如凝结芽孢杆菌葡萄糖异构酶和 Mn^{2+} 结合时对木糖的活性最高，和 Co^{2+} 结合时对葡萄糖的活性最高。

葡萄糖异构酶应用主要在两方面，将 D-葡萄糖转化为 D-果糖生产新型甜味剂果葡糖浆和将 D-木糖转化为 D-木酮糖制备生物燃料乙醇。

9.1.7 蔗糖酶

9.1.7.1 蔗糖酶的概念和分类

蔗糖酶(sucrase)，又称转化酶(invertase)或 β-D-呋喃果糖苷水解酶(fructofuranoside fructohydrolase)，属于糖苷酶，能特异地催化非还原糖中的 β-D-呋喃果糖苷键水解，如水解蔗糖生成葡萄糖和果糖，水解棉子糖生成蜜二糖和果糖。

根据来源分，蔗糖酶分植物蔗糖酶、微生物蔗糖酶。植物蔗糖酶根据溶解度分可溶性和非可溶性两种。根据在细胞中所处的位置不同，分细胞壁蔗糖酶、液泡蔗糖酶和细胞质蔗糖酶 3 种，细胞壁蔗糖酶(又称胞外蔗糖酶)是非可溶性的，液泡蔗糖酶和细胞质蔗糖酶是可溶性的。细胞壁蔗糖酶和液泡蔗糖酶在 pH 4.5~5 的环境中酶解蔗糖的效率最高，所以又称为酸性蔗糖酶；细胞质蔗糖酶分中性蔗糖酶和碱性蔗糖酶，二者分别在中性和碱性的环境中酶解蔗糖的效率最高。

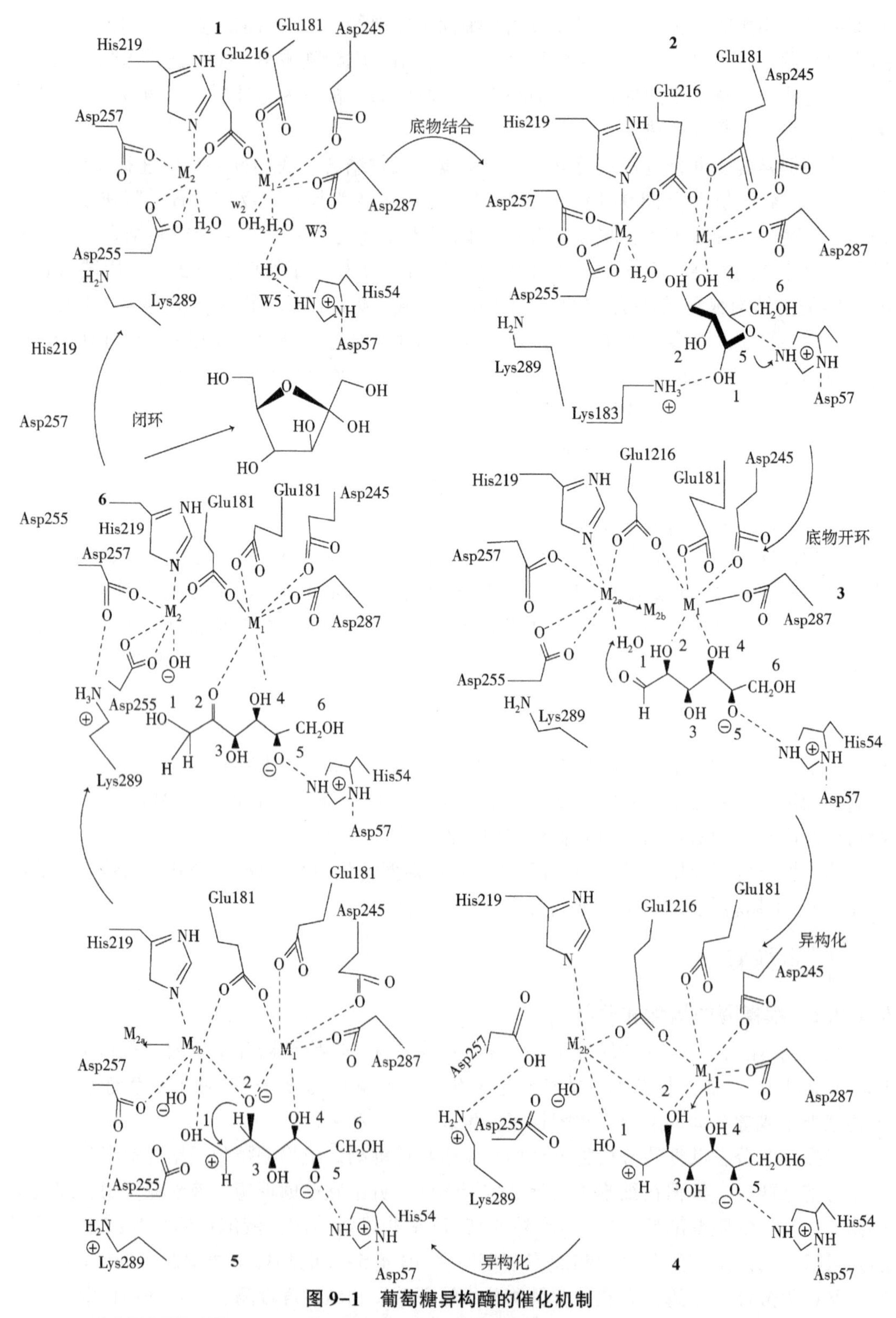

图 9-1　葡萄糖异构酶的催化机制

1. GI-二价金属离子复合物　2. GI-二价金属离子-环形葡萄糖复合物　3. GI-二价金属离子-线性葡萄糖复合物

4、5. GI-二价金属离子-糖醇复合物　6. GI-二价金属离子-线性果糖复合物　GI. 葡萄糖异构酶

9.1.7.2　蔗糖酶的来源与催化作用

蔗糖酶广泛存在于生物界，但动植物中的蔗糖酶催化活性很弱、产率低、受到季节限制，目前工业上的蔗糖酶主要来源于酒精酵母属或假丝酵母属。微生物蔗糖酶催化活性高、耐高温、底物抑制不明显和使用方便，多数微生物来源的蔗糖酶同时具有转果糖基活性和水解活性。

不同来源的蔗糖酶的反应机理不同，多数微生物来源蔗糖酶能独立作用于底物。如麦角菌(*Claviceps purpurea*)蔗糖酶催化形成异蔗果三糖型低聚果糖；尖孢镰孢菌(*Fusarium oxysporum*)蔗糖酶将果糖转移到蔗糖上生成葡果聚糖；转化杆菌(*Bacillus maceranss*)蔗糖酶能够有选择地合成葡果聚糖，当蔗糖、蔗果三糖和蔗果四糖共同存在时，蔗果三糖和蔗果四糖是最佳受体，而蔗糖分子不易得到果糖基。产物葡萄糖并不抑制蔗果三糖和蔗果四糖合成，而底物蔗糖和蔗果四糖的水解反应对该反应具有抑制作用，尤其是出芽短梗霉和黑曲霉蔗糖酶对底物具有很强空间结构特异性，它能选择性地将蔗糖分子的果糖基团转移到另一蔗糖分子的呋喃糖苷键上形成蔗果三糖型低聚果糖。

9.1.7.3　蔗糖酶的性质及应用简述

不同微生物来源的蔗糖酶其最适 pH 值、最适温度等酶学性质以及催化合成的低聚糖结构和产率都不同。例如，黑曲霉蔗糖酶的最适 pH 5.0~6.0，最适温度为 50~60 ℃，Hg^{2+}对该酶有强烈的抑制作用；节杆菌蔗糖酶 pI 为 4.3，最适 pH 6.5~6.8，最适温度 55 ℃，Hg^{2+}、Cu^{2+}、Ag^{+}和 SDS 对酶有抑制作用；出芽短梗霉蔗糖酶的最适 pH 4.5~6.0，最适温度为 50~55 ℃，Hg^{2+}、Cu^{2+}等离子对该酶有抑制作用。不同微生物来源蔗糖酶的酶学性质见表 9-3。

表 9-3　不同微生物来源的蔗糖酶的酶学性质

微生物	最适 pH 值和温度	相对分子质量
黑曲霉 ATCC 20611	5.0~6.0，50~60 ℃	$3.4×10^5$
出芽短梗霉 DSM 2404	5.0，50 ℃	$4.3×10^5$
黑曲霉	5.5，55 ℃	$3.4×10^5$
法夫酵母	5.0~6.5，65~70 ℃	$1.6×10^5$
大仁红酵母	5.0，55~60 ℃	$6.8×10^5$
出芽短梗霉属 ATCC 20524	5.0，55 ℃	$3.18×10^5$
节杆菌属 K-1	6.5~6.8，55 ℃	$5.2×10^4$
节杆菌属 10137	6.5，30 ℃	$5.58×10^4$
日本曲霉	5.5，50 ℃	$8.9×10^4$

蔗糖酶既具有水解功能又有转糖基功能，可广泛用于生产功能性低聚糖、食品添加剂和糖苷类物质的修饰与改性等。如以蔗糖和乳糖为原料，利用蔗糖酶将蔗糖水解成葡萄糖

和果糖，然后将果糖转移到乳糖还原性末端的羟基上生成的半乳糖基蔗糖(低聚乳果糖)，可广泛地应用于乳制品、乳酸菌饮料、固体饮料、糖果、饼干等食品中。真菌来源的蔗糖酶可工业化生产功能性的低聚果糖。通过蔗糖酶的转糖基功能，引入果糖基到甜菊糖中生成甜菊糖衍生物，可改善和脱除甜菊糖后苦味，作为新型的食品甜味剂广泛应用于食品工业中。蔗糖酶作用于大豆低聚糖，将其中的蔗糖转化为功能性低聚果糖，增加大豆低聚糖中功能因子的含量，提高大豆低聚糖的功能性。

9.1.8 β-葡聚糖酶

9.1.8.1 β-葡聚糖酶的概念和分类

β-葡聚糖酶是能催化水解β-葡聚糖的一类诱导型水解酶的总称。广义的β-葡聚糖酶是一个酶系，包括了所有能水解由β-糖苷键构成的D-葡萄糖聚合物的酶。狭义的β-葡聚糖酶专指内切-β-葡聚糖酶，其底物为β-1,3和β-1,4混和糖苷键连接形成的内切β-D-葡萄糖，产物主要为三糖(3-*O*-β-纤维二糖-D-吡喃葡萄糖)和四糖(3-*O*-β-纤维三糖-D-吡喃葡萄糖)。

根据作用方式不同，β-葡聚糖酶可分为内切酶和外切酶，内切酶通常将β-葡聚糖随机切断，多降解为纤维三糖和纤维四糖；外切酶作用在非还原性末端，通过两类酶的协同作用，会使β-葡聚糖完全水解。

按其作用的β-糖苷键位置不同，β-葡聚糖酶又分：内切-β-1,3-葡聚糖酶(EC 3.2.1.3)、内切-β-1,4-葡聚糖酶(EC 3.2.1.4)、内切-β-1,3-1,4-葡聚糖酶(EC 3.2.1.73)、外切-β-1,3-葡聚糖酶(EC 3.2.1.58)、外切-β-1,4-葡聚糖酶(EC 3.2.1.74)及少数内切-β-1,6-葡聚糖酶(EC 3.2.1.75)和内切-β-1,2-葡聚糖酶(EC 3.2.1.71)。其中，β-1,3-1,4-D-葡聚糖酶(地衣多糖酶)又可分为以下4种类型：能严格断裂邻近3-氧-取代的葡萄糖残基的β-1,4-糖苷键，但对β-1,4-葡聚糖却没有活性的特异β-1,3-1,4-葡聚糖酶(地衣酶，EC 3.2.1.73)；能水解1,4-糖苷键的内切β-1,4-D-葡聚糖酶(内切纤维素酶，EC 3.2.1.4)；能降解β-1,3-1,4-D-葡聚糖和β-1,3-D-葡聚糖的β-1,3(4)-D-葡聚糖酶(EC 3.2.1.6)以及β-1,3-D-葡聚糖酶(β-1,3-葡萄糖-3-葡萄糖水解酶或者地衣多糖酶，EC 3.2.1.39)。

9.1.8.2 β-葡聚糖酶的来源

β-葡聚糖酶来源广泛，在植物、动物和微生物中均有分布。β-葡聚糖酶在高等植物细胞壁中，尤其在大麦、燕麦和黑麦等谷类作物的胚乳细胞壁中含量最为丰富。谷物种子本身不含有β-葡聚糖酶，但在其发芽过程中，胚乳细胞受到胚上皮细胞分泌的赤霉酸刺激，将逐步合成一系列内源性β-葡聚糖酶，用于分解胚乳细胞壁中的β-葡聚糖，解除其对胚乳的抗性作用，保证种子的正常发芽。但植物来源β-葡聚糖酶分泌量极少，且比活力较低，适应性较差，不适用于工业生产。

真菌是β-葡聚糖酶的一个重要来源。产β-葡聚糖酶的真菌以嗜热真菌为主，包括嗜热拟青霉(*Paecilomyces thermophila*)、米黑根毛霉(*Rhizomucor miehei*)和樟绒枝霉(*Malbranchea cinnamomea*)，嗜酸真菌，如埃默森篮状菌(*Talaromyces emersonii*)、致病疫霉(*Phytophthora infestans*)、碎囊毛霉(*Mucor petrinsularis*)等。其中，米黑根毛霉来源β-葡聚糖酶胞外活力达到6 230 U/mL，在最适条件下的比活力达到28 820 U/mg，为已报道的真菌β-葡聚糖酶的最高比活力。酵母菌也能产生几种β-葡聚糖酶，但基本不能水解由β-1,3-糖苷键和β-1,4-糖苷键混合连接的β-葡聚糖，且分泌量相对较少，作用也较弱。基于嗜热真菌发掘耐热β-葡聚糖酶成为目前的一大研究趋势。此外，利用真菌固态发酵能够有效降低酶发酵制备成本，简化发酵流程，使得真菌来源β-葡聚糖酶的开发利用日渐受到重视。

细菌β-葡聚糖酶是报道最为广泛、研究较为透彻的一类β-葡聚糖酶，也是目前工业应用β-葡聚糖酶的主要来源。产β-葡聚糖酶的细菌主要是芽孢杆菌，包括枯草芽孢杆菌(*Bacillus subtilis*)、特基拉芽孢杆菌(*Bacillus tequilensis*)、地衣芽孢杆菌(*Bacillus licheniformis*)、解淀粉芽孢杆菌(*Bacillus amyloliquefaciens*)、嗜碱芽孢杆菌(*Bacillus halodurans*)、环状芽孢杆菌(*Bacillus circulans*)、类芽孢杆菌(*Paenibacillus* sp.)、多黏芽孢杆菌(*Bacillus polymyxa*)和高地芽孢杆菌(*Bacillus altitudinis*)等。此外，还有一些产β-葡聚糖酶的细菌，如产琥珀酸丝状杆菌(*Fibrobacter succinogenes*)、牛链球菌(*Streptococcus bovis*)、硫黄菌(*Laetiporus sulphureus*)和热纤维梭菌(*Clostridium thermocellum*)等。其中，在毕赤酵母(*Pichia pastoris*)中异源表达的产琥珀酸丝状杆菌来源的重组β-葡聚糖酶比活力达到10 800 U/mg，为已报道的细菌β-葡聚糖酶的最高比活力。一些芽孢杆菌所产β-葡聚糖酶的性能较为优异，其热稳定性较强，且对底物有较强特异性。由于发酵条件较为成熟，目前工业应用的β-葡聚糖酶主要为地衣芽孢杆菌经液态深层发酵制备。

9.1.8.3 β-葡聚糖酶的催化作用

β-葡聚糖酶的催化机理为两步置换反应：首先，亲核氨基酸残基得到质子置换相应的糖苷配基，形成共价的糖苷-酶中间体；然后，在水分子的攻击下，基础酸式残基和亲核氨基酸残基发生变形并从糖苷-酶中间体上脱落，释放出小分子的糖类。酶分子上的Glu138和Glu134分别充当了基本酸式残基和催化亲核残基的角色。此外，β-葡聚糖酶的催化机理还可用构型保持型的双替代机理T4模型解释。其中，T4模型是基于与T4溶菌酶在催化序列中Glu11和Asp20表现出相似性提出的。

9.1.8.4 β-葡聚糖酶的性质及应用简述

β-葡聚糖酶具有严格的底物专一性，仅能专一切开β-1,3-和β-1,4-糖苷键，使高分子葡聚糖水解为寡糖或还原糖。不同来源的β-葡聚糖酶最适温度和最适pH值等方面是有差异的(表9-4)。细菌所产β-葡聚糖酶的最适温度和耐热性一般高于真菌所产β-葡聚糖酶，但耐酸性刚好相反；β-葡聚糖酶粗酶液的热稳定性高于纯酶液；金属离子Mn^{2+}、Fe^{3+}和Cu^{2+}是β-葡聚糖酶的抑制剂，Zn^{2+}、Co^{2+}等离子是β-葡聚糖酶的激活剂，其他离子(Ca^{2+}、Mg^{2+}、Fe^{2+}和K^{+})在不同浓度条件下对β-葡聚糖酶有不同的作用。

β-葡聚糖酶对水解大麦、黑麦等谷物中的β-葡聚糖具有重要的作用，主要应用于酿酒工业和饲料工业。如β-葡聚糖酶分解大麦及麦芽中的β-葡聚糖凝胶，降低麦汁黏度，提高麦汁的过滤速度，减少胶状沉淀物，改善啤酒的浑浊度，提高产品质量；可利用基因工程技术改良酿酒酵母，使其代谢生成能够降解β-1,3-1,4-葡聚糖的β-葡聚糖酶，同时可避免β-葡聚糖酶促进酵母自溶，既能保证酵母糖化力，又改善了啤酒的感官指标和质量；在制糖过程中，适当地添加β-葡聚糖酶，可以分解β-葡聚糖，降低糖汁黏度，提高糖的澄清，从而提高制糖的产量和质量。

表 9-4 不同来源的 β-葡聚糖酶酶学性质

不同来源的 β-葡聚糖酶	pH 值范围	最适 pH 值	最适温度/℃
极端酸性 β-1,4-葡聚糖酶	1.8~2.6	2.6	65
重组 β-1,3-1,4-葡聚糖酶	5.4~7.4	6.4	40
芽孢杆菌产 β-葡聚糖酶	—	6.0	36~37
木霉产 β-葡聚糖酶	4.0~5.0	—	60

9.1.9 环糊精葡萄糖基转移酶

9.1.9.1 环糊精葡萄糖基转移酶的概念和分类

环糊精葡萄糖基转移酶(cyclodextrin glucosyltransferase，CGTase，EC 2.4.1.19)，又称环状糊精生成酶，属于 α-淀粉酶家族，主要用于生产环状糊精及化学改性糖类和配糖物。此外，环状糊精生成酶还能催化偶合反应、歧化反应、环化反应和水解反应等。

环糊精(cyclodextrin，CD)是一类环状低聚糖，由多个 D-吡喃葡萄糖单元通过 α-1,4 糖苷键连接起来而组成。常见的环糊精包括 α-环糊精、β-环糊精和 γ-环糊精，分别由 6、7 和 8 个葡萄糖单元组成。根据产物环状糊精种类的不同，环糊精葡萄糖基转移酶相应地可分为 α-环糊精葡萄糖基转移酶(α-cyclodextrin glucosyltransferase，α-CGTase)、β-环糊精葡萄糖基转移酶(β-cyclodextrin glucosyltransferase，β-CGTase)和 γ-环糊精葡萄糖基转移酶(γ-cyclodextrin glucosyltransferase，γ-CGTase)3 类。

9.1.9.2 环糊精葡萄糖基转移酶的来源

至今已从数十种微生物中分离得到 CGTase，以细菌和古细菌居多，而真菌较少，这其中又以芽孢杆菌为主。文献报道能产生 CGTase 的细菌主要有 5 类：第一类是好氧、嗜温细菌，如软化芽孢杆菌、巨大芽孢杆菌(*Bacillus megaterium*)、蜡样芽孢杆菌(*B. cereus*)、*Bacillus ohbensis*、肺炎克雷伯氏菌(*Klebsiella pneumoniae*)、产酸克雷伯氏菌(*K. oxytoca*)、藤黄微球菌(*Micrococcus luteus*)等；第二类是好氧、嗜热细菌，如嗜热脂肪芽孢杆菌(*Bacillus stearothermophilus*)；第三类是厌氧、嗜热细菌，如热产硫黄热厌氧杆菌(*Thermoanaerobacterium thermosulfurigenes*)；第四类是好氧、嗜碱细菌，如环状芽孢杆菌(*Bacillus circulans*)、芽孢杆菌属 AL-67(*Bacillus* sp. AL-67)等；第五类是好氧、嗜盐细菌，如嗜盐芽孢杆菌(*B. halophilus*)。

9.1.9.3 环糊精葡萄糖基转移酶的催化作用

CGTase 是一种多功能型酶，它能催化 4 种不同的反应：3 种转糖基反应(歧化反应、环化反应和偶合反应)和水解反应，如图 9-2 所示。歧化反应是 CGTase 催化的主要反应，该反应先把一个直链麦芽低聚糖切断，然后将其中一段转移到另外的直链受体上，如果底物是淀粉，歧化主要发生在 CGTase 催化反应的初始阶段，表现为淀粉糊化液黏度快速下降。环化反应是 CGTase 催化的特征反应，是一种分子内转糖基化反应，是将直链麦芽低聚糖上非还原末端的 O4 或 C4 转移到同一直链上还原末端的 C1 或 O1 上。环化和歧化反应的主要区别在于前者发生在一个底物内，后者则发生在两个底物之间。偶合反应是环化反应的逆反应，它可以将环糊精的环打开，然后转移到直链麦芽低聚糖上，这可以解释在

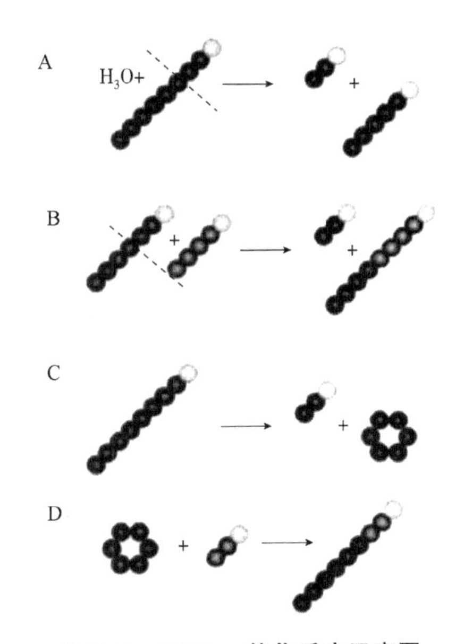

图 9-2　CGTase 催化反应示意图

A. 水解反应　B. 歧化反应　C. 环化反应　D. 偶合反应

圆圈代表葡萄糖残基，白色圆圈代表还原末端的葡萄糖

淀粉转化为环糊精过程中，随着时间延长产物由 α-环糊精向 β-环糊精移动的现象，在反应体系中存在高浓度麦芽低聚糖或葡萄糖的情况下容易发生偶合反应。水解反应则是将直链淀粉分子切断，然后两段均转移到水分子上，CGTase 具有轻微的水解活性。这 4 种反应的机理基本相同，仅仅是受体分子不同。CGTase 在表观上是一种从淀粉分子的非还原末端开始降解的外切酶，不能跨过支化点。但是，在分析 CGTase 作用于相对分子质量较大的底物(直链淀粉)生成大元环时发现其采用的是内切方式。因此，CGTase 在表观上显示出外切型主要是由于采用低相对分子质量或者高度支化的淀粉或糊精作为底物，这些底物比相对高分子质量的直链淀粉更容易发生反应。

9.1.9.4　环糊精葡萄糖基转移酶的性质及应用简述

不同来源的 CGTase 性质差异很大，部分细菌所产的 CGTase 的性质比较见表 9-5。CGTase 对 pH 值适应范围较广，最适 pH 6.5~8.0，pH 值低于 6.5 或高于 8.0 时，活力降低 50%左右，pH 4.0 以下或高于 10.5 时，活力基本消失。最适温度 60 ℃，高于 60 ℃开始失活，80 ℃时酶活力完全丧失。金属离子(如 Zn^{2+}、Co^{2+}、Fe^{3+}等)，对 CGTase 活力有较强的灭活作用。

表 9-5　不同来源环糊精葡萄糖基转移酶的性质

来　源	最适 pH 值	最适温度/℃	pH 值稳定范围	温度稳定范围/℃	主要产物
Bacillus macerans ATCC 8514	6.1~6.2	60	—	加 Ca^{2+} 50	—
Bacillus macerans IFO 3490	5.0~5.7	55	8.0~10.0	30~60	α-CD
Bacillus macerans IAM 1243	6.0	60	6.0~9.5	加 Ca^{2+} 50	α-CD
Bacillus megaterrium No. 5	5.0~5.7	55	7.0~10.0	55	β-CD
Bacillus cereus NCIMB 13123	5.0	40	—	—	α-CD

（续）

来　源	最适 pH 值	最适温度/℃	pH 值稳定范围	温度稳定范围/℃	主要产物
Bacillus ohbensis sp. nov. C-1400	5.0	55	—	—	β-CD
Bacillus licheniformis CLS 403	6.0	55	6.0~7.5	加 Ca^{2+} 55	α-CD
Klebsiella pneumoniae AS-22	5.5~9.0	35~50	6.0~9.0	加 Ca^{2+} 40	α-CD
Bacillus stearothermophilus SE-4	6.0	75	5.5~9.5	70	α-CD
Thermoanaerobacterium thermosulfurigenes EM1	4.5~7.0	80~85	—	加 Ca^{2+} 和淀粉 90	α-CD
Bacillus sp. AL-6 (allcal ophilicstrain)	7.0~10.0	60	5.0~8.0	40	γ-CD
Bacillus sp. INMIA-A/7 (allcal ophilicstrain)	6.0	50	5.5~10.0	55	β-CD
Bacillus cirulans var. *alkalo-philus* ATCC 21783	4.5~4.7	45	—	60	β-CD
Allalophilic bacillus sp. 7-12	5.0	60	6.0~10.0	70	—
Bacillus halophilus INMIA 3849	7.0	60~62	5.0~9.5	50	β-CD

除了最常见的 α-、β-、γ-环糊精，目前也有用 CGTase 生产分别由 9~12 个 D-吡喃葡萄糖单元组成的 δ-、ε-、ζ-和 η-环糊精的报道。CGTase 也能通过偶合和歧化反应，先将淀粉或环糊精转化为单糖、双糖或低聚糖，然后将这些糖分子作为供体转移到各种受体分子上，从而改善受体分子的性质，如 CGTase 催化低聚糖转移到蔗糖或果糖上可以制备具有难蚀性的偶合糖，催化甜菊苷、橙皮苷、芸香苷、L-抗坏血酸、鼠李糖等进行糖基化，能显著提高这些物质的使用性能，其中甜菊苷是一种带苦味且溶解度较低的化合物，通过糖基化反应能减少甜菊苷的苦味并且增加其溶解度；橙皮苷是维生素 P 黄酮类化合物之一，难溶于水，它与低聚糖经 CGTase 转糖苷作用后生成的 α-葡萄糖基橙皮苷的水溶性大大提高，而且产品无毒、无臭、无味，可用于食品、医药和化妆品等领域，新橙皮苷和柚皮苷采用同样的方法处理也可以显著提高它们的水溶性和减少苦味；芸香苷转化为 α-葡萄糖基芸香苷后，水溶性提高了近 3×10^4 倍，而它作为绿色染料的性能却没有变化；L-抗坏血酸的稳定性差，在水溶液中很容易氧化，它与低聚糖的混合物在 CGTase 转糖苷作用下生成葡萄糖基-L-抗坏血酸后，产物稳定性明显提高。

CGTase 应用于面包烘焙，可以改善面包的品质，如增加面包体积、改善面包质构、延缓面包的老化。Mutsaers 研究表明，将 CGTase 添加到面包生面团之中，可以增加小麦淀粉颗粒的膨胀能力和溶解性，进而可以显著增加烘焙产品的体积。Jemli 研究报道则称，在面包烘焙前，面团中加入 CGTase 不仅可以显著增加成品面包的体积，而且可以减轻面包在贮藏过程中的硬化，即减缓面包的老化过程。CGTase 抗面包老化原因有：一方面是 CGTase 有效水解淀粉，避免支链淀粉结晶；另一方面是由于生成的环糊精同面粉里存在的脂类形成复合物，降低支链淀粉的回生。

无麸质食品，如米粉面包是针对麸质过敏症患者研究开发的专用食品。但是米粉面包的老化比小麦面包更为严重，主要原因在于相比于小麦淀粉，大米淀粉更容易老化。米粉面包还存在面包体积小和质构差等问题。Gujral 研究报道，在制作米粉面包时添加 CGTase 可以减缓面包的老化；并且减缓面包老化的效果要优于添加 α-淀粉酶。此外，米粉面包中添加 CGTase 还能增大面包的体积，改善面包的形状和质地，其原因是生成的环糊精增加了疏水蛋白的溶解性并参与“捕获” CO_2，从而增大米粉面包的体积，改善成品面包的质构。

9.1.10　溶菌酶

9.1.10.1　溶菌酶的概念、来源和分类

溶菌酶(lysozyme，EC 3.2.1.17)，又称胞壁质酶(muramidase)或 *N*-乙酰胞壁质聚糖水解酶(*N*-acetylmuramide glycanohydrlase)，是能够水解细菌肽聚糖 *N*-乙酰胞壁酸和 *N*-乙酰葡糖胺之间的 β-1,4 糖苷键的碱性酶。有些溶菌酶也表现出几丁质酶的活性，随机水解壳多糖中的 1,4-β-*N* 乙酰氨基葡萄糖苷键。

基于结构、催化和免疫学特征的差异，溶菌酶可分为 6 种不同类型：植物溶菌酶、微生物溶菌酶、噬菌体溶菌酶(主要为 T4 噬菌体)、C 型(蛋清溶菌酶、胃溶菌酶等)、G 型(鹅型溶菌酶)和 I 型(无脊椎动物溶菌酶)，其中 C、G 型和噬菌体溶菌酶最常见。依照来源分为动物源溶菌酶、微生物源溶菌酶和植物源溶菌酶。微生物源溶菌酶依据微生物的种类多样性可分为真菌细胞壁溶菌酶和细菌细胞壁溶菌酶两种。真菌细胞壁溶菌酶主要包括 β-葡聚糖酶(β-glucanases)和几丁质酶两种。β-葡聚糖酶包括 β-1,3-葡聚糖酶、β-1,6-葡聚糖酶和甘露聚糖酶等。几丁质酶的主要组成成分是内几丁质酶。细菌细胞壁溶菌酶根据其水解细菌细胞壁的作用方式不同，分为水解肽聚糖肽链尾端的内肽酶，水解肽聚糖主链中 *N*-乙酰胞壁酸和 *N*-乙酰葡糖胺之间的 β-1,4-糖苷键的胞壁质酶以及水解肽聚糖侧链酰胺键的酰胺酶。植物中发现的溶菌酶其主要成分为几丁质酶，能够对植物体内的真菌病原体产生抵抗作用，但含量基于植物种类不同而差异较大。

9.1.10.2　溶菌酶的催化作用及功能

鸡蛋清溶菌酶是目前研究与应用最多的溶菌酶之一，该酶在蛋清蛋白中占 3.4%～3.5%，由 129 个氨基酸组成，分子质量约为 1.43×10^4。溶菌酶因具有 4 个二硫键而使其结构相对稳定，可耐受外界一定压力与高温。在溶菌酶分子表面有一个能容纳多糖底物 6 个单糖的裂隙则是酶的活性部位。催化中心位于该裂隙中的两个呋喃糖基(第 35 位谷氨酸和第 52 位的天冬氨酸)，第 35 位谷氨酸通过将质子传递给糖苷键的 O 原子的方式，将糖苷的 O 原子和糖的 C1 原子间的结合键切断，之后 C1 变成的碳阳离子在第 52 位天冬氨酸负电荷的作用下与其相互结合形成稳定的状态，碳离子的碰撞使 OH^- 和 H^+ 结合在第 35 位的谷氨酸上，至此水解过程完成。

溶菌酶是动物本身固有的非特异性免疫因子，是有机体对抗病原微生物入侵最快速、最稳定的天然防线。许多研究者对溶菌酶作用机制进行了阐述：一是天然溶菌酶可以水解 *N*-乙酰葡糖胺和 *N*-乙酰胞壁酸之间的 β-1,4-糖苷键，破坏了革兰阳性菌细胞壁肽聚糖支架，因内部渗透压作用而导致细菌裂解，所以溶菌酶对革兰阳性菌作用较强；而革兰阴性菌细胞壁肽聚糖含量较少且被脂多糖类物质包被，导致溶菌酶对革兰阴性菌作用较弱甚至无效。二是溶菌酶可阻止细菌溶解而引起的内毒素释放，并能降低细菌降解产物对巨噬

细胞的激活及各类炎症介质(如 TNF-α)的产生，显著降低 IL-1 的 mRNA 的表达水平，减轻炎症发生。同时溶菌酶还能增加动物十二指肠及空肠绒毛膜高度、降低隐窝深度，强化了宿主第一道免疫防线。三是溶菌酶在体内 pH 值近中性环境下带有较多正电荷，可与带负电荷的病毒起作用，并与 DNA、RNA、脱辅基蛋白形成复盐，中和病毒并使其失活。此外，溶菌酶还具有非特异性免疫调制作用，增强宿主体内巨噬细胞、中性粒细胞的吞噬病原菌功能，增强了宿主的第二道免疫防线。说明溶菌酶除具有抗菌、抗病毒及加快损伤组织的修复等功能，还是一种重要的非特异性免疫因子。

9.1.10.3 溶菌酶的性质及应用简述

溶菌酶是一种单体碱性球蛋白，碱性氨基酸和芳香族氨基酸含量高，相对分子质量约为 1.44×10^4，活性位点存在于 C 末端的 α-螺旋与 N 末端 β-反平行折叠结构之间，同时在该结构中穿插 4 对半胱氨酸构成的二硫键，不同种类的溶菌酶具有相同起源。溶菌酶最适温度为 50 ℃，最适 pH 7.0 左右，pI 10.7～11.0。溶菌酶在 pH 值为 1.2～11.3 的溶液中能够稳定存在，其分子结构不会因为溶液的 pH 值变化而改变，在酸性环境中对高温有很强的承受性，但在碱性条件下其性质变得特别不稳定，易发生蛋白质的可逆变性，温度为 77 ℃就是其变性的临界点，这个临界点与溶剂有关系，会随着溶剂的变化而变化。

微生物引起的腐败会导致食品质量及食用价值下降，甚至可能导致食物中毒。因此，杀灭微生物对食品质量及安全十分重要。目前常用的手段有干燥、加热、排除空气、紫外线照射、添加防腐剂等，但对各项措施副作用的担忧也越来越多。因此，溶菌酶等天然抗菌活性物质逐渐登上食品工程的舞台，一些溶菌酶具有无毒防腐、抗氧化及溶菌谱广等特点功效，与一些化学试剂配伍后还可增强活性。欧盟在 2000 年已经允许在海产品、奶酪等乳制品、豆类产品、葡萄酒等酒类及红肠等肉类中添加溶菌酶，作为一种安全广谱的杀菌防腐剂。

9.1.11 壳聚糖酶

9.1.11.1 壳聚糖酶的概念和分类

壳聚糖是自然界存在的唯一碱性多糖，具有独特的结构和功能。它是由乙酰氨基葡萄糖(GlcNAc)和氨基葡萄糖(GlcN)两种糖单元组成的线性聚合物，其中 GlcN 的含量通常超过 80%。壳聚糖酶(chitosanase，EC 3.2.1.132)，通常被认为是一类能够特异性水解壳聚糖的酶。2004 年，酶命名委员会将壳聚糖酶定义为能够以内切的方式水解壳聚糖中 β-1，4-糖苷键的酶。根据不同的分类标准，可以将壳聚糖酶分为不同的类别。

根据酶切位点的特异性，壳聚糖酶被分为 3 个不同的亚类：亚类Ⅰ、亚类Ⅱ和亚类Ⅲ。亚类Ⅰ壳聚糖酶可以水解 GlcN-GlcN 键和 GlcNAc-GlcN 键；亚类Ⅱ壳聚糖酶，只能切割 GlcN-GlcN 键；亚类Ⅲ壳聚糖酶既可水解 GlcN-GlcN 键，又可水解 GlcN-GlcNAc 键。

根据氨基酸序列的相似性，可以将壳聚糖酶划分到 5 个糖苷水解酶(GH)家族：GH-5、GH-8、GH-46、GH-75 和 GH-80。其中，GH-5 与 GH-8 家族属于复合家族，糖苷水解酶种类多，但是壳聚糖酶数量比较少，而 GH-46、GH-75、GH-80 家族全部由壳聚糖酶组成。相比于 GH-75 和 GH-80 家族，GH-46 壳聚糖酶，特别是来自环状芽孢杆菌 MH-K1 和链霉菌属 N174 的壳聚糖酶，已经在其催化特征、酶解机制和蛋白质结构方面进行了深入研究。

根据降解方式的不同，壳聚糖酶可以分为内切酶与外切酶。内切酶水解断裂壳聚糖链内部的β-(1→4)糖苷键，产生不同聚合度的壳寡糖；外切酶即外切-β-D-葡萄糖苷酶，从壳聚糖链的非还原端开始逐个切下单糖残基，产生单糖。已经报道的壳聚糖酶大部分为内切酶，只有少数微生物产生外切酶。

几丁质酶与壳聚糖酶的区别在于壳聚糖酶易降解脱乙酰化的壳聚糖，几丁质酶更易降解乙酰化的壳聚糖。

9.1.11.2　壳聚糖酶的来源

自 1973 年，Shimosaka 等首先提取出壳聚糖酶以来，科研人员相继从多种微生物(包括细菌、放线菌、真菌及病毒等)和植物中分离、纯化得到壳聚糖酶。目前，从很多细菌中已经发现胞外壳聚糖酶，包括芽孢杆菌属、沙雷氏菌属、紫色杆菌属、类芽孢杆菌属、不动杆菌属、链霉菌属等。在这些细菌中，芽孢杆菌属和链霉菌属的研究最为广泛。真菌壳聚糖酶的研究很少，已经报道的来源于真菌的壳聚糖酶包括曲菌属、卵形孢球托霉属，以及木霉属。来源于蓝藻的壳聚糖酶主要是鱼腥藻。上述壳聚糖酶大多数来源于微生物，然而也有少数来源于植物。在洋葱和韭菜根部发现壳聚糖酶活性物质。Hsu 等从冬笋中发现了两种具有热稳定性的壳聚糖酶。

9.1.11.3　壳聚糖酶的催化作用

来源不同的壳聚糖酶能够对不同脱乙酰度的壳聚糖进行不同的特异性水解，但一般只催化水解壳聚糖链上β-1,4-糖苷键，而不能把几丁质和纤维素中存在相同结构的糖苷键水解，这可能是因为壳聚糖酶结合位点和催化活性中心中氨基酸只能与重复单元氨基葡萄糖结构中的氨基团形成氢键，而不能与具有暴露氨基的线性多聚糖发生特异的结合和水解造成的。

目前，壳聚糖酶的作用机理一般认为是反应底物形态机理，分为“Retaining”和“Inverting”两种催化机理。当底物与还原端异构物一致时发生的反应是“Retaining”反应，当产物还原端异构物构象生改变时，发生的则是“Inverting”催化反应。根据反应底物形态机理，糖苷键与底物发生水解反应时，“Retaining”是两步置换反应，而“Inverting”是一步置换反应，水解机理的不同是基于参与水解的关键氨基酸的作用和水分子位置的差别。无论是“Inverting”还是“Retaining”，底物形态是影响反应机理的关键因素，两种氨基酸的位置是糖苷键水解反应的关键。

9.1.11.4　壳聚糖酶的性质及应用简述

不同来源的壳聚糖酶差异性较大，其酶学性质也会有所不同(表 9-6)。植物来源的壳聚糖酶相对分子质量一般在 1.0×10^4~2.3×10^4，微生物来源的壳聚糖酶的相对分子质量为 2.0×10^4~5.0×10^4，但同时也存在少数相对分子质量较高的壳聚糖酶。

微生物来源的壳聚糖酶的最适反应温度一般为 50~70 ℃，pI 为 7.0~8.5，最适 pH 4.0~8.0，在偏酸或偏碱的比较宽的 pH 值范围内仍能保持很好的稳定性。重金属离子(Hg^{2+}、Cu^{2+}、Co^{2+}等)能够抑制壳聚糖酶的活性甚至使酶完全失活；而其他金属离子(Mg^{2+}、Ca^{2+}、Mn^{2+}等)则可以提高酶的活性。但某些金属离子对酶的活性的影响也可能与之相反，如 Mn^{2+}可以抑制相关壳聚糖酶的活性，而 Co^{2+}却可提高细菌壳聚糖酶的活性。

表 9-6 部分壳聚糖酶的酶学性质

产壳聚糖酶菌株	相对分子质量	最适 pH 值	最适温度/℃	金属离子的影响
Bacillus sp. AA5	3.81×10^4	7.0	43	抑制(Cu^{2+}、Zn^{2+}、Fe^{2+}) 激活(Ca^{2+}、Mg^{2+}、Ba^{2+})
Bacillus cereus D-11	4.1×10^4	6.0	60	抑制(Hg^{2+}、Pb^{2+}、Cu^{2+})
Bacillus sp. DAU101	2.7×10^4	7.5	50	抑制(Hg^{2+}、Ni^{2+}) 激活(Na^+、Ca^{2+}、Mg^{2+})
Pseudomonas sp. TKU015	3.0×10^4	4.0	50	激活(Cu^{2+}、Mn^{2+})
Spergillus sp. CJ22-326 ChiA	1.09×10^5	4.0	50	抑制(Hg^{2+}、Ag^+) 激活(Mn^{2+})
Spergillus sp. CJ22-326 ChiB	2.9×10^4	6.0	65	抑制(Hg^{2+}、Fe^{3+}) 激活(Mn^{2+})
Aspergillus fumigatus KB-1 Chitosanase Ⅰ	1.11×10^5	6.5	60	抑制(Mo^+、Hg^{2+}、Pb^{2+})
Aspergillus fumigatus KB-1 Chitosanase Ⅱ	2.3×10^4	5.5	70	抑制(Mo^+、Hg^{2+}、Cu^{2+})
Sphingomonas sp. CJ-5	4.5×10^4	6.5	56	抑制(Cu^{2+}、Co^{2+}、Ag^+) 激活(Ca^{2+}、Mg^{2+}、Ba^{2+})

壳聚糖酶应用广泛，最为重要的用途是生产壳寡糖。壳聚糖酶水解产生的壳寡糖相对分子质量更易控制且条件温和，壳聚糖酶水解获得的壳寡糖相对分子质量一般低于 1.0×10^4，且更易溶于水，优于天然的壳寡糖。壳寡糖比壳聚糖有更好的生物功能，如在生物医学领域对人体的免疫调节、抗肿瘤、降血脂、调节血糖、改善肝脏和心肺功能等。此外，壳寡糖在食品行业还具有重要的应用价值，有助于改善肠道，从而促进人体吸收营养物质；可用于生产调味品，代替市场上一些如苯甲酸钠等化学添加剂；可用于生产饮料，具有调节免疫功能的作用；可用于蔬菜、水果的保鲜，且具有抗菌防腐的功效。使用壳聚糖酶对植物病原体进行生物防治以及开发转基因植物也是壳聚糖酶的主要研究领域之一。另外，壳聚糖酶也可用于甲壳类生物废物/副产品的增值。

9.1.12 菊粉酶

9.1.12.1 菊粉酶的概念和分类

菊粉酶(inulinase)，学名为β-2,1-D-果聚糖酶，又称β-果聚糖酶或β-2,1-D-果糖聚水解酶(EC 3.2.1.7)，是一类能水解β-2,1-D-果聚糖的水解酶，从果聚糖的非还原端逐个切下单个果糖，或在分子内部随机切断β-2,1-D-果聚糖果糖苷键，是可以水解菊粉成果糖或低聚果糖的一类水解酶。

根据对底物作用方式的不同，菊粉酶可以分成外切菊粉酶和内切菊粉酶。外切菊粉酶从底物分子的非还原末端催化水解果糖残基产生高果糖浆，其底物可以是菊粉、蔗糖或果聚糖。内切菊粉酶催化水解菊粉内部的β-2,1-糖苷键，使其变成三糖、四糖或五糖为主的低聚果糖，但其缺少蔗糖酶活力。通常用 I/S 的大小来区分内切菊粉酶和外切菊粉酶，I 是以菊粉作底物时的酶活，S 是以蔗糖作底物时的酶活，I/S 大于 10^{-2} 定义为菊粉酶，而 I/S 小于 10^{-4} 定义为蔗糖酶。根据菊粉酶在微生物体内的主要分布可将其分为胞内酶、胞壁结合酶和胞外酶，它们的比例主要受菌种、碳源、温度和 pH 值的影响。根据来源，菊粉酶可以分为微生物菊粉酶和植物菊粉酶。

9.1.12.2 菊粉酶的来源

菊粉酶的来源很广，自然界中的植物以及土壤、水和动物消化道中的多种微生物都可以分泌菊粉酶。植物来源的菊粉酶主要见于菊科植物，如菊芋的块茎、天竺牡丹(大理菊)的块根、蓟的根等。植物来源的菊粉酶底物专一性强，只对菊粉具有催化活性，然而含量甚微。微生物来源的菊粉酶底物范围广，大多都能水解含有 β-2,1-呋喃果糖苷键的碳水化合物，如菊粉、蔗糖和棉子糖。微生物来源的菊粉酶种类多，热稳定性好，而且微生物生长迅速，培养简单，且有些菌株可产生大量的酶，所以对菊粉酶的研究和利用主要针对各种微生物来源的酶。

根据报道，酵母菌约有 10 个属 20 余种、丝状真菌约有 17 个属 40 余种、细菌约有 12 个属 10 余种都能够产生菊粉酶，尤其是丝状真菌和酵母菌。其中，酵母菌产菊粉酶的能力比真菌和细菌产菊粉酶的能力强。酵母菌中的马克斯克鲁维酵母、脆壁克鲁维酵母、毕赤酵母和金黄色隐球酵母(*Cryptococcus aureus*)具有较高而且稳定的产酶活性，存在着潜在的工业应用价值。尤其是马克斯克鲁维酵母，由于它和酿酒酵母进化关系最近，有共同的进化起源，与乳酸克鲁维酵母(*Klyuveromyces lactis*)是姐妹菌株，可以分解乳糖和菊粉，并且具有生长快速、繁殖时间短、耐热性好、能大量分泌外源蛋白、食品安性高等优点，使其在生物技术应用领域面临的限制小，更加具有商业价值。丝状真菌中的曲霉菌属和青霉菌属也是很好的生产菊粉酶的来源。其中，曲霉菌属是研究最多的真菌微生物。虽然细菌来源的菊粉酶产量远不及酵母菌和丝状真菌，但某些菌株能在较高的温度生长。为了寻找适合工业生产的高温酶，研究者对某些产菊粉酶的细菌菌株也展开了一定的研究，主要是芽孢杆菌属、假单胞菌属和链霉菌属。

9.1.12.3 菊粉酶的催化作用

菊粉酶的催化机制与其他异头碳构型保持的糖苷水解酶一样，符合双替位机制。在催化过程中，有两个关键性氨基酸残基起作用，一般是酸性氨基酸天冬氨酸或谷氨酸，这两个氨基酸一个以去质子化的形式存在，在催化过程中作为亲核基团攻击底物的异构碳原子，形成共价中间体。另一个被完全质子化，在催化过程中起广义的酸碱催化，提供质子。为了维持这个氨基酸的质子化状态，通常还需要其他氨基酸残基通过氢键来稳定它。在催化过程中，首先由去质子化的氨基酸攻击异构碳原子形成共价中间体，导致糖苷键断裂。这时起酸碱催化的氨基酸先进行酸催化，提供质子稳定中间体，接着又执行碱催化，将水分子去质子化，最终完成水解过程。菊粉酶的催化过程如图 9-3 所示。

9.1.12.4 菊粉酶的性质及应用简述

菊粉酶可以是单亚基的糖蛋白，也可是二聚体或四聚体。菊粉酶相对分子质量的大小取决于微生物种类及酶的作用方式，内切型菊粉酶的相对分子质量范围是 3.0×10^4 ~ 1.39×10^5，外切型菊粉酶则为 4.0×10^4 ~ 2.56×10^5。

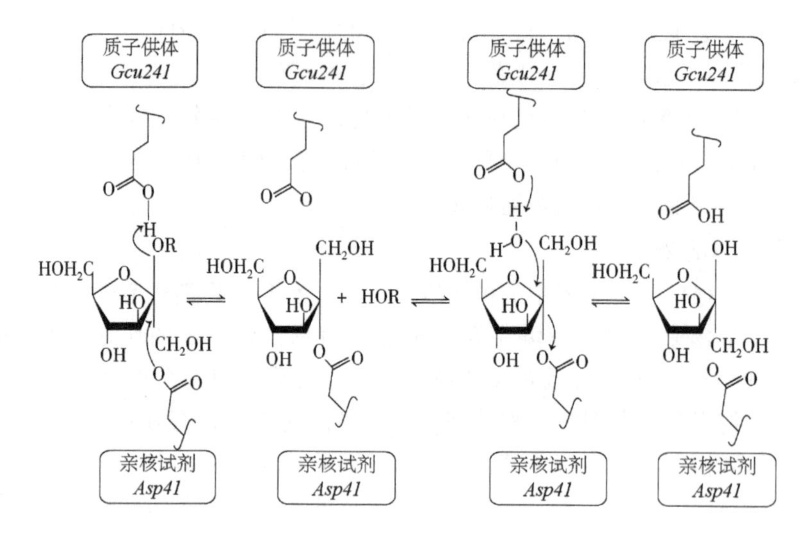

图 9-3 菊粉酶的催化过程

菊粉酶的最适 pH 值和温度主要取决于产酶的微生物，酵母菌菊粉酶最适 pH 4.4~6.5，霉菌菊粉酶最适 pH 4.5~7.0，细菌菊粉酶最适 pH 4.8~7.0，酵母菌菊粉酶的最适温度 30~55 ℃，霉菌菊粉酶最适温度 45~60 ℃，细菌菊粉酶最适温度 35~55 ℃。

不同微生物来源的菊粉酶其酶活激活或抑制剂都有所不同。浓度均为 1.0 mmol/L 的情况下多种金属离子如 Ca^{2+}、K^{+}、Na^{+}、Fe^{2+} 和 Cu^{2+}，可激活酵母菊粉酶活力，但 Mg^{2+}、Hg^{2+} 和 Ag^{+} 会抑制菊粉酶的活力。苯甲基磺酰氟、碘乙酸和乙二胺四乙酸对该酶有强烈的抑制作用。Ca^{2+}、Mn^{2+}、Mg^{2+} 金属离子对青霉所产菊粉酶有激活作用，而 Ag^{+}、Zn^{2+}、Cu^{2+}、Fe^{2+}、Fe^{3+} 金属离子对该酶活力有强烈的抑制作用。

菊粉酶有一定的底物专一性，但不同的碳源底物对酶的活性影响很大。例如，菊粉、麦芽糖和低浓度的果糖都能够诱导生成菊粉酶，葡萄糖却能明显地抑制菊粉酶活性。

利用内切型菊粉酶降解菊粉生产双歧因子低聚果糖，能够促进益生菌在肠道内迅速增长繁殖。利用外切型菊粉酶制备高果糖浆，高果糖浆具有高甜性、溶解度高并且价格低廉、保藏效果好、热值低、渗透压高等特点，可作为甜味剂在糖尿病人的食品中应用。利用产菊粉酶的微生物菌株与酵母菌同步糖化菊芋或菊粉可发酵生产乙醇、单细胞蛋白、乳酸、甘露糖醇和山梨醇等。

9.1.13 β-葡萄糖苷酶

9.1.13.1 β-葡萄糖苷酶的概念和分类

β-葡萄糖苷酶(β-glucosidase，EC 3.2.1.21)，又称 β-D-葡萄糖苷水解酶、龙胆二糖酶、纤维二糖酶或苦杏仁苷酶，能够水解结合于末端、非还原性的 β-D-1,4-糖苷键，同时释放出 β-D-葡萄糖和相应的配基。β-葡萄糖苷酶除作用 β-1,4 键外，还能作用 β-1,1、β-1,2、β-1,3 和 β-1,6 键，具有转移葡萄糖基的作用。

根据氨基酸序列分类，人们将 β-葡萄糖苷酶划分在糖苷水解酶家族 1 和 3 中。家族 1 中的酶除有葡萄糖苷酶活性外，还有很强的半乳糖苷酶活性。

基于底物特异性，β-葡萄糖苷酶可分为作用于芳基葡萄糖苷的芳基 β-葡萄糖苷酶，水解纤维二糖的纤维二糖酶和广泛的底物特异性酶 3 类，其中所表征的 β-葡萄糖苷酶大多数属于第三种。

9.1.13.2　β-葡萄糖苷酶的来源

目前已经发现的产 β-葡萄糖苷酶的生物类群包括原核生物、真核生物。β-葡萄糖苷酶普遍存在于植物、微生物和哺乳动物的肠道中。植物中很多来源的 β-葡萄糖苷酶已被纯化和研究，这些来源有植物的种子、果实、叶苗、根和花。微生物有约氏黄杆菌(*Flavobacterium johnsonae*)、多黏性芽孢杆菌(*Bacillus polymyxa*)、肠膜明串珠菌(*Leuconostoc mesenteroides*)、链霉菌属、镰刀菌(*Fusarium oxyspornum*)、假丝酵母菌(*Candida peltata*)、出芽短梗霉(*Aureobasidium pullulans*)、汉逊德巴利酵母(*Debaryomyces hansenii*)、康氏木霉(*Trichoderma koningii*)、黄灰青霉(*Penincillium aurantiogriseum*)、黑曲霉、米曲霉、干酪乳杆菌(*Lactobacillus casei*)等。现在对真菌中 β-葡萄糖苷酶产生菌研究较多的是丝状真菌，主要为曲霉属和木霉属，而细菌中研究较多的是芽孢杆菌属。

9.1.13.3　β-葡萄糖苷酶的催化作用

大多数的 β-葡萄糖苷酶采用异头碳保留型机制催化水解底物，即在催化糖苷键的裂解反应时都遵循双取代反应机制(图 9-4)，第一步为糖基化的过程，催化性酸将质子提供给离去的糖苷配基，而催化亲核试剂在相反侧进行亲核攻击，产生 α 连接的共价酶-糖

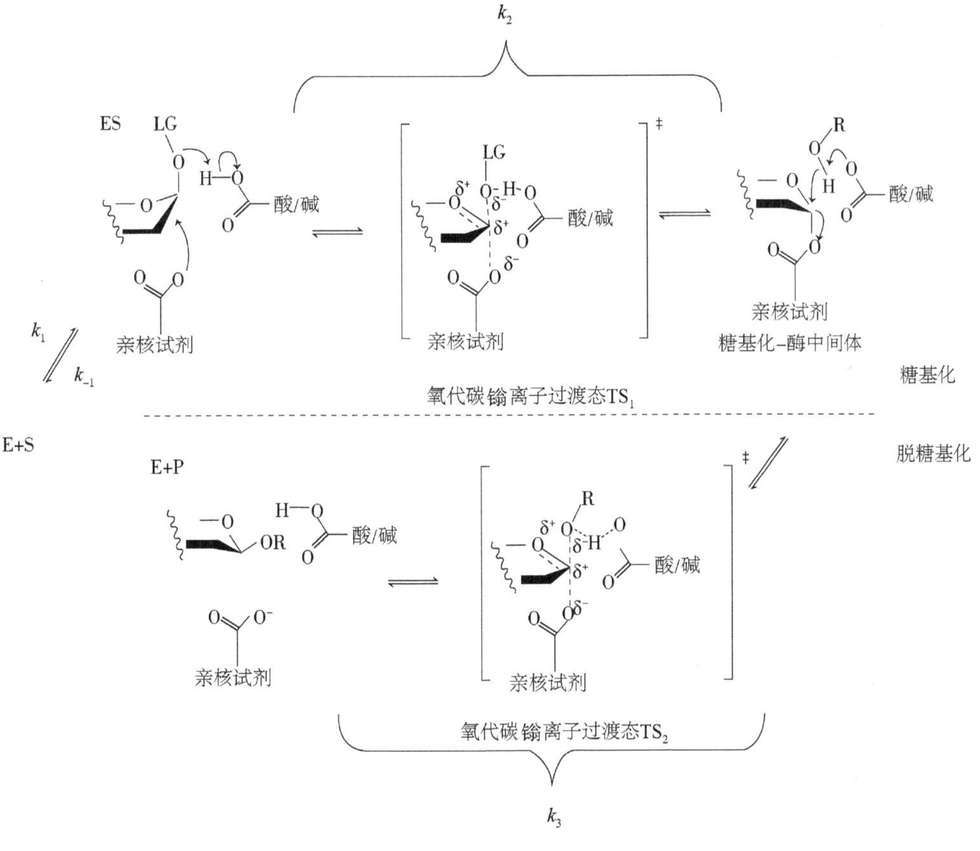

图 9-4　β-葡萄糖苷酶的两步法催化机理

苷中间体；第二步为去糖基化的过程，水分子在催化酸/碱的协助下发生攻击，以便从葡萄糖中置换催化亲核试剂。糖基化和去糖基化的过程都是氧代碳鎓离子状态的转变。还有部分β-葡糖苷酶水解机制为反转型，即活化的水分子直接亲核攻击异头碳以便进一步置换糖苷配基，导致反向手性异头碳形成，催化性碱从水分子中获得质子，而催化性酸质子化脱离糖苷配基基团。

9.1.13.4 β-葡萄糖苷酶的性质及应用简述

β-葡萄糖苷酶有胞内酶和胞外酶之分，有些生物体内只含有胞内β-葡萄糖苷酶，也有的只含胞外β-葡萄糖苷酶，但是有少部分微生物体内同时含有胞内和胞外β-葡萄糖苷酶。β-葡萄糖苷酶的相对分子质量一般在 $4.0\times10^4 \sim 2.5\times10^5$ 之间。不同来源的β-葡萄糖苷酶的相对分子质量由于其结构和组成不同而差异很大。大部分β-葡萄糖苷酶的最适 pH 值都在酸性范围，并且变化不大，但最适 pH 值可以超过 7.0，而且酸碱耐受性强。β-葡萄糖苷酶的最适温度在 30~110 ℃，一般来说，来自细菌的β-葡萄糖苷酶其稳定性和最适温度要高于普通微生物来源的β-葡萄糖苷酶。对于工业应用来说，酶的热稳定性越高越有利，对来自嗜热性和非嗜热性β-葡萄糖苷酶的分析认为，两者在相互演化过程中的酶修饰作用并不改变酶的活性中心，也不改变其专一性，只是将酶蛋白结构做部分调整以适应高温环境。

β-葡萄糖苷酶处理果汁可提高果汁的香气和风味来改善果汁风味。β-葡萄糖苷酶可增加茶叶中香叶醇、橙花醇、芳樟醇和氧化物糖苷的形成来提高茶叶香气。β-葡萄糖苷酶水解大豆异黄酮成糖苷配基可提高其生物利用率和生物利用度。β-葡萄糖苷酶可水解由烷基-β-D-葡糖苷、芳基-β-D-葡糖苷、氰基葡糖苷、二糖和短链寡糖组成的各种化合物的β-D-糖苷键来生成葡萄糖。β-葡萄糖苷酶可生产天然甜味剂甜叶菊糖苷。

9.2 蛋白酶类

蛋白酶类是水解蛋白质肽键的一类酶的总称。按其水解多肽的方式，可以将其分为内肽酶和外肽酶两类。内肽酶将蛋白质分子内部切断，形成相对分子质量较小的脲和胨。外肽酶从蛋白质分子的游离氨基或羧基的末端逐个将肽键水解，而游离出氨基酸，前者为氨基肽酶，后者为羧基肽酶。按其活性中心，又可将蛋白酶分为丝氨酸蛋白酶、巯基蛋白酶、金属蛋白酶和天冬氨酸蛋白酶。按其反应的最适 pH 值，分为酸性蛋白酶、中性蛋白酶和碱性蛋白酶。蛋白酶广泛存在于动物内脏、植物茎叶、果实和微生物中。工业生产上应用的蛋白酶，主要是利用枯草芽孢杆菌等微生物发酵制备的内肽酶。下文根据最适 pH 值、活性中心分类法分别介绍一些常用的蛋白酶类，需要说明的是这两种分类是人为设定的分类方法，因此涉及某个具体蛋白酶时可能在这两个分类中有交叉，如木瓜蛋白酶既是中性蛋白酶，也是巯基蛋白酶。

9.2.1 酸性蛋白酶

9.2.1.1 酸性蛋白酶的概念和分类

酸性蛋白酶是一类最适 pH 值为 2.5~5.0 的天冬氨酸蛋白酶。酸性蛋白酶主要来源于动物的脏器和微生物分泌物，包括胃蛋白酶、凝乳酶和一些微生物蛋白酶。根据其产生菌的不同，微生物酸性蛋白酶可分为霉菌酸性蛋白酶、酵母菌酸性蛋白酶和担子菌酸性蛋白酶。根据作用方式可分为两类：一类是与胃蛋白酶相似，主要产酶微生物是曲霉、青霉和根霉等；另一类是与凝乳酶相似，主要产酶微生物是毛霉和栗疫霉等。细菌中尚未发现产酸性蛋白酶的菌株。

9.2.1.2 酸性蛋白酶的来源

目前酸性蛋白酶大都来源于微生物，动物和植物中也有不少。产酸性蛋白酶菌株主要有黑曲霉（*Aspergillus niger*）、米曲霉（*A. oryzae*）、斋藤曲霉（*A. saitoi*）、泡盛酒曲霉（*A. awamori*）、宇佐美曲霉（*A. usamii*）、微小毛霉（*Mucor pusillus*）、青霉（*Penicillium* spp.）、根霉（*Rhizopus* spp.）等以及它们的变异株、突变株。此外，中华根霉（*Rhizopus chinensis*）、陆生酵母中如酿酒酵母（*Saccharomyces cescerevisiae*）、白色假丝酵母（*Candida albicans*）、扣囊覆膜酵母（*Saccharomycopsis fibuligera*）等也分泌酸性蛋白酶。商品化的酸性蛋白酶生产菌主要是黑曲霉、宇佐美曲霉和米曲霉等为数不多的菌株。与动物蛋白酶和植物蛋白酶相比，微生物酸性蛋白酶的一个显著特点是具有多样性和复杂性，通常一株菌株可以分泌一种或多种酸性蛋白酶。

9.2.1.3 酸性蛋白酶的催化作用与性质

酸性蛋白酶的催化作用机制主要是酸碱催化作用，由酶活性部位的两分子天冬氨酸相互交换质子发挥作用，最后通过天冬氨酸残基的酸碱催化反应使底物氨基酸肽键断裂。不同微生物菌种分泌的酸性蛋白酶虽具有一些共同的性质，但在底物特异性、抑制剂、激活剂等方面均存在一定的差异，在最适 pH 值、最适温度、pH 值耐受性以及耐温上各不相同。

酸性蛋白酶的最适 pH 2.5~5.0，但因其酶活性中心含有的羧基不同，不同的微生物所产的酸性蛋白酶最适 pH 值不同。曲霉属所产酸性蛋白酶最适 pH 2.5~4.0，稳定pH 1.5~6.0；根霉属所产酸性蛋白酶最适 pH 3.0 左右，稳定 pH 2.0~6.0；青霉属所产酸性蛋白酶最适 pH 2.0~3.0，稳定 pH 1.5~6.5；酵母菌所产酸性蛋白酶最适pH 3.0左右。

酸性蛋白酶的适宜温度一般在 50 ℃以下，最适温度为 40 ℃左右，但也随产酶的微生物菌源不同而有所差异。部分酸性蛋白酶不能耐受低温，会随温度的降低而丧失活性。

不同微生物来源的酸性蛋白酶对不同抑制剂的敏感度不相同，大多数的抑制剂可以通过酯化作用使酸性蛋白酶失去活性，但这种酯化作用对失活的酸性蛋白酶不起作用。酸性蛋白酶的催化活性还受金属离子的影响，如 Mn^{2+} 和 Cu^{2+} 离子是酸性蛋白酶的激活剂，而 Li^{+}、Na^{+}、K^{+}、Mg^{2+}、Fe^{2+} 和 Ca^{2+} 等金属离子对酶的活性有轻微抑制或无影响，所以长时间贮存酸性蛋白酶液体时，应尽量不用钢瓶存放，以防酸性蛋白酶变性。

9.2.1.4 酸性蛋白酶在食品工业中的应用

啤酒酿造：在酒糖化阶段中，通过添加蛋白酶来降解麦芽中的蛋白质。酸性蛋白酶是非常有效的啤酒澄清剂，因为其作用环境与啤酒糖化阶段的条件相近。此外，酸性蛋白酶对于防止啤酒的冷浑浊也起到了一定的作用。在贮酒期间，由于温度的下降，酒液中的各种悬浮物逐渐沉淀下来，这些悬浮物主要为蛋白质冷凝固物、蛋白质-多酚复合物以及少量的酵母细胞，造成啤酒的冷浑浊，这给啤酒的过滤带来了困难，因此可以添加酸性蛋白酶来降解部分蛋白质，使酒体澄清，利于啤酒的过滤。但酸性蛋白酶的添加量不宜过多，因为啤酒的泡沫持性与酒体中可溶性氮的含量有关。

白酒酿造：酸性蛋白酶在白酒酿造中起着重要的作用。一方面，在以玉米为原料生产白酒时，发酵过程中添加一定量的酸性蛋白酶，使原料中的蛋白质降解，同时破坏原料细胞壁结构，有利于糖化酶的利用，使原料中糖含量增加，有利于提高出酒率。另一方面，通过酸性蛋白酶的作用，原料中的有机氮含量也增加了，有利于酵母的生长繁殖，从而有利于酵母菌的产酒能力，缩短发酵时间，降低成本。此外，添加酸性蛋白酶还可以增加白酒的香味，酸性蛋白酶在酿酒的酸性环境下，将原料中的蛋白质水解成氨基酸，氨基酸在酶的作用下进一步转化成醇、酯、酚等物质，使白酒具有特有的白酒香气。

黄酒酿造：黄酒的生产主要是采用根霉为发酵菌种，根霉本身产的酸性蛋白酶不能将原料中的蛋白质完全降解，而影响黄酒的出酒率和风味。通过添加酸性蛋白酶不但可以提高出酒率，降低成本，而且可以改善黄酒的风味。

酱油酿造：酱油的生产中常采用米曲霉进行低盐固态发酵得到酱醅，由于米曲霉本身产生的酸性蛋白酶酶活较低，不能将酱醅中的蛋白质有效分解。而在其发酵后期添加酸性蛋白酶来促进蛋白质的水解，不但能提高原料利用率，而且能明显提高酱油品质。

食醋生产：食醋的酿造可分为酒精发酵、醋酸发酵和后期成熟发酵 3 个阶段。在第三阶段中添加酸性蛋白酶可以进一步水解原料中的蛋白质，提高醪液中的氨基酸含量，氨基酸在酶的作用下进一步转化成醇、酚、酯等物质，使醋香明显增强。此外，在老陈醋生产过程中极易出现醋体浑浊，感官指标差的现象。原因是原料中蛋白质分解不彻底，这些蛋白质与多酚类物质聚合生成相对分子质量较大的蛋白质-多酚复合物而沉降下来。可以通过添加酸性蛋白酶来降解蛋白质，从而使醋体得到澄清，提高原料利用率。

9.2.2 碱性蛋白酶

9.2.2.1 碱性蛋白酶的概念和分类

碱性蛋白酶(alkaline protease)，是一类 pH 值在 9~11 范围内能够有效水解蛋白质肽键的蛋白酶，具有水解肽键、酰胺键和酯键，以及转酯和转肽的功能。

根据对切开点羧基侧的特异性，碱性蛋白酶分为三大类。第一类对精氨酸、赖氨酸残基等碱性氨基酸有专一性；第二类对疏水性氨基酸残基、芳香族氨基酸残基有专一性碱性；第三类为溶解细菌细胞壁的裂解型蛋白酶，该种碱性蛋白酶对酸性残基有专一性。

9.2.2.2 碱性蛋白酶的来源与催化作用

微生物是碱性蛋白酶的主要来源，如枯草芽孢杆菌和链霉菌。碱性蛋白酶催化底物肽键断裂的过程主要包括酰化和去酰化两个阶段。在整个催化过程中，碱性蛋白酶利用了酸碱催化、静电效应和共价催化等方式。天冬氨酸的羧基侧链并没有从组氨酸获得质子，它只是通过静电作用帮助质子从丝氨酸转移到组氨酸。

9.2.2.3 碱性蛋白酶的性质与应用

碱性蛋白酶在碱性环境中的活性和稳定性比较好，活性中心的丝氨酸残基是其主要特征，同时该丝氨酸残基还需要天冬氨酸和组氨酸残基相连组成催化三联体才能实现其活性。切开点两侧氨基酸残基对碱性蛋白酶的专一性有强烈地影响，尤其是 P1 位氨基酸(酶切位点氨基端第一位氨基酸)，碱性蛋白酶作用位点要求在水解点羧基侧具有芳香族或疏水性氨基酸(如酪氨酸、苯丙氨酸、丙氨酸等)，少部分碱性蛋白酶具有对其本身不利的自我剪切能力。

碱性蛋白酶有广泛的底物专一性，作用于肽链的中间生成两个肽。酶发挥作用时不需要特定的激活剂，但需要金属离子激活，如 Mn^{2+}、Mg^{2+}、Zn^{2+}、Co^{2+}、Fe^{2+} 等。这类酶遇到作用于丝氨酸的试剂如二异丙基氟磷酸(DFP)或苯甲基磺酰氟(PMSF)便会失活，它对金属螯合剂如 EDTA、重金属和巯基试剂却不敏感。碱性蛋白酶有较大的耐热性，等电点较高(pI 8.0~9.0)，在碱性条件下(pH 7.0~11.0)有活性，pH 9.5~10.5 时水解酪蛋白的酶活力达到最大。酸性蛋白酶和碱性蛋白酶的部分性质比较见表 9-7。

表 9-7　酸性蛋白酶和碱性蛋白酶的比较

	酸性蛋白酶	碱性蛋白酶
活性中心	天冬氨酸残基	丝氨酸残基
最适 pH 值	2.5~5.0	9~11(大多数)
最适温度	30~50 ℃	分布范围较广
对二异丙基氟磷酸	不敏感	失活(重要特征)
对乙二胺四乙酸	不敏感	不敏感
金属离子	Ag^{+}轻度抑制；Gu^{2+}、Mn^{2+}激活	Ca^{2+}、Mg^{2+}、Mn^{2+}激活

碱性蛋白酶安全且容易被灭活，在食品工业中被广泛应用，如面包和奶酪制作、肉类的软化以及水解大豆蛋白等方面。奶制品工业中常用的碱性蛋白酶为天门冬氨酸苯丙氨酸甲酯类蛋白酶。经碱性蛋白酶处理的面团在面包制作过程中，可减少面团的混合时间，增加其韧性和机械强度，从而提高面包的产量。真菌来源的碱性蛋白酶水解大豆蛋白后，可提高大豆酱的营养功能。

9.2.3　中性蛋白酶

中性蛋白酶(neutral protease)是一种内切酶，可用于各种蛋白质水解处理。根据微生物来源，中性蛋白酶分为细菌中性蛋白酶、真菌中性蛋白酶以及其他来源的中性蛋白酶。

动物、植物和微生物均可产生中性蛋白酶，但工业化生产的中性蛋白酶一般由微生物经发酵制备，大多数市售中性蛋白酶产自芽孢杆菌属，很多真菌也能产生中性蛋白酶，如米曲霉、根霉和毛霉等。

中性蛋白酶能在中性条件下水解蛋白质的肽键，释放氨基酸或者多肽。活性中心不同的中性蛋白酶，水解机制有所不同。中性蛋白酶的 pI 8~9，热稳定性较差，最适温度一般 45~50 ℃。

中性蛋白酶应用领域很广：①蛋白水解物的生产。利用中性蛋白酶的酶促反应，可把动、植物的大分子蛋白质水解成小分子肽或氨基酸，制备动、植物蛋白水解粉，其水解度高，风味佳，已广泛用于生产高级调味品和食品营养强化剂。②焙烤行业。中性蛋白酶可水解面团中的面筋蛋白质，减弱面团筋力，提升面团的可塑性和延伸性，改善成品的光泽，使饼干断面层次分明，结构均匀一致，口感酥脆，并产生功能性肽段来提高产品质量和营养价值。③大豆工业。中性蛋白酶可钝化大豆蛋白中抗营养因子胰蛋白酶抑制剂，达到脱除苦味的效果，同时可水解大豆蛋白成小分子肽，提高大豆蛋白的生物利用度和生物有效性，改善大豆蛋白的功能特性。④啤酒和饮料。中性蛋白酶水解大麦蛋白生成多肽和游离氨基氮的作用效果明显，可用于啤酒、茶和水果饮料的生产，达到排除蛋白质产生的“冷浑浊”现象，提高相关产品的营养、风味及澄清度。⑤奶制品加工。中性蛋白酶可缩短奶酪成熟期，有利于奶酪风味剂的制备，可改善乳清蛋白的乳化性并降低其致敏性。⑥肉类加工。中性蛋白酶可用于从骨头上回收残肉，可作为嫩化剂应用于肉类加工中，如向肉畜静脉注射木瓜蛋白酶或菠萝蛋白酶等中性蛋白酶以提高肉嫩度。⑦大米深加工。在大米深加工领域，中性蛋白酶已得到广泛应用，如大米蛋白提取、大米淀粉提纯、大米蛋白发泡粉、大米肽以及大米多孔淀粉的制备、米糟或米渣的增值利用等方面。

9.2.4 丝氨酸蛋白酶

丝氨酸蛋白酶(serine proteinase)是一类活性中心为丝氨酸，断裂大分子蛋白质中肽键生成小分子蛋白质的蛋白酶家族，其激活是通过活性中心一组氨基酸残基变化实现的，它们之中一定有一个是丝氨酸。丝氨酸蛋白酶催化蛋白质水解时通常有两个步骤。在水解过程中，随着氨基酸的丢失和肽链的断裂还形成共价酶-肽复合物的中间二聚体。然后脱去酰基，通过水对中间体的亲核攻击，从而使底物肽键水解。大部分的丝氨酸蛋白酶都形成一个典型的 Ser-His-Asp 的三联体结构。各种丝氨酸蛋白酶的作用模式基本相同，但与底物相结合的酶的特异性基团不一定相同。

胰分泌的消化酶里面有 3 种是丝氨酸蛋白酶：糜蛋白酶、胰蛋白酶和弹性蛋白酶。糜蛋白酶又称为胰凝乳蛋白酶，是一种促使疏水性氨基酸尤其是酪氨酸、色氨酸、苯丙氨酸及亮氨酸的羧基端多肽裂解的肽链内切酶；胰蛋白酶是促使肽链分裂的水解酶，作用部位为精氨酸或赖氨酸羧基；弹性蛋白酶是一种对丙氨酸、甘氨酸、异亮氨酸、亮氨酸或缬氨酸等含羧基的多肽键起催化水解的作用的水解酶，它是胰以酶原(弹性蛋白酶原)形式分泌的一种丝氨酸蛋白酶，参与肠内蛋白消化。这 3 种酶的一级结构和三级序列相似，活性丝氨酸残基都是在同一位置(Ser-195)，且都以酶原形式由胰释出，在小肠中转化为活性形式。

几种激活的凝血因子都是丝氨酸蛋白酶，包括凝血第十因子(Ⅹ)、凝血第十一因子(Ⅺ)、凝血酶以及纤维蛋白溶酶(胞浆素)。缺乏Ⅹ可致系统性凝血障碍，缺乏Ⅺ会引起系统性血凝缺陷(即 C 型血友病或 Rosenthal 综合征)。凝血酶来自凝血酶原，可促使纤维蛋白原变为纤维蛋白的酶。纤维蛋白溶酶是对纤维蛋白有高度特异性的蛋白分解酶。

9.2.5 巯基蛋白酶

巯基蛋白酶(thiol protease)是一类活性中心含有巯基(半胱氨酸)，并且依靠巯基催化水解肽键的蛋白水解酶。巯基蛋白酶主要来源于植物，如木瓜蛋白酶、无花果蛋白酶、菠萝蛋白酶和中华猕猴桃蛋白酶。不同来源的巯基蛋白酶在活性部位附近的氨基酸残基的顺序是类似的，且也具有类似的酶反应动力学。

木瓜蛋白酶(papain)，是番木瓜中含有的一种巯基蛋白酶，由一条多肽链组成，含有 212 个氨基酸残基，相对分子质量为 2.3×10^4。木瓜蛋白酶具有蛋白酶和酯酶的活性，有较广泛的特异性，在酸性、中性、碱性环境下均能分解蛋白质，但不能分解蛋白胨。最适pH 6~7(一般3~9.5皆可)，pI为8.75；最适合温度55~65 ℃(一般10~85 ℃)，耐热性强。作为啤酒澄清剂，木瓜蛋白酶可水解引起啤酒冷浑浊的蛋白质，降解成小分子的物质，提高了蛋白质与多元酚复合物的溶解度或形成稳定状态平衡，防止了啤酒的冷藏浑浊。作为肉类嫩化剂，木瓜蛋白酶能裂解肉类中的胶原蛋白和肌肉纤维，而使肉变得嫩滑；作为饼干松化剂，木瓜蛋白酶将面团的蛋白质降解为小分子的肽或氨基酸，降低了面团的拉伸阻力，使面团变得柔软、更有可塑性，减少弹性，易于成型。

菠萝蛋白酶(bromelain)，最适pH 5.5~8.0，pI 4.6或9.51，最适温度为40~60 ℃。优先水解碱性氨基酸(如精氨酸)或芳香族氨基酸(如苯丙氨酸、酪氨酸)的羧基侧上的肽链，选择性水解纤维蛋白，但对纤维蛋白原作用微弱。菠萝蛋白酶加入生面团中，可软化生面团，提高面制品的口感与品质。还可用于干酪素的凝结、肉类的嫩化、肉制品的精加工，制备可溶性蛋白制品及含豆粉的早餐、谷类食物和饮料，生产脱水豆类、婴儿食品和人造黄油，澄清果汁等。

无花果蛋白酶(ficin)，是一类从无花果中提取纯化的蛋白酶，具有较强的蛋白水解、凝乳、解脂和溶菌能力以及耐高温、活性强、稳定性高等特征，对pH值的变化和金属离子及去垢剂不敏感，最适pH值为6.5~8.5，pI为9或10，最适温度为60~70 ℃。无花果蛋白酶可作为保鲜剂抑制水果发生褐变，用于防止啤酒的冷浑浊、肉类软化，用作焙烤时的面团调节剂和干酪制造时的乳液凝固剂(代替凝乳酶)。

9.2.6 金属蛋白酶

金属蛋白酶(metalloprotease)，指活性中心中含有金属离子的蛋白酶。这些酶的最适pH值一般在7~9。金属蛋白酶来源很广，很多动物、植物和微生物均可分泌金属蛋白酶，如异养需氧型细菌和一些致病性细菌。同时，一些金属蛋白酶能在非生物胁迫环境条件下(如低温、高盐浓度、高酸碱等)具有水解不同蛋白质的高活性，或者是水解机制更加的多样化，能在不同位点水解蛋白质。来源不同的微生物金属蛋白酶，其性质方面有很大差异，见表9-8。金属蛋白酶能通过微生物实现工业化廉价生产，安全、反应条件温和、用量少、副反应少、酶容易灭活，所以金属蛋白酶是食品工业中应用广泛的酶，能够提高食品的品质、稳定性、可溶性等。

表9-8 微生物金属蛋白酶

产酶菌体	分子质量	pI	最适pH值	最适温度/℃
Alteromonas sp. No. 3696	2.8×10^4	4.3	7.5~8.0	40
Vibiro sp. T1800	3.8×10^4	4.3	8.0	50
Vibiro sp. NUF-BPP1	4.8×10^4	—	9.5~10.0	55
Vibiro sp. NUF-BPP1	3.6×10^4	—	9.5~10.0	55
Pseudomonas fliuorescens	4.6×10^4~4.7×10^4	—	5.5	
Aeropyrum pernix K1	5.2×10^4	—	5.0~9.0	100
Thermamicrobium sp.	3.5×10^4	—	8.5	75

9.2.7 羧基蛋白酶

羧基蛋白酶(carboxyl proteinase)，是一类多肽水解酶，其活性部位因含有天冬氨酸，又称天冬氨酸蛋白酶。其包括胃蛋白酶、组织蛋白酶 A、凝乳酶、人类免疫缺陷病毒蛋白酶等。

天冬氨酸蛋白酶家族有 14 个成员，主要存在于哺乳动物的胃(如胃蛋白酶和凝乳酶)、肾(如肾素)以及溶酶体(组织蛋白酶 D 和 E)中，其他生物如植物、微生物和逆转录病毒中也存在天冬氨酸蛋白酶。动物来源的天冬氨酸蛋白酶的研究起始最早，但微生物来源天冬氨酸蛋白酶在食品工业中的应用广泛，这类天冬氨酸蛋白酶主要分成类胃蛋白酶型和类凝乳蛋白酶型。类胃蛋白酶型的天冬氨酸蛋白酶主要来自曲霉属、木霉属和青霉属等属的真菌；而类凝乳蛋白酶型的天冬氨酸蛋白酶主要来自毛霉属。

天冬氨酸蛋白酶的 pI 大多在 3.0~4.5，且多数天冬氨酸蛋白酶在酸性条件下(pH 3~5)发挥最大催化活力。在 pH 值中性下，成熟酶不稳定，但酶原稳定。动物来源的天冬氨酸蛋白酶的最适温度在 40 ℃左右，微生物来源的天冬氨酸蛋白酶能够在极端温度条件下保持较高的催化活性，如嗜热黑曲霉来源的天冬氨酸蛋白酶最适温度高达 60 ℃，冰川微生物来源的天冬氨酸蛋白酶在 0~45 ℃都保持较高的催化活性。

采用天冬氨酸蛋白酶处理胶原，能保证胶原的天然三螺旋结构不受破坏，降解大分子胶原成为明胶或胶原蛋白肽，从而保证高分子胶原的活性。利用凝乳酶和胃蛋白酶起到凝乳的作用应用在乳制品生产中，起到促进酪蛋白凝聚沉淀，但乳清蛋白不凝聚。

9.2.8 谷氨酰胺转氨酶

谷氨酰胺转氨酶(transglutaminase)又称转谷氨酰胺酶，是一种能催化赖氨酸的 ε-氨基与谷氨酸的 γ-羟酰胺基形成共价键导致蛋白质聚合的酶。谷氨酰胺转氨酶来源包括哺乳动物组织(如肝脏)和微生物。动物谷氨酰胺转氨酶相对分子质量为$(7.5\sim8.0)\times10^6$，分为Ⅰ、Ⅱ型，活性中心含有赖氨酸残基，表达活性依赖 Ca^{2+}。微生物来源谷氨酰胺转氨酶相对分子质量为 4.0×10^6，活性中心也含有赖氨酸残基但不依赖 Ca^{2+}。

谷氨酰胺转氨酶以 γ-羧酸酰胺基作为酰基供体，而酰基受体有以下几种：①催化蛋白质以及肽键中谷氨酰胺残基的 γ-羧酸酰胺基和伯胺之间发生酰胺基转移反应，该反应可以将一些限制性氨基酸引入蛋白质中，增加蛋白质的额外营养价值。②可与多肽链中赖氨酸残基的 ε-氨基作用，形成蛋白质分子内和分子间的 ε-(γ-谷氨酰)赖氨酸异肽键，使蛋白质分子发生交联，从而改善食物的质构，改善蛋白质的溶解性、起泡性、乳化性等许多物理性质。③水为酰基受体，谷氨酰胺残基发生水解脱去氨基生成谷氨酸，导致蛋白质的性质变化，从而改变蛋白质的等电点和溶解度。

因为谷氨酰胺转氨酶可催化蛋白质分子内或分子间的交联、蛋白质和氨基酸之间的连接以及蛋白质分子内谷氨酰胺基的水解，形成以二硫键为基础的凝胶空间网络结构，使得制品具有了弹性、切片性、保水性等品质特征，赋予制品更加优良的品质。所以，谷氨酰胺转氨酶在富含蛋白质的食品中应用较广泛，尤其是在肉制品加工中，如提高肉制品原料利用率，将一些低价值的碎肉进行重组，改善其外观、结构、风味，使得肉制品更加富有弹性，形成良好的口感，提高肉制品的营养价值和市场价值；提高肉制品的稳定性，使凝胶抗热能力增强，从而产品能够在热处理中降低蒸煮损失，提高产品出率；可改善肉制品的质构，拓宽肉制品原料的来源，生产低盐、低脂肪的保健肉制品。

9.2.9 胶原蛋白酶

胶原蛋白酶(collagenase)，又称骨胶原酶(简称胶原酶)，是一类具有分解胶原蛋白能力的蛋白水解酶的统称，专一作用于原胶原，使其断裂进而被其他蛋白酶水解，不水解纤维蛋白和球蛋白，具有独特的消化天然胶原和变性胶原能力。

胶原蛋白酶来源广泛，微生物以及动物的许多组织细胞(尤其在病理条件下)都可产生胶原酶。胶原蛋白酶按照来源可分为微生物胶原蛋白酶和动物胶原蛋白酶，其中微生物胶原蛋白酶主要来源于细菌，如溶组织梭菌(*Clostridum histolytirum*)。胶原蛋白酶最适 pH 7~8，最适反应温度为 33 ℃，在 40 ℃以下时酶活力比较稳定，在 45 ℃以上时酶活力损失较多。多数二价金属离子对胶原酶均有促进作用，去污剂、六氯环己烷和重金属离子可降低该酶活性。

胶原蛋白酶水解胶原蛋白可生成生物活性肽(胶原多肽)，起到保护胃黏膜及抗溃疡、抑制血压上升、促进皮肤胶原代谢、促进蛋白质消化吸收和骨形成，以及预防及治疗关节炎等作用。

9.2.10 凝乳酶

凝乳酶(rennin)是一种制作干酪时凝固牛乳用的天门冬氨酸类蛋白酶制剂，可专一地切割乳中 κ-酪蛋白的 Phe105-Met106 之间的肽键，破坏酪蛋白胶束使牛奶凝结，具有凝乳能力和蛋白水解能力，是干酪生产中形成特殊风味和改善质构的关键性酶，被广泛地应用于奶酪和酸奶的生产。

凝乳酶根据来源的不同，分为动物源凝乳酶、植物源凝乳酶和微生物凝乳酶。动物来源的凝乳酶不稳定。微生物是目前凝乳酶来源最有前途的发展方向，主要来源于真菌、放线菌、细菌等。植物中含有能使乳凝固的蛋白酶来源非常广泛，如木瓜蛋白酶、无花果蛋白酶、菠萝蛋白酶、生姜蛋白酶、合欢蛋白酶、朝鲜蓟蛋白酶等。

凝乳酶介导凝乳反应涉及两个步骤：①酶解酪蛋白(casein)。水解 κ-酪蛋白中的 Phe105-Met106 的肽键，生成 κ-酪蛋白巨肽和副 κ-酪蛋白。②当足够的 κ-酪蛋白被水解时，副 κ-酪蛋白发生聚集形成三维网状凝胶，Ca^{2+}促发酪蛋白胶束聚集，进而引起酪蛋白胶束失稳并形成干酪凝块。通常 κ-酪蛋白的水解度要达到 80%~90%时才能发生凝乳，在凝乳第二步非酶反应过程，pH 值的降低、温度的升高以及 Ca^{2+}浓度的增加均可加速干酪凝乳过程。

凝乳酶属于酸性蛋白酶，所以在碱性条件下会发生不可逆的构象变化导致酶活性降低。凝乳酶的 pI 为 4.5，在 pH 5.3~6.3 最稳定，但 pH 值为 3~4 时会发生酶自身降解，pH 5.5 时酶液的凝乳速度最快，凝乳活力在 pH 6 时最稳定。该酶最适反应温度为 45 ℃，Ca^{2+}、Fe^{2+}和 Mg^{2+}对凝乳活力有显著促进作用，但 Cu^{2+}、Zn^{2+}和 Na^{+}则对凝乳活力有一定的抑制作用。

9.2.11 溶栓酶类

溶栓酶(thrombolytic enzymes)是指具有促进体内纤维蛋白溶解系统的活力，使纤维蛋白溶酶原转变为活性的纤维蛋白溶酶，引进血栓内部崩解和血栓表面溶解的一类酶总称。可归为溶栓酶类的主要有以下一些酶：

① 纳豆激酶(nattokinase)：又名枯草杆菌蛋白酶，是在纳豆发酵过程中由纳豆枯草杆菌产生的一种丝氨酸蛋白酶，其相对分子质量为 2.77×10^4，pI 为 8.6~8.9。具有溶解血栓，降低血黏度，改善血液循环，软化和增加血管弹性等作用。

② 尿激酶(urokinase)：从健康人尿中分离的，或从人肾组织培养中获得的一种酶蛋白。由相对分子质量分别为 33 000(LMW-tcu-PA)和 54 000(HMW-tcu-PA)两部分组成。能直接作用于内源性纤维蛋白溶解系统，能催化裂解纤维蛋白溶酶原成纤维蛋白溶酶，后者不仅能降解纤维蛋白凝块，也能降解血循环中的纤维蛋白原、凝血因子Ⅴ和凝血因子Ⅷ等，从而发挥溶栓作用。

③ 链激酶(streptokinase)：是世界上最早发现的纤维蛋白酶原激活剂，也是最早作为临床药品治疗血栓性疾病的溶栓酶。它是由 A、C、G 群链球菌分泌的胞外非酶蛋白质，能和纤溶酶原结合，将纤维蛋白溶酶原激活为纤维蛋白溶酶，具有溶解血栓的作用。

④ 蚓激酶(lumbrukinase)：相对分子质量为 $2.5\times10^4\sim3.0\times10^4$，是一类丝氨酸蛋白酶，可降解血栓和纤维蛋白，可抑制凝血途径。

⑤ 吸血蝙蝠唾液溶栓酶原激活剂：吸血蝙蝠唾液中含有具优异溶栓活性的蛋白质，起到抗血栓形成和缓解多巴胺引起的血管通透性增加。

⑥ 来源于蛇毒的溶栓酶类(蛇凝血素酶)：又名巴曲酶(batroxobin)，是一种由巴西洞蝮蛇蛇毒提取的不含毒性成分的酶性止血剂，具有类凝血激酶样作用。蛇毒中含有多种溶栓酶，但由于原料来源限制，多采用基因重组方法制备。

⑦ 单环刺螠溶栓酶(fibrinolytic enzyme)：其相对分子质量约为 2.6×10^4，最适 pH 8.0，具有优于蚓激酶的溶栓活性，它不引起机体溶血，无明显的出血反应，无明显急性毒性，具有直接降解纤维蛋白(原)和激活溶栓酶原的能力。

⑧ 沙蚕溶栓酶(clamworm fibrinolytic protease)：是一种溶解纤维蛋白的丝氨酸蛋白酶，相对分子质量为 2.9×10^4 的单链蛋白，pI 为 4.5，水解纤维蛋白原的 α 链效率较高，水解 β 和 γ 链的效率较低($\alpha>\beta>\gamma$)。

溶栓酶类在食品领域应用很少，基本都是用于药物的开发。但是针对该酶良好的溶栓功能，通过微生物发酵生产具有溶栓功能效果的食品一直受到大家的关注，作为食品在预防、治疗心脑血管栓塞症及栓塞性阿尔茨海默病等方面起到积极作用，如纳豆发酵食品。

9.3 酯酶类

酯酶(esterase)，广义上是指能催化酯键形成和断裂的一类酶的统称，狭义上是指除脂肪酶外的羧酸酯酶、硫酯酶和磷酸酯酶等。酯酶属于 α/β 水解酶家族，可催化水解脂肪酸族及芳香族酯类化合物。按照作用的底物种类，酯酶分为羧酸酯酶(如脂酶、胆碱酯酶)、硫酯酶、磷酸单酯酶(如碱性磷酸酶)、磷酸二酯酶(如核酸酶、磷脂酶)、硫磷酸酯酶和硫酸酯酶六大类。

9.3.1　羧酸酯酶

羧酸酯酶(carboxylesterase)，也叫脂族酯酶(aliesterase)，是能够催化羧酸酯类水解产生相应的醇和羧酸的一类酶的总称，在空间结构上属于 α/β 水解酶家族。

羧酸酯酶广泛存在于动物、植物和微生物中。依据其对底物的特异性，羧酸酯酶可分为非特异性羧酸酯酶和特异性羧酸酯酶，特异性酯酶又分为醇特异性和酸特异性。按其专一性程度可分为酰基甘油专一性酶、位置专一性酶(1,3 位置专一性酶，α 型；非专一性酶，α/β 型)、脂肪酸专一性酶和立体异构专一性酶。

羧酸酯酶以丝氨酸为活性中心，通过丝氨酸、谷氨酸或天冬氨酸和组氨酸构成的催化三联体进行酯类物质的水解。羧酸酯酶的活性中心丝氨酸被酯类物质酰基化形成酰基化酶，然后其共价键和酯基断裂释放一个含羟基的基团，形成酰化的中间复合体。酰化的中间体在水的亲核攻击下水解，释放出相应的羧酸和去乙酰化的酶，去乙酰化的酶再进入一个新的催化循环，进而将酯类物质水解。

羧酸酯酶的最适温度一般在 50 ℃左右，最适 pH 4.5~7.5。羧酸酯酶在食品中的应用很广泛，如利用羧酸酯酶催化水解棕榈油生成可可脂，提高了棕榈油的价值；利用羧酸酯酶的水解作用从食品中获取活性物质，提高产品的营养价值；利用羧酸酯酶对酒的风味进行改善，提高浓香型曲酒中的乙酸乙酯、丁酸乙酯、己酸乙酯，使得酒的品质有所提高。

9.3.2　磷酸酯酶

磷酸水解酶(phosphatase)，又称磷酸酯酶，或磷酸酶，是可高效水解含有磷酯键类化合物，释放出磷酸基团生成磷酸根离子和自由的羟基的一类水解酶。

磷酸酯酶存在于几乎所有的生物体中。根据其作用底物的不同，磷酸酯酶可分为磷酸单酯酶(phosphomonoesterase)和磷酸二酯酶(phosphodiesterase)。磷酸单酯酶仅能水解磷酸单酯化合物中的磷酸单酯键，根据所作用底物的专一性，它又可分为对底物酯的磷酸基和醇部分都有特异要求的特异性磷酸单酯酶和只对底物酯的磷酸基有特异要求的非特异性磷酸酯酶。磷酸二酯酶，主要包括催化核酸和磷酯中特定磷酸二酯键的酶，如按底物专一性可分为脱氧核糖核酸酶、核糖核酸酶；按磷酸二酯键断裂方式分为 5′-磷酸二酯酶、3′-磷酸二酯酶等；按作用方式分为内切核酸酶和外切核酸酶。磷酸酯酶还可以分为碱性磷酸酯酶(alkaline phosphatase)和酸性磷酸酯酶(acid phosphatase)。碱性磷酸酯酶参与细胞磷代谢和信号肽转导，能催化许多种磷酸单酯的水解。酸性磷酸酯酶不仅能够作用于磷酸单酯键使其分解为游离的磷酸根以及相应产物，同时也能够作用于磷蛋白将其分解并且释放磷酸基团。

碱性磷酸酯酶的相对分子质量为 $8.0\times10^4\sim1.9\times10^5$，最适 pH 8.6~9.4，在 pH 7.5~8.5 稳定，活性可被 Mg^{2+} 或其他二价阳离子活化，被金属螯合剂、砷酸盐、硼酸盐、碳酸盐等抑制。酸性磷酸酯酶是一种糖蛋白，相对分子质量为 $2.3\times10^4\sim9.6\times10^4$，最适 pH 5.0~5.5，在 pH 5.0~6.0 最稳定，不能被 Mg^{2+} 所活化，氟化物对其有明显抑制作用，金属螯合剂不能够抑制酸性磷酸酯酶的活性，而原磷酸盐则具有抑制其活性的能力。

在食品工业应用方面，磷酸酯酶主要作为产品质量安全监测的指标，如碱性磷酸酯酶活性的高低是衡量牛奶巴氏灭菌是否达到规定标准的指标之一，酸性磷酸酯酶的检测常可作为肉类产品巴氏杀菌效果的指标之一。

9.3.3 脂肪酶

9.3.3.1 脂肪酶的概念和分类

脂肪酶(lipase)，又称甘油酯水解酶(triacylglycerol acylhydrolase)，催化水解长链三酰基甘油酯，形成脂肪酸和甘油，是羧酸酯水解酶的一种。脂肪酶的催化反应通常发生在油水界面，这个界面中参与反应的底物在单分子、胶束和乳化状态之间形成动态平衡。

根据对底物的特异性，脂肪酶分非特异性脂肪酶和特异性脂肪酶两类，而特异性脂肪酶又可分为脂肪酸特异性、位置特异性和立体特异性。非特异性脂肪酶对底物的水解没有特别的选择性，能够任意水解甘油酯上的酯键。根据来源不同，脂肪酶可分为动物脂肪酶、植物脂肪酶和微生物脂肪酶。不同来源的脂肪酶可以催化同一反应，但反应条件相同时，酶促反应的速率、特异性等则不尽相同。根据最适作用温度不同，脂肪酶可分为高温脂肪酶、低温脂肪酶和常温脂肪酶。

9.3.3.2 脂肪酶的来源

脂肪酶广泛存在于动物、植物和微生物中，参与油脂的消化、吸收和修饰过程。植物中含脂肪酶较多的是油料作物的种子；动物体内含脂肪酶较多的是高等动物的胰脏和脂肪组织等；微生物脂肪酶种类最多，含量最丰富，广泛存在于细菌、霉菌和酵母中。

9.3.3.3 脂肪酶的催化作用

脂肪酶属于丝氨酸水解酶类，因此在水相体系中其催化作用机理与丝氨酸蛋白酶的作用机理相同，催化过程中构成活性中心的催化三联体氨基酸通过质子传递相互作用催化反应进行，丝氨酸羟基的氢原子与组氨酸咪唑环上的氮原子通过氢键相互作用，天冬氨酸羧基上的氢原子与组氨酸的咪唑环上的另一个氮原子通过氢键相连。如图 9-5 所示，以 CALB 脂肪酶为例表示催化酯水解反应的机制。CALB 脂肪酶首先与底物酯结合形成一个四面体的过渡态 1，解离除去酯的醇部分后形成酰基化的脂肪酶，酰基化酶分子与水分子结合形成另外一个四面体过渡态 2，然后这个四面体过渡态解离为酶和酸完成一个催化反应循环。由于醇离去后形成酰基化的酶，因此酶对醇的选择性取决于形成第一个过渡态的难易程度；而过渡态 1 和 2 都包含有酸，因此酶对酸的选择性取决于形成 1 和 2 的难易。

9.3.3.4 脂肪酶的性质及应用简述

不同来源的微生物脂肪酶具有不同的催化温度特性，霉菌及酵母等真菌型脂肪酶一般属于常温或低温型脂肪酶，最适温度为 30~40 ℃，而细菌脂肪酶一般属于中温或高温型脂肪酶，最适温度为 40~60 ℃。来源不同的脂肪酶不会表现出相似的 pH 值共性，细菌脂肪酶一般为中性偏碱性，稳定 pH 值为 4~11；真菌脂肪酶最适 pH 值多为弱酸偏中性，但

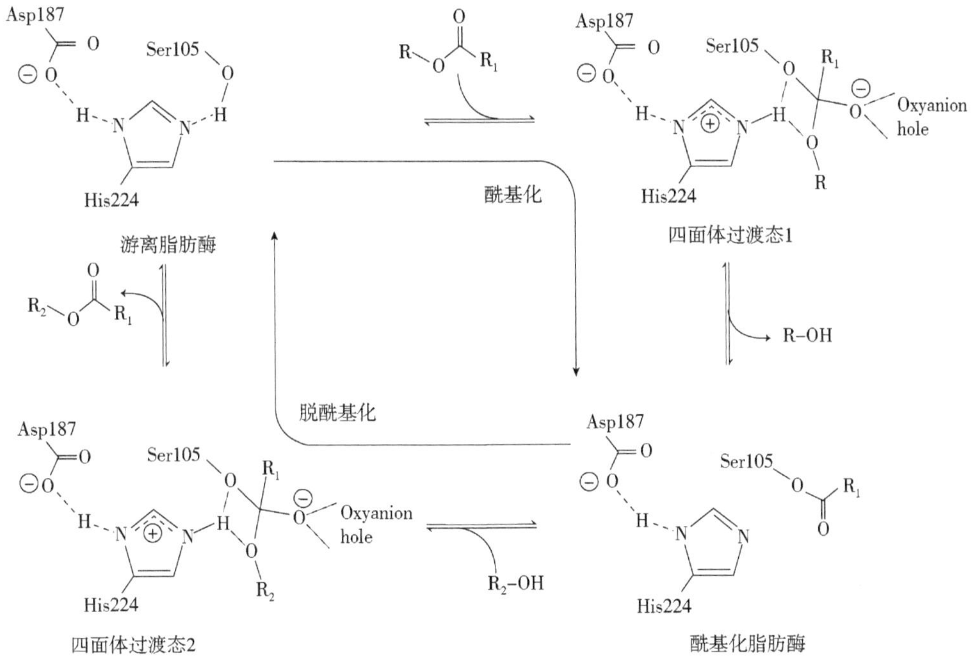

图 9-5　脂肪酶的催化机制

是其 pH 值稳定性范围较宽。脂肪酶的催化活性是不需要辅助因子，对金属离子的存在没有特定的要求，但 Ca^{2+} 对大多数脂肪酶的酶活起促进作用，常见的有机试剂对大部分脂肪酶的酶活起抑制作用。

脂肪酶是现代食品中不可缺少的工业用酶，主要是利用脂肪酶水解油脂释放出的短链脂肪酸来增加或改进食品的风味、香味与质构，如生产代可可脂；用于奶酪、奶油和人造黄油的增香，加快奶酪的熟化和香味的产生；利用特殊位置选择性脂肪酶催化水解油脂，可以提高食用油的营养价值；脂肪酶对面团有强筋和提高面包质量的作用；脂肪酶还能够用于母乳替代脂 OPO(1,3-二油酸-2-棕榈酸甘油三酯)的制备；用于油脂精炼的过程中，催化脂肪酸与甘油的酯化反应生成甘油酯，降低油脂的酸价，提高甘油酯的含量。

9.3.4　磷脂酶

9.3.4.1　磷脂酶的概念和来源

磷脂酶(phospholipase)是一类对甘油磷脂具有特异性水解作用的酶。

根据作用于甘油磷脂的不同位点，将磷脂酶分为磷脂酶 A_1、磷脂酶 A_2、磷脂酶 B、磷脂酶 C 和磷脂酶 D 几种。磷脂酶 A_1 广泛存在于原核生物(细菌)和真核生物(霉菌、哺乳动物、植物)中。磷脂酶 A_2 广泛存在于生物体内，尤其是富含于蛇的毒液和哺乳动物胰脏的分泌液中。磷脂酶 B 分布于胰脏、小肠、大麦、点青霉、草分枝杆菌中。磷脂酶 C 在微生物及动植物的组织和细胞中均存在。磷脂酶 D 主要分布于动物的脑、肝脏等组织中和植物叶子、根和种子等器官中。

9.3.4.2 磷脂酶的催化作用

磷脂酶 A_1 能专一催化水解磷脂的 sn-1 位酯键，磷脂酶 A_2 能专一催化水解磷脂的 sn-2 位酯键，生成相应的溶血磷脂和脂肪酸。磷脂酶 B 能够将磷脂的 sn-1 和 sn-2 位酯键都水解，生成相应的甘油酰磷脂。溶血磷脂和甘油酰磷脂具有更强的亲水性，可以通过水化作用去除。磷脂酶 C 能够专一水解磷脂 sn-3 位的甘油磷酸酯键，生成相应的磷脂酸和甘二酯。磷脂酶 D 不仅能将磷脂(如磷脂酰胆碱)水解成磷脂酸和相应的醇基化合物(如胆碱)，还能催化磷脂酰头部基团转移，形成不同碱基头部的磷脂。不同磷脂酶的作用位点如图 9-6 所示。

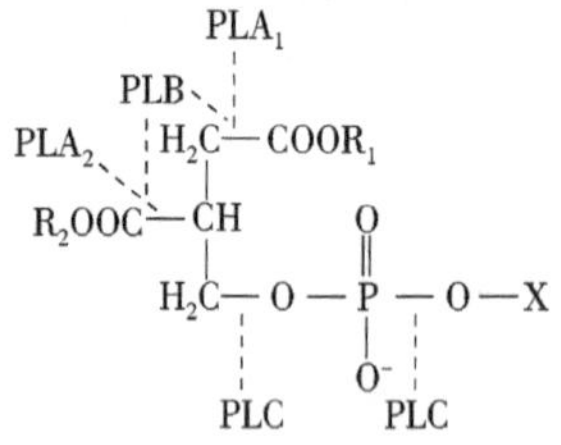

图 9-6 不同磷脂酶的作用位点

9.3.4.3 磷脂酶的性质及应用简述

磷脂酶 A_1 存在于细胞外膜和细胞周质间。细胞外膜的磷脂酶 A_1 表现出广泛的底物特异性，可以磷脂和中性甘油酯为底物；细胞周质间的磷脂酶 A_1 对磷脂酰甘油具有很高的特异性，高温处理或去垢剂处理可导致其失活。

磷脂酶 A_2 具有良好的热稳定性，易溶于水，其水解聚集状态底物(如脂微团、单层和双层膜脂)的活力远远大于水解分散存在底物的活力，即磷脂酶 A_2 主要催化的是非均相反应，Ca^{2+}对磷脂酶 A_2 催化作用是必需的。

磷脂酶 C 是一种金属蛋白酶，金属离子有 Zn^{2+}、Mg^{2+}、Ca^{2+}等。不同种类的微生物所产磷脂酶 C 在特性上存在很大的差异。

不同来源的磷脂酶 D 的最适 pH 值和温度不同，植物磷脂酶 D 的最适 pH 5~6，微生物磷脂酶 D 的最适 pH 4~8，最适温度为 25~37 ℃。Ca^{2+}对磷脂酶 D 的催化作用是绝对必需的，一些不饱和游离脂肪酸(如花生四烯酸、亚油酸、亚麻酸等)以及部分有机溶剂(如乙醚、乙酸乙酯等)也可以产生较高的激活作用；SDS、EDTA、Sn^{2+}、Fe^{2+}、Fe^{3+}、Al^{3+}等对磷脂酶 D 具有明显的抑制作用。磷脂酶 D 只能在异相系统上起作用，对均匀分散或水溶性底物无作用或作用极为缓慢，只有当底物以微胞、小聚合状态或呈乳化颗粒时，磷脂酶 D 对底物才有最适水解率。

在食品工业中，磷脂酶 A_1、磷脂酶 A_2 和磷脂酶 C 可被广泛应用于油脂脱胶，同时由于磷脂酶可使面团形成胶状复合体，可以减少淀粉回生，因此在烘焙行业应用也非常广泛。此外，磷脂酶 D 还广泛应用于甘油磷脂改性，用于制备磷脂化合物的乳化剂、表面活性剂以及功能性磷脂(如磷脂酰丝氨酸)。

9.3.5 单宁酶

单宁酶(tannase)，也称单宁酯酰水解酶或鞣酸酶，能够水解单宁中的酯键和缩酚酸键，生成没食子酸和葡萄糖，也能催化没食子酸和醇合成相应的没食子酸酯。

单宁酶除存在于富含单宁的植物中外，还广泛存在于微生物中。能够产生单宁酶的微生物来源十分丰富，主要是真菌类的曲霉属、青霉属和根霉属，尤其是曲霉属中的黑曲霉、米曲霉和黄曲霉；此外，酵母菌、寄生内座壳菌、巴斯德菌、茄形镰刀菌和绿色木霉等也可产生单宁酶。

单宁酶催化主要是对化合物的酯键起作用，对化合物的碳碳键不起作用，所以其催化主要是作用于水解单宁酸类，对浓缩单宁酸不起作用。

单宁酶是一种糖蛋白，不同来源的单宁酶其相对分子质量和糖链的含量有所差异，酶蛋白由 2~8 个单体聚合而成，糖基含量由 12%到 62%不等。不同来源的单宁酶温度和 pH 值稳定性不同：最适温度较高的在 50~60 ℃，一般的在 30~40 ℃，热稳定范围在 60~70 ℃；来源于真菌和植物的单宁酶的最适 pH 值一般为 4.0~6.0，pH 值稳定性范围一般是 3.0~7.0，细菌单宁酶的最适 pH 值一般偏中性。金属离子对单宁酶活性的影响也有所不同：Libuchi S 等发现许多离子对单宁酶无活化作用，但 Zn^{2+} 和 Ca^{2+} 可抑制酶活，另外 EDTA 溶液会使酶完全失活，而 Aoki K 等发现 EDTA 对酶活无明显影响。Rajakumar 等发现 Cu^{2+}、Zn^{2+}、Fe^{2+}、Mg^{2+} 均对酶活力有显著影响。郭鲁宏等研究发现，除了 Mn^{2+}、Zn^{2+} 抑制酶活之外，其他金属离子对酶活均无明显的激活或抑制作用。

单宁酶常作为澄清剂应用于茶饮料中，能断裂儿茶酚与没食子酸间的酯键，使苦涩味的酯型儿茶素水解，形成相对分子质量较小的水溶性短链物质，降低茶汤的浑浊度；增加茶叶中单宁含量、咖啡因含量和可溶性固形物含量，提高茶叶的提取率；可水解多酚类物质的酯键，避免它们聚合，增加葡萄酒中芳香族化合物的含量，降低涩味的产生。

9.4　氧化还原酶

氧化还原酶（oxidoreductase），是一类催化氧化还原反应的酶的总称，可分为氧化酶（oxidase）和还原酶（reductase）两类，反应时需要电子供体或受体。生物体内众多的氧化还原酶在反应时需要辅酶 NAD 以及 FAD 或 FMN，也有的酶不需要辅酶或辅基，直接以氧作为电子的传递体，如葡萄糖氧化酶。

9.4.1　多酚氧化酶

多酚氧化酶（polyphenol oxidase，简称 PPO），又称儿茶酚氧化酶、酪氨酸酶、苯酚酶、甲酚酶、邻苯二酚氧化还原酶，是一种含铜的氧化还原酶。作为一种加氧酶，多酚氧化酶催化酚的选择性羟基化，羟基化产物继续氧化生成不稳定的邻-苯醌类化合物，可进一步通过非酶氧化反应聚合成黑色素（melanin）。如酪氨酸酶催化氧化单酚首先生成邻苯二酚（单酚酶活性），随后催化邻苯二酚氧化生成邻醌（儿茶酚酶活性）。

广义上多酚氧化酶可分为三大类：单酚氧化酶（酪氨酸酶，tyrosinase）、双酚氧化酶（儿茶酚氧化酶，catechol oxidse）和漆酶（对苯二酚氧化酶，laccase）。多酚氧化酶有多种分子形式存在，它们之间的差别表现在底物特异性、最适 pH 值、温度稳定性、对抑制剂敏感性、氧化和羟基化活力的差别。

多酚氧化酶是自然界中分布极广的一种金属蛋白酶，普遍存在于植物、真菌、昆虫的质体中，甚至在土壤中腐烂的植物残渣上都可以检测到多酚氧化酶的活性。由于其检测方便，是被最早研究的几类酶之一。自 1883 年 Yoghid 发现日本漆树液汁变硬可能和某种活性物质相关，1938 年 Keilin D. 和 Mann G. 研究得到多酚氧化酶并将这类酶称为 polyphenol oxidase。

有关多酚氧化酶酶促褐变机理主要包括3种：保护酶系统假说、酚酶区域分布假说和自由基伤害假说，其中酚酶区域分布假说是目前最广泛认可的。多酚氧化酶、底物和O_2是发生褐变的3个主要因素，由于细胞内的酶和底物的区域分布，多酚氧化酶不能充分接触底物起到了防止褐变的发生，但当植物组织遭到损伤和膜结构被破坏时，分布在液泡内的多酚氧化酶的底物在有O_2存在时，多酚氧化酶与底物充分接触，从而导致褐变。

多酚氧化酶可以应用于茶叶加工过程中，通过抑制或激活多酚氧化酶的活性，起到减缓或促进茶多酚类物质转化为茶色素的作用，将茶叶加工成期望的不同品质和滋味的茶类产品。如绿茶加工过程中的杀青就是利用高温钝化酶的活性，在短时间内制止由酶引起的一系列化学变化，形成绿叶绿汤的品质特点。红茶加工过程中的发酵就是激化酶的活性，促使茶多酚物质在多酚氧化酶的催化下发生氧化聚合反应，生成茶黄素、茶红素等氧化产物，形成红茶红叶红汤的品质特点。

9.4.2 葡萄糖氧化酶

葡萄糖氧化酶(glucose oxidase，简称GOD)，是一种需氧以黄素腺嘌呤二核苷酸(FAD)为辅基的脱氢酶，在有氧条件下对β-D-葡萄糖表现出强烈的特异性，能专一性地催化β-D-葡萄糖生成葡萄糖酸和过氧化氢，但对L-葡萄糖和2-*O*-甲基-D-葡萄糖完全没有活性。

GOD是含有2个FAD结合位点的同型二聚体分子，每个单体含有2个完全不同的区域，即与部分FAD非共价紧密结合的β折叠和与底物β-D-葡萄糖结合形成的由4个α-螺旋支撑一个反平行的β折叠。

葡萄糖氧化酶催化的反应的速度同时取决于O_2和葡萄糖的浓度，根据条件不同有3种形式：

① 在没有过氧化氢酶存在下，每分子葡萄糖氧化酶氧化时消耗1分子氧。

$$C_6H_{12}O_6+O_2+H_2O \longrightarrow C_6H_{12}O_7+H_2O_2$$

② 在有过氧化氢酶存在下，每分子葡萄糖氧化酶氧化时消耗1原子氧。

$$C_6H_{12}O_6+1/2O_2 \longrightarrow C_6H_{12}O_7$$

③ 在有乙醇和过氧化氢酶存在下，过氧化氢同时被用于乙醇的氧化作用，此时，每分子葡萄糖氧化酶氧化时消耗1分子氧。

$$C_6H_{12}O_6+C_2H_5OH+O_2 \longrightarrow C_6H_{12}O_7+CH_3CHO+H_2O$$

反应中，氧化态酶作为脱氢酶从β-D-葡萄糖分子中取走2个氢原子形成还原态酶和δ-D-葡萄糖酸内酯，随后δ-D-葡萄糖酸内酯非酶水解成D-葡萄糖酸，同时还原态GOD被分子氧再氧化成氧化态GOD。如果反应体系中存在过氧化氢酶，那么H_2O_2被催化分解成H_2O和O_2。

GOD广泛分布于动物、植物和微生物体内。由于微生物生长繁殖快、来源广，是生产GOD的主要来源，主要生产菌株为黑曲霉和青霉。高纯度GOD易溶于水，完全不溶于乙醚、氯仿、丁醇、吡啶、甘油、乙二醇等有机溶剂。固体酶制剂在0 ℃下至少可保存2年，-15 ℃下可保存8年。GOD的作用温度范围一般为30~60 ℃。GOD的稳定pH值范围3.5~6.5，pH>8.0或pH<3.0时酶将迅速失活，酶的底物起着稳定酶的作用。葡萄糖

氧化酶的抑制剂为 Hg^{2+}、Ag^{+}、对氯代汞基苯甲酸、苯基脲乙酯及肼、苯肼、亚硫酸钠、双甲酮等巯基螯合剂，但氰化物和一氧化碳对酶没有抑制作用；甘露糖、果糖以及 D-阿拉伯糖对葡萄糖氧化酶有比较明显的竞争性抑制作用。

葡萄糖氧化酶在食品工业中的应用归纳起来不外乎 4 个方面：一是去葡萄糖、二是脱氧、三是杀菌、四是测定葡萄糖含量，所以 GOD 在食品工业中的应用主要基于这 4 个方面。如蛋类食品的脱糖保鲜，作为除氧保鲜剂防止食品氧化变质和腐败变质，可用于定量测定各种食品中的葡萄糖和果糖含量。葡萄糖氧化酶在食品加工中应用还包括：改变转化糖中葡萄糖和果糖的比例；降低玉米糖浆中葡萄糖的含量；加入牛乳中起凝结作用；稳定柑橘饮料及浓缩汁的质量；保护肉制品及干酪的颜色；加入面粉中将面团中的巯基氧化为二硫键，从而改良面团网络结构，显著提高面团机械性能和面包品质，起催熟作用；在小麦制品(如各式面包)的生产过程中，添加葡萄糖氧化酶与过氧化氢酶可以避免烘焙过程中的美拉德反应造成的小麦制品的褐变、营养价值的降低以及有毒副产物的产生，能保证其口感和保留食物的营养。

9.4.3　过氧化物酶

过氧化物酶(peroxidase，简称 POD)是一类由单一肽链与一个铁卟啉辅基结合构成的氧化还原酶，以过氧化氢为电子受体，催化过氧化氢，氧化酚类和胺类化合物以及烃类氧化产物，具有消除过氧化氢和酚类、胺类、醛类、苯类毒性的多重作用。

基于氨基酸序列分析，可将过氧化物酶划分成两个超家族：真菌、细菌和植物来源的过氧化物酶超家族和动物来源的过氧化物酶超家族。细菌、真菌和植物来源的过氧化物酶可进一步分为 3 类，包括胞内过氧化物酶、抗坏血酸过氧化物酶等的 I 类过氧化物酶，它们没有信号肽、二硫键以及钙离子。Ⅱ类过氧化物酶指真菌分泌过氧化物酶，包括木质素过氧化物酶(lignin peroxidase)和锰依赖型过氧化物酶(manganese peroxidase)。Ⅲ类过氧化物酶指植物中分泌型过氧化物酶，如辣根过氧化物酶(horseradish peroxidase)，这些酶是单聚糖蛋白，包括 2 个钙离子以及 4 个保守的二硫键。

根据辅基不同，过氧化物酶分含铁过氧化物酶和黄蛋白过氧化物酶两类。含铁过氧化物酶包括含正铁血红素Ⅲ(羟高铁血红素)为辅基的正铁血红素过氧化物酶和含有一个铁原卟啉基团的绿过氧化物酶，酸性丙酮可使高铁血红素过氧化物酶中的高铁血红素和酶蛋白分离，处理绿过氧化物酶时没类似结果。黄蛋白过氧化物酶是以 FAD 作为辅基，存在于微生物和动物组织中。

过氧化物酶能催化 4 种类型反应，即有氢供体的过氧化反应、没氢供体的过氧化氢分解反应、氧化反应和羟基化反应。

过氧化物酶主要存在于过氧化物酶体中，但不是过氧化物酶体的标志酶(标志酶为过氧化氢酶)。在植物细胞中过氧化物酶以两种形式存在，即存在于细胞浆中的可溶形式和与细胞壁或细胞器相结合的结合形式。过氧化物酶可作为植物组织老化的一种生理指标，与碳水化合物结合成为糖基化蛋白，起到避免蛋白酶降解和稳定蛋白构象的作用。辣根是过氧化物酶最重要的一个来源，辣根中 20%的过氧化物酶与细胞壁结合，用 2 mol/L 氯化钠才能提取出来。

过氧化物酶在食品工业中的应用主要用于产品的检测监控，如乳制品中的土霉素含量可以通过具有辣根过氧化物酶活性的氯化血红素溶液来检测，可作为果蔬热处理是否充分的指标、果蔬成熟和衰老的指标；过氧化物酶的活力与果蔬产品，特别是非酸性蔬菜在保藏期间形成的不良风味有关。

9.4.4 脂肪氧合酶

9.4.4.1 脂肪氧合酶概念和来源

脂肪氧合酶(lipoxygenase，简称 LOX)是能专一催化具有顺，顺-戊二烯结构的多不饱和脂肪酸，通过分子加氧，生成具有共轭双键不饱和脂肪酸的氢过氧化物的一类含非血红素铁的氧化还原酶。脂肪氧合酶与破坏维生素 A 的胡萝卜素加氧酶(carotene oxidase)是同一物，能催化植物体内酚基甘油酯产生脂肪酸衍生物，这是植物体内脂肪酸氧化的一条重要途径，往往在逆境条件下启动，与植物的抗病和抗伤害反应密切相关。

脂肪氧合酶广泛存在于动物、植物和微生物中，在植物中主要以 9-LOX 和 13-LOX 两种形式存在；动物界中主要以 5-LOX、8-LOX、12-LOX 和 15-LOX 四种形式存在；细菌界中存在 11-LOX 和 13-LOX 两种；真菌界仅有 10-LOX 一种形式存在。大豆中脂肪氧合酶的活性最高，能分解亚油酸主要生成 13-氢过氧-9,11-十八碳二烯酸，相对分子质量约 1.0×10^5，可被酚类防氧化剂抑制。

9.4.4.2 脂肪氧合酶的结构及其催化机制

关于脂肪氧合酶活性部位的结构尚不完全清楚，目前普遍认为脂肪氧合酶活性部位的基团可能含有铁、芳香族氨基酸残基和蛋氨酸残基等，催化中心与铁离子有关，其活化态为高自旋的氧化型 Fe^{3+}，非活化态为高自旋的还原型 Fe^{2+}。脂肪氧合酶催化的脂肪酸氧化由 4 个连续的基本反应(氢夺取、自由基后调、氧插入、过氧自由基还原)组成，其立体化学被严格控制，通常以空间控制的方式进行，过氧阴离子最终被质子化。

9.4.4.3 脂肪氧合酶的性质及应用简介

脂肪氧合酶的区域专一性和立体专一性取决于反应 pH 值、底物结合口袋的深度和宽度、进入的多不饱和脂肪酸底物的方式(即羧基端或甲基端)、特定脱氢(L 型或 D 型)、氧进攻方向和氧与底物结合的方位(相同或相反)，其中多不饱和脂肪酸中顺，顺-1,4-戊二烯 C-3 亚甲基基团的结构与催化铁部位的接近程度是关于位置控制的一个决定因素。

脂肪氧合酶的区域专一性主要体现在立体选择性地去除氢和通过中间环节脂肪酸自由基重新选择异侧氧插入位点，可用空间相关模型(底物脂肪酸可能以甲基端头穿过活性位点，使亚油酸 13-脂氧合作用发生)和定向依赖模型(底物以反向的“头到尾”方向进入活性位点，使亚油酸 9-脂氧合作用发生)来解释。

脂肪氧合酶在食品加工过程中的不利方面：如食品贮藏加工中处理不当，脂肪氧合酶代谢产物—脂肪酸氢过氧化物能直接与食品中的有效成分氨基酸和蛋白质结合，降低产品的营养价值。大豆加工中，脂肪氧合酶促使不饱和脂肪酸分解，形成小分子的醛、醇、酮等挥发性物质，产生不受人欢迎的豆腥味。所以，通过各种技术来抑制脂肪氧合酶酶活，有利于果蔬贮藏和大豆脱腥。

脂肪氧合酶在食品加工过程中有利的方面：在烘焙行业中，脂肪氧合酶作为一种无毒无害的生物制剂，替代溴酸钾和苯甲酰过氧化物等传统的化学增白剂，与具有共轭双烯键的类胡萝卜素发生偶联反应，从而使面团漂白，改善面粉颜色；同时脂肪氧合酶生成的氢过氧化物起着氧化剂作用，可以将面粉蛋白质中的巯基(—SH)氧化成为二硫键(—S—S—)，形成稳定的三维网状结构，使面粉筋力、面团的水合力得到提高；脂肪氧合酶还可防止结合态脂肪的产生，增加游离脂肪的数量，改进面包的体积和松软度。在红茶和乌龙茶的发酵过程中，利用脂肪氧合酶催化亚油酸、亚麻酸氧化分解生成正己醛、己烯醇、己烯醛等茶叶特有的香气成分。利用脂肪氧合酶氧化脂肪酸生成氢过氧化合物，该产物进而均裂或β-裂变分解，形成了小分子的醇、醛、酮、酯等多种风味物质和热反应风味前体物质，将其作为天然肉味香精的基料，可用于制备各种类型的肉味香精。

除此之外，脂肪氧合酶还引起其他一些食品颜色的变化，如参与冷冻和加工蔬菜中叶绿素的降解，破坏苜蓿饲料中的叶黄素和添加于食品中的类胡萝卜素。脂肪氧合酶能催化底物生成各类花生酸物质，在癌症预防和治疗中发挥重要作用，有望成为新的抗癌药物作用靶点。

9.4.5　超氧化物歧化酶

超氧化物歧化酶(superoxide dismutase，简称 SOD)是一类含有不同金属离子的氧化还原酶，能够催化超氧阴离子自由基歧化生成氧和过氧化氢。

SOD 广泛存在于动物、植物和微生物中。根据所含金属离子的不同，SOD 主要分为铁超氧化物歧化酶([Fe]SOD)、铜锌超氧化物歧化酶([Cu]ZnSOD)、锰超氧化物歧化酶([Mn]SOD)以及镍超氧化物歧化酶([Ni]SOD)4 类。目前商业化的 SOD 主要是来源于动物血和脏器中的[CuZn]SOD 和[Mn]SOD，也可以通过好氧真核微生物发酵来生产 SOD。[Fe]SOD 呈黄褐色，主要存在于原核细胞及少数植物细胞中；[Mn]SOD 呈为紫色，主要存在于原核细胞及真核细胞的基质(如线粒体等)中；含量最丰富的是呈绿色的[CuZn]SOD，主要存在于真核细胞的细胞质中；[Ni]SOD 主要存在细菌中。

SOD 催化 O_2 通过歧化反应转化为 H_2O_2 和 O_2，该催化反应由 SOD 蛋白结构中的金属结合部位执行。Cu^{2+}是[CuZn]SOD 活性所必需的，它直接与超氧阴离子自由基作用，而 Zn^{2+}不直接与超氧阴离子自由基作用，起到稳定活性中心周围环境的作用。[Mn]SOD 的活性中心为 Mn(Ⅲ)，活性部位处于一个主要由疏水残基构成的环境里，两个亚基链组成一个通道，构成了底物或其他内界配体接近 Mn(Ⅲ)离子的必经之路。

SOD 是一种酸性蛋白酶，也是一种金属酶，半衰期很短，其性质不仅取决于蛋白部分，还取决于活性部位共价连接的金属离子，所以对热、pH 值以及某些动力学性质表现异常稳定。同时，SOD 的吸收光谱性质取决于酶蛋白和金属辅基，如[CuZn]SOD 中色氨酸和酪氨酸的含量较低导致其最大紫外吸收光谱为 258 nm，但[Mn]SOD 和[Fe]SOD 含有较多的色氨酸和酪氨酸以及少量的半胱氨酸，紫外吸收光谱在 280 nm 附近有最大吸收峰。

SOD 在食品工业中经常作为抗氧化剂被添加到饮料、果汁、罐头食品、啤酒等中，使这些食品能够保存的更久。SOD 可以作为食品营养强化剂添加到牛奶、啤酒、软糖等食品中，提高食品的营养功能；在一些水果、蔬菜等食品的运输过程中通过向其表面喷洒 SOD，可以起到保鲜剂的作用；SOD 的抗氧化功能还可以改善食品的风味；提高原麦汁的还原力和发酵液的抗氧化力，对成品啤酒的风味稳定性有明显作用。

推荐阅读

1. Mohammed Kuddus. Enzymes in food biotechnology: production, applications, and future prospects. Elsevier Academic Press, 2018.

该书全面介绍了酶的研究以及酶对食品领域的潜在影响，包括最新的酶学研究、酶工程创新和开发新食品。该书汇集了有关食品生产、食品加工、食品保存、食品工程和食品生物技术中酶的新来源和技术。这些信息和技术对研究人员、专业人员和学生有用。

2. Robert Rastall. Novel enzyme technology for food applications. Woodhead Publishing Limited, 2007.

食品行业不断寻求先进技术，以满足消费者对营养均衡食品的需求。酶是一种有用的生物技术加工工具，它的作用可以控制食品基质以生产更高质量的产品。本书第一部分讨论了工业酶技术的基本方面，包括酶的发现、改进和生产，以及消费者对这项技术的态度；第二部分讨论了酶技术在特定食品中的应用，如结构改善、蛋白质脂肪替代品、风味增强剂和保健功能碳水化合物等。本书是工业界和学术界关注用这一先进技术改进食品产品的标准参考书。

3. Michael V Arbige, Jay K Shetty, Gopal K Chotani. Industrial Enzymology: The Next Chapter. Trends in Biotechnology, 2019, 37(12): 1355-1366.

该篇综述着重于工业酶学、蛋白质工程及微生物的设计和生产方面的最新发展。重点介绍了最新的重组DNA(rDNA)技术和蛋白质工程工具及其高通量方法在促进工业酶制剂商业化进程中起到的作用，以及得到广泛应用的领域，如洗涤用品，纺织品加工，动物健康和人类营养。该篇综述表明酶生物工业在全球范围内的增长反映了生物技术的潜力，它反过来又为工业酶学领域开辟了新的领域或方法。

开放性讨论题

1. 从本章节的学习可以看出，可供选择的应用于食品工业的酶种类多种多样，但依靠单一酶处理食品原料达到改善食品品质的目的往往难以实现，且食品原料成分复杂。请讨论一下针对某一目标的食品原料改性，在选择酶时应注意哪些问题，怎样才能实现酶改性食品原料的目的？

2. 针对食品酶的应用，请讨论一下作为一种绿色催化剂，食品酶的开发应该注意哪些方面？

3. 针对酶催化活性在食品加工过程中难以得到有效实现的问题，基于酶改性方面的技术发展，请结合食品行业现状和所学畅想一下如何改善该方面的问题，更好地服务食品行业？

思考题

1. 影响酶催化活性和效率的理化因素有哪些？
2. 相比于其他加工方式，酶在食品加工过程中应用的优势有哪些？
3. 如何通过酶技术来改善产品的理化特性和生物活性？

4. 如何区分酸性蛋白酶、碱性蛋白酶和中性蛋白酶？它们各自主要应用于食品生产加工哪些方面？

5. 试举例说明酶是如何提高食品风味的。

6. 试举例说明酶是如何实现食品原料质构的改善。

7. 金属蛋白酶中常见的金属离子有哪些？简述这些金属离子对酶活性功能的影响。

8. 环状糊精生成酶有哪些？其相关产物主要应用于哪些食品领域？

9. 按酶对底物的特异性，脂肪酶分为几类？脂肪酶在食品行业中主要用途有哪些？

第 10 章　酶在食品工业中的应用

导　语

在当代食品工业中使用酶制剂的目的是使食品达到最佳的质感，使原料得到最大限度地利用，以获得符合人们愿望的美学和营养学特性，并改善加工参数，便于保存。酶制剂为食品工业提供了一条新的发展途径，为食品的色、香、味增色，并提供了富有营养的新产品。目前，酶制剂已在制糖、油脂加工、畜产品、水产品、焙烤、果蔬、饮料、食品添加剂等多个食品领域得到了广泛的应用。

通过本章的学习可以掌握以下知识：

❖ 制糖工业常用酶制剂及其应用原理；
❖ 油脂加工常用酶制剂及其应用原理；
❖ 畜产品加工常用酶制剂及其应用原理；
❖ 水产品加工常用酶制剂及其应用原理；
❖ 焙烤食品加工常用酶制及其应用原理；
❖ 豆制品加工常用酶制剂及其应用原理；
❖ 果蔬制品加工常用酶制剂及其应用原理；
❖ 饮料生产常用酶制剂及其应用原理；
❖ 食品加工副产物增值加工用酶制剂及其应用原理；
❖ 食品贮藏保鲜用酶制剂及其应用原理；
❖ 常见食品添加剂酶催化制备方法及其现状。

知识导图

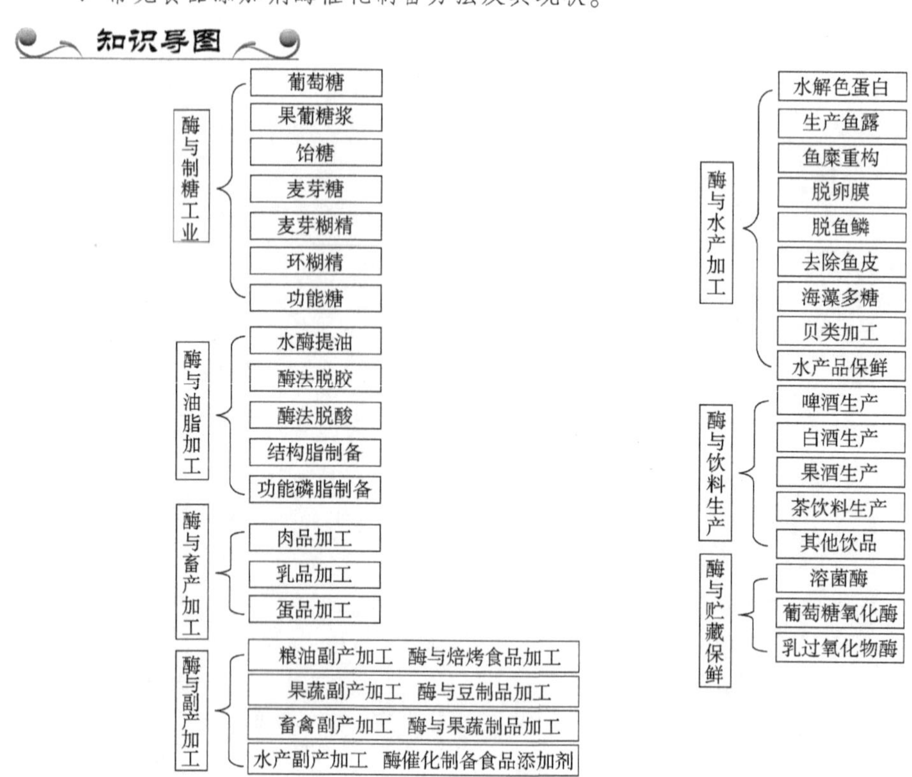

关键词

制糖　淀粉酶　葡萄糖淀粉酶　普鲁兰酶　果葡糖浆　葡萄糖异构酶　饴糖　麦芽糊精　环糊精　环糊精合成酶　低聚糖　水酶法　磷脂酶　结构脂　脂肪酶　功能性磷脂　嫩化酶　重组肉　谷氨酰胺转氨酶　活性肽　凝乳酶　乳糖酶　低敏乳制品　鱼露　海藻多糖　琼胶酶　卡拉胶酶　葡萄糖氧化酶　溶菌酶　脂肪氧合酶　增白　强筋　抗营养因子　澄清　果胶酶　浸渍酶　柚苷酶　脱苦　酯化酶　提香　单宁酶　乳过氧化物酶　短链芳香酯　芳香内酯　甜茶苷　D-塔格糖　甘草苷　β-葡萄糖醛酸苷酶　脂肪酸糖脂

本章重点

❖ 不同食品领域常用酶制剂的类别；
❖ 特定食品领域中酶制剂的作用原理；
❖ 特定食品领域中酶制剂应用存在的问题及未来方向。

本章难点

❖ 怎样根据食品加工原料的特点选择适宜的酶制剂；
❖ 不同应用领域常见酶制剂的作用原理；
❖ 酶制剂复配使用的协同增效作用机制。

10.1　酶在制糖工业中的应用

酶在制糖工业的应用历史悠久。约 3 000 年前淀粉制糖首先开始于我国，麦芽水解米中淀粉成麦芽糖，用作食品甜味料。1811 年德国 Kir-choff 添加硫酸于马铃薯淀粉乳制胶黏剂，错误地多加了酸，得到甜的糖浆。20 世纪 20 年代初，美国较大规模生产淀粉糖品。20 世纪 60 年代初期，酶法逐步代替了酸法技术制糖。1967 年，美国采用异构化酶转变甜度较低的葡萄糖成更甜的果糖，生产果葡糖浆，大大促进了淀粉制糖工业的发展。

10.1.1　葡萄糖的生产

葡萄糖是淀粉最重要的下游产品之一。淀粉有直链淀粉和支链淀粉之分，但其组成单元都是葡萄糖，因此理论上来说如果将淀粉全部水解，最终产物全是葡萄糖。淀粉的水解方式分为酸水解和酶水解，目前国内外葡萄糖的生产均采用酶法水解。

酶法水解淀粉制备葡萄糖的过程分为两个阶段：第一个阶段是淀粉的液化，即通过α-淀粉酶的作用，从淀粉分子内部随机切开 α-1,4-糖苷键，释放出小分子的糊精，从而降低淀粉的黏度；第二个阶段是糖化，即通过葡萄糖淀粉酶、β-淀粉酶、异淀粉酶和普鲁兰酶等进一步将糊精水解转化为葡萄糖。葡萄糖淀粉酶的作用方式是从淀粉或糊精的非还原端逐个水解 α-1,4-糖苷键，每次释放出淀粉中的 α-1,6-糖苷键，而普鲁兰酶则主要催化水解淀粉中 α-1,6-糖苷键，两种酶在水解过程中具有协同作用。

酶法生产葡萄糖与酸法相比，具有如下优点：①酶法制糖工艺可直接使用淀粉质粗原料，而酸法制糖工艺需要使用精原料如玉米淀粉、木薯淀粉等。②酶法制糖工艺水解反应温和，不纯产物较少，淀粉转化率高，可达96%以上，而酸法制糖工艺水解反应激烈，不纯产物也多，淀粉转化率一般只有90%~92%。③酶法制糖工艺蛋白质凝聚结团好，去除率高，糖液色泽浅，透光率常在80%以上，远高于酸法工艺的40%~60%。④酸法制糖工艺投料浓度低于酶法制糖工艺，对设备材质要求耐酸耐压，糖化液有强烈苦味，色泽深，而酶法制糖工艺不需要设备耐酸耐压，糖化液无苦味和色泽生成。

10.1.2 果葡糖浆的生产

果葡糖浆为高果糖浆、富果糖浆、异构糖浆的统称，它的糖分组成主要是果糖和葡萄糖的混合糖浆，所以称为果葡糖浆。果葡糖浆溶解度大，化学性质稳定，味道正，甜度高，有滋补健身的功效，是一种很有发展前途的新型食用糖。葡萄糖和果糖为同分异构体，通过异构化能相互转变。酶法生产果葡糖浆，为人类开发了一种取之不尽、用之不竭的第三糖源。

以淀粉为原料全酶法生产果葡糖浆，α-淀粉酶、葡萄糖淀粉酶和葡萄糖异构酶是生产必需酶。不同菌种来源的葡萄糖异构酶的特性是不一样的，因而异构化条件也有所差异。例如，使用短乳酸杆菌D80葡萄糖异构酶时，其异构化条件是：先把50%葡萄糖浆加热至65 ℃，用氢氧化钠调pH值至6.7后，加入一定量的异构酶，同时添加硫酸锰作活化剂，再于60~65 ℃下异构化68~72 h，所得到的果葡糖浆含果糖40%左右。若用放线菌葡萄糖异构酶进行异构化，最适pH 7.0~7.5，最适温度65~70 ℃，以硫酸镁和氯化钴作活化剂。

10.1.3 饴糖和麦芽糖的生产

饴糖、麦芽糖、高麦芽糖浆，其名称是按制法和麦芽糖含量不同而相对区分的。饴糖是我国的传统食品，也是现代生产麦芽糖与高麦芽糖浆的基础。麦芽糖浆是以麦芽二糖为主要成分的液态淀粉糖产品，其中葡萄糖相对较少。一般用酶法水解淀粉或原粮制得。

我国的饴糖制造已有2 000多年历史，传统生产是用米蒸熟成饭，拌入磨碎的麦芽浆。利用麦芽中的α-淀粉酶和β-淀粉酶，将淀粉糖化成麦芽糖浆。这种方法既费劳力又费粮食。后来国内饴糖已改用碎米等为原料，先用细菌淀粉酶液化，再加上少量麦芽浆糖化，这种新工艺使麦芽用量由10%减到1%，而且生产也可以实现机械化和管道化，大大提高了生产效率，节约了粮食。

2 000多年前，我国就用传统生产工艺制作麦芽糖，并将它作为食用甜味料。具体做法以大麦芽作为糖化剂，以大米或其他谷物为原料，将谷物煮熟后加入大麦芽，用麦芽水解谷物淀粉，淋出糖液经煎熬浓缩得到麦芽糖浆成品。通过传统工艺制得的麦芽糖浆仅含40%~60%的麦芽糖。高麦芽糖浆是含麦芽糖50%~60%的淀粉糖浆，具有麦芽糖含量高、葡萄糖含量低、外观无色透明、甜度低、吸湿性低、抗结晶性好等特点，在人体内不需要胰岛素参与代谢就能被吸收，且有益于人体肠道中双歧杆菌的繁殖，因而颇受糖果业的欢迎。

淀粉经外切淀粉酶(如大麦β-淀粉酶)部分水解会形成难以被进一步水解的极限糊精。因此，这种情况下麦芽糖的最大形成量为60%。如果反应有脱支酶参与，就不会形成β-极限糊精，从而麦芽糖的产量比较高。工业生产中使用的脱支酶主要来自克氏杆菌或蜡样芽孢杆菌变异株，以及酸性普鲁兰芽孢杆菌，因该酶可水解茁霉多糖－聚麦芽糖的α－1,6－键，故又称为茁霉多糖酶。β－淀粉酶主要来自大豆及麦芽，也可利用微生物（主要为黏芽孢杆菌、蜡样芽孢杆菌等）生产β－淀粉酶，因这类微生物还同时生产脱支酶，故水解淀粉时麦芽糖收率可达 90%～95%。

10.1.4　麦芽糊精的生产

麦芽糊精是一种 DE 值（指还原糖占糖浆干物质的百分比）小于 20 的淀粉不完全水解产物，它无色无味，可溶于水，是优良的风味载体。不同 DE 值的麦芽糊精具有不同的功能性质，广泛应用于饮料、糖果、调味料、乳制品、肉制品以及冷冻制品中。目前麦芽糊精的生产主要有酸法工艺和酶法工艺两种类型。酸法工艺是一种随机转化机制，可生成不同水解度的水解产物，所以生产者无法控制产品组分的分布，而产品的组分组成影响到产品的功能性质。酶法工艺具有条件温和、产品组分分布均匀、副反应少、无需中和脱盐等优点，是麦芽糊精生产的优选方案。所用的酶主要为中温型和耐高温型 α－淀粉酶。通过控制酶解条件，可以获得不同 DE 值的麦芽糊精产品。由于所用 α－淀粉酶的来源不同，液化方式不同，所得麦芽糊精组成成分也不一样。麦芽糊精的主要成分组成为以 G8 以下的 G3、G6、G7 低聚糖为主。

10.1.5　环糊精的生产

环糊精（CD）是由淀粉在生物酶的作用下降解所产生的一种由多个 D－吡喃型葡萄糖通过 α－1,4－糖苷键连接的环状低聚糖化合物。常见的有 α、β、γ 3 种，分别由 6 个、7 个、8 个葡萄糖分子构成，对于聚合度从 9 到几百不等的则称为大环糊精。环糊精的分子构型比较特殊，其所具有的葡萄糖基上的羟基均位于环状结构的外围，使整个环糊精呈环状空隙的锥形圆环，内部是具有一定尺寸的疏水空腔，其上下外部因含有羟基而呈亲水性。因此，环糊精可以包结多种适当大小的疏水性物质形成络合物，极大地改变了客体分子的特性，包括改变客体分子的水溶性、稳定性、挥发性以及药物分子的药效和口感等，甚至用于包埋去除一些有害物质。

环糊精的生产一般可分为 3 个阶段：第一阶段是生产环糊精合成酶；第二阶段是利用酶作用于淀粉糊来合成环糊精；第三阶段是环糊精的分离提取与精制。β－环糊精的生产通常采用巨大芽孢杆菌、嗜碱芽孢杆菌发酵生产的环糊精葡萄糖苷转移酶为催化剂，以木薯淀粉、马铃薯淀粉、甘薯淀粉等为原料。α－环糊精的生产是以软化芽孢杆菌、肺炎克氏杆菌和嗜热脂肪芽孢杆菌等微生物发酵生产的环糊精葡萄糖苷转移酶为催化剂，催化产物以 α－环糊精为主，同时含有 β－环糊精和 γ－环糊精的混合物，可利用 3 种环糊精在水中的溶解度不同，以及其与有机溶剂形成包结物的难易程度和包结物溶解度的差异，可选择性地将 α－环糊精分离出来。γ－环糊精由于生成量少，分离更加困难。一般可以将 β－环糊精的结晶母液经浓缩后加入溴代苯或二乙醚，将 γ－环糊精沉淀，再加入正丙醇使之结晶分离。随着食品分离技术的发展，膜分离技术应用于环糊精的分离，可望实现 α－环糊精、γ－环糊精生产不用有机溶剂，分离效率提高，生产成本降低。

10.1.6 功能性低聚糖的生产

功能性低聚糖(functional oligosaccharides)，又称非消化性低聚糖(non-digestible oligosaccharides，NDOs)，一般由3~10个单糖聚合而成，其分子中具有不易被人体消化酶利用的特殊结构。NDOs主要有低聚果糖、低聚木糖、帕拉金糖、低聚壳聚糖、低聚菊糖、低聚麦芽糖、麦芽糖醇、异麦芽糖醇等。大多数NDOs被归类为益生元。除了非淀粉多糖，功能性低聚糖在小肠中不会被消化，并以相对未修饰的形式到达回盲肠区，作为膳食填充剂或构成结肠土著细菌的可利用底物，有助于短链脂肪酸(short-chain fatty acids，SCFA)产生和pH值降低，对病原微生物数量减少以及胃肠生理均产生重要影响，有益健康。不同于淀粉和单糖，由于NDOs具有特殊的分子结构，可不被口腔微生物所利用，也不会产生酸或多葡聚糖(致龋化合物)。因此，NDOs可以作为低致龋糖替代品用于糖果、酸奶和饮料等产品中，甜的、低卡路里的节食食品中，以及婴幼儿和糖尿病患者食品中。表10-1为应用酶技术生产的低聚糖品种、原料及所应用的酶。

表10-1 低聚糖品种、生产原料及催化制备用酶

低聚糖	原料	酶
低聚果糖	蔗糖 菊粉	β-呋喃果糖苷酶 菊粉酶
低聚乳果糖	乳糖 蔗糖	β-半乳糖苷酶 果聚糖蔗糖酶、β-呋喃果糖苷酶
低聚木糖	木聚糖	木聚糖酶
异麦芽酮糖(帕拉金糖)	蔗糖	异麦芽酮糖合成酶
低聚龙胆糖	葡萄糖浆	葡萄糖基转移酶
低聚异麦芽糖	淀粉	α-淀粉酶 β-淀粉酶 普鲁兰酶 α-葡萄糖转苷酶 真菌淀粉酶
低聚半乳糖	乳糖	β-半乳糖苷酶

功能性低聚糖生产多采用生物酶法，潜力巨大。新的功能性低聚糖品种研发和生产一直是国际研究的热点，而对现有的功能性低聚糖生产来说，需要进一步研发相关微生物和酶，促进大规模生产；进一步开发和利用农林废物或工业副产品作为低聚糖生产原料，降低生产成本，使生产过程可持续发展；进一步研究和改善生产过程中的下游环节，以提高低聚糖产率和最终产品的纯度。

10.2 酶在油脂加工中的应用

酶工程技术作为环境友好型加工技术，在油脂加工方面越来越受到重视。酶技术在油脂加工业中的应用主要有以下几个方面。

10.2.1 水酶法提取油脂

油脂提取方法包括压榨法、水代法、水酶法、溶剂浸提法、超临界 CO_2 萃取法等。压榨法自动化程度高，但投资大、出油率低，且毛油品质一般。水代法操作条件比较温和，但出油率低。浸提法比较常见，但浸出溶剂一般为易燃和有毒物质，生产安全性低，成品油色深、质量也较差。超临界 CO_2 萃取是以 CO_2 为萃取剂，在超临界状态下提取油脂的方法，其提取效率高、绿色安全，但设备投资大、成本高。

水酶法是一种新兴的提油方法，它将酶制剂应用于油脂分离，通过对油料细胞壁的机械破碎作用和酶的降解作用提高油脂的提取率。水酶法采用的是在机械破碎后，用酶对细胞壁、脂多糖、脂蛋白进行降解，使油料细胞中的油释放出来，水酶法相比压榨法和有机溶剂浸出法来说，出油率较高，工艺条件相对简单，环境污染小，提出的油品质较高，在提油的同时还可以得到水解蛋白等。由于没有使用有机溶剂和高温高压，水酶法还具有设备简单、操作温度低、无须脱除溶剂等优点。水酶法提取油脂一般选用果胶酶、蛋白酶、纤维素酶、半纤维素酶、淀粉酶等。王瑞等用纤维素酶提取文冠果油，提油率提高到 65.10%。易建华等人用水酶法提油时得出用中性蛋白酶对核桃有较高的清油提取率。徐冰冰等人用碱性内切蛋白酶对紫苏籽进行油脂提取，提油率和蛋白提取率分别为 85.91% 和 73.39%。

虽然水酶法提油有很多优点，但仍有很多的问题需要进一步的研究。例如，对于复合酶提取油脂时很少有提到各组成酶的具体比例，这需要进一步的研究。另外是水酶法提油的成本问题。由于酶的价格较高，所以相比于其他的提油方法，水酶法成本更高。还有就是水酶法工艺需要大量的水，并且在提取油脂后处理水相时对水相中的淀粉和蛋白质等物质具有很大的浪费。

10.2.2 油脂的酶法脱胶、脱酸

植物种子经压榨或浸提后得到的油为毛油，其主要成分为甘油三酯，俗称中性油，另外还含有非中性油杂质，如胶溶性杂质（磷脂、蛋白质、糖类、黏液质等）和脂溶性杂质（色素、游离脂肪酸等），它们的存在会影响成品油的气味、色泽、滋味和贮藏稳定性。除去毛油中这些杂质的过程称为油脂精炼，主要包括脱胶、脱酸、脱色、脱臭等一系列工序。其中，脱胶是指除去毛油中的胶质成分，主要为磷脂，因此脱胶也常称为脱磷。脱酸是指通过物理、化学或者生物方法将游离脂肪酸从毛油中去除的过程。

植物油中的磷脂主要是甘油磷脂。磷脂对水的亲和力通常称为“水化能力”，根据水化能力的不同可将磷脂分为水化磷脂（hydratable phospholipids，HP）和非水化磷脂（non-hydratable phospholipids，NHP）。传统脱胶方法可以有效地除去水化磷脂，但较难除去非水化磷脂。酶法脱胶通过添加磷脂酶作用于非水化磷脂 1 位脂肪酸链，生成 2 位溶血磷脂

和游离脂肪酸。因去掉了一个脂肪酸链，磷脂亲水性更强，易于水化，同时油脚包裹油脂量减少，脱胶油得率进一步提高。植物油脂酶法脱胶可采用的磷脂酶为 PLA_1、PLA_2、PLB 和 PLC。近年来，国内工厂酶法脱胶工艺应用逐渐增多。

常见的油脂脱酸方法有碱炼脱酸法、蒸馏法(物理精炼)、溶剂萃取脱酸法、酶催化脱酸法、化学再酯化脱酸法、分子蒸馏脱酸法、超临界萃取脱酸法、膜技术脱酸法等。酶法脱酸是近年发展起来的新型油脂脱酸方法，酶法脱酸的原理是利用酶的催化特异性及高催化活性在温和的反应条件下将油脂中的脂肪酸转化为甘油酯或其他脂肪酸衍生物，从而达到降低油脂酸价的目的。高酸价油脂的酶法脱酸最早始于 20 世纪 80 年代的印度，印度学者首次用脂肪酶催化甘油与脂肪酸酯化降低高酸价米糠油的酸价。相较于化学碱炼脱酸和物理精炼脱酸方法，酶法脱酸具有反应条件温和(反应温度一般低于 70 ℃)、油脂损耗低、成品油品质优、有益物质保留率高、中性油及功能性脂质小分子保留率高、能耗低、环境污染小等优点。Sengupta 等利用单甘酯和脂肪酶成功地将米糠油中的游离脂肪酸转化，将其游离脂肪酸的含量降至 2%～4%。张明等采用 Novozym 435 脂肪酶催化高酸值米糠油与甘油进行酯化反应，降低了游离脂肪酸含量，将酸值由 24.1 mg KOH/g 降到了 3.9 mg KOH/g。在过去的 30 年里，酶法脱酸被反复尝试(筛选不同的酶、不同的酰基受体、不同的反应体系)以获得优异的脱酸效果。而酶的高昂成本，是限制酶法脱酸在油脂工业中推广使用的主要瓶颈之一。

10.2.3 结构脂的酶法制备

结构脂是指在天然油脂的基础上，通过物理、化学或生物的方法将天然油脂改性或结构重组，使天然油脂中的脂肪酸在甘油骨架上的位置发生改变或改变天然油脂中脂肪酸的组成，使其具备一些特殊功能或营养特性的食用或药用油脂。这些结构脂在具有与日常食用油脂相似性质的前提下，还具有多种多样的生理活性与功能。

(1) 类可可脂

可可脂是可可豆中的天然脂肪，能赋予巧克力等食品独特的光泽感和入口即化的平滑感。可可脂特殊的熔融特性是由其甘油三酯构型决定，天然可可脂主要由棕榈酸(P)、硬脂酸(S)和油酸(O)构成，其中棕榈酸和硬脂酸主要位于 sn-1(3)位，油酸主要位于 sn-2 位，最终形成 17.6%POP(1,3-二棕榈酸-2-油酸甘油酯)、40.2% POS(1-棕榈酸-2-油酸-3-硬脂酸甘油酯)和 25.7% SOS(1,3-二硬脂酸-2-油酸甘油酯)的甘油三酯构型。天然可可脂价格高且产量有限，难以满足日益增长的需求，因而出现类可可脂，即人工合成、物理融化性质及甘油三酯构型与可可脂接近、具有可可脂口感且价格较低的可可脂替代品。为了模拟可可脂的甘油三酯构型，常需 sn-1(3)位选择性脂肪酶的参与。Bahari 等人利用 sn-1(3)位选择性脂肪酶催化雾冰草脂与棕榈油的酯交换反应来制备类可可脂，所得产物的甘油三酯组成与天然可可脂十分接近，含有 18.3%POP、41.6%POS 和 29.8%SOS。

(2) 人母乳脂肪替代品

独特的 OPO(1,3-二油酸-2-棕榈酸甘油酯)存在于天然人母乳脂中，该结构甘油三酯对于婴幼儿钙和脂质的吸收至关重要。人类的胰脂肪酶因为具有 sn-1(3)位选择性，会特异性地水解人母乳脂 sn-1(3)位上以油酸为主的不饱和脂肪酸，生成 2-单棕榈酸甘油酯，棕榈酸以甘油单酯形式存在时易被吸收，不会与钙离子等生成不溶性皂钙，从而避免婴儿便秘和消化不良。目前，不少母亲因健康、经济、时间和宗教等原因，无法哺育孩子，因此婴幼儿配方奶粉一直具有广阔的市场，而人母乳脂肪替代品是婴幼儿配方奶粉不可或缺的成分。但OPO并不是其他哺乳动物母乳脂以及植物油脂的主要组成，所以难以利用其他母乳脂和植物油直接调配人母乳脂肪替代品。利用脂肪酶催化合成富含OPO的甘油三酯作为人母乳脂肪替代品，不仅反应温和而且高效，已成为最常使用的制备方法。

(3) MLM型结构脂

sn-1(3)位为中链(medium-chain，M)脂肪酸、sn-2位为长链(long-chain，L)脂肪酸的甘油三酯被称为MLM型结构脂。许多研究证实ω_3长链多不饱和脂肪酸能够降低人体炎症、心脑血管疾病、肿瘤和神经失调等的风险，例如，二十碳五烯酸(EPA)是前列腺素、血栓素和白细胞三烯的前体，二十二碳六烯酸(DHA)是大脑和视网膜的细胞膜磷脂的组成成分，与婴幼儿的大脑发育和老人的退行性疾病密切相关。因此，MLM型结构脂中的L通常特指长链多不饱和脂肪酸。在人体消化过程中，胰脂肪酶会专一性地水解下MLM型结构脂sn-1(3)位的中链脂肪酸，该类脂肪酸会优先通过门静脉进入肝脏进行代谢，并且其代谢速度与葡萄糖相当，能够快速供能；此外，由于这些脂肪酸很难再重新酯化形成新的甘油三酯，因此不会以脂肪的形式贮存起来，具有控制体重的功能。与此同时，另一水解产物富含长链多不饱和脂肪酸的2-甘油单酯，则通过淋巴途径被很好地吸收。MLM型结构脂的合成也需要具有精密位置选择性的脂肪酶作为催化剂，一般包括3种合成途径：第一种途径是利用富含长链多不饱和脂肪酸的天然油脂作为底物，与中链脂肪酸在sn-1(3)位选择性脂肪酶的催化下发生酸解反应直接制备。第二种合成途径分两步，第一步合成富含长链多不饱和脂肪酸的甘油三酯，第二步则与第一种途径相同，通过酸解反应完成制备。第三种合成途径也需两步，第一步醇解制备长链多不饱和脂肪酸的2-甘油单酯，第二步以2-甘油单酯与中链脂肪酸为底物制备MLM型结构脂。

(4) 中链脂肪酸甘油酯

中链脂肪酸甘油酯(MCT)是指一类甘油骨架上只含有中链脂肪酸的甘油三酯，一般产品中绝大多数脂肪酸种类为辛酸和癸酸。天然的MCT主要来源于椰子油、棕榈油等植物油。1986年，MCT作为食品添加剂列入《食品添加剂使用卫生标准》中。2012年，卫生部批准MCT食用油作为新资源食品。它的原料主要来源于椰子油和棕榈仁油，通过水解椰子油和棕榈仁油，经分子蒸馏法富集辛酸和癸酸。最后以辛酸、癸酸及甘油为原料，经酶法酯化制备得到。

(5) 甘油二酯

甘油二酯(diacylglycerol，DAG)是天然油脂中的一种成分，在大多数动、植物油脂中含量都较低，即便在含量较高的棕榈油中含量也不超过10%，天然存在的DAG有两种形式，根据空位羟基的位置不同分为1,2-DAG与1,3-DAG，其中1,3-DAG有着和甘油三酯不同的代谢过程，选用DAG代替普通油脂用于日常烹饪或食品加工可以有效避免脂肪在人体内积累。常用的DAG的制备方法主要有3种：水解法、甘油解法与酯化法。水解法是以精炼动植物油脂为原料，采用具有sn-1,3位特异性的脂肪酶通过适度水解得到富含DAG的油脂，此方法制得的DAG油脂分子蒸馏纯化后DAG含量通常不超过60%；甘油解法为采用精炼动、植物油脂与甘油为底物，在溶剂或无溶剂体系下，采用游离脂肪酶或固定化脂肪酶进行甘油解反应，此方法受酶制剂类型、溶剂、脂肪酶位置选择性等条件制约，制备出的 DAG 含量通常在 50%～85%；酯化法则是以甘油与脂肪酸为底物，通过具有 sn-1,3 位特异性的脂肪酶或偏甘油酯脂肪酶通过酯化反应得到富含 DAG 的油脂，此法制得的 DAG 含量可以高达 90%以上，尤其是通过偏甘油酯脂肪酶酯化制得的 DAG 油脂，其 DAG 含量可达到 97%以上。

10.2.4 功能性磷脂的酶法制备

磷脂在植物与动物中普遍存在，是构成生物膜的基本组成成分，也是生命基础不可缺少的物质。大量研究表明，磷脂具有丰富的营养价值，可以降低胆固醇、加快脂肪代谢速率、预防高血压与心血管等疾病。功能性磷脂是利用现代酶技术对磷脂进行结构组成与位置的改性，使其具有特殊的生理功能与价值。大量研究表明，功能性磷脂具有促进大脑神经系统发育、提高记忆力、降血脂、降低胆固醇、抗衰老、预防癌症等众多生理功能。

磷脂型 EPA/DHA 因其在氧化稳定性、生物利用效率和营养功能等方面的优势越来越受到关注。磷脂型 EPA/DHA 天然存在于海洋动物(如磷虾、软体动物、鱼类等)和哺乳动物体内，而国内外以南极磷虾、海鱼卵等为原料提取磷脂型 EPA/DHA 的技术已经实现产业化。受限于海洋原料来源稳定性、海洋过敏原以及重金属、农药污染等因素，国内外研究者开始将目光投向磷脂型 EPA/DHA 的酶催化制备技术。根据反应类型的不同，磷脂型 EPA/DHA 酶促制备方法主要包括酯交换法、酯合成法和水解法，其中酯交换法可进一步细分为酸解法、醇解法和酯-酯交换法。而根据制备策略的不同，又可分为酰基替换法(包括酸解法和酯-酯交换法)、酰基结合法(主要是酯合成法)和酰基脱除法(包括水解法和小分子醇参与的醇解法)。①酰基替换法是以大豆磷脂和蛋黄磷脂等几乎不含EPA/DHA 的磷脂为主要原料，通过酶促酸解或酯-酯交换反应，将磷脂中的其他脂肪酸替换为 EPA/DHA 的方法。酰基替换法可选用的酶制剂种类多，如脂肪酶、磷脂酶 A_1 和磷脂酶 A_2。②酰基结合法主要是以溶血型磷脂和 EPA/DHA 底物，经酯合成反应得到富含 EPA/DHA 的磷脂，该法最常使用的催化剂为磷脂酶 A_2。③酰基脱除法。南极磷虾、海洋鱼卵等材料中富含以磷脂形式存在的 EPA 和 DHA，且 EPA 和 DHA 多存在于磷脂甘油骨架的 sn-2 位上，为了进一步提高其 EPA 和 DHA 含量，一方面可以采用酰基替换法，将磷脂 sn-1 位上的其他脂肪酸替换为 EPA 和 DHA；另一方面则可以采用酰基脱除法，即通过酶促水解(或醇解)选择性地除去其甘油骨架上连接的其他脂肪酸，从而得到 EPA/DHA 被相对富集的溶血磷脂。

10.3 酶在畜产品加工中的应用

我国是畜产品生产和消费大国，且继续呈上升势头。随着消费者意识和质量意识的增强，畜产品行业正在经历着一场以质量为重的革命。畜产品的质量与其产出、贮藏、运输和加工等各个环节密切相关，而内源酶和外源酶等各种酶类在这些环节中起着重要作用。

10.3.1 酶在肉制品加工中的应用

(1) 酶在肉及肉制品嫩化中的应用

肉的品质由色泽、质构、风味、多汁性和嫩度等因素决定，其中嫩度是影响肉类质量的重要因素，成为消费者评价肉品适口性及品质的一个重要指标。影响肉类嫩度的因素很多，其中酶的因素又分为内源酶和外源酶，如图 10-1 所示。钙蛋白酶、溶酶体组织蛋白酶、蛋白酶体和半胱天冬酶等内源酶都有可能参与宰后肌肉嫩化，其作用效果和具体机制还存在一定的争议。

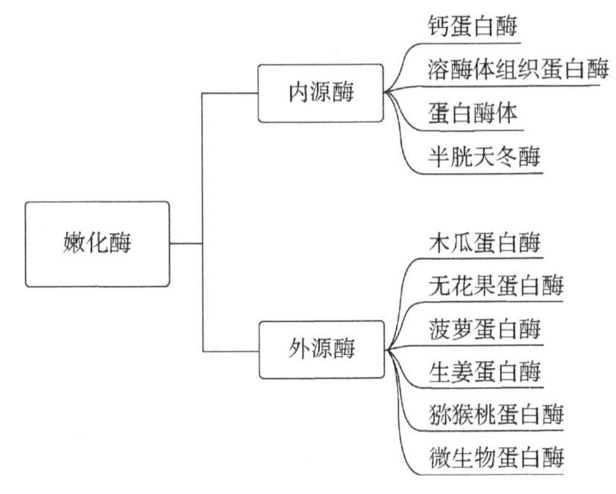

图 10-1　肉及肉制品嫩化酶

一些植物和微生物等外源蛋白酶对肉品的肌原纤维蛋白和胶原蛋白都有不同的水解作用，嫩化效果良好，且成本低廉。目前，木瓜蛋白酶、菠萝蛋白酶、枯草杆菌蛋白酶、无花果蛋白酶以及来自芽孢杆菌和曲霉菌的微生物蛋白酶已被美国农业部食品安全检验局（Food Safety and Inspection Service，FSIS）列为公认安全食品添加剂。猕猴桃蛋白酶和生姜蛋白酶被认为是将来最具潜力的肉类蛋白酶嫩化剂。由于肌肉的致密性和结构，蛋白酶均匀地分散于肉块中是件很困难的事情，可使用宰前注射、浸渍和宰后注射的方法加速蛋白酶在肉中分散。

（2）*酶在重组肉制品加工中的应用*

重组肉是指借助于机械和添加辅料（食盐、磷酸盐、大豆蛋白、淀粉、卡拉胶等）以提取肌肉纤维中基质蛋白和利用添加剂的黏合作用使肉颗粒或肉块重新组合，经冷冻后直接出售或者经预热处理保留和完善其组织结构的肉制品。目前，重组肉制品在国内外肉制品市场上已占据了相当大的比例。根据重组肉的黏结机理，可以将重组技术分为酶法加工技术（如添加交联酶类）、化学法加工技术（如添加增稠剂）和物理法加工技术（如加热、超高压）。通常来说，多种重组技术复合使用，重组效果更好。酶法加工技术是一种效果显著的重组技术，常使用谷氨酰胺转氨酶（EC 2.3.2.13，TG）、漆酶（EC 1.10.3.2）和酪氨酸酶（EC 1.14.18.1）等交联酶类作为黏结剂，其中前两种酶已经被列入食品添加剂目录。

TG 是一种酰基转移酶，广泛存在于动、植物和微生物中，具有良好的安全性。目前商业化 TG 基本都是微生物源 TG。TG 应用于重组肉制品时，主要具有以下作用：①改善重组肉制品的品质。TG 通过催化蛋白质分子间交联而加强蛋白质之间的相互作用，提高肌肉蛋白的凝胶性能、乳化性能和持水性，进而改善重组肉制品的品质。②增加产品的附加值。若畜禽发生应激反应，宰后的肉颜色苍白、质地松软、系水力较差，即为 PSE 肉。PSE 肉的口感和质地较差，限制了其在肉制品加工中的应用。TG 交联修饰可提高 PSE 肉的凝胶性能，提高重组肉制品的持水性，使产品的质地达到与正常猪肉相同的水平。此外，TG 还能将肉制品加工中产生的剔骨碎肉和肉渣等副产品转化成高质量的重组肉制品，大大提高副产品的附加值。③开发功能性重组肉制品。在添加或不添加食盐和磷酸盐的情况下，TG 均能提高重组肉中蛋白质凝胶的强度。利用此性质，TG 可用于开发低盐、低脂等功能性重组肉制品，在保持产品品质的情况下适当降低盐和动物脂肪的用量，可以减少对人体健康的负面影响。

酪氨酸酶和漆酶也可以通过作用于巯基和二硫键而使蛋白质之间发生交联。对比酪氨酸酶、漆酶和 TG 对肌原纤维蛋白的交联效果及鸡胸肉浆凝胶的影响，发现酪氨酸酶、漆酶和 TG 均可聚合肌原纤维蛋白，主要作用于肌球蛋白重链和肌钙蛋白 T，对肌动蛋白影响不大，但漆酶也会导致蛋白碎片化。酪氨酸酶和 TG 所催化的蛋白交联与凝胶形成呈正相关，而漆酶仅能略微增加凝胶的形成，随着漆酶用量的增加，凝胶的形成因蛋白碎片化而下降。

(3) 酶在肉源生物活性肽制备中的应用

生物活性肽是指能对人体机能产生积极影响或保持机体健康状态的肽段，是当前极具发展前景的功能因子，可用于开发功能性食品。肉类作为高质量蛋白质的重要来源，也是生物活性肽的重要供体，可利用动物源、植物源和微生物源蛋白酶对其进行酶解，获得具有多种生物活性的肽段。①抗氧化活性肽。是指具有抑制生物大分子过氧化或清除体内自由基的寡肽。肌肽和鹅肌肽是肌肉中主要的内源性抗氧化肽。通过酶水解手段，还可以从肉及其副产物中获得多种抗氧化肽。例如，胃蛋白酶、木瓜蛋白酶和细菌蛋白酶水解猪胶原蛋白，碱性蛋白酶水解血浆，木瓜蛋白酶水解鹿肉，碱性蛋白酶水解鸡肉蛋白等，均会产生抗氧化活性肽。②血管紧张素转化酶(ACE)抑制肽。又称为降血压肽，是一类可与血管紧张素转化酶的两个活性功能区竞争性结合，从而抑制其活性的小分子肽。畜禽及鱼类的肌肉蛋白均能产生 ACE 抑制肽。当利用碱性蛋白酶、α-胰凝乳蛋白酶、中性蛋白酶、链霉蛋白酶 E 和胰蛋白酶水解牛皮明胶，胃蛋白酶和胰酶在体外消化猪肉，嗜热菌蛋白酶水解猪肌球蛋白，米曲霉蛋白酶水解鸡胶原蛋白时，均能产生 ACE 抑制肽。③抗疲劳肽。服用抗疲劳肽可以减少机体对蛋白质的消耗，达到抗疲劳的作用。抗疲劳肽能有效清除疲劳代谢产物的积累，能够清除疲劳体内过多的自由基。木瓜蛋白酶、风味蛋白酶、胃蛋白酶、胰蛋白酶、碱性蛋白酶、枯草杆菌蛋白酶、复合蛋白酶等酶解肌肉及其副产物，获得效果良好的抗疲劳肽。④阿片样活性肽。是指除了具有类似吗啡接受体外，还具有类似吗啡作用的一类肽，可作用于神经系统，也能影响肠胃功能。研究发现，酶处理牛血液产生了血啡肽，很可能参与疼痛、发炎、血压变动的体外功能调整，具有抑制肿瘤细胞的增殖功能。

10.3.2 酶在乳制品加工中的应用

(1) 乳中内源酶对乳质量的影响

酪蛋白和乳清蛋白是乳中的主要蛋白成分。此外，乳中还有一些其他微量蛋白成分，大多为酶类。目前鉴别出 60 多种具有活性的酶类，如过氧化物酶、溶菌酶、碱性磷酸酶等，这些内源酶具有多种功能，对牛乳质量及乳制品加工起着重要作用。例如，乳中天然存在的乳过氧化物酶体系和溶菌酶具有防腐保鲜的功能；乳中存在的蛋白酶类(血浆酶、组织蛋白酶 D 和半胱氨酸蛋白酶)在发酵乳制品中具有分解蛋白质，改善产品风味和质构的功能。

(2) 酶在干酪加工中的应用

干酪是(牛)乳中的酪蛋白经凝乳酶催化作用后，变成不溶性的副 κ-酪蛋白钙，使乳凝结，再将凝块进行加工、成型和成熟而制成的一种发酵乳制品。凝乳酶在干酪加工中发挥着重要作用。按来源，凝乳酶可分为动物性凝乳酶、植物性凝乳酶、微生物凝乳酶、基因工程重组凝乳酶 4 类。凝乳酶的主要作用对象是酪蛋白。酪蛋白约占牛乳中蛋白质含量的 80%，包括 α_{s1}、α_{s2}、β 和 κ-酪蛋白。在凝乳的过程中，凝乳酶切断 κ-酪蛋白 Phe105 与 Met106 之间的肽键，使之变成副 κ-酪蛋白和酪蛋白糖巨肽。由于亲水性酪蛋白糖巨肽与副 κ-酪蛋白分离，副 κ-酪蛋白的疏水性大大增加，在疏水相互作用及 Ca^{2+} 桥接的作用下发生聚集而形成凝乳。不同类的凝乳酶水解酪蛋白的能力不同，所以，应根据所使用凝乳酶的种类，制订不同的凝乳工艺，如凝乳酶用量、凝乳时间。

脂肪酶可分解乳脂肪产生游离脂肪酸，用于干酪加工中主要是为了强化风味和缩短成熟时间。在干酪加工过程中，一般是用脂肪酶和蛋白酶复合物作为促进干酪成熟的首选酶制剂，缩短半硬质和硬质干酪的生产周期。过氧化氢酶在干酪生产中也具有一些特殊用途，如去除过氧化氢。

(3) 酶在低乳糖乳制品加工中的应用

乳糖是哺乳动物乳中特有的二糖，在肠道内被乳糖酶分解成葡萄糖和半乳糖，才能被人体吸收。然而，部分人群体内缺乏乳糖酶，使得乳糖在小肠内不能被分解，在肠内细菌作用下分解成有机酸、二氧化碳等，酸刺激肠壁，气体引起肠胃胀气，导致肠胃痉挛，发生腹泻。出现这种症状的人群，称作乳糖不耐症人群。乳糖不耐受是一个全球性问题，尤其在中国亟需解决，利用乳糖酶降低乳制品中的乳糖含量是行之有效的方法。乳糖酶可作为外源酶添加到乳制品中，生产低乳糖或无乳糖乳制品。这些低乳糖或无乳糖乳制品主要包含两类：一类主要是供乳糖不耐受人群食用的乳制品，如低乳糖牛奶、低乳糖婴幼儿奶粉、低乳糖中老年奶粉等；另一类是利用乳糖降解后增加甜味、提高品质、改善工艺。

(4) 酶在低敏乳制品加工中的应用

牛乳营养丰富，来源广泛，且与母乳成分较为接近，而被长期用作母乳代用品。然而由于牛乳与母乳在蛋白质成分上差异较大，使得牛乳蛋白不易被婴幼儿消化吸收，导致婴幼儿发生过敏反应。牛乳中的酪蛋白、β-乳球蛋白和 α-乳白蛋白是主要过敏原，牛血清白蛋白、免疫球蛋白、乳铁蛋白等是次要过敏原。目前，降低牛奶致敏性的方法包括热加工和非热加工(如超声、高压、辐照、糖基化、发酵、基因工程法和酶水解法等)。在非热加工中，酶水解法工艺简单，条件温和，而且可以识别专一性酶切位点，对底物的转化具有一定的可控性，因此应用较多。酶水解法是利用生物蛋白酶对蛋白进行限制性切割，通过将过敏原蛋白水解成小肽段，降低分子质量，或是改变过敏表位的三级结构，去除过敏原蛋白表面的部分表位，而达到降敏效果。目前常用的酶有胃蛋白酶、中性蛋白酶、凝乳蛋白酶、碱性蛋白酶、木瓜蛋白酶、胰蛋白酶、酸性蛋白酶、风味蛋白酶和菠萝蛋白酶等。酶解工艺大致分为两类：直接酶解法和非热加工辅助酶解法。

(5) 酶在低苯丙氨酸乳制品加工中的应用

苯丙酮尿症是先天性代谢异常病症之一，体内缺乏将苯丙氨酸转化为酪氨酸的苯丙氨酸羟化酶，导致血液中积存过多的苯丙氨酸(为正常的 10 倍)，造成细胞损伤，阻碍智力发育，特别对8月龄至8周岁儿童的中枢神经系统所形成的损害是不可恢复的。解决办法之一是将酪蛋白经蛋白酶水解后，除去乳中大部分苯丙氨酸，供患者食用。蛋白酶常用的有木瓜蛋白酶、胃蛋白酶、胰酶、链霉蛋白酶等。

10.3.3 酶在蛋品加工中的应用

市场上的蛋清粉常存在溶解度差、腥味重等缺点，在一定程度上限制了其在食品中的应用。可采用蛋白酶将蛋清蛋白适当酶解，提高其起泡性和乳化性等功能性质，从而开发出高附加值的功能性蛋清粉。

蛋清蛋白的热凝固性(凝胶性)在食品加工中也起着重要作用。蛋清蛋白的热凝固性是蛋白质间相互作用的结果。谷氨酰胺转氨酶(TG)能够催化蛋白质中的酰基转移反应，加强蛋白质之间的相互作用。TG可改善鸡蛋蛋清的热凝固性，提高其凝胶的硬度和保水性。

蛋黄的乳化性主要是脂蛋白及其组分卵磷脂发挥作用。然而，进行巴氏杀菌时，蛋黄易发生凝固，导致乳化能力大大下降。在酶的作用下，蛋黄中的卵磷脂会失去一个脂肪酸酰基，转变成溶血卵磷脂。溶血磷脂的分子结构中不仅保留了普通磷脂的亲水、亲油基团，还因疏水基团的减少而明显增加了亲水性，故其HLB(亲水亲油平衡值)发生了改变，使其具有更好的分散性、润湿性、乳化性、耐热性、耐酸性等。磷脂酶 A_1、A_2 以及1,3-位专一性的脂肪酶均可用于转变蛋黄卵磷脂为溶血卵磷脂。

鸡蛋是FAO认定的八大类主要过敏食物之一。鸡蛋中的过敏原主要存在于蛋清中，主要有4种：卵类黏蛋白、卵白蛋白、卵转铁蛋白和溶菌酶。酶解被认为是降低蛋清蛋白致敏性最有效的方法，所采用的酶制剂和工艺方法与10.3.2中乳制品脱敏相似。

蛋粉是一种经典的蛋制品。全蛋、蛋清、蛋黄中的游离葡萄糖分别约为0.3%、0.4%和0.2%。若直接干燥蛋液，则葡萄糖中羰基会与蛋白质中氨基发生美拉德反应，导致产品褐变，营养损失，甚至产生有毒的化合物。目前国内外采用的脱糖方法主要有发酵法和酶法。虽然发酵法去除蛋液中葡萄糖的效果不错，但产品质量不易控制，易腐败发臭。酶法脱糖成本低、使用方便、脱糖效果好，已得到广泛应用。目前使用的酶制剂除葡萄糖氧化酶外，还有过氧化氢酶。

10.4 酶在水产品加工中的应用

我国水产品加工行业自改革开放才开始兴起，经过几十年的发展，已跻身世界水产大国，水产品加工生产量已成为世界第一。随着酶技术和水产品加工业的不断发展，酶在水产品加工中也得到了广泛的应用。

10.4.1 酶法生产水解鱼蛋白

鱼肉蛋白质主要由肌原纤维蛋白质组成(占50%~70%)，而肌原纤维蛋白不溶于水，因此，鱼肉蛋白质的水溶性较差，加热、酶解、酸溶和碱溶是改善鱼肉蛋白质水溶性的主要方法，其中酶解作用条件温和，对鱼肉蛋白的营养价值和功能特性有很好的改善作用，酶解后的鱼蛋白水溶性得到改善，一定酶解程度的鱼蛋白乳化性和流动性也得到了提高，更适合作为食品加工的原料。酶法水解鱼蛋白通常使用外源蛋白酶。目前，利用单酶和复合酶水解鱼肉蛋白的研究已经很多。相对于化学法具有反应条件更加温和、过程容易控制、水解速率快、对蛋白质的营养价值破坏小、蛋白回收率高等优点，酶法被认为是当前最有效的方法。

10.4.2　酶法生产鱼露

鱼露，又叫鱼酱油，是一种风味独特的传统水产调味料，滋味鲜美、营养丰富，深受国内外消费者的喜爱。传统鱼露加工是自然发酵，在嗜盐微生物和酶的协同作用下，鱼的蛋白质和脂肪通过各种生化代谢途径被分解。其生产工艺一般包括前期发酵(腌制自溶)，中期发酵(日晒夜露)，后期发酵(晒炼勾兑)，灭菌及成品包装。虽然天然发酵法生产的鱼露味道鲜美、呈味复杂，生产工艺相对完善，但也有其不足之处：生产所需时间很长，需几个月到几年不等；鱼露的含盐量过高；存在鱼腥味及腌制时遗留的不良味道。

鱼露的快速加工常用技术有内源酶发酵、添加酶发酵和添加种曲发酵等。内源酶发酵是指调节温度，让原料鱼本身携带的酶在最佳温度下具有最高的酶解活性，以加速原料鱼蛋白质和脂肪的水解速率。添加酶发酵主要是通过添加外源蛋白酶来水解原料中的蛋白质，从而达到缩短发酵周期的目的。适合鱼肉蛋白水解的外源蛋白酶主要包括中性蛋白酶、木瓜蛋白酶、胃蛋白酶、胰蛋白酶等。添加酶发酵法相比传统发酵工艺而言，具有较快的蛋白质分解速率，但生成的挥发性物质较少，香气不足。添加种曲发酵是将培养并得到大量孢子的种曲接种到鱼原料中，通过种曲产生的蛋白酶水解发酵。速酿鱼露中使用最为广泛的曲种是米曲霉曲，它有丰富的酶系，包括蛋白酶、脂肪酶和淀粉酶等，非常适合用于鱼露的快速生产。

10.4.3　鱼糜制品结构重构

鱼糜制品以冷冻鱼糜为主要原料，经调味混匀、成型、加热而制成的具有一定弹性的水产食品，是我国水产加工品中增长最快和出口量最大的品种之一。鱼糜制品主要有鱼丸、鱼糕、鱼香肠以及水产模拟食品(包括模拟虾蟹肉、人造鱼翅、人造鱼卵等)。凝胶特性是评价鱼糜品质的重要指标，它直接关系到鱼糜制品的持水性、弹性、黏结性等组织特性。鱼肌肉中含有内源性谷氨酰胺转氨酶(TG)，并在鱼糜凝胶化过程中起着一定的作用，但含量较少，往往需要外源添加从而改善鱼糜凝胶强度。外源性 TG 主要来源于轮枝链霉菌。

10.4.4　酶法脱鱼鳞、脱卵膜

鱼制品加工中，去鳞是一个很麻烦的过程，而且还存在一些问题，如脱鳞不完全，使鱼的表皮失去原有的光泽、肌肉组织结构受损。用胶原酶或胃蛋白酶脱鳞则可避免上述缺陷。挪威公司利用 Rozym(酶混合物)技术，能让鱼卵在温和的条件下从卵囊里释放出来，这样能获得更高的回收率，对卵的损伤不大，且获得的产品干净、无残渣。

10.4.5 酶法去除鱼皮

从鱼肉块上去除鱼皮最常见的方法是采用纯机械方法。即一台自动化的机器能有效地将鱼皮从鱼肉中撕裂下来。脱皮的难易程度根据鱼类品种的不同，差异很大。像鳞鲤之类的鱼类非常难以去皮，从而导致自动化脱皮机器完全失效。因此必须采用手工去皮，但是手工去皮是一项费时费力的工作，生产成本高昂，其结果是这些品种的鱼往往没有得到充分的利用。对于那些难以采用机械方法进行脱皮的鱼类来说，可以使用酶对它们进行脱皮。有报道对鳞鲤胸鳍进行酶法脱皮，使用的酶溶液中含有非特异性的蛋白酶和糖酶。虽然糖酶并非不可或缺，但是它们的存在加快了鱼皮溶解的速度，可能是它们能打开胶原层，促进并提高了蛋白酶接触变性胶原蛋白的机会。

10.4.6 酶在海藻多糖加工中的应用

海藻是海带、紫菜、裙带菜、石花菜等海洋藻类的总称。海藻是海洋植物的主体，可提取出海藻酸盐、卡拉胶、琼胶等海藻胶以及岩藻多糖、海藻碘、甘露醇、维生素、多酚、矿物质元素等种类繁多的海藻活性物质。

琼胶酶是一类能够降解琼胶的酶，根据其作用方式不同可以分为α-琼胶酶和β-琼胶酶。α-琼胶酶能够裂解琼脂糖的α-1,3-糖苷键，生成以3,6-内醚-半乳糖为还原性末端的琼寡糖，而β-琼胶酶能够裂解琼脂糖的β-1,4-糖苷键，生成以β-D-半乳糖为还原性末端的新琼寡糖。目前发现的琼胶酶大部分为β-琼胶酶。

卡拉胶酶是从海洋细菌类或一些海洋动物肝胰脏中获得的能特异性水解卡拉胶生成卡拉胶寡糖的酶。卡拉胶酶是一种糖苷水解酶，通过使β-1,4-糖苷键断裂降解卡拉胶，生成卡拉胶寡糖。根据作用底物的不同，卡拉胶酶可分为λ-卡拉胶酶、κ-卡拉胶酶和ι-卡拉胶酶等。卡拉胶酶作为工具酶在海藻原生质体制备、卡拉胶寡糖制备、卡拉胶结构与功能的研究等方面有着广泛的应用。

褐藻胶裂解酶作为一种多糖裂解酶(PL)，可通过β-消去机理以内切或外切方式将褐藻酸钠裂解为非还原端带双键的不饱和糖醛酸寡糖和不饱和糖醛酸单糖。微生物降解褐藻胶主要通过分泌褐藻胶裂解酶来对其进行分解。褐藻胶裂解酶根据分泌形式可分为胞内酶和胞外酶，根据裂解酶作用方式分为内切酶和外切酶，根据褐藻胶裂解酶底物特异性差异可分为3种类型：聚甘露糖醛酸(polyM)特异性裂解酶、聚古罗糖醛酸(polyG)特异性裂解酶和双功能裂解酶。迄今为止，已经从海洋生物(藻类、软体动物、细菌和真菌)、陆生细菌和病毒中鉴定出褐藻胶裂解酶，其中海洋细菌是褐藻胶裂解酶的重要来源。褐藻胶裂解酶酶解制备褐藻胶寡糖具有催化效率高、专一性强、反应条件温和、反应易控制、副产物少、能耗低、无污染等优势，是目前制备高活性褐藻胶寡糖的主要方法。

10.4.7 酶在贝类加工中的应用

通过生物酶对贝类蛋白质等成分的水解作用，可将贝肉组织结构中具有呈味作用的氨基酸、肽及其他有机、无机分子释放出来。所得产物作为贝类调味基料可添加到各种食品中，或作为进一步生产贝类调味料的基料。

贝类蛋白的可控酶解易产生活性短肽。目前国内外对于贝类活性肽的酶解研究主要集中在扇贝、贻贝、牡蛎和文蛤等近海贝类中，研究发现贝类蛋白活性肽具有抗高血压、抗氧化、增强免疫、改善学习记忆、抗疲劳、醒酒护肝等保健作用。这些活性肽有望进一步开发成相关保健食品。

将贝类蛋白酶解开发成补充蛋白质、氨基酸等的营养功能补充剂也是贝类蛋白加工利用的重要方向。将贝类蛋白通过生物酶解技术降解成小肽、氨基酸等产物，通过调配制成饮料、冲剂或营养配料等产品，扩大了贝类蛋白的加工利用范围。

10.4.8　酶在水产品保鲜中的应用

酶法保鲜技术是水产品保鲜的新技术，正引起人们的极大关注，且具有非常广阔的前景。酶法保鲜技术是利用酶的催化作用，防止或消除外界因素对水产品的不良影响，从而保持水产品的新鲜度。目前水产品保鲜中应用较多的是葡萄糖氧化酶和溶菌酶。

10.5　酶在焙烤食品加工中的应用

焙烤食品是指以小麦粉、油脂、糖、鸡蛋、牛奶等为主要原料，经焙烤制成的一类食品，也可添加各种辅料。焙烤食品加工业是一个传统的工业，酶在该领域中的应用已经有几百年的历史，并且已生产出了许多高品质的产品。在焙烤食品中应用的酶制剂主要有淀粉酶、蛋白酶、葡萄糖氧化酶、木聚糖酶、脂肪酶等。

麦芽糖淀粉酶作为一种细菌 α-淀粉酶，能使支链淀粉在糊化时侧链变短，水解支链淀粉生成的麦芽糖、寡糖和小分子糊精能干扰淀粉的重结晶以及淀粉粒与蛋白质大分子的缠绕，延缓淀粉颗粒重结晶，使面包保鲜时间更长。而且淀粉经酶修饰后仍能保持分子结构的完整性，进而保持贮存过程中面包的弹性。真菌 α-淀粉酶可使面团在醒发时连续不断地生成糊精和麦芽糖，继而转化为葡萄糖，作为发酵时酵母的来源。另外，由于真菌 α-淀粉酶的作用使淀粉分子变小，更有利于 β-淀粉酶的作用。

在面包生产加工过程中，应用蛋白酶可以改变面筋性能。蛋白酶的作用是形成面筋的三维网状结构，其作用主要表现在面团发酵过程中。尽管蛋白酶的种类有很多，切断肽键的位置也不同，但在面筋中的作用都是一样的，可将它分解成相对分子质量较小的物质，从而使面团的黏度降低。因此，添加适量的蛋白酶，可得到黏性适中的面团，同时可以缩短面团调制时间。由于面团的弹性降低，使发酵时面筋的网孔变得细密，面筋的膜变薄，加工出来的面包紧密均匀，触感柔软。此外，在面包烧烤过程中，蛋白酶失活基本不发挥作用，但是面团发酵过程中生成的氨基酸会与糖发生焦糖化反应，这使得面包外皮色泽得到改善同时还增加了面包香味。

葡萄糖氧化酶已作为面粉改良剂溴酸钾的替代品，能显著改善面粉粉质特性、面团的弹性及耐机械搅拌性，提高了焙烤食品的烘焙质量。其原理是葡萄糖氧化酶氧化作用产生 H_2O_2，氧化面团中的巯基，使其形成二硫键，增强了面筋网络，强化了面筋的强度，从而达到改良面团的作用。

木聚糖酶在焙烤中应用是广为人知的，它是一种戊聚糖酶，它在半纤维素酶制剂中起着最为重要的作用，其用量要比传统的半纤维素酶制剂少很多。木聚糖酶将水不溶性半纤维素转化为可溶性形式，使面团中的水分结合，因此降低面团的硬度，增加体积，使面团更细、更均匀。木聚糖酶还通过分解阿拉伯木聚糖和降低原材料的黏度，从而优化面团的流变学特性、面包比体积和面包屑硬度的作用，能够改善面包质量，提高了面包经济价值。同时木聚糖酶显著改善了生产条件：黏性降低的面团制作过程中不黏在机械部件上，从而方便机械化生产。

脂肪氧合酶能催化面粉中的不饱和脂肪酸发生氧化，形成氢过氧化物，氢过氧化物氧化蛋白质分子中的巯基，形成二硫键，并能诱导蛋白质分子聚合，使蛋白质分子变得更大，从而增加面团的搅拌耐力。在面条制作中添加脂肪氧合酶，能增强面团的筋力，同时防止面筋蛋白水解。另外，脂肪氧合酶添加于面粉中，可以使面粉中存在的不饱和脂肪酸氧化分解，生成具有芳香风味的羰基化合物而增加面包风味，并可氧化面粉中天然存在的类胡萝卜素而使面粉漂白。

脂肪酶对面团有强筋作用，能够提高面包的入炉急胀，增大面包体积。关于脂肪酶对面团强筋作用的机理，一种研究认为：脂肪酶作用于甘油三酯阻止了其与谷蛋白的结合，从而起到增筋作用，因为谷蛋白决定面团的弹性和黏合性，谷蛋白多时面团的筋力就强；另一种研究认为：脂肪酶在面团内氧化不饱和脂肪酸，使之形成过氧化物，过氧化物可氧化面粉蛋白质当中的巯基，形成分子内和分子间二硫键，并能够诱导蛋白质分子产生聚合，使蛋白质分子变得更大，从而提高了面团的筋力。用脂肪酶增白已成为馒头改良剂的普遍选择。脂肪酶一方面通过水解面粉中的甘油脂释放亚油酸，与面粉中的脂肪氧合酶共同反应完成对类胡萝卜素的漂白；另一方面通过对面粉中的极性脂的水解反应释放出乳化剂改善组织结构达到物理增白的作用。此外，通过改善面筋品质形成更均匀细腻的表皮结构，提高表皮光反射率(亮度)，实现增白。添加脂肪酶也可以显著降低面包的硬度，延缓面包老化。

10.6 酶在豆制品加工中的应用

大豆及豆制品作为一种优质蛋白源，已成为人们餐桌上的必备食物，然而在其具有营养价值高、加工性能好等优点的同时，还展现出一些缺陷，如容易引起过敏、具有豆腥味、存在抗营养因子、引起胃肠胀气等。因此，利用酶制剂优化或改良其优点、降低或消除其缺点成为了豆制品加工中亟待解决的问题。

TG 可催化大豆蛋白之间交联，加强蛋白分子间的相互作用，从而改善大豆蛋白的功能性质。目前，已经广泛应用于豆制品加工中。TG 在豆制品中应用的最大用途是提高大豆蛋白的凝胶性能，从而改善豆制品的质构、持水性等品质。利用此性质，TG 可应用于豆腐加工中，改善豆腐的质构。TG 还可应用于制备脂肪替代品。TG 能够诱导大豆蛋白、其他蛋白(如酪蛋白)混合物发生冷凝胶，包裹富含多不饱和脂肪酸的植物油和鱼油等，形成乳液凝胶。该乳液凝胶呈现类似固体脂肪的特性，可作为脂肪替代品应用于低脂食品中。此外，TG 还可用于以大豆蛋白为原料的可食用膜、生物降解膜、保鲜膜等膜制品的制备中，改善膜的透湿性、透气性、热加工性、热塑性、相容性等综合性能。

蛋白水解酶可用于大豆发酵制品中，缩短发酵时间，改善产品品质。在大豆发酵制品中，常用乳酸菌作为发酵剂。而乳酸菌的生长属于化能异养型，生物合成能力较弱，需要补充多种营养物质(如氮、碳)和生长因子。大豆蛋白经碱性蛋白酶、木瓜蛋白酶、胰酶等蛋白水解酶分解后，所得到的酶解产物能够提高乳酸菌的产酸速度，缩短发酵时间；提高胞外多糖的产量，改善大豆酸奶的黏稠度，赋予酸奶更黏稠的口感并提高其稳定性；提高风味物质的产量，影响酸奶的风味；可以控制酸奶的后酸化和蛋白质的水合作用，避免刺激酸味的生成和稠厚感的降低，从而改善风味与口感。

随着大豆分离蛋白广泛应用于各类食品加工中，大豆蛋白中的致敏蛋白成分也越来越受到人们的关注。酶解法是大豆致敏蛋白脱敏的一个重要方法。酶解法是使用各类蛋白水解酶类和其他酶类(如 TG)处理致敏蛋白，破坏致敏蛋白的线性表位和构象表位，以达到降敏目的。酶解时，联合使用多种酶制剂，或者联合使用加热、超高压等物理方法，能够达到更好的降敏效果。降敏效果比较好的单一酶制剂有碱性蛋白酶、木瓜蛋白酶、中性蛋白酶、胃蛋白酶、胰凝乳蛋白酶等，复合酶制剂有碱性蛋白酶+风味蛋白酶、碱性蛋白酶+中性蛋白酶、木瓜蛋白酶+风味蛋白酶、胃蛋白酶+胰凝乳蛋白酶、碱性蛋白酶+中性蛋白酶+风味蛋白酶等。此外，加热+酶处理、超高压+酶处理也是有效的降敏方式。

大豆食品往往具有不同程度的豆腥味。豆制品脱腥是豆制品加工的重要环节。酶解脱腥法是一种很有发展前景的方法。早期很多研究集中于蛋白水解酶去除大豆腥味，利用蛋白水解酶去除大豆腥味的同时，还会产生一定的香味，从根本上改善了豆制品的风味。目前，醇脱氢酶和醛脱氢酶等特异性较高的酶类引起了更高的关注。醇脱氢酶能够选择性地作用于大豆中己醇、戊醇和庚醇等醇类，将其转化为相应的醛。然后，在醛脱氢酶的作用下，将醇脱氢酶转化得到的醛以及大豆中原有的醛(如乙二醛、己醛等)转化为相应的酸，从而很容易除去大豆蛋白体系中与豆腥味相关的醇类、醛类，得到几乎无豆腥味的大豆蛋白。

大豆中存在很多抗营养因子，如蛋白酶抑制因子、凝集素、单宁、淀粉酶抑制因子、植酸盐、致甲状腺肿素、抗维生素因子、胀气因子、生物碱等。利用生物技术去除或抑制大豆中抗营养因子具有效率高、成本低、无残留、安全、对大豆营养成分破坏小等优点。由于大豆中主要的抗营养因子多为蛋白质或多肽，可以通过蛋白酶水解使其结构发生改变，从而达到失活的目的。此外，植酸酶、纤维素酶、β-葡聚糖酶、木聚糖酶、果胶酶、甘露糖酶等也能消除多种抗营养因子。α-半乳糖苷酶可以将大豆中的棉子糖和水苏糖水解为蔗糖和半乳糖，除去肠胃胀气因子，同时水解产物蔗糖和葡萄糖还可以增加豆制品的甜度。

10.7　酶在果蔬制品加工中的应用

果胶是一种高分子多糖化合物，作为细胞结构的一部分，存在于几乎所有的植物细胞中，其主要由半乳糖醛酸及其甲酯缩合而成。果胶酶是指能够催化果胶质分解的多种酶的总称，是果汁生产中最重要的酶制剂之一。在果蔬汁的加工过程中基本都会有澄清以及过滤的处理，这时果胶酶就起了很大的作用。果胶酶澄清果蔬汁包括果胶的酶促水解和非酶的静电絮凝两部分：当果蔬汁中的果胶在果胶酶的作用下部分水解后，原来被包裹在内部的带正电荷的蛋白质颗粒就暴露出来，与其他带负电荷的粒子相撞，从而导致絮凝的发生；絮凝物在沉降过程中吸附、缠绕果蔬汁中的其他悬浮粒子，通过离心、过滤即可将其除去，从而达到澄清的目的。

果蔬细胞破碎后的果浆十分黏稠，压榨取汁非常困难且出汁率很低，果胶酶能够作用于果胶和原果胶，从而降低黏度，改善压榨效能，提高果蔬出汁率。利用果胶酶生产果蔬汁不仅提高了出汁率，而且保留了果蔬汁中的营养成分。在果蔬汁中添加一定比例的果胶酶能降解植物材料，让植物细胞壁结构松散，将植物细胞中的活性成分充分释放。果胶酶处理后，果蔬汁的可溶性固形物含量明显提高，而这些可溶性固形物由可溶性蛋白质和多糖类物质等营养成分组成。

纤维素酶、半纤维素酶这两种酶在果蔬制品加工中一般与果胶酶共同使用，用于水解植物细胞壁。目前，果胶酶、纤维素酶和半纤维素酶统称为浸渍酶，用于改善果蔬汁的压榨、提取和澄清。在果汁加工过程中，使用浸渍酶分果蔬粉碎后和榨汁后两步进行。浸渍酶可以水解果蔬的细胞壁和可溶性果胶，帮助降低果汁的黏度，在加工过程中释放更多的风味、蛋白质、多糖等，同时保持果蔬汁的质地。

木聚糖酶处理后果汁的澄清度和总还原糖得到了改善。木聚糖的降解可能降低果汁的黏度，并伴随着果汁透明度的提高。甘露聚糖酶可水解多糖，具有降低果汁的黏度并增加果汁产量的功能。β-葡萄糖苷酶应用于果汁中，可以水解糖苷前体，增加果汁风味。柚苷酶是一种能水解柚苷生成柚配基起到脱苦作用的酶，由β-鼠李糖苷酶和β-葡萄糖苷酶组成。在含有较多维生素 C 的柑橘类果汁中，添加葡萄糖氧化酶可以有效地脱去果汁中的溶解氧，从而防止维生素 C 被氧化，保护维生素 C。

10.8 酶在饮料生产中的应用

10.8.1 酶在啤酒生产中的应用

啤酒是最早利用酶酿造的产品之一，啤酒的生产与酶有着密不可分的联系。传统的啤酒糖化是利用大麦发芽所产生的内源酶实现物质转化。内源酶不足可导致一系列质量问题：提取率低，麦汁分离时间长，发酵慢，啤酒的口味及稳定性差。酶制剂工业的发展，使啤酒工业在一定程度上减轻了对主原料的依赖性，使外加酶制剂逐步成为啤酒生产工艺的补充手段。单一酶制剂用于啤酒生产时，总会有一定的局限性，将其制成复合酶制剂可弥补各个酶的缺点，得到较好的效果，如α-淀粉酶耐温不耐酸，而β-淀粉酶不耐温，两者结合起来使用则可起到互补协同作用。目前，具有多酶系、多用途的复合酶制剂越来越受到关注和重视。根据原料和辅料的不同，可以选用不同的复合酶种，常用的复合酶主要由以下几种酶复合而成：糖化酶、葡萄糖淀粉酶、木聚糖酶、戊聚糖酶、β-葡聚糖酶、淀粉酶、中性蛋白酶、木瓜蛋白酶、耐高温α-淀粉酶、普鲁兰酶、α-乙酰乳酸脱羧酶等。在啤酒生产中酶制剂的使用将会大大提高生产效率，提高产品品质。另外，除了上述这些酶之外，还有很多可以作为可选择的酶种，如超氧化物歧化酶、葡萄糖氧化酶、葡萄糖苷酶等也具有广阔的前景，有待于进一步研究。

10.8.2 酶在白酒生产中的应用

我国白酒酿造所用的原料主要有小麦、大米、高粱、玉米等，其含有较多的纤维成分，生产方式多采用固体发酵工艺，由于使用了填充料，使原料的纤维含量更大。传统发酵对酒醅的酸度和黏度都有较高要求，因此原料粉碎不宜太粗也不宜太细，并需添加适量的稻糠等辅料，这就使得许多颗粒原料外衣包藏着淀粉，难以彻底进行糖化发酵。将纤维素酶应用于白酒生产，不仅可以降解原料中的纤维素和半纤维素为可发酵性糖，提高出酒率，而且可以增加对纤维素的降解作用，使原料中被纤维所包围的淀粉更多释放，被糖化酶充分利用，从而最大程度提高原料的淀粉利用率。除了显著提高原料的利用率和出酒率外，在进行酒精发酵时添加纤维素酶还可显著缩短发酵时间，有效降低发酵液的黏度，使发酵液过滤性更好，酒体更醇正。

酯化酶将酸与醇酶促合成酯，该酶具有多项合成功能，同时合成已酸乙酯、乙酸乙酯、乳酸乙酯、丁酸乙酯等酯类物质。其中以已酸乙酯的含量及其他酯类物质的比例关系决定酒质的优劣，酯化酶可应用于生物合成酯化液的生产，应用于发酵酒提香、调味酒的制备、串香生产及直接勾兑等方面，可根据反应基质的不同而合成所需要的酯类，达到提高浓香型酒的酒质与优质品率的目的，实现普通白酒向优质酒转化。

在白酒生产中添加酸性蛋白酶可增加料液中的α-氨基酸，从而提高出酒率，改善风味，降低杂醇油含量。酿酒原料中的淀粉对液化型淀粉酶有吸附作用，削弱其液化作用，但曲中的酸性蛋白酶可使淀粉吸附的液化型淀粉酶从淀粉上解脱出来，重新起到液化作用，最终使糖化力大幅提高。日本研究人员发现木聚糖酶有助于提高大麦烧酒发酵效率，增加酒精产率，原因在于木聚糖酶对大麦细胞壁中木聚糖的分解有助于加快淀粉酶的作用。

10.8.3　酶在果酒生产中的应用

近年来，随着人民生活水平的提高，果酒的需求和加工有了突飞猛进的发展。消费者对果酒品质的追求也在很大程度上促进了新工艺、新技术在果酒生产中的研究和应用，酶制剂在果酒生产中的应用就是其中的热点之一。酶影响着果酒酿造的各个重要环节。酶制剂的使用可提高出汁率和缩短压榨时间，主要有果胶酶、纤维素酶和半纤维素酶。用于发酵前果汁澄清的酶主要有果胶酶、淀粉酶，此外还有蛋白酶。酶制剂应用于超滤工艺中，可以提高果汁和原酒的过滤能力，较好地解决超滤膜堵塞和清洗的问题，所用到的酶主要有淀粉酶、果胶酶、半乳聚糖酶、阿拉伯聚糖酶等。酶可应用于浸渍芳香物质、改善果酒风味。酶应用于提取色素物质，改善果酒的色泽，从而提高产品质量和产品的稳定性。风味酶(β-葡萄糖苷酶、α-阿拉伯糖苷酶和α-鼠李糖苷酶)应用于果酒可水解糖苷类香味前体，提高果酒的各种香气成分含量。

10.8.4　酶在茶饮料生产中的应用

固定化酶法已应用于茶饮料生产中，单宁酶作为一种水解酶，可以水解没食子酸单宁中的酯键和缩酚酸键。固定化的单宁酶和果胶酶应用于茶饮料加工可以改善茶饮料的品质。若在绿茶加工中使用单宁酶，可以部分消除茶的苦涩味道。

10.8.5　酶在其他饮品中的应用

黄酒是我国的传统饮品，也是世界上最古老的饮料酒之一。应用于黄酒工业中的主要酶类包括糖化酶、液化酶、纤维素酶、蛋白酶和脂肪酶等。液化酶的加入不仅缩短了发酵时间，提高了淀粉的利用率，还使发酵的酒中的麦曲和苦涩味都有所降低，酒质偏向清淡型。糖化酶替代已有的纯种麦曲，具有简便、稳定、高效等特点，而且在黄酒生产的实际应用中弥补了传统工艺中的不足之处(糖化酶发酵率低、曲中带杂菌和不耐酸)，受到了黄酒生产者的重视。在黄酒酿造中加入蛋白酶能有效分解原料中的蛋白质，破坏原料颗粒间质细胞壁的结构，利于糖化酶的进一步作用，使原料中可利用的碳源增加，提高了酒曲的糖化发酵能力，提高了出酒率，而且使多肽和氨基酸含量增加。在浸米的水中加入脂肪酶，使米中的甘油三酯分解为游离酸，在蒸煮工段中游离酸挥发分散，能生产优质酒。纤维素酶对纤维的降解破坏了原料的植物细胞壁，使其包含的淀粉释放出来，利于糖化酶的作用，因而可提高出酒率，且酒体醇正，原料中淀粉和纤维利用率提高。

10.9 酶在食品加工副产物利用中的应用

食品工业的快速发展产生了大量的加工副产物，如果渣、果皮、米糠、豆粕、鱼骨等，这些副产物大多含有丰富的营养物质和功能成分，具有较高的营养、经济价值。但由于副产物自身口感粗糙、加工特性较差，常被饲料化处理或丢弃，造成环境污染和资源浪费。利用酶技术开发食品加工副产物，符合社会发展需求变化，具有广阔前景。

10.9.1 酶在粮油加工副产物中的应用

粮油加工副产物含有丰富的膳食纤维、低聚糖、活性肽、多元糖醇、功能性油脂、抗氧化剂等功能性成分，因此对粮油加工副产物的综合利用可获得较高的经济效益和社会效益。马铃薯淀粉加工过程中会产生一些加工副产物，如马铃薯渣、马铃薯汁水，结合切割、洗涤等其他工艺流程的损失，马铃薯加工产生的副产物可达到15%~40%，利用果胶酶、纤维素酶、淀粉酶水解马铃薯渣的产物可以作为酒精发酵的基质。在淀粉糖生产中每消耗7t大米将产生1t米渣，米渣中蛋白质量分数高达40%~60%，是不可多得的优质蛋白资源，但其加工过程经历热变性，导致溶解性较差，利用单一或复合蛋白酶可有效改善米渣蛋白性能，制备生物活性大米蛋白肽。玉米在生产淀粉类产品的过程中，往往会伴随着玉米蛋白粉等主要副产品的生成，其中玉米蛋白粉含有65%左右的蛋白质，但其具有口感粗糙、不易溶于水、氨基酸分布不平衡等特点而限制了其在食品工业中的应用，使用蛋白酶尤其是碱性蛋白酶水解后可以得到一系列由5个或更多个氨基酸残基组成的玉米活性肽，如谷氨酰胺肽、高F值低聚肽、降血压肽、玉米蛋白肽、疏水性肽等。小麦胚芽是小麦加工重要的副产物之一，小麦胚芽中谷胱甘肽含量较为丰富，从小麦胚芽中分离富集谷胱甘肽主要采用萃取法，通过添加适当的溶剂或结合淀粉酶、蛋白酶等处理，再分离精制而成。

10.9.2 酶在果蔬加工副产物中的应用

在果蔬加工过程中，往往产生大量副产物，如果皮、果核、果渣、种子、叶、茎、花、根等。据统计，我国果蔬加工业的副产物高达数亿吨，对这些果蔬加工副产品的深度利用，无论从资源充分利用角度还是环保角度来说，都是十分必要的。苹果渣为苹果汁生产过程中的副产品，富含果胶，可作为制备果胶的原材料，利用纤维素酶、半纤维素酶可以提高果胶得率；苹果渣也含有多丰富的多酚类化合物，果胶酶辅助提取是获得苹果渣中总多酚、咖啡酸的可行方法。葡萄皮渣中含有大量的膳食纤维、水分、灰分、脂肪和蛋白质，其中总膳食纤维含量可达干物质的 70%~80%，采用蛋白酶和脂肪酶除去葡萄渣中蛋白质和脂肪，可获得较高纯度的膳食纤维产品；葡萄皮渣中也含有丰富的多酚类化合物，纤维素酶法提取葡萄皮渣中多酚工艺绿色、安全，具有一定的推广应用价值。番茄皮渣含有碳水化合物、蛋白质、脂肪、纤维和矿物质等，还含丰富的维生素 E、维生素 C、类胡萝卜素、类黄酮和酚类等抗氧化物质，采用纤维素酶和果胶酶对皮渣进行预处理，可提高番茄红素提取率；淀粉酶、蛋白酶、纤维素酶和糖化酶等被用于分解番茄皮渣中淀粉、蛋白质等物质，提高膳食纤维得率。

10.9.3　酶在畜禽、水产加工副产物中的应用

畜禽类动物加工中会产生很多副产物，如皮毛、骨、血液、脂肪、内脏等。这些副产物数量多，是不容忽视的一部分，应加以利用。利用碱性蛋白酶酶解猪肺可提取出胶原蛋白。利用蛋白酶酶解羊胎盘可制备抗氧化多肽。用中性蛋白酶处理畜禽骨可再加工成高品质肉骨蛋白粉。畜禽血液红细胞经溶血得到血红蛋白，血红蛋白有多种肽类统称为血红蛋白肽，通过酶解、脱色、超滤分离等步骤可获得纯度较高的血红蛋白肽，所用酶包括木瓜蛋白酶、中性蛋白酶、碱性蛋白酶和胃蛋白酶等。畜禽皮毛经酶处理可进行制革，如皮浸水酶包括蛋白酶、脂肪酶和糖酶等，脱毛酶包括糖酶、蛋白酶等，软化酶包括蛋白酶、胰酶等。

我国有丰富的鱼虾蟹资源，鱼虾蟹在加工过程中会产生大量的下脚料，包括鱼头、鱼骨、鱼鳞、虾头、虾壳、蟹壳等，约占鱼虾蟹原料的 30%~50%。这些下脚料中除了含有大量的蛋白质，还有多种生物活性物质，营养价值高。鱼虾下脚料水解专用酶是根据鱼虾下脚料原料及工艺处理不同，针对性地研发出的专用酶制剂，其主要由内切酶、外切酶和风味酶等组成，利用本品对鱼虾下脚料蛋白进行水解，得到需要的多肽、小肽、氨基酸产物，提升产品的得率、溶解性、风味、口感。鱼皮、鱼鳞和鱼骨等经木瓜蛋白酶、胃蛋白酶、胰蛋白酶酶解可提取获得胶原蛋白，进一步通过蛋白酶对胶原蛋白进行降解处理后可制成胶原蛋白肽，具有更高的生物活性。鱼内脏中脂质含量较高，约占干基的 20%，其中富含 ω-3 多不饱和脂肪酸 EPA 和 DHA，采用中性蛋白酶和有机溶剂相结合的方法提取鱼内脏鱼油，鱼油的感官品质好、提取率高。利用胰蛋白酶水解甲壳类水产品下脚料可提取和回收以天然类胡萝卜素蛋白形式存在的蛋白质和类胡萝卜素。利用胰凝乳蛋白酶、木瓜蛋白酶、胃蛋白酶、胰酶和胰蛋白酶等蛋白水解酶对虾蟹壳进行脱蛋白处理可获得高质量的甲壳素，甲壳素经甲壳素脱乙酰酶水解 *N*-乙酰氨基葡萄糖胺的乙酰基，可制备壳聚糖，进一步经过壳聚糖酶作用可制成壳寡糖。

10.10　酶在食品贮藏保鲜中的应用

酶法保鲜技术是通过酶的催化作用，避免外界因素对食物造成的不良影响，始终保持食物原有的品质。相对于传统保鲜技术来说，酶法保鲜技术有着一系列优势：酶制剂安全

可靠，无毒副作用，无味无臭，不会影响到食物本身的品质；酶制剂的催化性优良，即使酶制剂的浓度较低也能够在短时间内进行快速反应；酶制剂反应容易控制，只要运用简易的加热方式就能够终止酶制剂对食物的作用。

10.10.1 溶菌酶与贮藏保鲜

溶菌酶(即 *N*-乙酰胞壁质聚糖水解酶)，普遍存在于家禽、鸟类的蛋清，哺乳类动物的唾液、尿液、乳汁和肝、肾组织细胞中，其在蛋清中的含量最高，绝大多数的溶菌酶都是从蛋清中提取出来的。溶菌酶由于其溶解细菌细胞壁而命名，溶菌酶能够切断 *N*-乙酰胞壁酸与 *N*-乙酰葡萄糖胺之间的 β-1,4-糖苷键，将不溶性黏多糖分解成可溶性糖肽，导致细胞壁破裂使细菌裂解死亡。欧盟在 2000 年已经允许在海产品、奶酪等乳制品、豆类产品、葡萄酒等酒类及红肠等肉类中添加溶菌酶，作为一种安全广谱的杀菌防腐剂。目前，溶菌酶已作为一种防腐剂，广泛应用于各种水产品、乳制品、肉制品、饮料及发酵食品的防腐。在应用溶菌酶作为食品防腐剂时，必须注意到酶的专一性。对于酵母、霉菌和革兰阴性菌等引起的腐败变质，溶菌酶不能起到很好的防腐作用。但溶菌酶有良好的配伍性，可与其他添加剂(如植酸、甘氨酸、聚合磷酸盐等)复配使用，从而大大提高其防腐保鲜的效果。

10.10.2 葡萄糖氧化酶与贮藏保鲜

葡萄糖氧化酶能高度专一性地催化 β-D-葡萄糖与空气中的氧反应，使葡萄糖氧化成为葡萄糖酸和过氧化氢。葡萄糖氧化酶是一种脱氢酶，主要作用是杀菌和防止褐变。杀菌机制主要是通过去除氧气，抑制好气菌生长繁殖的同时，产生过氧化氢，起到杀菌作用。防褐变功效主要是通过去除氧气，抑制褐变，增加感官品质，延长贮藏期。作为一种新型酶制剂，由于葡萄糖氧化酶具有脱氧、杀菌等特性，因此在食品保鲜方面有着广泛的应用潜力，现已应用于茶叶、果汁、对虾等的贮藏保鲜。如利用葡萄糖氧化酶的脱氧作用，添加于果汁等饮料中抑制贮藏期间的氧化褐变，减缓功能成分的氧化降解；添加于啤酒中，消耗啤酒中的溶解氧，明显降低啤酒的老化，延长保质期。

10.10.3 乳过氧化物酶与贮藏保鲜

乳过氧化物酶(LP)是牛乳中发现最早、数量最多的酶类之一。乳过氧化物酶是一种非常稳定的内源酶，其在乳清中浓度大约是 0.103 g/L。牛乳过氧化物酶和人唾液过氧化物酶的研究较多，早在 20 世纪 40 年代初人们已发现，LP 是由 15 个半胱氨酸残基组成的 1 个或 2 个氨基酸肽链与 1 个红血素、1 个 Ca^{2+}和约 10%的碳水化合物结合而成的碱性蛋白。乳过氧化物酶体系(LPS)，由乳过氧化物酶、硫氰酸盐(SCN^-)和过氧化氢(H_2O_2)3 种组分组成，是哺乳动物固有的一种天然抗菌体系。LPS 的抑菌机理：H_2O_2 存在时，LP 将催化内源性 SCN^-，使其氧化生成亚硫氰(HOSCN)，HOSCN 进一步分离生成抗菌机制中最关键的具有抑菌活性的中间产物 $OSCN^-$，或直接催化 SCN^-生成$OSCN^-$，$OSCN^-$将微生物表面蛋白质分子巯基(—SH)氧化成相应的硫(氧)基衍生物，再水解成次磺酸。即 LP 催化 SCN^-，蛋白质—SH和 $OSCN^-$生成蛋白质—S—SH—SCN^- 与 OH^-，或蛋白质—SH 和$(SCN)_2$ 生成蛋白质—S—SCN、SCN^-与 H^+，次磺酰硫氰衍生物再进行反应，从而破坏细胞膜结构。

乳过氧化物酶体系(LPS)能够抑制乳中各种腐败性和病源性微生物，从而提高乳的质量品质和等级。LPS 除了对原料乳的保鲜非常重要之外，对巴氏杀菌乳同样有效果。巴氏杀菌前激活 LPS 可以提高巴氏杀菌乳的质量，这可能是 LPS 处理后降低了微生物的耐热性。此外，研究表明 LPS 对肉及肉制品也具有抑菌作用。LPS 能在 12 ℃条件下有效抑制牛肉中细菌的生长繁殖，并在低温(-1 ℃)下减少金黄色葡萄球菌、单核细胞增生李斯特菌、大肠埃希菌、鼠伤寒沙门菌、结肠炎耶尔森菌、绿脓假单胞菌等病原体的活菌数。在实际应用中，若体系中的某一组分浓度不够时，则需要添加外源或设法生成，以保证抗菌效果，这就是 LPS 的“激活”。近年来，利用 LPS 保鲜法是保鲜原料乳的一种较为理想的方法。LPS 保鲜方法不仅保鲜效果好、时间长，而且对人体无害。

10.11　酶催化制备食品添加剂

在第 8 章 8.4 节“非水相酶催化在食品工业中的应用”部分已介绍了一些酶催化制备食品添加剂、辅料或配料的例子，本节继续介绍一些其他酶催化制备食品添加剂、辅料或配料的实例。

(1) 酶在香精香料生产中的应用

短链芳香酯类香料是日化香精和食用香精的调香配方中十分重要的香料品种，应用十分广泛。传统短链芳香酯类香料的合成方法主要是醇和有机羧酸之间的直接酯化法。使用最多的是以成本低廉的浓硫酸作催化剂，由于该工艺存在设备腐蚀、环境污染、生产周期长、副反应较多、后处理操作比较复杂、费时费料等一系列不足，与食用安全、绿色化学和清洁生产要求格格不入。使用脂肪酶催化酯化反应生产食用香料是一个很好的选择。脂肪酶催化可合成乙酸乙酯、乙酸异戊酯、丙酸异戊酯、丁酸乙酯、丁酸异戊酯等短链芳香酯。

芳香内酯是羟基脂肪酸分子经过分子内酯化形成的化合物，具有浓郁的香气，在各种具有水果味、可可味、奶酪味及坚果味的食品中都曾分离得到 γ-内酯和 δ-内酯，而某些大环 ω-内酯具有珍贵的麝香香味，它们在食品和化妆品工业中有重要应用价值。Ahmed 等利用来自洋葱假单胞菌的脂肪酶催化合成了 γ-内酯和 δ-内酯。沈芳等利用固定化脂肪酶催化 15-羟基十五烷酸甲酯合成环十五内酯(δ-内酯)。

香兰素是在食品、香水、制药等行业被普遍应用的香料之一。利用植物提取法生产的天然香兰素无法满足市场的需求，再加上美国和欧盟等标准中规定，化学合成的风味物质不能用作天然风味，使研究者越来越感兴趣于利用其他的天然资源。Mane 等利用大豆脂氧合酶将异丁香酚转化为香兰素，并申请了美国专利。李永红等也在利用大豆脂氧合酶法转化异丁香酚制备香兰素方面获得了成功。

薄荷醇，其俗名为薄荷脑，是一类非常重要的香料，被广泛用于食品、医药、日化等行业。薄荷醇分子中存在 3 个手性中心，理论上有 8 个立体异构体，在 8 个立体异构体中，只有 D-薄荷醇和 L-薄荷醇具有应用价值，L-薄荷醇具有特有的薄荷香气并有强烈的清凉作用，而 D-薄荷醇却无清凉作用，而且还具有辛辣刺激性气味，微带樟脑气味。正是由于这些差异，使得 L-薄荷醇比 D-薄荷醇有更高的应用价值，所以要对其进行手性拆分。Elisabetta 等用脂肪酶对薄荷醇的消旋混合物成功地进行了拆分。

(2) 酶在甜味剂制备中的应用

甜茶苷(13-O-D-葡萄糖基-甜菊醇的β-D-葡萄糖基酯)，是从蔷薇科悬钩子属中分离提取出来的一种天然非营养型甜味剂，甜度是蔗糖300倍、热量为蔗糖1%，有接近蔗糖的清爽甜味、食用安全、无毒副作用，是理想的甜味替代品，已被应用于功能食品、饮料、制药、动物饲料等领域。虽然甜茶苷的甜度高，稳定性佳，但是明显的后滞苦味降低了其应用价值。为解决口感差的缺陷，科学家对甜茶苷进行了大量的结构改造：①单葡萄糖基化修饰。尿苷二磷酸葡萄糖(UDPG)依赖的葡糖基转移酶(UGT)可催化甜茶苷C-13糖单元形成β-1,2-糖苷键连接的葡萄糖基修饰，生物合成甜菊苷。甜菊苷的甜度是浓度为0.025%的蔗糖溶液的150~200倍，而其热量却不足蔗糖的1%。②双葡糖基化修饰。甜茶苷的双葡糖基化修饰通常需要借助多个糖基转移酶的组合生物合成方能实现，反应体系比较复杂，可控性较差。目前，研究较多的双葡萄糖基修饰的甜茶苷衍生物主要有莱鲍迪苷A、E、V，其中莱鲍迪苷A的口感甜度较好，可作为甜味剂使用。③多葡萄糖基修饰。底物谱更加宽泛的糖基转移酶可催化双葡萄糖基修饰的甜茶苷衍生物继续生物合成多葡萄糖基修饰产物，如莱鲍迪苷D、D_2、M、M_2和W。其中，莱鲍迪苷D和M的甜度和口感均优于甜茶苷。

异麦芽酮糖，也称帕拉金糖、益寿糖、巴糖、异构蔗糖，2001年被美国FDA确定为普遍公认安全食品(GRAS)，并对其摄入量不做限定。研究表明，异麦芽酮糖具有非致龋齿性，被人体食用后，由于只在小肠中被缓慢消化吸收，血糖上升指数较低，因而有益于糖尿病的防治并可防止脂肪的过多积累，还有改善肠内菌群平衡的作用。作为一种健康食品甜味剂，异麦芽酮糖可以作为蔗糖的理想替代品应用于糖尿病专用食品、减肥食品、口香糖、谷物食品、饮料、肉制品、糖果等食品工业。异麦芽酮糖难以使用化学方法合成，采用蔗糖异构酶转化蔗糖为异麦芽酮糖是一个值得开发的方法。

D-塔格糖，是一种六碳酮糖，它是D-半乳糖的异构物。纯天然的D-塔格糖不易寻觅，仅发现于乔木分泌的树胶中，灭菌后的牛奶、热可可、奶酪和芝士等也含有微量的D-塔格糖。由于食用D-塔格糖后，人体小肠仅能吸收约20%，因此它基本不产生热量，也不会引起血糖波动；另外，D-塔格糖可以预防龋齿生成，还能够被肠道中的微生物利用从而促进某些益生菌的生长。Beadle等1991年发明了利用$Ca(OH)_2$异构D-半乳糖生产D-塔格糖的工艺，工艺成本能被市场接受。然而，这种方法需要使用大量的强酸对反应液进行中和，易造成废水污染，而且反应的副产物较多，对下游分离造成了困难。Cheetham等发现L-阿拉伯糖异构酶(L-AI酶)能够催化D-半乳糖生成D-塔格糖。当前，学者们已经找到了多种适合D-塔格糖工业化生产的L-AI酶。

L-阿拉伯糖，是一种新型的低热量甜味剂，具有抑制人体肠道内蔗糖和葡萄糖转化酶活性，制约蔗糖和葡萄糖转化为糖原被肝脏吸收等功效，现已被美国FDA和日本厚生省批准列入健康食品添加剂。天然状态下，L-阿拉伯糖通常以半纤维素L-阿拉伯聚糖和L-阿拉伯聚糖-D-半乳糖的形式存在，并存在于秋豆树胶、樱桃树胶、梨树胶、麦糠、甜菜浆、落叶松木以及玉米粒的外壳和玉米穗茎等生产玉米淀粉的副加工产品中。利用酸或碱降解植物组织中以多糖形式存在的阿拉伯糖，使之降解成单糖释放出来，是早期开发的一种化学制备工艺。这种化学反应条件苛刻，必须使用专门的反应器，并将产生大量的酸碱废液，使得在环保方面的后续工作烦琐。通过微生物酶(阿拉伯聚糖酶、阿拉伯呋喃糖酶、纤维素酶，以及木聚糖酶、果胶酶、半乳聚糖酶等半纤维素酶）进行生物转化生产稀有 L-阿拉伯糖具有广阔的发展前景。

甘草苷是甘草甜味的主要成分，甜度是蔗糖的177倍。与其他甜味剂比较，甘草苷是从天然植物中提取的天然化合物，对人体有保健作用。另外，甘草苷又是具有很强的增香效能的食品甜味剂，已广泛应用于现代高级食品饮料中，成为重要的食品添加剂。但因甘草苷排钾阻钠的副作用，国际上严格限制它在食品中的应用量。用酶法改变甘草苷糖醛酸基能提高其甜度。β-葡萄糖醛酸苷酶能水解甘草苷葡萄糖醛酸基变成甜度极高的单葡萄糖醛酸基甘草苷。甘草苷去掉一个葡萄糖醛酸基后生成的单葡萄糖醛酸基甘草苷，其甜度为蔗糖的1 000倍。这不仅大大提高了甜度，明显改善甘草苷的呈甜特性，并有可能会去除排钾阻钠的副作用。

(3) 酶在乳化剂制备中的应用

食品乳化剂是现代食品工业不可或缺的添加剂。与化学合成法相比，酶催化法合成食品乳化剂具有很多优势，如催化效率高、反应条件温和、产品纯度高、色泽浅且容易分离纯化等。

① 酶催化合成脂肪酸单甘酯。脂肪酸单甘酯是广泛应用于食品、制药及化妆品工业的非离子乳化剂。全球食品乳化剂年产量约为20~25 t，其中脂肪酸单甘酯及其与二酯的混合物约占总产量的75%。酶催化合成脂肪酸单甘酯主要有酯化法、甘油解法、水解法和酯交换法，其中酯化和甘油解法最为常见。油脂在脂肪酶的作用下，发生水解生成甘油单酯和脂肪酸。水解法用酶多为1,3-特异性脂肪酶。脂肪酶在非水介质中可催化水解反应的逆反应，即脂肪酸与甘油的酯化反应，生成脂肪酸甘油酯。酯交换法包括油脂的醇解反应和甘油与脂肪酸酯的酯交换反应。甘油解法是指油脂与甘油在脂肪酶催化下进行酯交换反应生成脂肪酸单甘酯。相对于上述3种方法来说，甘油解法获得脂肪酸单甘酯的产率较高，没有水或其他副产物产生，符合原子经济性的要求，因而备受关注。

② 酶催化合成脂肪酸糖脂。脂肪酸糖酯作为乳化剂广泛应用于食品、化妆品和医药等工业领域。酶催化法合成脂肪酸糖酯主要有酯化反应和酯交换反应两种。脂肪酶催化脂肪酸糖酯的合成工艺尚存在一些难题。首先，在脂肪酸糖酯的酶法合成中，一般是伯羟基优先酯化生成单酯，但当单酯浓度达到一定程度时，脂肪酶还会以单酯为底物继续催化酯化，形成双酯、三酯。其次，糖作为主要的反应底物，具有较强的极性，只能溶于二甲基亚砜、吡啶等极性溶剂中，但是这些溶剂容易使酶变性失活，同时都有一定的毒性，限制了产品在食品、医药及化妆品领域的应用。新型环境友好的反应媒介，如离子液体、深共熔溶剂、超临界 CO_2 等可替代有机溶剂，有待深入研究。

③ 酶催化合成丙二醇脂肪酸酯和失水山梨醇脂肪酸酯。1,2-丙二醇脂肪酸酯（丙二醇酯）作为食品乳化剂，其用量仅次于脂肪酸单甘酯、大豆磷脂等品种，具有广阔的发展前景。酶催化合成丙二醇酯也主要通过脂肪酸与1,2-丙二醇的直接酯化和油脂与1,2-丙二醇的酯交换反应。脂肪酸作为原料，生产成本高，且酯化法合成的丙二醇脂肪酸酯转化率不高，产品纯度不高。而酯交换法的原料一般为天然动、植物油脂，成本低、容易获得。以山梨醇为原料，先脱水生成失水山梨醇，再以低沸点共沸物叔丁醇/正己烷混合体系作为反应媒介，脂肪酶催化酯化制备失水山梨醇脂肪酸酯。

(4) 酶在其他食品添加剂制备中的应用

山梨酸乙酯是一类新型的山梨酸衍生物，是一种国际公认的低毒高效食品防腐剂。非水介质中利用脂肪酶催化山梨酸和乙醇酯化反应可合成山梨酸乙酯。L-抗坏血酸(L-AA)作为水溶性天然抗氧化剂在食品加工领域被广泛应用，但其亲水特性使其在某些疏水环境(如油脂中)的应用受到很大限制。近年来，在L-AA结构中植入脂肪酸链合成L-抗坏血酸脂肪酸酯，已成为L-AA改性研究的热点，因为酯化不仅不会破坏其抗氧化结构还可增强其脂溶性，其中L-抗坏血酸棕榈酸酯(L-AP)和L-抗坏血酸硬脂酸酯已商业化生产，被广泛应用于食品和化妆品中，且L-AP是我国唯一可以用于婴幼儿奶粉的抗氧化剂。L-抗坏血酸脂肪酸酯的制备方法分为化学法和酶法。化学法一般使用浓H_2SO_4、HF等作为催化剂和溶剂，是工业生产中使用的主要方法，但缺点是反应时间长，腐蚀性强且污染严重。酶法合成不仅可以避免这些不利因素，且具有特异性强、反应条件温和、无废酸排放等优点。

推荐阅读

1. Iwasaki Y, Yamane T. Enzymatic synthesis of structured lipids. Journal of Molecular Catalysis B: Enzymatic, 2000, 10: 129-140.

结构脂质通过改变甘油三酯分子结构中脂肪酸链的长度、在甘油骨架上分布的位置以及引入功能性脂肪酸，控制能量的摄入、脂肪贮存，增加其功能性，进而达到降血脂、减肥、保健的目的。酶的催化特异性使其在催化结构脂质合成中应用越来越广泛。

2. Lonergan E H, Zhang W, Lonergan S M. Biochemistry of post-mortem muscle-lessons on mechanisms of meat tenderization. Meat Science, 2010, 86: 184-195.

肉的嫩度是消费者高度重视的质量特征，而肉变嫩的自然过程是复杂的，取决于骨骼肌细胞的结构和完整性、细胞内环境，以及能够改变这些蛋白质及其相互作用的事件(特别是蛋白质降解和蛋白质氧化)，这也注定了此研究领域是个不断变化的领域。为了在这一领域取得真正的进展，有必要全面了解这些事件的机制。

3. Jiang S, Xiao W, Zhu X, et al. Review on D-allulose: in vivo metabolism, catalytic mechanism, engineering strain construction, bio-production technology. Frontiers in Bioengineering and Biotechnology, 2020, 8(26): DOI: 10.3389/fbioe.2020.00026.

D-阿洛酮糖不仅可作膳食补充剂，而且还具有增强抗氧化、控制低血糖等多种生理功能。因此，D-阿洛酮糖作为高能量糖的替代品具有重要的开发价值。本文对D-阿洛酮糖的代谢、酶催化合成机制等进行了介绍。讨论了D-阿洛酮糖生产中存在的问题及解决办法，并提出了低废物形成、低能耗、高糖产量的绿色循环利用生产工艺开发方向。

开放性讨论题

1. 酶法合成甘油二酯可能有几种产物？怎样控制反应获得特定产物？
2. 酶在食品保鲜中起着重要作用，试讨论酶法保鲜的未来发展趋势。
3. 当前食品加工副产物酶催化高值化利用存在的问题和可能的解决途径？
4. 生物活性物质的酶法提取、制备的优缺点有哪些？未来研究重点有哪些？
5. 结合焙烤食品原料，试讨论焙烤用酶的未来发展趋势。
6. 谷氨酰胺转氨酶作用效果存在不稳定性，请结合所学讨论一下怎样提高其稳定性？

7. 在食品加工中涉及多种酶同时使用时，应考虑哪些因素？
8. 酶技术制备食品添加剂，有哪些优点及瓶颈问题？

思考题

1. 酶法生产葡萄糖与酸法相比，具有哪些优点？
2. 简述果葡糖浆制备工艺流程。
3. 简述油脂酶法脱胶特点。
4. 简述水酶法提取食用油的原理及工业应用前景。
5. 简述中链结构酯的功能及酶法工业制备流程。
6. 简述功能性磷脂的酶法制备原理。
7. 简述酶法制备胶原蛋白的优缺点。
8. 酶在水产品加工副产物中有哪些应用？
9. 简述谷氨酰胺转氨酶在鱼糜制品结构重构的作用。
10. 简述鱼露的生产方法及酶在鱼露生产中的具体应用。
11. 简述保鲜中常用的酶及其保鲜机理。
12. 简述焙烤食品加工中用到的主要酶类及其作用。
13. 举例说明脂肪氧合酶在焙烤食品中的具体应用。
14. 蛋白酶在乳、肉、蛋、豆制品中有哪些作用？作用机制是什么？
15. 牛乳中有哪些内源酶？对牛乳质量产生哪些影响？在乳制品加工中有哪些应用？
16. 糖苷酶对食品加工产品的风味有何影响？
17. 果胶酶、纤维素酶如何影响果汁的澄清度？
18. 葡萄糖氧化酶在果汁加工中如何运用？
19. 脂肪酶在食品添加剂酶催化制备中有哪些应用？
20. 试展望未来酶在食品中的应用。

第 11 章　酶在食品分析检测中的应用

导　语

酶的催化具有高效性、专一性和作用条件温和等特点，因此人们根据这一特性结合相应技术设计了各种基于酶的分析检测方法。目前在食品分析检测中应用较多的酶有辣根过氧化物酶、碱性磷酸酯酶、葡萄糖氧化酶、DNA 聚合酶、乙酰胆碱酯酶、β-半乳糖苷酶、黄嘌呤氧化酶及纳米酶等。尤其是近年来核酸切割酶逐渐受到人们的关注和重视，并开发出很多基于核酸切割酶的生物传感器用于食品安全检测。相比于传统的分析检测技术，酶法分析具有特异性强、灵敏度高、检测速度快的优点，在生物毒素、农兽药残留等食品危害物检测及鱼肉产品新鲜度、含糖饮料成分分析等方面得到了广泛应用。

通过本章的学习可以掌握以下知识：

❖ 了解酶分析与酶法分析的区别；

❖ 掌握酶联免疫吸附法、PCR 检测技术、酶生物传感器的类型及原理；

❖ 核酸切割酶等新型酶生物传感器的设计及应用；

❖ 基于酶的各类检测技术在食品安全检测中应用。

知识导图

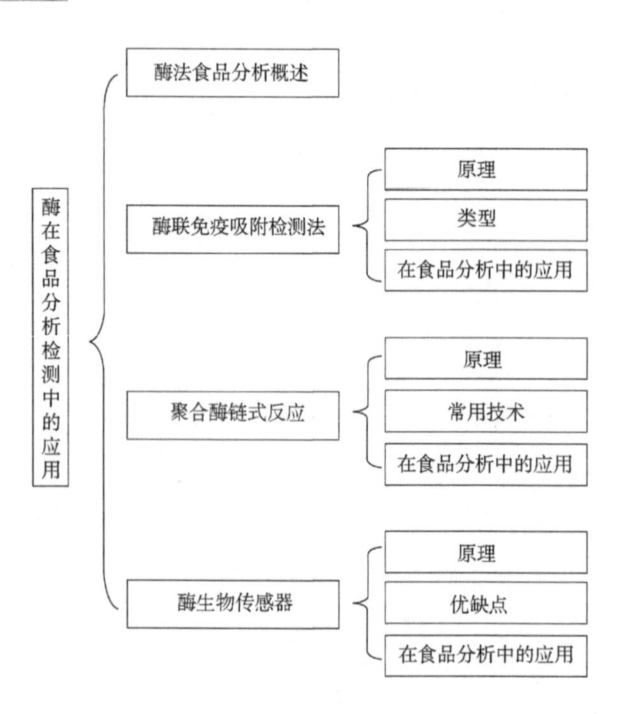

关键词

酶分析 酶法分析 酶联免疫吸附检测法 聚合酶链式反应 酶生物传感器 辣根过氧化物酶 碱性磷酸酯酶 葡萄糖氧化酶 DNA 聚合酶 乙酰胆碱酯酶 核酸切割酶 生物毒素 农兽药残留 病原微生物 非法添加物 转基因成分 重金属

本章重点

- 酶联免疫吸附检测法原理及类型；
- PCR 检测技术类型及其优缺点；
- 酶生物传感器定义及其与酶联免疫吸附法区别；
- 核酸切割酶生物传感器原理及优点。

本章难点

- 酶联免疫吸附法原理；
- 酶生物传感器类型及检测原理；
- 核酸切割酶生物传感器设计及应用。

11.1 酶法食品分析的概述

酶法食品分析是指利用酶对食品中特定物质进行分析检测的方法，它是建立在酶专一性强、催化效率高的基础之上，并以酶参与作用后物质的变化为依据进行的一种分析方法。相比于传统的化学分析检测方法，酶法分析一般不需要对样品进行复杂的预处理，而且在温和的条件下即可反应，同时特异性强、灵敏度高、检测速度快，使得其在食品分析检测方面的应用前景非常广阔。利用酶进行定量分析最早可追溯到19世纪中期，当时人们以麦芽提取物作为过氧化物酶源，以愈创木酚作为指示剂或共底物实现了过氧化氢的测定。然而酶法分析的真正发展得益于其在临床方面的广泛应用。到了20世纪60年代，Clark 等人首先提出了一种酶膜电极的设计思路，他们认为可以将葡萄糖氧化酶、脲酶等酶固定在两层铜铵膜(cuprophane membrane)之间，这样由于膜的保护作用，使得酶活得以保持，从而实现外科病人葡萄糖、尿素的连续检测和监测。这种酶生物传感器一般可以连续使用几小时且在数周内性能都比较稳定。Clark 的设想为酶生物传感器的设计和开发奠定了良好的基础，使得酶后来在食品分析检测方面的应用得到快速发展。目前应用最广泛的酶法分析方法是终点测定法，其原理是在以待测物质为底物的酶催化反应中，如果使底物能够完全地转化为产物，而且底物或产物又具有某种特征性质，则可以通过直接测定转化前后底物的减少量、产物的增加量或辅酶的变化来直接定量待测物。该方法需要确保酶反应完全。另外一种方法是动力学测定法，又称为速率法。这种方法不需要保证酶反应完全即可实现检测目的。它是通过测定反应物(被测组分)、产物的转化速率来得到底物浓度，测定的参数可以是吸光度、荧光强度、pH 值等。相比于终点测定法，动力学测定法分析速度快、试剂用量少、检测成本低，有利于自动分析，但是准确度相对较差。

食品酶分析一般包括两个方面，一是对酶自身的分析(enzyme assay)，即以酶为分析对象，根据需要对食品样品中所含酶和食品加工过程中所使用的酶含量或酶活力进行测定。如通过分析杀菌乳中的碱性磷酸酶的活性可判断乳的杀菌程度，并推断杀菌乳中是否混入生乳或杀菌乳的贮藏时间长短。这是因为碱性磷酸酶是乳中特有的酶，而且它对热敏感，在杀菌条件下基本上完全失活。二是以酶为分析工具或分析试剂(又称酶法分析，enzyme analysis)，即通过测定酶催化反应的理化变化，定性或定量地检测待分析物，从而实现食品样品中用一般化学方法难于检测的物质。这两种方法的分析原理是相同的，都是利用了酶催化的专一性和高效性，根据酶催化反应的特征来测定分析物的含量，它们的主要区别在于分析检测的对象不同。根据被测对象的不同，酶分析一般可分为以酶的作用底物为检测对象的酶法分析、以辅酶或酶的抑制剂为检测对象的酶法分析等。前者如通过测定由嘌呤氧化酶催化反应产生的过氧化氢量来评价鱼等水产品的新鲜度，后者如利用有机磷农药对乙酰胆碱酯酶的抑制作用分析蔬菜水果样品中的有机磷农药残留。根据所采用的技术不同，酶分析又可分为酶联免疫吸附检测技术(enzyme-linked immunosorbent assay，ELISA)、聚合酶链式反应(polymerase chain reaction，PCR)技术以及酶生物传感器技术等。

11.2 酶联免疫吸附检测法

ELISA是一种以免疫酶为核心，将酶的高效催化作用和抗原抗体的免疫反应有机结合而建立的检测技术。该方法最早由Engvall和Perlman于1971年报道并建立。ELISA属于超微量分析技术，其检测范围目前可达到ng至pg级水平，可用来测定抗原，也可用于测定抗体。由于其检测快速灵敏、特异性高、重现性好且易于标准化，使得其在分析检测方面得到快速发展，目前已被广泛应用于食品中农兽药残留、病原微生物、生物毒素、重金属污染以及非法添加物和转基因食品的检测。

11.2.1 原理

ELTSA的基本原理是首先将酶通过共价结合的方式标记在抗体或抗抗体分子上形成仍有免疫活性的免疫复合物即酶标记抗体，然后酶标记抗体再与吸附在固相载体上的抗原或抗体发生特异性结合，最后再加入酶底物进行显色反应，最终根据颜色深浅或光密度(*OD*)值的大小来进行定性或定量分析，从而得出待测样品中抗原或抗体的浓度与活性。目前常用的标记酶主要有辣根过氧化物酶(HRP)、碱性磷酸酯酶(ALP)、葡萄糖氧化酶(GOD)、半乳糖苷酶等，其中以HRP应用较多。

11.2.2 类型

ELISA通常可分为直接法和间接法两种。直接法是指在酶标记抗体与待测样品中固相抗原直接作用后加入底物进行显色反应。间接法是目前最常用的抗体检测方法，它首先是将吸附在固相载体上的抗原与待测样品中的抗体进行相互作用，然后加入酶标记抗体经孵育洗涤后，再加入底物进行显色反应，加入终止液终止反应后测定其 *OD* 值，根据 *OD* 值代入标准曲线可计算出待测抗体的浓度(图 11-1)。在此基础上又发展出许多新型 ELISA 检测方法，如竞争法、双抗体夹心法、捕获法等，具体采用哪种方法需根据检测目的而定，如竞争法一般用于测定小分子抗原，因而尤其适用于食品样品的分析与检测。

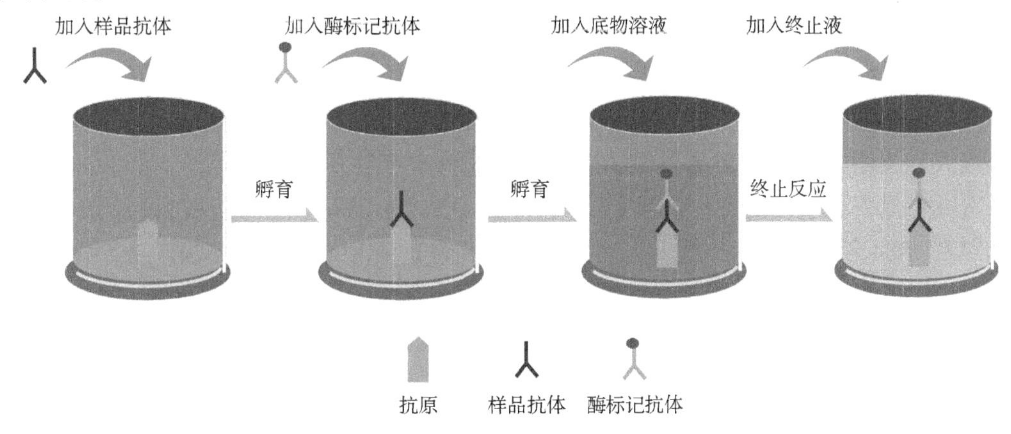

图 11-1　ELISA 间接法原理图

11.2.3　在食品分析中的应用

(1) 生物毒素检测

生物毒素(biotoxin)是生物体分泌代谢或半生物合成产生的有毒化学物质。它们种类繁多、分布广泛，按其来源可分为细菌毒素、真菌毒素、动物毒素、植物毒素、海洋生物毒素等，通常以某种高特异性方式作用于离子通道、酶、受体、基因等靶位。食品中的生物毒素若进入人体往往会引起胃肠炎、腹泻、溶血性贫血甚至癌症等疾病的产生，严重危害人体健康，已成为引发食品安全问题的主要因素之一。各国对食品中的生物毒素含量都有严格的控制标准和检测技术要求。ELISA 是生物毒素常见的检测方法之一，相关研究报道也比较多。自抗黄曲霉毒素 B_1(AFB_1)于 1977 年成功制备以来，几乎所有重要的生物毒素，如金黄色葡萄球菌肠毒素、肉毒毒素、T2 毒素、赭曲霉毒素 A、伏马菌素、玉米赤霉烯酮(ZEN)、脱氧雪腐镰刀菌烯醇(DON)、蓖麻毒素、河豚毒素等都建立了 ELISA 检测方法。例如，孙佳芝等人建立了产气荚膜梭菌 α 毒素的双抗体夹心 ELISA 检测方法。她们以 α 毒素蛋白为免疫原、分离纯化获得的高特异性 mAb 作为检测抗体、新西兰大白兔抗 α 毒素多克隆抗体为捕获抗体，通过优化试验条件，实现了产气荚膜梭菌 α 毒素的快速灵敏检测，其有效检测范围为 5.86~375 μg/L，最低检测限为 4.57 μg/L。Goodbrand 等构建了 T2 毒素的 ELISA 检测方法，其检测限达 5 ng/mL，该方法特异性强、灵敏度高，可用于各种谷类食品的 T2 毒素筛查和检测。孙清等人针对黄曲霉毒素 B_1 研制了一步间接竞争 ELISA 检测试剂盒，该试剂盒性能优越，检测限达 7.6 pg/mL，检测线性范围为 10~810 pg/mL，对玉米、豆粕和鱼粉样品进行加标回收试验，其平均回收率为 108.4%~134.8%，与高效液相色谱-质谱/质谱检测结果相吻合。欧小蕾等制备获得了海洋生物毒素麻痹性贝类毒素膝沟藻毒素 2 和 3(GTX2, 3)的单克隆抗体，并构建了间接竞争 ELISA 快速检测方法。Tong 等同样建立了间接竞争 ELISA 实现了植物非蛋白毒素苦马豆素的免疫检测。虽然 ELISA 检测技术在各类生物毒素中都有应用，但也存在着一些不足，如抗体制备难、交叉反应现象凸显，因此 ELISA 技术在生物毒素方面的研究仍需进一步加强。

(2) *农兽药残留检测*

由于种养殖过程中农药和兽药的大量使用，使得农兽药残留在食品中比较常见，如有机磷类、有机氯类、除虫菊酯等农药的残留和抗生素类、激素类、磺胺药类等兽药的残留。当人们食用了含有农兽药残留的食品后，这些有害物质在一定条件下能导致人体中毒，造成食品安全事件的发生。目前 ELISA 技术已成为国际上农兽药残留检测的首选方法。早在 1984 年，Campbell 等人就建立了氯霉素的间接 ELISA 检测方法，他们以合成的氯霉素-牛血清白蛋白为包被抗原，抗氯霉素-牛血清白蛋白为抗体，实现了氯霉素的快速灵敏检测，其最佳检测范围为 1~100 ng/mL，最低检测限达 0.1 ng/mL。谢体波等以自制抗原和单克隆抗体为材料，开发了一种 ELISA 试剂盒，实现了磺胺类药物残留的快速检测方法，其检测线性范围为 1.18~41.67 ng/mL，方法灵敏度为 3.88 ng/mL。该试剂盒可以实现大多数磺胺类药物及其磺胺类似物的检测，且保质期长，在 4 ℃条件下能保存 180 d。Wettach 等采用兔抗二乙基硫代磷酸酯多克隆血清，建立了对硫磷间接竞争 ELISA 分析方法。

大多数 ELISA 检测方法都是针对单个或单组分危害物的分析。最近 Jiang 等开发了双比色 ELISA 技术，实现了食品中 13 种氟喹诺酮类和 22 种磺胺类药物残留的快速筛查。他们在二抗上标记碱性磷酸酯酶和辣根过氧化物酶两种不同的酶，根据酶催化反应产物的不同吸收波长很容易区分出不同的分析物，可以实现一个样品的多组分高通量检测。试验结果表明，氟喹诺酮类和磺胺类药物的检出限分别为 2.4 ng/mL 和 5.8 ng/mL。该方法大大提高了氟喹诺酮类和磺胺类药物的灵敏性和特异性，检测限符合中国、欧盟及美国的要求。

(3) *病原微生物检测*

传统的病原微生物常采用分离培养法进行检测，整个检测过程需要 6~7 d，耗时长且操作烦琐，不利于病原微生物的快速检测。另外，如副溶血弧菌、幽门螺旋杆菌在低温贫营养的条件下，呈现“活的非可培养状态”，导致这类病原微生物培养困难甚至无法进行人工培养，而 ELISA 法正好可以弥补这方面的不足。目前大肠埃希菌 O157、沙门菌、副溶血弧菌、金黄色葡萄球菌、单增李斯特菌等均已有相应的 ELISA 检测技术报道。如 Min 等人从 10 个分泌大肠埃希菌 O157 特异性单克隆抗体(mAb)的杂交瘤中选择了一对构建了夹心 ELISA 检测法。在两两交互作用分析的基础上，他们以 mAb-1 作为捕获抗体，mAb-6 作为检测抗体进行分析，试验结果表明，当 O157 在 10^5~10^8 cfu/mL浓度范围内线性良好，灵敏度达 1×10^4 cfu/mL。Kumar 等制备了致病性副溶血性弧菌 TRH 重组蛋白的单克隆抗体(mAbs)，构建了夹心 ELISA 检测方法，对 34 份海产品中的副溶血弧菌进行快速筛查，取得了很好的效果。伍燕华等也构建了双抗夹心

ELISA 检测方法实现了多种典型沙门菌的快速检测，其检测限为 1×10^4 cfu/mL，特异性好，与其他杂菌无交叉反应。

（4）掺假、非法添加物检测

食品掺假则是指人为地、有目的地向食品中非法掺入外观、物理性状或形态相似的非同种类物质的行为，掺入的假物质基本在外观上难以鉴别。食品非法添加物是指加入食品中的有毒有害化合物超出了食品相关标准添加的范围，违反了相关法律、法规。在利益的驱动下，食品掺假和非法添加问题比较突出，食品掺假如地沟油事件、马肉风波等；食品非法添加如红心鸭蛋(苏丹红)、三鹿奶粉(三聚氰胺)事件等。这些事件不仅严重威胁了广大消费者的身体健康，也严重影响了食品工业的健康发展和社会的和谐稳定。当前对于食品掺假和非法添加物的检测主要还是以高效液相色谱法、气相色谱法等仪器分析为主。近年来，ELISA 在这方面的检测应用越来越多。在食品掺假方面，可利用双抗夹心 ELISA 技术对生鲜猪肉样品掺假进行鉴别。以猪 IgG Fc 单克隆抗体构建检测方法，该抗体只与猪肉发生反应，与牛肉、鸡肉、羊肉、兔肉等其他来源肉均不发生反应，能检测到 1%的掺杂比例。在非法添加物方面，我国农业部在 2008 年即发布了《动物性食品中莱克多巴胺药物残留酶联免疫吸附法》用于肉制品的瘦肉精主要成分莱克多巴胺的快速检测。汪惠泽等对另一种瘦肉精成分盐酸克伦特罗构建了间接竞争 ELISA 检测方法，该方法特异性好、灵敏度高，检测限低于 0.5 ng/mL。王黎丽等人针对三聚氰胺分别建立了基于单克隆抗体间接和直接竞争 ELISA 检测方法，两种检测方法的检测限分别达 0.079 μg/L 和 0.12 μg/L。

（5）转基因食品检测

自 20 世纪 90 年代转基因作物商业化以来，转基因技术不断发展，市场上的转基因食品种类也越来越多，常见的有转基因大豆及其油制品等。尽管没有证据证明转基因食品存在食品安全风险，但对转基因食品的检测可以区分转基因与非转基因食品，从而让消费者有选择的权力。目前对转基因成分的定性和定量分析检测方法有很多，而 ELISA 技术是检测转基因目的蛋白较为常用的方法，已广泛用于转基因食品原料及半成品的定性和定量分析。刘志浩等人以单克隆抗体为基础，构建了双抗夹心 ELISA 方法对转基因玉米中膦丝菌素乙酰转移酶(PAT)进行检测，其有效检测范围为 3.125～50 ng/mL，最低检测限为 2.68 ng/mL。刘光明等人则利用纯化的 Bt1 杀虫晶体蛋白作为标准蛋白和免疫抗原，通过抗体-抗原-酶标抗体构建了 ELISA 方法对转基因玉米中的 Bt1 表达蛋白进行了定量检测。所得试验结果与免疫印迹法及采用进口试剂盒的定量分析结果一致。

（6）其他应用

ELISA 技术还可用于食品中重金属、抗生素、营养因子、致敏蛋白等物质的测定。徐誉等将砷通过螯合剂与载体蛋白偶联合成了具有免疫原性的人工抗原，构建了间接竞争 ELISA 方法对水产品中的砷含量进行检测，该方法特异性好，与 Pb^{2+}、Hg^{2+}、Cd^{2+} 等其他重金属离子无交叉反应。马建国对水中磺胺类抗生素建立了间接竞争 ELISA 检测方法，结果表明磺胺类间接竞争 ELISA 的检出限为 2.34 μg/L，磺胺二甲基嘧啶间接竞争 ELISA

的检出限为6.82 μg/L。周天骄等人同样构建了间接竞争ELISA法对不同加工工艺的大豆产品中的主要抗营养因子大豆球蛋白、β-伴大豆球蛋白和胰蛋白酶抑制因子等进行了检测。王耀等人以Arah1鼠源单克隆抗体为捕获抗体，以Arah1兔源多克隆抗体为检测抗体，通过棋盘优化法构建了花生致敏蛋白Arah1的双抗体夹心ELISA快速、灵敏检测方法，其检测限为4.16 ng/mL，线性范围为4~256 ng/mL，且该方法特异性好，与其他常见致敏蛋白无交叉反应。

11.3 聚合酶链式反应法

聚合酶链式反应即我们常说的PCR技术，它是一种利用DNA聚合酶在生物体外进行特定的DNA片段放大扩增的分子生物学技术，其最大的特点就是能将微量的DNA进行指数级扩增。PCR技术由于特异性强、灵敏度高、简便快速同时对纯度要求低，因此在食品分析检测方面得到广泛应用，主要包括转基因食品、肉类掺假及病原微生物的检测。

11.3.1 原理

PCR技术的基本原理类似于DNA的天然复制过程，它是在体外以拟扩增的DNA分子为模板，以一对分别与模板相互补的寡核苷酸片段为引物，在DNA聚合酶的作用下，按照半保留复制机制沿着模板链延伸直至完成新的DNA合成，并不断重复这一过程，可使目的DNA片段得到扩增。因为新合成的DNA也可以作为模板，因此PCR可以使DNA的合成量呈指数增长。PCR反应过程一般包括变性-退火-延伸3个步骤反复重复进行，其参与反应的基本成分有热稳定DNA聚合酶、脱氧核苷三磷酸(dNTP)、模板、特异性引物、二价阳离子(如Mg^{2+})、缓冲溶液等。热稳定DNA聚合酶是实现PCR技术自动化的关键。

11.3.2 常用PCR技术

(1) 定量PCR技术

定量PCR(quantitive PCR)技术是通过用生物素或放射性核素标记引物或dNTP，借助已知含量的内参照和外参照标准品与待扩增序列同时进行扩增，从而对PCR扩增产物进行定量、推测目的基因的初始模板数的一种方法。它有广义和狭义之分，广义的定量PCR技术是指以外参或内参为标准，通过对PCR终产物的分析或PCR过程的监测，进行PCR起始模板量的定量。而狭义定量PCR技术是严格意义的定量PCR技术，它是指用外标法(荧光杂交探针保证特异性)通过监测PCR过程(监测扩增效率)达到精确定量起始模板数的目的，同时以内参照有效排除假阴性结果(扩增效率为0)。与非定量PCR技术相比，定量PCR技术操作有助于评估污染的情况，测出污染的程度，即使负对照产生了阳性信号，只要这些阳性信号比待测样品低得多，也可以推测出试验中所得出信号的真实性，在一定程度上消除了单纯PCR过于敏感、假阳性率高等缺点。

(2) RT-PCR

RT-PCR 英文全称是 reverse transcription-polymerase chain reaction，中文译为逆转录 PCR，它是将 cDNA 的聚合酶链式扩增和 RNA 的反转录相结合的技术，即首先在反转录酶的作用下将 RNA 合成为 cDNA，再以合成的 cDNA 为模板，在 DNA 聚合酶的作用下扩增合成目的片段。RT-PCR 也是一种灵敏的 PCR 技术，一般可用于检测细胞中基因表达水平、细胞中 RNA 病毒的含量以及直接对特定基因的 cDNA 序列进行克隆分析。其应用广泛，在食品安全检测方面常用于致病菌以及病毒的检测，目前已有关于利用 RT-PCR 技术检测金黄色葡萄球菌、诺如病毒等的研究报道。

(3) 巢式 PCR 技术

巢式 PCR(nested PCR)技术又称嵌合 PCR，它是通过设计“外侧”“内侧”两对引物进行两次 PCR 扩增，外侧引物的互补序列在模板的外侧，内侧引物的互补序列在同一模板的外侧引物内侧。首先利用一对外侧引物对含有目的靶序列的较大 DNA 片段进行第一次扩增，然后再用一对内侧引物以第一次 PCR 扩增产物为模板进行第二次扩增，从而获取目的靶序列。这样两次连续的放大，极大地提高了 PCR 检测的灵敏度，保证了产物的特异性。根据两对引物设计的不同，巢式 PCR 可分为巢式 PCR 和半巢式 PCR。而半巢式 PCR 是指内侧引物中的一条与外侧引物相同，而另一条在外侧引物内侧。一般来说，通过两对引物扩增的巢式 PCR 技术其结果较一对引物扩增的结果灵敏 100 倍。因此，巢式 PCR 技术尤其适用于极其微量的靶序列的检测。

(4) 原位 PCR 技术

原位 PCR(in situ PCR)是由 Haase 等于 1990 年建立的一种将 PCR 技术和原位杂交技术结合起来的方法。其基本原理是通过 PCR 技术以 DNA 为起始物，对靶序列在染色体上或组织细胞内进行原位扩增，使其拷贝数增加，然后通过原位杂交方法进行监测，从而对靶核酸进行定性定量定位分析。一般可分为直接原位 PCR、间接原位 PCR 和原位反转录 PCR。与其他 PCR 方法相比，原位 PCR 技术不需要从组织细胞中分离模板 DNA 或 RNA，也就是说原位 PCR 技术可以在不破坏细胞的前提下利用原位的完整细胞作为一个微反应体系来扩增细胞内的目的片段并进行监测，从而综合了 PCR 高灵敏性的特点和原位杂交的定位优势，使得待测基因的监测技术得到了极大的提升。

(5) 多重 PCR 技术

在试验中有时候需要分析多个不同的 DNA 序列，而传统的 PCR 技术都是设计一对寡核苷酸引物扩增所需要的目标序列，因此这时候就需要在同一个 PRC 反应体系中设计多对引物来同时扩增一份 DNA 样本中几个不同靶区域的 DNA 片段，这种 PCR 技术称为多重 PCR 技术。由于每一对引物扩增的是位于模板 DNA 上的不同序列的 DNA 片段，因此，扩增片段的长度不同，可以根据此来检测特定基因片段的大小、是否有缺失或突变等，PCR 扩增后用电泳进行检测，有条带则说明有待检测基因片段，反之，则这一片段缺失。多重 PCR 技术由于多对引物同时扩增因此增加了错配扩增的概率，所以需要综合考虑试验要求、目的设计好引物，优化好反应条件，从而保证多重 PCR 扩增的有效性。与常规

PCR 技术相比，多重 PCR 技术具有高效性(同时检测多靶标)、系统性(成组病原体的同时检测)和经济简便性(省时省力省费用)等优点。

11.3.3 在食品分析中的应用

(1) 转基因食品

PCR 技术在转基因食品分析中的应用报道较多。如栾凤霞等构建了荧光定量 PCR 技术实现了转基因小麦品系种中通用的 ubiquitin 启动子、NOS 终止子以及标记基因 *bar* 基因的定性筛选检测。闫伟等人构建了单管半巢式 PCR 检测方法用于转基因食品的快速筛查。他们针对转基因作物中CaMV35S启动子和 NOS 终止子的一致性核苷酸序列，分别设计了巢式 PCR 的内、外引物，实现了食品中转基因成分的快速灵敏筛查。冯家望等建立了转基因食品的多重 PCR-聚丙烯酰胺凝胶电泳快速检测体系，对珠海地区市售的 185 种样品(如大豆、玉米、油菜)及其加工产品进行了转基因成分的检测。结果表明多重 PCR 检测体系特异性好、灵敏度高、稳定可靠，且操作简便、成本低廉。

(2) 肉类掺假

肉类食品离不开人们的日常餐桌，近些年来肉类掺假问题日益严重，如 2013 年沃尔玛的熟驴肉中检测出狐狸肉成分、山东鸭肉注入保水剂冒充羊肉等，这些问题不仅影响了食品工业的健康发展，还严重损害了消费者的权益。PCR 技术在肉类鉴别方面发挥了应有的作用。彭媛媛等人用实时荧光 PCR 技术定量检测肉类食品掺假问题。张弛等人构建了肉制品中鸭源性成分进行定性和定量分析的荧光定量 PCR，主要是根据鸭线粒体基因组细胞色素基因中的保守序列设计了鸭特异性引物和 TaqMan 探针进行构建的。该方法特异性好，灵敏度高，能实现对鸭肌肉组织 DNA 进行准确定量，利用该技术他们发现了市场上大量牛、羊肉制品中含有鸭肉成分。

(3) 病原微生物

应用 PCR 技术检测病原微生物的研究报道较多。关正萍根据沙门菌、金黄色葡萄球菌、单增李斯特菌、小肠结肠炎耶尔森菌和大肠埃希菌 O157 5 种致病菌的相关基因分别设计引物，以 16S rRNA 基因为内控基因，构建了多重 PCR 技术，实现了这 5 种致病菌的快速检测，试验结果表明，5 种菌株混合检测与单一菌株单独检测其扩增效率没有明显差别，且灵敏度高(≤10 cfu/mL)、特异性强、稳定性好。另外，滕要辉研究小组和冯可研究小组构建了多重 PCR 分别对速冻食品中沙门菌和金黄色葡萄球菌以及鲜切哈密瓜中单增李斯特菌、鼠伤寒沙门菌、大肠埃希菌 O157：H7 进行了快速检测。除了多重 PCR 技术之外，荧光定量 PCR 在病原微生物中的检测报道也较多，如高虹等人在比对阪崎肠杆菌 ITS 序列的基础上设计了一对特异性强的引物，用 SYBR Green 染料监控荧光的累积强度，构建实时荧光定量 PCR 技术实现了奶粉中阪崎肠杆菌的检测，其特异性强、灵敏度高。除了食品外，雷琼等还利用荧光定量 PCR 技术对食品包装材料的致病菌进行了灵敏的快速检测。

11.4　酶生物传感器法

如前所述，酶生物传感器是在Clark的设想基础上发展起来的，它是一种方便、快速、自动化的检测技术，在生物传感器领域中占有非常重要的地位，发展前景广阔。酶生物传感器是一种以酶作为生物识别元件的生物传感器，其操作简便、检测快速、响应灵敏，已在食品成分分析(如水产品新鲜度、饮料中葡萄糖含量、酒中乙醇含量、乳制品中乳糖含量)和食品危害物(如农药残留、致病菌及毒素等)的检测方面得到广泛的应用。目前已构建的酶生物传感器有乙酰胆碱酯酶生物传感器、辣根过氧化物酶生物传感器、葡萄糖氧化酶生物传感器、碱性磷酸酯酶生物传感器、β-半乳糖苷酶生物传感器、黄嘌呤氧化酶生物传感器以及纳米酶生物传感器等。

11.4.1　原理

酶生物传感器是将酶作为生物敏感基元，通过各种物理、化学信号转换器捕捉目标物与敏感基元之间的反应所产生的与目标物浓度成比例关系的可测信号，实现对目标物定量测定的分析仪器。其基本结构由物质识别元件(固定化酶膜)和信号转换器(基体电极)组成。当酶膜上发生酶促反应时，产生的电活性物质由基体电极对其响应。基体电极的作用是使化学信号转变为电信号，从而实现检测。结合不同的信号转换器，目前酶生物传感器一般可分为电化学酶生物传感器、光学酶生物传感器和其他型酶生物传感器。

11.4.2　优缺点

与其他分析方法相比，酶生物传感器特异性好，能直接对复杂样品进行分析检测，它既具有不溶性酶体系的优点，又具有电化学电极的高灵敏度。在食品安全方面，通常用于食品新鲜度、食品成分的分析。虽然近年来酶生物传感器发展速度较快，相关技术和应用取得较大进展，但仍然存在一些难以避免的问题，如高活性酶的筛选难，高活性酶的基膜固定能否满足短响应时间及其使用寿命等要求。

11.4.3　在食品分析中的应用

(1) 新鲜度的测定

果蔬产品及水产品的新鲜度是消费者十分关注的问题，学者们建立了多种酶生物传感器对食品新鲜度进行了快速分析和检测。高晓伟等人通过共价连接的方式将黄嘌呤氧化酶固定在二醋酸纤维膜上，构建了黄嘌呤氧化酶传感器，实现了鱼新鲜度的测定，其测定结果与分光光度法具有良好的相关性。干宁等人则研制了ATP代谢物安培酶生物传感器用于测定鱼组织中的三磷酸腺苷降解产物次黄嘌呤、肌苷、肌苷酸代谢物，从而用来定量检测鱼肉的新鲜度。张敏等人在将变性血红蛋白物理吸附固定在黏土-纳米金复合材料修饰的玻碳电极表面后，利用戊二醛将二胺氧化酶交联固定，构建了一种基于变性血红蛋白和二胺氧化酶的生物传感器实现了马鲛鱼中尸胺的检测，其线性范围为 $2.0\times10^{-12}\sim1.0\times10^{-11}$ mol/L，检出限达 6.7×10^{-13} mol/L，该方法不仅灵敏度高，而且重现性和稳定性都比较好。

(2) 含糖饮料的测定

一些含糖饮料(如汽水、果汁、冰茶、柠檬水等)通常需要测定其主要糖成分(如葡萄糖等)的含量。张彦等人利用壳聚糖将葡萄糖氧化酶固定在鸡蛋壳上，结合氧电极构建了葡萄糖氧化酶生物传感器成功对市售饮料中的葡萄糖含量进行了测定，在最优条件下，其线性范围为 0.016~1.10 mmol/L，检出限为 8.0 μmol/L，该传感器响应时间短(在 60 s 内即有响应)，而且其稳定性好，寿命在 3 个月以上，同时具有良好的重现性和特异性。目前，葡萄糖生物传感器是研究最早、开发最成熟并已经市场化的生物传感器，即血糖仪。早期的葡萄糖传感器就是由葡萄糖氧化酶膜和电化学电极组成的，在电化学电极的透气膜上固定葡萄糖氧化酶，根据反应生成的葡萄糖酸的量或过氧化氢的量以及反应消耗的氧的量 3 种方式来测定葡萄糖的浓度。

(3) 酒成分的检测

酒的成分比较复杂，但反映酒的品质的某些关键成分(如乙醇、过氧化氢、甲醇等)是人们关注的检测重点。冯东等人利用酶固定化技术，构建了乙醇生物传感器，实现了酒中乙醇含量的快速测定，其检测响应时间为 20 s，检出限为 1 mg/100 mL，该传感器成本低廉、专一性强、操作简单，与气相色谱法、密度瓶法相比，差异不显著。同时，他们还构建了辣根过氧化物酶生物传感器成功对啤酒中的过氧化氢进行了检测。王舒婷等人将醇氧化酶和甲醛脱氢酶固定在载体上，利用二茂铁作为电子媒介构建了酶生物传感器用于测定酒中的甲醇浓度，其最低检测浓度为 0.002%，重现性好。

(4) 乳品肉品检测

乳糖是牛奶和乳制品中最主要的糖，是衡量乳粉质量的一项重要指标，目前各检测机构主要还是以液相色谱法检测为主，难以满足市场需求。而酶生物传感器法相对来说更具有优势。杜祎等人利用生物传感差分法，构建了基于半乳糖苷酶和葡萄糖氧化酶的复合酶膜生物传感器，该传感器可同时对样品中的乳糖和葡萄糖含量进行测定，试验结果表明其线性良好、稳定性好，与高效液相色谱法比，测定结果无明显差异($P>0.05$)。酶生物传感器除了应用于肉品新鲜度的测定外，还对一些肉制品如火腿肠、腌制产品中的硝酸盐、亚硝酸盐成分进行分析。展海军等人则将辣根过氧化物酶通过聚苯胺和纳米 TiO_2 固定构建生物传感器，对火腿肠中亚硝酸盐进行了检测，在 0.01~100 mg/mL 的浓度范围内具有良好的线性关系，检出限达 0.001 mg/L。

(5) 焙烤油炸食品检测

食品在加工过程中，特别是富含天门冬氨酸和还原糖的物质，在高温下(120 ℃以上)会产生 2A 类致癌物质——丙烯酰胺，如油炸薯片等。有关研究表明，丙烯酰胺可使神经细胞产生炎性水肿，产生不可回复的神经系统破坏，人体若积累一定量的丙烯酰胺有可能导致全身性损伤，最终导致死亡。因此，食品中丙烯酰胺的检测尤为重要。近年来，除了气相色谱、液相色谱等技术外，新型的丙烯酰胺检测技术得到了很大发展，其中酶生物传感器也越来越受到人们的重视。Sliva 等人将绿脓杆菌细胞酰胺酶固定在膜上与丙烯酰胺发生水解反应，构建了基于 NH_4^+ 选择性电极的生物传感器，根据水解反应产生 NH_4^+ 浓度的变化实现了丙烯酰胺的测定，其最低检测限达 4.48×10^{-5} mol/L。

(6) 食品安全检测

在食品安全检测方面，人们设计了各种各样的酶生物传感器用于食品危害物(如病原菌、抗生素、非法添加物、生物毒素等)的检测，尤其是在农药残留检测方面，酶生物传感器的相关研究报道较多。有机磷及氨基甲酸酯类农药对乙酰胆碱酯酶具有特异性抑制作用，因此可以根据这一作用利用酶法构建乙酰胆碱酯酶生物传感器对农药残留进行测定。乙酰胆碱酯酶能催化水解乙酰胆碱及其他一些羧酸酯后产生色差反应，但是如有农药存在，则乙酰胆碱酯酶的活性受到抑制，色差反应则不能进行。Qi 等人构建了乙酰胆碱酯酶响应的多氧金属酸盐/表面活性剂超分子球体酶生物传感器，成功实现了有机磷农药氧乐果的检测，其检测限达到 0.9 ng/mL，该酶生物传感器避免了外界的干扰，具有良好的特异性和灵敏度。暨南大学刘大玲等人将黄曲霉毒素氧化还原酶固定在开管的多壁纳米碳管上构建了酶传感电极用于检测黄曲霉毒素 B_1，其线性范围达到 0.16~3.2 μmol/L。他们将黄曲霉毒素 B_1特异性抗体与黄曲霉毒素氧化还原酶通过多壁纳米碳管共固定化制作修饰电极，其检测限达到 16 nmol/L，灵敏度提高了 10 倍。严校平等构建了青霉素酶生物传感器，他们将溴酚蓝电聚合形成聚合膜将青霉素酶包埋固定在玻碳电极上，实现了青霉素的残留检测，在最优检测条件下，该酶生物传感器在 0.1~2.6 μg/L 线性范围内表现出了良好的性能，检出限为 0.2 μg/L。

近年来核酸切割酶生物传感器的研究和开发逐渐受到人们的重视。核酸切割酶是一种具有催化活性的单链 DNA 分子的脱氧核酶，其在自然界中不存在，但可以通过富集配体系统进化技术(systematic evolution of ligands by exponential enrichment，SELEX)体外筛选获得。其活性高度依赖于给定的化学或生物刺激，因此可以结合配体反应的脱氧核酶设计相应的生物传感器。同时，由于核酸切割酶是 DNA 分子，因此能与 DNA 扩增完全相容，可以提高检测的灵敏度，使得核酸切割酶生物传感器在食品安全检测方面的应用深受欢迎。Didar 和 Yousefi 等人通过共价连接将大肠埃希菌特异性 RNA 切割荧光的微阵列脱氧核酶探针固定在透明的环烯烃聚合物薄膜上构建了酶生物传感器，对肉和苹果汁中的大肠埃希菌进行了检测，其最低检测限为 10^3 cfu/mL。

(7) 其他应用

除此之外，酶生物传感器还用于食品中多种氨基酸(天冬氨酸、苯丙氨酸、精氨酸等)、有机酸(乳酸、醋酸、苹果酸、柠檬酸等)、酚类物质等其他成分分析，以及甜味剂(甜味素)、漂白剂(亚硫酸盐)、防腐剂(苯甲酸盐)、抗氧化剂(抗坏血酸、儿茶酚)和色素、乳化剂等食品添加剂的分析检测。同时，酶生物传感器还在生产线上食品加工过程的监控及食品质量评价等方面得到应用。如果蔬加工通常用到热烫处理以防止酶引起的食品变质和食品贮藏过程中微生物的生长，因此可以根据热处理前后酶活力的变化来指示食品品质的变化和热处理是否充分。

总之，具有众多优良性能的酶生物传感器已在食品安全检测方面越来越受到国内外学者的关注。我国关于酶生物传感器的研究主要以基础研究为主，实际应用相对较少，在国外已有大量的酶生物传感器在实际中得到推广和应用。今后酶生物传感器的发展将进一步迎合市场需求，结合人工智能、大数据处理、电化学等技术，逐步实现产品的微型化、集成化和自动化。

推荐阅读

1. Clark L C. , Lyons C. Electrode systems for continuous monitoring in cardiovascular surgery. Annals New York Academy of Sciences, 1962, 102: 29-45.

1962 年，美国电分析化学专家 Clark 等人发表了一篇文章，首次提出了一种酶膜电极的设计思路，并成功实现了葡萄糖、尿素等生化物质的测定，成为酶生物传感器的先驱。此后，有关酶生物传感器的研究和开发受到了学者们的广泛关注。

2. Yang H. Enzyme - based ultrasensitive electrochemical biosensors. Current Opinion in Chemical Biology, 2012, 16(3-4): 422-428.

传统的酶生物传感器信号放大不够高，无法实现对生物分子的超灵敏检测。由电化学法控制的有机导电高分子材料制作酶生物传感器是一种很有发展前途的酶生物传感器，通过纳米复合材料或多酶标记等手段来增强酶生物传感器的响应信号与稳定性是目前研究和发展的重点方向，本论文对基于酶的超灵敏电化学生物传感器进行了详细综述。

开放性讨论题

1. 酶生物传感器的开发和应用已取得很大进步，但酶生物传感器仍然存在高活性酶筛选难、固定后稳定性不高的问题。试就如何提高酶在电极表面修饰的稳定性，以最大程度地保证修饰量的精确度和酶的活性进行讨论。

2. 随着科学技术的发展，一些新型纳米材料如石墨烯、碳纳米管等纳米材料已被广泛应用于食品分析检测中，请讨论一下将纳米材料与酶生物传感器结合开发超灵敏的酶生物传感器应注意的事项，尤其是性能提升及生物相容性问题。

3. 基于核酸切割酶生物传感器具有稳定性高、可循环催化、容易合成及便于功能化修饰等优势已得到广泛关注。试讨论核酸切割酶的作用机制及如何科学合理设计核酸切割酶，以构建高效的核酸切割酶生物传感器。

思考题

1. 什么是酶法食品分析？其具有哪些优势？
2. 酶联免疫吸附检测法目前主要运用的有哪些酶？其基本原理是什么？有哪些类型？
3. PCR 检测的原理是什么？
4. 简述酶生物传感器定义、原理及其类型。
5. 试举例说明核酸切割酶生物传感器在食品安全检测中的应用。

第12章　酶与食品质量安全的关系

导　语

食品质量与安全是当前人们关注的重点。食品原料中含有内源酶，食品加工中也会使用一些外源酶，酶是一种高效的生物催化剂，可以催化多种反应，这些反应过程和结果对食品的质量及安全均会产生有益或有害的结果。本章将讲述酶与食品质量的关系、酶作用产生的有害物质以及使用酶减少食品中的有害物质等内容。目前，越来越多的酶被应用于食品生产中，代替化学添加剂发挥作用，使食品更加绿色。同时，对于工业使用的酶制剂的生产和应用也需要进行安全卫生管理，有必要建立一套科学使用规范及酶制剂安全性评价体系。

通过本章的学习可以掌握以下知识：

❖ 酶对食品质量的影响；
❖ 酶作用导致食品不安全因素产生的机理；
❖ 与食品相关的各种不安全因子的酶法消除；
❖ 食品酶制剂的安全评价与管理。

知识导图

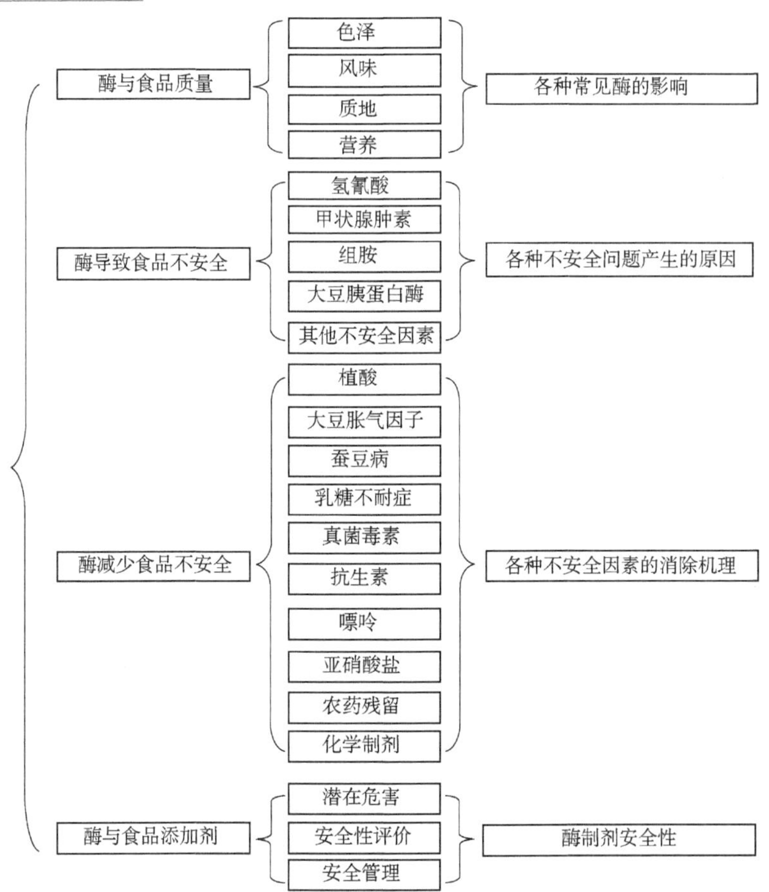

关键词

叶绿素酶　多酚氧化酶　脂肪氧合酶　色泽　风味　质地　营养　生氰糖苷　硫代葡萄糖苷　芥苷酶　组胺　组氨酸脱羧酶　致敏　植酸　植酸酶　大豆胀气因子　蚕豆病　乳糖不耐症　真菌毒素　羧肽酶　抗生素　β-内酰胺酶　氨基糖苷类修饰酶　大环内酯类钝化酶　氯霉素灭活酶　嘌呤　核糖核酸酶　亚硝酸盐　亚硝酸盐还原酶　农药残留　有机磷农药降解酶　安全性评价　安全管理

本章重点

❖ 常见酶对食品质量各方面的影响；
❖ 食品不安全因素的产生以及酶法降解技术。

本章难点

❖ 酶作用导致食品不安全问题的机理；
❖ 酶法降解各种食品不安全因素的原理。

12.1　酶与食品质量的关系

在食品的加工、贮藏中涉及许多酶催化反应，包括内源酶和外源酶，由于酶的作用，会对食品的色泽、质地、风味和营养等食品质量产生有利或有害作用，从而对食品质量产生影响。

12.1.1　酶对食品色泽的影响

叶绿素酶：果蔬的绿色主要来源于叶绿素，而叶绿素在果蔬的贮藏、加工以及货架期内都极易降解导致褪色或变色。叶绿素酶在叶绿素酶促降解代谢的最初步骤中起作用。叶绿素酶催化叶绿素水解生成脱植基叶绿素和植醇，一般认为脱植基作用是叶绿素降解代谢的第一步，生成的脱植基叶绿素进一步在脱镁螯合酶作用下，进行脱镁作用。叶绿素脱镁作用也可以发生在脱植基作用以前，生成的脱镁叶绿素，再由叶绿素酶催化其植基的水解，生成脱镁叶绿酸。从宏观上讲，叶绿素的降解与植物呼吸速率、乙烯的释放量、脂质过氧化程度等生理指标有关；而环境条件变化可以影响植物生理的变化，所以控制采后果蔬所处的环境条件可以在一定程度上延缓叶绿素褪绿。目前的方法有：①化学药剂处理，近年来研究最多的化学药剂是 1-MCP(1-甲基环丙烯)，其他还有乙醇、一氧化氮等；②低温和热处理，两者均可抑制与叶绿素降解有关的酶反应活性，从而达到护绿的目的；③辐照处理，辐照可显著降低酶活，效果与热处理相似；④气调包装，气调包装对果蔬的选择性较强，且有时还需与温度结合才会有较好结果。

多酚氧化酶(PPO)：PPO 存在于植物、动物和一些微生物中，是褐变反应的主要催化酶，它是以 Cu^{2+} 为辅基的氧化还原酶。PPO 首先将单酚羟基化成二酚，再氧化二酚形成不稳定的邻苯醌类化合物，这些化合物再进一步通过非酶催化的氧化反应形成黑色素，导致香蕉、苹果、桃、马铃薯等果蔬的褐变与黑斑。然而，褐变却对茶叶、咖啡等色素的形成有利。酶促褐变的发生条件需要酶、底物和氧气同时存在。因此，控制这些发生条件可以有效控制果蔬加工和贮藏过程中的酶促褐变。目前的化学处理方法有：①抗氧化剂处理，抗氧化剂可以通过与氧气反应来防止褐变的发生；②螯合剂处理，PPO 需要铜离子才具有活性，因此，螯合铜离子的螯合剂如柠檬酸、EDTA 等可降低 PPO 的酶活性；③硬度剂处理，钙盐被用于加强细胞壁，防止细胞间室的破坏以及细胞质中多酚氧化酶与液泡中多酚的接触，硬度剂主要有乳酸钙、丙酸钙、氯化钙、抗坏血酸钙和氯化钠；④酸化剂处理，PPO 对 pH 值变化敏感，果实是自然酸性环境，额外的酸化可能会降低 PPO 活性或使其在 pH 值小于 3 时失活，酸化剂主要有柠檬酸和抗坏血酸；⑤热处理，水中漂烫、蒸汽热烫、微波热烫，其通过失活多酚氧化酶来防止酶促褐变；⑥另外，还有一些方法如冷冻、气调包装、辐照等也可以有效防止酶促褐变。

脂肪氧合酶：是一种广泛存在于生物器官和组织中的酶，但在谷类、豆类种子、马铃薯块茎中尤其丰富。它是一种含有非血红素铁、不含硫的过氧化物酶，专一催化含顺，顺-1,4-戊二烯单元的多不饱和脂肪酸及酯进行加氧反应生成氢过氧化物，氢过氧化物进一步通过非酶反应生成醛及其他化合物。在这个过程中，产生的自由基及氢过氧化物会破坏食品的色素(如叶绿素、类胡萝卜素等)，从而对食品的颜色产生影响，如小麦粉、豆粉的漂白等。抑制脂肪氧合酶导致的脂肪氧化方法有：①调节温度，多数脂肪氧合酶最适反应温度在 30~45 ℃，低温可显著抑制脂肪氧合酶活性，高温可加速酶蛋白变性；②调节 pH 值，不同脂肪氧合酶的最适 pH 值存在差异，因此应根据食品所含脂肪氧合酶种类选择不同的 pH 值；③氧分压调控，脂肪氧合酶催化多不饱和脂肪酸反应通常在需氧条件下进行，但在缺氧的情况下脂肪氧合酶也有活性，催化脂肪酸产生氢自由基，然后启动进一步的自由基反应，因此，降低氧分压可有效抑制脂肪氧合酶活性；④添加抑制剂，天然抑制剂黄酮类、茶多酚、去甲二氢愈创木酸、没食子酸等均有一定的效果。

上述几种酶对食品色泽的影响及其调控因素总结于表 12-1。

表 12-1　酶对食品色泽的影响及调控因素

影响色泽成分	酶的名称	酶的底物	酶的产物	影响结果	调控因素
叶绿素	叶绿素酶	叶绿素	脱植基叶绿素、脱镁叶绿素、脱镁叶绿酸	降解叶绿素，造成果蔬褪绿	化学药剂、植物生长调节物质、温度、气体成分
黑色素	多酚氧化酶	单酚	邻苯醌类	导致果蔬褐变或生成黑斑，但对茶叶、咖啡色素的形成有利	抗氧化剂、螯合剂、硬度剂、pH 值、温度、气体成分
叶绿素、类胡萝卜素等	脂氧合酶	含 1,4-戊二烯单元的多不饱和脂肪酸及酯	氢过氧化物	破坏叶绿素、类胡萝卜素等	温度、pH 值、氧分压、抑制剂

12.1.2　酶对食品风味的影响

脂肪氧合酶可以氧化 C18：2 和 C18：3 脂肪酸形成短链挥发性醛类、醇类和酯类，对包括番茄和黄瓜在内的一些植物性食物的风味形成有贡献。另外，脂肪氧合酶在红茶和乌龙茶的发酵过程中有利于形成特有的香气成分。但脂肪氧合酶也会造成豆腥味以及油脂劣变产生异味。脂肪氧合酶作用的底物是多不饱和脂肪酸，植物性食品中最常见的是亚油酸，产物为过氧化二烯酸。对产生不良风味造成食品质量下降的脂肪氧合酶活性进行抑制，对改善食品风味的脂肪氧合酶活性进行保持和提高，就需要掌握脂肪氧合酶活性的调控因素，相关方法见 12.1.1 小节的介绍。

多酚氧化酶可增强咖啡、茶和可可的风味。多酚氧化酶在高等植物和真菌中氧化各种各样的单酚和邻二酚化合物并催化两种类型的反应。第一反应是单酚羟基化生成双酚，第二反应是从双酚除去氢生成间甲基邻苯醌。多酚氧化酶的酶活受 pH 值、温度、氧气、底物浓度、铜离子和酶抑制剂的影响，绝大部分酶作用的最适 pH 值在3.0~5.0。

淀粉酶包括 α-淀粉酶和 β-淀粉酶，能水解直链淀粉和支链淀粉及糊精中的糖苷键。α-淀粉酶随机作用于糊化和破损淀粉，生成糊精和小分子糖。β-淀粉酶只能作用于糊化淀粉，缓慢作用破损淀粉，不能水解生淀粉。淀粉酶可以使面包的体积增大、香气更浓。糖苷酶脱糖基化在食品工业中非常普遍，通过释放与糖(葡萄糖或二糖)结合的芳香苷元增加食品风味。单萜、苯衍生物、C13 去甲异戊二烯和脂肪醇是葡萄浆果细胞内糖基化的芳香化合物，可通过糖苷酶水解作用释放。挥发性硫醇化合物也可以从白葡萄和红葡萄品种的无味前体中产生。

脂肪酶应用于酒精饮料、奶酪、黄油、牛奶巧克力增强其风味。脂肪酶释放的短碳链脂肪酸(C4~C6)使乳制品具有一种独特强烈的奶风味。脂肪酶也是生产香精香料的极好催化剂，相关应用已在第 10 章 10.11 节介绍。

12.1.3 酶对食品质地的影响

纤维素酶至少有 3 类酶：内切-(1,4)-β-D-葡聚糖酶、外切-(1,4)-β-D-葡聚糖酶和 β-葡萄糖苷酶。纤维素酶能够催化纤维素的水解，而纤维素是植物细胞壁的组成部分。因此，纤维素酶可以影响植物性食品的质地。如在果品和蔬菜加工过程中使用纤维素酶适当处理，可以使植物组织软化蓬松，能提高可消化性和口感。由于全谷物比精制谷物具有更高的纤维素浓度，因此纤维素酶在全谷物加工中的应用具有特殊意义。纤维素酶会增加全麦面包烘烤过程中的水分流失，这是因为麸皮细胞壁中的纤维素水解后，麸皮吸收的水分被释放，导致面团在烘烤时水分流失。纤维素酶会降低用全谷物蜡质小麦制得的面包的硬度，但不影响比容。

葡萄糖氧化酶是一种催化葡萄糖氧化为葡萄糖酸和过氧化氢的酶。由于麸质与麸皮中非淀粉多糖之间的相互作用，全麦面粉制成的面团比白面粉制成的面团具有更高的延展性。葡萄糖氧化酶的添加将全麦面团的延展性降低到与白面团相似的水平。这种变化归因于过氧化氢对面团的减弱作用，这是在葡萄糖氧化酶催化的反应过程中产生的。Yang 等人的研究表明添加有葡萄糖氧化酶的全麦面粉产生的面团变硬，弹性模量和黏性模量增加。Altinel 等人发现，葡萄糖氧化酶显著增加了全麦面包的比容，这与面团流变学的变化有关，包括降低了对延伸的抵抗力。

半纤维素酶(如木聚糖酶)可改善精制小麦面包的面团和面包特性，并具有诸如使面团变软、增加面包体积、改善面包屑结构和降低陈旧率等有益效果。木聚糖酶的加入会降低面粉的吸水率，导致更好的面筋水合作用和网络形成，从而在发酵过程中增加面团的生长。半纤维素酶(主要是内切木聚糖酶)降低了全麦面团延展性，它使面团变软。此外，木聚糖酶还被证明可以有效降低全麦面包的初始硬度和陈化速度。

脂肪酶可以催化甘油三酯分解成甘油二酯、甘油单酯、甘油和脂肪酸，是一类酯键水解酶。脂肪酶对面团具有硬化作用。脂肪酶可降低面团的黏性。脂肪酶释放的甘油单酯能够与面筋蛋白结合并降低其疏水性，从而导致面团特性发生变化。Altinel 等人研究表明，添加脂肪酶对粉质和伸展性的影响最小，该酶减少了全麦面包的面包体积，这归因于脂质水解后释放的游离脂肪酸的去稳定作用。磷脂酶可以改善面团的弹性和延展性，并增加面包的体积。与半纤维素酶一起添加的磷脂酶可通过降低抗延伸性和抗拉伸强度来改善全麦面团的流变性。

鱼和贝类在不适当的环境中长期保存会变软，这种现象是由内源性蛋白酶(消化和肌肉蛋白酶)控制的。存在于胃肠道中并浸出至肌肉组织的蛋白酶可诱导肌原纤维和胶原蛋白的蛋白水解。除了鱼肉外，鱼肉产品(尤其是鱼胶)的质地变软也是一个缺点，限制了市场价值和消费者的接受度。鱼糜会受到内源性蛋白酶的诱导降解，在鱼糜凝胶烹饪过程中，内源性热激活蛋白酶介导的肌肉蛋白降解导致形成弱或软凝胶。

硬度和多汁性是肉果最重要的质地成分。这两种特征在很大程度上取决于薄壁细胞的特征(形状和大小、细胞壁厚度和强度、细胞膨胀)以及相邻细胞间黏附区域的范围和强度。在成熟过程中，薄壁细胞壁被广泛地修饰，改变了它们的力学性能，并且由于中间层的溶解，细胞的黏附力显著降低。细胞壁和中间片层的改变导致果实软化是由细胞壁修饰酶(果胶酶)的作用所致。一般来说，细胞壁的分解过程包括基质聚糖的解聚、果胶的增溶和解聚以及果胶侧链中性糖的损失。

谷氨酰胺转氨酶(TG)催化谷氨酰胺残基的 γ-酰胺基与多肽链中赖氨酸残基的 ε-氨基交联，产生 ε-(γ-谷氨酰胺基)赖氨酸(G-L)键。通过 G-L 键在蛋白质中形成网络结构，有可能增加蛋白质溶液的黏度或引起凝胶化。TG 处理已被证明能增强蛋白质基质，改善最终产品的物理化学和感官特性。

上述几种酶对食品质地的影响及调控因素总结于表 12-2。

表 12-2　酶对食品质地的影响及调控因素

质地	酶	底物	产物	影响结果	调控因素
硬度	纤维素酶	纤维素	葡萄糖	水分流失、降低硬度	温度、pH 值、酶浓度
延展性	葡萄糖氧化酶	葡萄糖	葡萄糖酸、过氧化氢	面团变硬、延展性降低	温度、pH 值、酶浓度、底物浓度
吸水率、硬度	木聚糖酶	木聚糖	低聚木糖和 D-木糖	降低吸水率、初始硬度和陈化速度	温度、pH 值、酶浓度、底物浓度
弹性、延展性、硬度	脂肪酶	甘油三酯	甘油二酯、甘油单酯、甘油和脂肪酸	软化度降低，面团硬度、弹性和延展性增加	温度、pH 值、酶浓度、底物浓度

（续）

质地	酶	底物	产物	影响结果	调控因素
保水力	蛋白酶	蛋白	氨基酸	凝胶变弱、保水能力差	温度、pH 值、酶浓度、底物浓度、酶的激活剂或抑制剂
黏附力	果胶酶	果胶多糖	半乳糖醛酸	细胞的黏附力显著降低	温度、pH 值、酶浓度、底物浓度
黏度	谷氨酰胺转氨酶	谷氨酰胺与赖氨酸	ε-(γ-谷氨酰胺基)赖氨酸(G-L)键	增加蛋白质溶液的黏度或引起凝胶化	温度、pH 值、酶浓度、底物浓度

12.1.4 酶对食品营养的影响

脂肪氧合酶存在于60多个物种中，在谷类、豆类种子和马铃薯块茎中尤其丰富。脂肪氧合酶对于食品营养的影响主要表现为：催化产物对维生素A及维生素A原会产生破坏作用；可减少食品中必需不饱和脂肪酸的含量；催化产物同蛋白质的必需氨基酸作用，从而降低蛋白质的营养价值及功能特性。

硫胺素酶(维生素 B_1 酶)，在贝类和淡水鱼的内脏中含量较多，肌肉中含量较少。硫胺素也称维生素 B_1、抗神经炎素、抗脚气病因子，由一个嘧啶环和一个噻唑环组成。缺乏硫胺素可导致脚气病。在生鱼中，硫胺素酶作用于硫胺素，导致硫胺素失去活性，造成鱼肉中硫胺素的大量损失。

多酚氧化酶广泛分布于植物、动物和微生物中。如12.1.2节所述，多酚氧化酶催化可形成醌，醌可以与蛋白质中赖氨酸发生作用，降低了赖氨酸的含量，从而影响到食品的营养价值。在橘汁、香蕉泥中，多酚氧化酶作用所产生的醌发生氧化作用，使抗坏血酸生成脱氢抗坏血酸，使组织中总的抗坏血酸的含量减少。

12.2 酶作用导致食品的不安全问题

酶在食品加工中相当重要，通过酶的作用能引起食品原料的品质发生变化，也能在比较温和的条件下加工和改良食品。自从酶应用于食品生产中以来，它对食品安全的影响就引起广泛关注，有些是有利的影响，可通过适当的条件来加强这些酶的作用；有些是不利的影响，需设法对酶的作用进行抑制或消除。

酶作用导致食品的不安全问题主要有酶催化氢氰酸的产生、酶催化甲状腺肿素的产生、酶催化组胺的产生、大豆胰蛋白酶抑制剂引起的危害、酶的致敏作用、陈曲中酶作用产生的有毒物质及其他引起食品不安全问题的酶产生的有毒物质或不利于健康的物质。表12-3列出了食品中可能存在有毒物质和不利于健康的物质及相关酶。

表 12-3　食品中可能存在有毒物质和不利于健康的物质及相关酶

食品	酶作用底物	毒害或不利作用	相关酶
奶	乳糖	肠道障碍	半乳糖苷酶
豆类	寡聚半乳糖	胀气	半乳糖苷酶
单细胞蛋白	核酸	痛风	核糖核酸酶
红花籽	木质素糖苷	腹泻	葡萄糖苷酶
豆类、小麦	植酸	金属缺乏症	植酸酶
大豆	胰蛋白抑制物	不能利用蛋白质	脲酶
蓖麻籽	蓖麻蛋白	呼吸无力、血管系统瘫痪	蛋白酶
果实	氰化物	致死	硫氰酸酶
未成熟番茄	番茄苷、植物碱	胃部不适、过量致死	内源酶
各种食品	亚硝酸	致癌	亚硝酸还原酶
各种食品	单宁	致癌	单宁酶
咖啡	咖啡因	过度兴奋	嘌呤脱甲基酶系
各种食品	含氯的杀虫剂	致癌	谷胱甘肽转移酶
各种食品	有机磷杀虫剂	神经毒素	酯酶

12.2.1　酶催化氢氰酸的产生

生氰糖苷(cyanogentic glycosides)也称氰苷、氰醇苷(图 12-1)，是由氰醇衍生物的羟基和 D-葡萄糖缩合形成的糖苷，已在包括蕨类植物、裸子植物和被子植物在内的 2 600 多种高等植物中发现，广泛存在于豆科、蔷薇科、稻科植物中(表 12-4)。生氰糖苷类物质可水解生成高毒性的氢氰酸，从而对人体造成危害。有报道表明，牛、羊和其他食草的哺乳动物在食用生氰植物后可导致死亡或严重的疾病，许多昆虫和软体动物也会避吃生氰植物。含有生氰糖苷的食源性植物有木薯、杏仁、枇杷和豆类等，主要是苦杏仁苷(amygdalin)和亚麻仁苷(linamarin)。

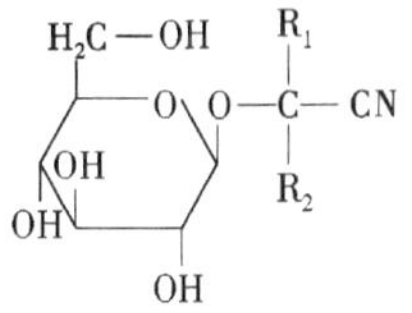

图 12-1　生氰糖苷结构
(R_1、R_2 可为不同的烷基)

表 12-4　常见食用植物中的氰苷

氰苷类	存在植物	水解产物
苦杏仁苷	蔷薇科植物包括杏、苹果、梨、桃、樱桃、李的果仁	龙胆二糖+氢氰酸+苯甲醛
洋李苷	蔷薇科植物	葡萄糖+氢氰酸+苯甲醛
荚豆苷	野豌豆属植物	荚豆二糖+氢氰酸+苯甲醛
蜀黍苷	高粱属植物	D-葡萄糖+氢氰酸+对羟基苯甲醛
亚麻苦苷	四季豆、木薯、白三叶草等	D-葡萄糖+氢氰酸+丙酮

木薯含有生氰糖苷，虽然它本身并无毒，但是在内源糖苷酶的作用下，产生氢氰酸这样的有毒物质(图 12-2)。如果将木薯根切成小块后彻底清洗，那么留在组织中的微量氢氰酸在烧煮中易通过挥发作用被除去。

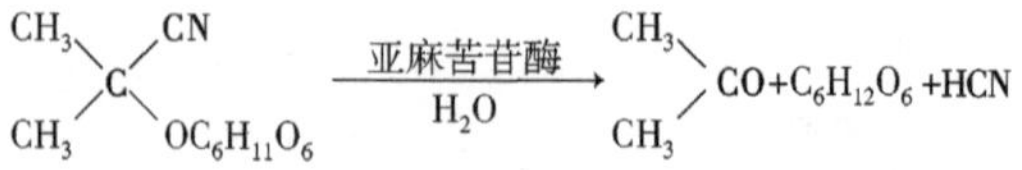

$$(CH_3)_2C(CN)(OC_6H_{11}O_6) \xrightarrow[H_2O]{\text{亚麻苦苷酶}} (CH_3)_2CO + C_6H_{12}O_6 + HCN$$

图 12-2 木薯中生氰糖苷产生氢氰酸的过程

正常情况下，生氰糖苷和酶处于植物的不同细胞中，并不能接触，因此不会引起氢氰酸释放。当草食动物或病原体损伤生氰植物(本身含有生氰糖苷的植物)组织时，组织内的β-葡萄糖苷酶和α-羟腈酶降解细胞内的生氰糖苷，生成并释放出有毒的氰化氢、葡萄糖及醛或酮，即产生化学防御反应。生氰糖苷产生氢氰酸的反应分为两步：第一步，生氰糖苷在生氰糖苷酶的作用下分解成氰醇和糖；第二步，氰醇极不稳定，在羟腈分解酶的加速作用下会自然分解为相应的酮、醛化合物和氢氰酸。

12.2.2 酶催化甲状腺肿素的产生

硫代葡萄糖苷(glucosinolates)是植物体内合成的一类含氮次级代谢产物，广泛分布在高等植物、海绵体、红藻类等 450 种生物中，其中以十字花科植物(如拟南芥、花椰菜、青花菜)中的硫代葡萄糖苷含量最高。尽管此类物质在整个植物中都有分布，但它在种子中的含量通常最为丰富。迄今为止，大约 120 种不同的硫代葡萄糖苷被分离鉴定，但仅约 20 种能在十字花科植物中检测到。

芥苷酶(myrosinase)也称葡萄糖硫苷酶，它是一种β-葡萄糖硫苷酶。植物中的硫代葡萄糖苷与葡萄糖硫苷酶虽是相伴而生，但在活的植物体中，可能被膜系统隔开，底物硫代葡萄糖苷位于细胞液中，而葡萄糖硫苷酶则定位于特定的蛋白体中。在有水分的情况下，细胞遭到破坏，植物自身的葡萄糖硫苷酶就会催化植物中的硫代葡萄糖苷发生反应，并在不同条件下通过非酶化重组，生成异硫代氰酸盐、硫代氰酸盐、腈类化合物、唑烷硫酮等酶解产物。硫代葡萄糖苷酶解产物的形成原因是很复杂的，产物的组成及含量则与硫代葡萄糖苷的侧链基团结构、降解条件以及蛋白质辅助因子有关。

硫苷类有毒物质又称为致甲状腺肿素(giotrogen)，主要存在于甘蓝、萝卜、油菜、芥菜等十字花科蔬菜及葱、大蒜等植物中。在无黑芥子硫苷酸酶作用下，未加工和未经咀嚼前，葡萄糖异硫氰酸酯(glucopyranosyl isothiocyanate)不会被分解；在黑芥子硫苷酸酶作用下，则释放出葡萄糖以及包括异硫氰酸酯在内的其他分解产物，产生对人体和动物有害的甲状腺肿素。例如，菜籽中的原甲状腺肿素被芥苷酶水解，水解产生的异硫氰酸酯经过环化反应生成有毒的甲状腺肿素(图 12-3)。葡萄糖异硫氰酸酯会在蔬菜贮存过程中增加或减少，也可在加工过程中分解或浸出，或因加热处理使黑芥子硫苷酸酶失活而得到保护。如十字花科植物的种子种皮和根中含有葡萄糖芥苷，属于硫糖苷，在芥苷酶作用下会产生甲状腺肿素，可用加热的方法使芥苷酶失活。

致甲状腺肿素能使人和动物体的甲状腺代谢性增生肿大，因此在利用油菜籽饼粕作为新的食物蛋白质的植物资源时，去除这类有毒物质是很关键的一步。油菜籽饼粕的去毒可

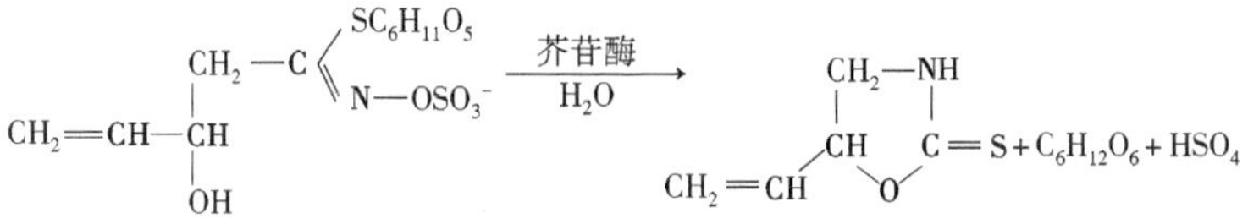

原甲状腺肿素　　甲状腺肿素

图 12-3　原甲状腺肿素水解产生甲状腺肿素

采用两类方法：①在芥苷酶作用下，原甲状腺肿素有控制地水解，然后去除有毒的终产物。②用加热的方法使芥苷酶失活，然后将完整的原甲状腺肿素从植物组织中沥出。采用该处理方法必须注意到原甲状腺肿素在芥苷酶作用下会产生至少 3 类最终产物：挥发性的异硫氰酸酯；非挥发性的环化异硫氰酸酯，即甲状腺肿素；水溶性的硫氰酸酯。因此，加工条件必须随终产物的物理化学性质而变化。

12.2.3　酶催化组胺的产生

组胺(histamine)是鱼体内的游离组氨酸在组氨酸脱羧酶(histidine decarboxylase, HDC)的作用下发生脱羧反应而形成的一种胺类。鱼类在存放过程中产生自溶作用，在组织蛋白酶的作用下，组氨酸被释放出来，然后在微生物产生的组氨酸脱羧酶的作用下，组氨酸脱去羧基形成组胺(图 12-4)。

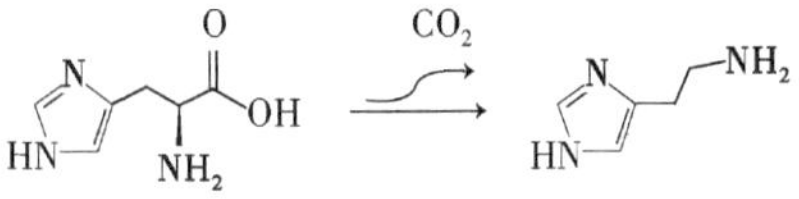

图 12-4　组氨酸脱羧酶催化组胺的产生

组胺是生物体内一种具有重要生理功能的胺类物质。它广泛分布于微生物、动物、植物体内，是一种重要的化学递质，在细胞之间传递信息，参与一系列复杂的生理过程。组胺在生物体内通过单胺氧化酶、二胺氧化酶、组胺-*N*-甲基转移酶的作用，代谢成为甲基咪唑乙醛或者咪唑乙醛。

组胺也是生物胺中毒性最大的胺类，组胺超标引起的中毒事件时有发生。组胺可以引起毛细血管扩张和支气管收缩，导致一系列临床症状，主要表现为脸红、头晕、头痛、心跳加快、脉搏加快、胸闷、呼吸迫促、血压下降，个别患者出现哮喘。虽然蔬菜、水果、肉类和牛奶等食品本身就含有一定浓度的组胺，但高浓度组胺往往发现于水产品、发酵食品和酒精饮料中。可以认为，这是由于微生物脱羧作用，引起了食品中氨基酸的脱羧和组胺的积累。

12.2.4　大豆胰蛋白酶抑制剂

抗胰蛋白酶(antitrypsin)是常见的大豆抗营养成分的一种，又称为胰蛋白酶抑制物或胰蛋白酶抑制剂，是大豆以及其他一些植物性原料中存在的重要胰蛋白酶抑制剂。生大豆中就有这种有毒物质，它对肠胃有刺激作用，并能抑制体内蛋白酶的正常活性。如食用未煮透的大豆或饮用未煮熟的豆浆，很容易发生中毒症状，具体表现为呕吐、恶心、腹泻等急性胃肠炎症状。一般来说，将大豆煮沸和煮熟后就会破坏抗胰蛋白酶，从而不会对人体的健康产生副作用。

目前，大豆胰蛋白酶抑制剂抗营养作用主要表现在抑制胰蛋白酶和胰凝乳蛋白酶活性、降低蛋白质消化吸收和造成胰腺肿大几个方面。主要是胰蛋白酶抑制因子与小肠液中胰蛋白酶、糜蛋白酶结合生成复合物，消耗和降解胰蛋白酶，导致肠道对蛋白质消化、吸收及利用能力下降。同时，胰蛋白酶抑制剂与肠内胰蛋白酶结合后随粪便排出体外，使肠内胰蛋白酶数量减少。因胰蛋白酶中富含含硫氨基酸，若出现这种内源补偿性分泌和排泄，必然会造成体内含硫氨基酸内源性散失，食用原本缺乏含硫氨基酸的大豆及豆制品后，机体内含硫氨基酸不仅得不到有效补充，且因食用大豆或豆制品而大量消耗，导致机体内含硫氨基酸耗散性缺乏，造成体内氨基酸代谢失调或不平衡。

12.2.5 其他不安全问题

(1) 酶的致敏作用

酶对食品安全的另外一个不利影响是可能会导致过敏症状的发生，这是一个由来已久但又没得到有效解决的食品安全问题。食物过敏是一个全世界均关注的公共卫生问题，过敏反应是人类常见的自身免疫性疾病，食物过敏往往只发生在敏感人群，过敏的症状可以从轻微的不适到可危及生命的休克。食物中能使机体产生过敏反应的抗原分子称为食物过敏原，它们大多为蛋白质，食物过敏原的摄入和遗传是导致食物过敏的两个因素。食物过敏不同于食物不耐受，食物不耐受是对食物的非免疫反应，也表现为真正食物过敏的所有症状。

据国外流行病学调查表明，全世界约 4%的人口及 6%~7%的 3 岁以下婴幼儿患有食物过敏症。在儿童和成人中，90%以上的过敏反应是由蛋白质引起的，而酶是一类蛋白质，有些个体对“外源蛋白”非常敏感，并显示有遗传性特征。酶制剂是“外来蛋白”，因而对健康有一定的危害，危害程度的高低与人体的防护机制(即免疫反应)有关。免疫反应失常时，便会出现过敏症，可导致机体细胞的损伤或死亡。食物过敏原理图如图 12-5 所示。如有的人体内缺少某种酶，食用鲜蚕豆后会引起过敏性溶血综合征。症状为全身乏力、贫血、黄疸、肝肿大、呕吐、发热等，若不及时抢救，会因极度贫血而死亡。

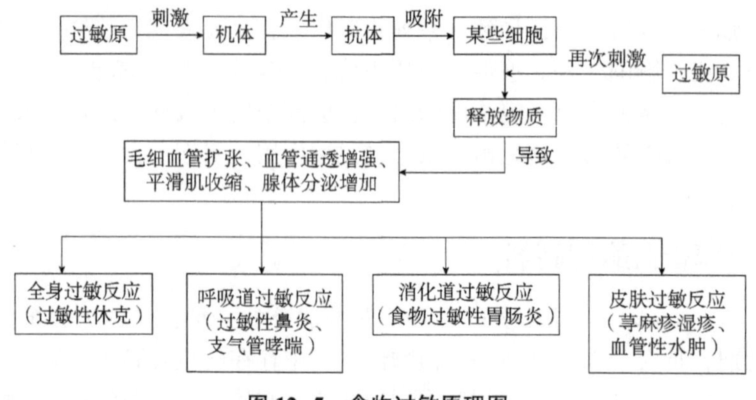

图 12-5 食物过敏原理图

在食用未经处理的新鲜菠萝时，口腔黏膜将有明显的刺激感，某些过敏反应的人群会引起过敏反应，这是因为菠萝中含有一种蛋白质水解酶——致敏菠萝蛋白酶，此酶是食用菠萝而引起过敏反应的主要原因。菠萝蛋白酶中含有多种不同蛋白质水解酶组分，对多种蛋白质及多肽具有催化水解活性，从而引起机体过敏。菠萝中的少量菠萝蛋白酶很快会被胃液分解破坏，有些人食用菠萝后15～60 min出现胃部不适、恶心、呕吐、腹痛、腹泻、头晕、头痛、皮肤潮红、全身发痒、呼吸困难、荨麻疹等症状；病情严重者还可出现暂时性发热及短时间的休克症状，此时病人血压降低，四肢冰凉等。可用抗过敏药物治疗或采取对症治疗方法。此外，对菠萝过敏者用0.85%生理盐水饮服，然后人工刺激呕吐，反复多次直至吐出清水，具有一定效果。其中的原理是菠萝中的致敏菠萝蛋白酶遇钠盐后，即可失去致敏活性。这也是人们在食用菠萝前通常加一些盐后再进行食用的原因。

水稻中的水稻蛋白和一些酶能引起过敏反应。其中相对分子质量1.4×10^4～1.6×10^4过敏蛋白具有α-淀粉酶抑制活性剂，而相对分子质量3.3×10^4过敏原蛋白具有葡萄糖氧化酶I活性，这些都能引起过敏人群的过敏反应。

烤制食品中的细菌淀粉酶和啤酒中的木瓜蛋白酶的活性有可能部分残存下来。直接摄入浓缩的酶粉也会引起过敏反应，在生产酶制剂的工厂中和在使用加酶洗涤剂时，可能会发生这种情况。

虽然酶及其他与酶制剂相结合的蛋白质在随同食品被摄入人体后，有可能引起过敏反应，但是这类反应的程度不大可能超过其他正常摄入的蛋白质所引起的类似反应程度。事实上，在食品加工中使用的酶制剂很少能以活性形式进入人体，这是因为它们在食品加工过程中由于一些外部条件作用(高温、高压)已变性而失去活性。

(2) 陈曲中酶作用产生的有毒物质

在陈曲贮存期中微生物酶的作用十分复杂，随着贮存期的延长，陈曲中酶的活力会发生变化。如在为期一年的酿造过程中操作若出现纰漏，陈曲中的酶催化产生不利于健康的过量乙醇和有毒物质。

食品中可能含有对人体健康有害的成分一般是微生物和毒素，而可能危及人类健康的酶少之又少。随着科技的发展和人们对食品安全的关注，对于食品中可能含有的有害成分进行了严格的控制。所以人们无须过分担心食品中的酶的安全性，总的说来用于食品工业的酶一般都是安全可靠的。

12.3　酶减少食品中的不安全因素

食品中经常含有一些毒素或者消化后对营养具有拮抗作用的物质，它们的存在对人体的健康有许多不利影响，所以有很多科学家致力于食品解毒研究。酶法解毒是一种备受推崇的解毒方法，与其他解毒方式相比，酶法解毒可以在温和的条件下进行，既符合公认的标准又不会影响食品质量。另外，酶对底物具有专一性，因此酶对毒性的去除也具有专一性。酶通常被认为是食物的一个组成部分，而不会被看作外来物质或添加剂，可减少人类对食品安全的担忧。

12.3.1　植酸的酶法降解

植酸(phytic acid)别名肌醇六磷酸，其结构是肌醇的6个羟基均被磷酸酯化生成的肌

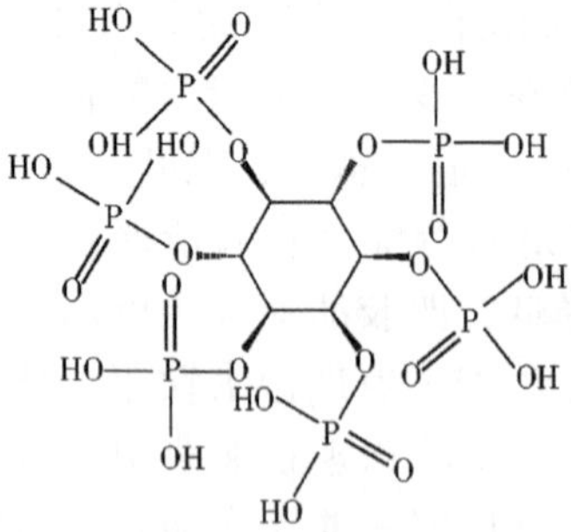

图 12-6 植酸的结构

醇衍生物(图 12-6)。植酸可作为螯合剂、抗氧化剂、保鲜剂、水的软化剂、发酵促进剂、金属防腐蚀剂等应用于食品、医药、油漆涂料、日用化工、金属加工、纺织工业、塑料工业及高分子工业等行业领域。然而人与非反刍动物是不能消化植酸的，因此它对于膳食来说既不是肌醇的来源也不是磷酸的来源，反而是抗营养成分。

植酸的不利作用主要表现在以下方面：

① 降低矿物元素的吸收利用：植酸有 6 个磷酸基团，其中的氧原子能提供大量空轨道，而钙、镁、铁、锌、铜、锰等矿物元素带孤对电子，孤对电子能与空轨道紧密结合，因此植酸对矿物元素具有很强的螯合力。在酸性条件下，尤其是在胃中 pH 值在 2.5 左右时，植酸的抗营养作用最强，能与钙、锌、铜、钴、锰、铁和镁等金属离子形成复合物；在小肠和中性 pH 值条件下，此类复合物以沉淀的形式存在，导致钙和微量元素等难以被小肠吸收。矿物元素与植酸的螯合能力由强到弱的顺序为锌>钴>锰>铁>钙，锌是最容易与植酸结合的微量元素。

② 对食品中的蛋白质、氨基酸、淀粉和脂肪的消化吸收有负面作用：在酸性条件下，植酸能够抑制胃肠道内的胃蛋白酶的活性，能够与蛋白质、氨基酸、淀粉结合，降低养分的吸收和营养价值。

③ 高磷粪便对环境造成不良影响(富营养化)。

植酸酶(phytase)是一种胞外酶，广泛存在于自然界中，在动物、植物、微生物中均有发现。植酸酶能将磷酸残基从植酸上水解下来，因此破坏了植酸对矿物元素强烈的亲和力，将植酸降解为肌醇和无机磷，同时释放出与植酸结合的其他营养物质。所以说植酸酶能增加矿物元素的营养效价，而且由于释放出的 Ca^{2+} 可参加交联或其他反应中去，从而改变了植物性食品的质地。

植酸酶可以将植酸分子中的磷酸基团分步水解，将植酸水解为肌醇五磷酸、肌醇四磷酸、肌醇三磷酸、肌醇二磷酸和肌醇一磷酸 5 种不同的中间产物，在产物生成过程中无机磷被不断释放出来。不同来源的植酸酶对植酸的作用机理有所不同。微生物产生的特异性 3-磷酸水解酶作用于植酸时，首先水解植酸的第 3 个碳位点，释放无机磷，然后依次释放出其他碳位点上的无机磷，最终将整个植酸分子水解为磷酸和肌醇。而植物生产的特异性 6-磷酸水解酶则先释放植酸第 6 个碳位点上的无机磷。1 g 植酸理论上可以释放出 281.6 mg 无机磷，但植酸酶很难将植酸彻底分解为肌醇和磷酸，一般将植酸分解为肌醇磷酸酯，在酸性磷酸酶的作用下，可以将肌醇磷酸酯彻底水解为肌醇和磷酸。目前国内外植酸酶降解法主要采用的是外源酶法、复合酶法等。

对于豆类食物，如果在加热处理之前先将其粉碎，并调成糊状，然后在 55 ℃和 pH 5.2 条件下利用豆中的内源性植酸酶的活力，使豆中的植酸分解，这样处理可显著降低它们的含量。由于在豆类、谷类中的植酸酶活力通常是较低的，因此，可以外加植酸酶，如富含植酸酶的小麦芽，以促进植酸的分解。

12.3.2 大豆胀气因子的酶法去除

对产气途径的研究表明，致胀气体是大肠内产气菌的作用结果。对正常人体来说，从小肠进入大肠的内容物多是人体不能利用的纤维素及尚未吸收的少许氨基酸、脂肪酸、小肠黏膜脱落细胞、黏液和代谢产物，这些物质的产气效应极低，人体对其致胀感也极为轻微甚至无感觉，但当多量的人体不能利用而某些微生物又能使之充分分解的低聚糖进入大肠后，将受大肠菌群的利用而产生大量的气体，如 CO_2、H_2 及少量甲烷。

大豆胀气因子是大豆中所含的 α-半乳糖苷寡聚糖。人体消化液中缺乏 α-D-半乳糖苷酶，因此在人体消化道上不能分解利用的 α-D-半乳糖苷类物质将进入大肠，对大肠菌群的多种微生物来说，这些低聚糖比纤维素等高聚糖更易利用，从而产生大量的气体，使人感到不适或出现胀气。经分析及实践证明，大豆胀气因子主要是棉子糖(raffinose)、水苏糖(staehyose)和毛蕊花糖(mullein candy)。

消除大豆制品的胀气因子，归根结底是去除上述大豆中人体不能消化的低聚糖或将其分解成人体可吸收的单糖。α-D-半乳糖苷酶又称蜜二糖酶，是一种外切糖苷酶，催化移除不同底物中 α-连接的末端非还原性 D-半乳糖。此酶可以催化水解 α-D-半乳糖苷，也可以进行转糖基反应，把 α-D-半乳糖基残基转移到不同的羟基类衍生物上。α-D-半乳糖苷酶可以作用 α-1,2-糖苷键水解棉子糖和水苏糖来消除它们对人体产生的不良影响。

12.3.3　蚕豆病的酶法消除

蚕豆病俗称蚕豆黄，是一种葡萄糖-6-磷酸脱氢酶(glucose-6-phosphate dehydrogenase，G-6-PD)缺乏所导致的疾病，表现为在遗传性葡萄糖-6-磷酸脱氢酶缺陷的情况下，食用新鲜蚕豆后突然发生的急性血管内溶血，具有起病急、病情发展迅速等特点，病情严重的话，还有出现严重急性溶血性贫血的可能性。对于此类患者，若没有及时采取有效的治疗措施，不仅会影响患者的身体健康、生活质量，还有对患者生命安全造成严重威胁的可能性。

G-6-PD 是催化磷酸戊糖途径的关键酶，它催化葡萄糖-6-磷酸转化为葡萄糖酸-6-磷酸内酯，在这个反应过程中伴随着 $NADP^+$ 的减少和 NADPH 的生成，NADPH 是体内许多合成代谢的供氢体，可以维持过氧化氢酶(CAT)的活性、谷胱甘肽的还原状态(GSH)以保护细胞及细胞膜免受氧化剂的损害。蚕豆中含有多巴、多巴胺、蚕豆嘧啶类、异脲咪等类型氧化剂物质，当进食蚕豆、蚕豆制品后即可受到氧化物侵害，如人体内 G-6-PD 缺乏，将导致 NADPH 生成不足，CAT 及 GSH 减少，造成红细胞膜发生氧化损伤而致溶血。而蚕豆中的蚕豆病因子能使体内的 G-6-PD 缺乏更为严重。蚕豆病因子属于葡萄糖苷，即蚕豆嘧啶葡萄糖苷和蚕豆嘧啶糖苷。它们比较稳定，加热法不易使它们破坏，也不易用提纯的方法将它们从蚕豆中分离出来，这是由于它们能与蚕豆蛋白质结合非常稳定的原因。

β-葡萄糖苷酶，又称 β-D-葡萄糖苷葡萄糖水解酶，别名龙胆二糖酶、纤维二糖酶和苦杏仁苷酶，它可水解末端、非还原性的烃基-β-葡萄糖苷或芳香基-β-葡萄糖苷的 β-D-糖苷键，同时释放葡萄糖和相应的配基。β-葡萄糖苷酶主要作用于 β-1,4-葡萄糖苷键，也能作用于 β-(1,1)、(1,2)、(1,3)、(1,6)糖苷键，该酶存在于几乎所有的生物体内。蚕豆病因子在 β-葡萄糖苷酶作用下产生相应的嘧啶碱，即香豌豆嘧啶和异乌拉米尔，这些生物碱是非常不稳定的，在加热的条件下可发生快速的氧化降解(图 12-7)。因此可以采用先自溶然后热处理的方法达到使蚕豆去毒的目的。

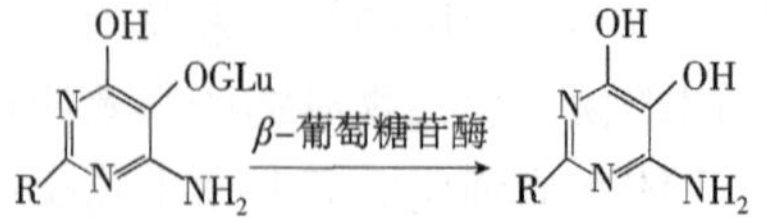

R═NH$_2$ 蚕豆嘧啶葡萄糖苷　　R═NH$_2$ 香豌豆嘧啶
R═OH 伴蚕豆嘧啶核苷　　R═OH 异乌拉米尔

图 12-7　β-葡萄糖苷酶水解蚕豆病因子

12.3.4　乳糖不耐症的酶法消除

乳糖不耐症又称乳糖消化不良或乳糖吸收不良，它是多发生在亚洲的一种先天遗传性表达。主要由于患者肠道中不能先天分泌分解乳糖的酶，而使乳糖不能消化吸收，不能被人体所用。不能吸收的乳糖由肠道中的细菌分解变成乳酸，从而破坏肠道的碱性环境。此时，肠道需要分泌出大量的碱性消化液来中和乳酸。身体会出现种种不适现象，如腹胀、消化不良或腹泻等反应。

β-半乳糖苷酶，常用名为乳糖酶，该酶能将乳糖水解成为半乳糖与葡萄糖，也具有半乳糖苷的转移作用。β-半乳糖苷酶的天然来源十分丰富，包括多种植物、动物和微生物。β-半乳糖苷酶存在于扁桃、杏等植物及幼小哺乳动物的小肠中，细菌、霉菌和酵母等微生物经发酵也可产生β-半乳糖苷酶。早期的研究表明，β-半乳糖苷酶上的半胱氨酸巯基和组氨酸咪唑基对β-半乳糖苷酶水解乳糖起重要作用。根据推测，巯基使得糖苷键的氧原子质子化，而咪唑基作为亲和试剂进攻糖基的碳，形成一个含 C—H 键的共价中间物。在半乳糖基被切割下来之后，巯基阴离子从水分子抽取一个质子，从而形成 OH^- 进攻碳。在反应的各个步骤，异头碳的构型没有变化。因而，由乳糖酶催化水解的产物仍然保持原来的β-构型。

在乳糖不耐情况下把乳糖酶作为食品添加剂是有效的解决方法，用来自酵母的乳糖酶(游离或固化的)来处理牛乳或牛乳产品就可以克服人体消化乳糖的困难。乳糖酶的应用也可以增加乳糖酶处理牛奶的甜度，并有助于制造冰激凌和酸奶。

12.3.5　真菌毒素的酶法降解

真菌毒素(mycotoxin)是真菌在食品或饲料里生长所产生的代谢产物，对人类和动物都有害。真菌毒素造成中毒的最早记载是 11 世纪欧洲的麦角中毒，这种中毒是由于麦角菌的菌核中形成有毒的生物碱，中毒症状是产生幻觉和肌肉痉挛，进而发展为四肢动脉的持续性变窄而发生坏死。造成社会影响较大的真菌中毒事件有 1913 年苏联东部西伯利亚的食物中毒造成的白细胞缺乏病，1960 年英国引起 10 万多只火鸡黄曲霉毒素中毒，我国 50 年代发生的马和牛的霉玉米中毒和甘薯黑斑病中毒、长江流域的赤霉病中毒、华南的霉甘蔗中毒等。

常见的真菌毒素有黄曲霉毒素(AFT)、赭曲霉毒素(OT)、玉米赤霉烯酮(ZEN)、伏马毒素(FB)和呕吐毒素(DON)等。刘大岭等发现在假蜜环菌中存在着可以脱除黄曲霉毒素 B_1 毒性的复合多酶体系，并从中分离出一种胞内酶，将其命名为黄曲霉毒素脱毒酶(aflatoxin detoxification enzyme)。经毒理学及病理学研究表明，通过该酶的处理，黄曲霉毒素

B_1的毒性大大降低，Ames 试验证明，用该酶处理过的黄曲霉毒素 B_1致畸性极大降低。一般认为该酶的作用机理是通过打开双呋喃环破坏黄曲霉毒素。一些生物化学家对固定化真菌解毒酶在花生油中黄曲霉毒素 B_1 的去除作用进行了大量研究，证明酶法解毒是一种安全、高效的解毒方法，而且具有对食品无污染、选择性高且不影响食品营养物质等优点。另外，也有研究表明，筛选分离合适的酵母菌株也可完全解毒黄曲霉毒素。

降解赭曲霉毒素的生物酶主要为羧肽酶，具体为羧肽酶 A 和羧肽酶 Y。其中，羧肽酶 A 是最早被发现的具有赭曲霉毒素降解功能的生物酶，来源于牛胰腺中，对赭曲霉毒素的亲和性相对较高，25 ℃条件下 K_m 值为 1.5×10^{-4} mol/L，羧肽酶 Y 来源于酿酒酵母，其对赭曲霉毒素的降解能力相对较弱，5 d 仅能降解 52%的赭曲霉毒素。此外，脂肪酶、蛋白酶和酰胺酶等也被发现具有降解赭曲霉毒素的功能。

伏马毒素在酯酶、胺氧化酶及其他酶的作用下被逐渐水解、氧化，在羧酸酯酶和转氨酶的作用下，伏马毒素经二步酶促反应被降解：在羧酸酯酶的作用下伏马毒素被降解为 HFB，在转氨酶的作用下 HFB 发生转氨反应，并最终转化生成 2-酮基-HFB。

能够降解玉米赤霉烯酮的生物酶主要有 3 类：漆酶、内酯水解酶和过氧化物酶。目前，对玉米赤霉烯酮降解最为关注的酶为内酯水解酶，该酶主要通过作用于玉米赤霉烯酮的内脂键实现毒素的降解。

呕吐毒素降解主要有 3 种途径：分别为糖基化、氧化和乙酰化，这 3 种反应又有其对应的酶进行催化。呕吐毒素糖基化酶-UDP-糖基转移酶（UDP-glycosyltransferase），能通过催化葡萄糖从 UDP-葡萄糖转移到呕吐毒素的 C3 位的羟基上形成 3-*O*-吡喃葡萄糖基-4-DON。P450 细胞色素系统能够将呕吐毒素氧化为 16-羟基脱氧雪腐镰刀菌烯醇（16-HDNO），从而使其失去毒性。另外，可通过将其 3 号位乙酰化降解呕吐毒素，此途径主要酶为单端孢酶烯 3-*O*-乙酰转移酶（trichothecene-3-*O*-acetyltransferase）。

12.3.6　抗生素的酶法降解

抗生素（antibiotic）是指由微生物（包括细菌、真菌、放线菌属）或高等动物、植物在生活过程中所产生的具有抗病原体或其他活性的一类次级代谢产物，能干扰其他生活细胞发育功能的化学物质。临床常用的抗生素有微生物培养液中的提取物以及用化学方法合成或半合成的化合物，主要包括四环素类（tetracyclines）、磺胺类（sulfonamides）、β-内酰胺类（β-lactams）、氟喹诺酮类（fluoroquinolones）和大环内酯类（macrolides）等。

滥用抗生素会导致细菌的抗药性增强，产生超级细菌，细菌对抗生素（包括抗菌药物）的抗药性主要有 5 种机制：①使抗生素分解或失去活性。即细菌产生一种或多种水解酶或钝化酶来水解或修饰进入细菌内的抗生素使之失去生物活性。②使抗菌药物作用的靶点发生改变。即由于细菌自身发生突变或细菌产生某种酶的修饰使抗生素的作用靶点（如核酸或核蛋白）的结构发生变化，使抗菌药物无法发挥作用。③细胞特性的改变。即细菌细胞膜渗透性的改变或其他特性的改变使抗菌药物无法进入细胞内。④细菌产生药泵将进入细胞的抗生素泵出细胞。即细菌产生的一种主动运输方式，将进入细胞内的药物泵出至胞外。⑤改变代谢途径。如磺胺药与对氨基苯甲苯酸（PABA），竞争二氢喋酸合成酶而产生抑菌作用。再如，金黄色葡萄球菌多次接触磺胺药后，其自身的 PABA 产量增加，可达原敏感菌产量的 20~100 倍，后者与磺胺药竞争二氢喋酸合成酶，使磺胺药的作用下降甚至消失。

食品中抗生素残留的问题不单在我国甚至在全世界都是一个令人十分担忧的问题。针对这一日趋严峻的情况，要从“防”和“治”两个方面入手。一方面加强抗生素使用监测，从源头上防止抗生素滥用；另一方面也要大力开发抗生素降解技术，降低抗生素残留，防止其进入食物链。酶法降解抗生素是近年来研究的一个新方向。当前，用于抗生素降解的酶主要包括以下四大类：β-内酰胺酶(β-lactamase)、氨基糖苷类修饰酶(aminoglycoside modifying enzyme)、大环内酯类钝化酶(macrolides passivating enzyme)和氯霉素灭活酶(chloramphenicol inactivating enzyme)。

（1）氨基糖苷类抗生素的降解

氨基糖苷类修饰酶主要通过修饰氨基糖苷类抗生素的氨基和羟基等官能团来使抗生素失活。目前发现的氨基糖苷类修饰酶比较多，对酶的作用点了解的比较透彻，但是对具体的降解产物了解较少。图 12-8 所示为氨基糖苷类修饰酶对庆大霉素和卡那霉素主要的作用位点。

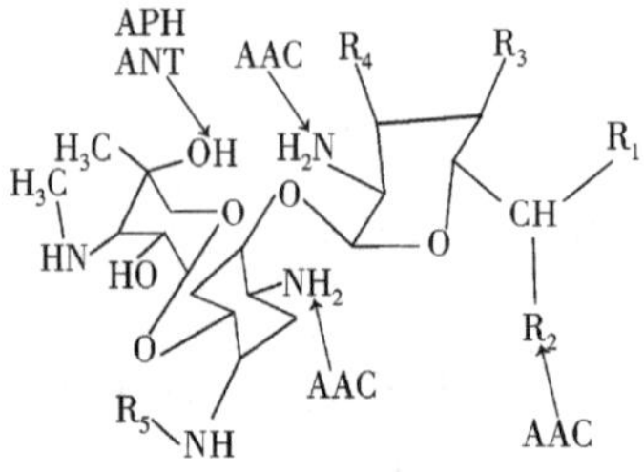

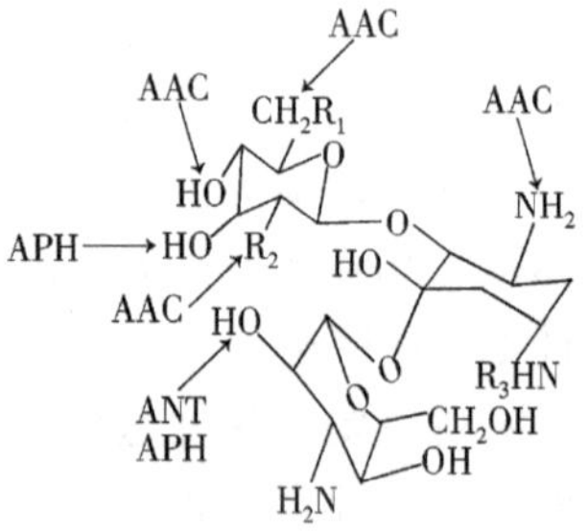

庆大霉素（Gentamicin）　　卡那霉素（Kanamycin）

图 12-8　氨基糖苷类修饰酶对氨基糖苷类抗生素作用位点

AAC：乙酰转移酶　ANT：核苷转移酶　APH：磷酸转移酶

（2）氟喹诺酮类抗生素的降解

氟喹诺酮类抗生素在微生物降解酶作用下主要存在 3 种降解途径：哌嗪取代基的氧化、单羟基化和形成二聚体。如图 12-9A 所示，环丙沙星(CIP)哌嗪取代基上去掉了 C_2H_2 而形成了 Cip-1；Cip-1 哌嗪取代基中的 C_2H_4N 被 CH_4N 取代，形成 Cip-2；Cip-3 在接种白腐真菌 3 d 后出现，并且很快被代谢掉，这可能是发生了开哌嗪环而形成 Cip-4；第 3 天还检测出了 Cip-5 和 Cip-6，这两种产物都是 CIP 通过 C-C 共价作用形成，之后又会发生哌嗪基团的断裂、环丙基的去除和羟基化等代谢作用。在最终的培养基中只检测到了 Cip-2、Cip-4 和 Cip-5，所以白腐真菌对 CIP 矿化可能还存在其他途径。如图 12-9B 所示，接种白腐真菌 1 d 后诺氟沙星(NOR)开哌嗪环，在氨基部位添加了羧酸而形成 Nor-3，经 2~3 d Nor-3 哌嗪取代基上去掉了 C_2H_2 而转化成 Nor-1，之后 Nor-1 哌嗪取代基中的 C_2H_4N 被 NH_2 取代形成 Nor-2。

（3）头孢类抗生素的降解

对于头孢类抗生素(cephalosporins)的微生物酶降解机理研究表明，在头孢类的β-内酰胺类抗生素的微生物降解中糠酸基团侧链的断裂，即杂环硫醇侧链 C3 位置的消除是其降解开始时的一个主要步骤，β-内酰胺环的开环是其再降解的一个主要步骤(图 12-10)。例如，在分析蜡样芽孢杆菌 P41 对头孢噻呋、头孢曲松钠和头孢泊肟降解途径过程中，发现这 3 种抗生素最主要的代谢产物都是硫代糠酸基团，该基团是β-内酰胺酶水解后从 C3 位置被消除所得。

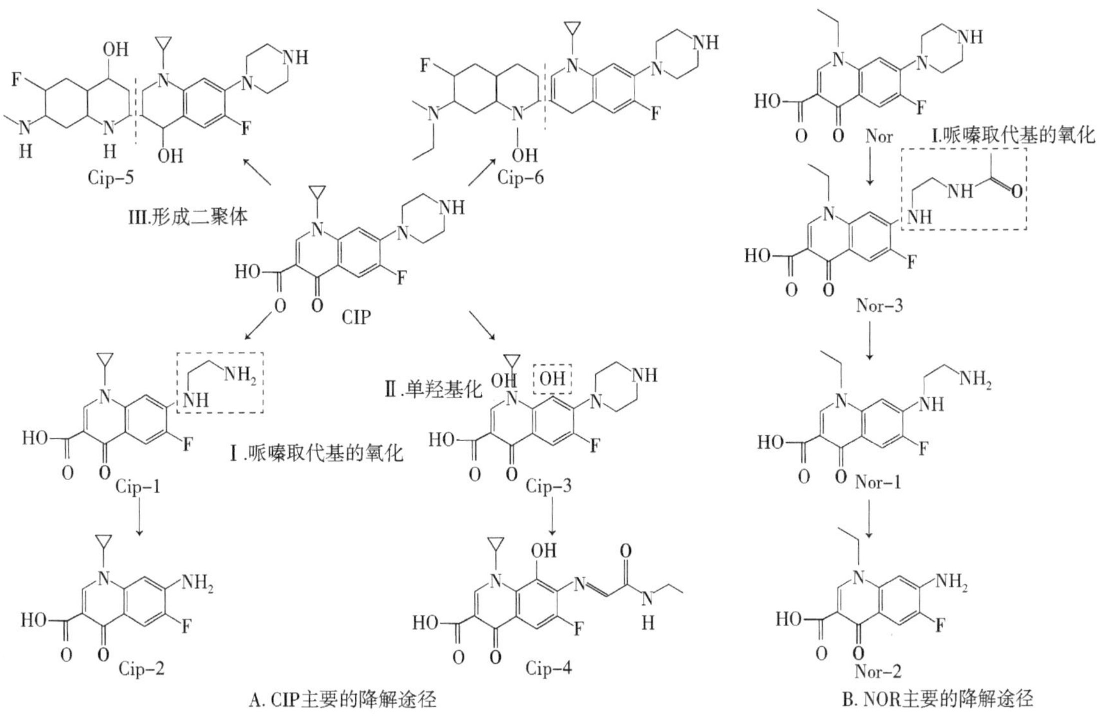

A. CIP主要的降解途径　B. NOR主要的降解途径

图 12-9　氟喹诺酮类抗生素中环丙沙星(CIP)和诺氟沙星(NOR)的主要降解途径

(4) 四环素类抗生素 OTC 的降解

Migliore 等利用糙皮侧耳菌在实验室条件下实现了四环素类抗生素(OTC)的降解，并通过质谱分析发现该菌通过菌丝吸收 OTC 后再进行降解，推测 OTC 中的酰胺基转化为乙酰基而成为 2-乙酰基-2-去酰胺土霉素(ADOTC)，该种产物比 OTC 的抗菌性低，具有较高的亲油性，毒性相对较低(图 12-11)。

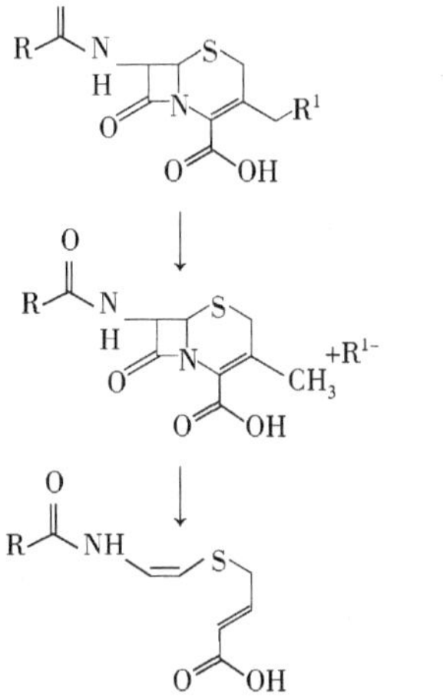

图 12-10　头孢类抗生素微生物降解途径

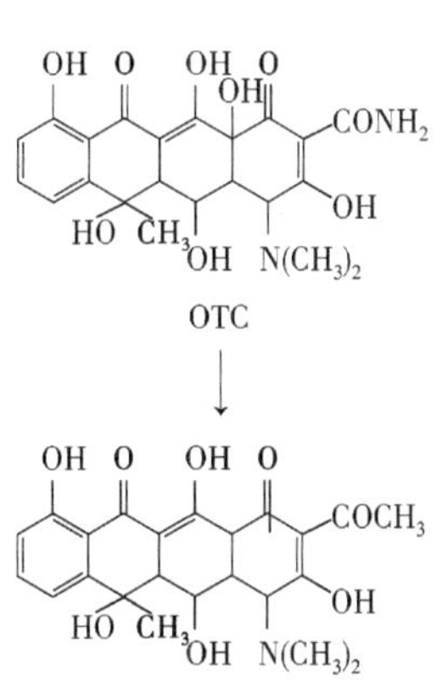

图 12-11　OTC 的微生物降解途径

(5) 磺胺类抗生素的降解

磺胺类抗生素(sulfanilamide antibiotics, SMX)在常温好氧避光条件下可以作为唯一碳源和氮源或者共代谢基质而被活性污泥中两种微生物群落降解。当 SMX 作为共代谢基质而被异养微生物降解时，其主要产物是 3-氨基-5-甲基-异恶唑(SMX-1)和磺化 4-苯胺(SMX-2)，其中前者比较稳定，而后者会继续矿化。当 SMX 作为唯一的碳源和氮源时，除了以上两种产物外还因氨基被羟基取代而生成羟基-*N*-(5-甲基-1,2-恶唑-2-yl)苯-1-磺胺(SMX-3)。

表 12-5 总结了各种真菌抗生素降解酶的降解条件及降解效果。

表 12-5 抗生素降解菌(酶)降解条件和降解效果

降解酶类	抗生素种类	降解条件	降解效果
木质素氧化酶	四环素	pH 4.2, 37 ℃, 2 mmol/L 藜芦基醇, 50 mg/L 的 TC, 0.4 mmol/L H_2O_2, 酶活力为 40 U/L	95%(5 min)
黄孢原毛平革菌	土霉素	pH 4.2, 37 ℃, 2 mmol/L 藜芦基醇, 50 mg/L 的 TC, 0.4 mmol/L H_2O_2, 酶活力为 40 U/L	95%(5 min)
锰过氧化氢酶	四环素	pH 2.96～4.80, 37～40 ℃, 0.1～0.4 mmol/L Mn^{2+}, 0.2 mmol/L H_2O_2, 酶活力为 40 U/L	73%(4 h)
黄孢原毛平革菌	土霉素	pH 2.96～4.80, 37～40 ℃, 0.1～0.4 mmol/L Mn^{2+}, 0.2 mmol/L H_2O_2, 酶活力为 40 U/L	84%(4 h)
漆酶(白腐真菌)	环丙沙星 诺氟沙星	50 r/min, 30 ℃, 酶活力为 1 000 nkat/mL, pH 4.5, 1 mmol/L ABTS	98%(20 h) 34%(20 h)

12.3.7 嘌呤的酶法脱除

嘌呤(purine)，是人体内存在的一种物质，主要以嘌呤核苷酸的形式存在，在能量供应、代谢调节及组成辅酶等方面起着十分重要的作用。嘌呤在体内会氧化成尿酸(图 12-12)，又称 2,6,8-三氧嘌呤(2,6,8-trioxypurine)，尿酸在水中的溶解度很低，在人体内不能进一步降解，并且它仅部分地被排出体外。尿酸在体内积累会引起关节炎及肾和膀胱结石，因此从单细胞蛋白中消除嘌呤是极为重要的。

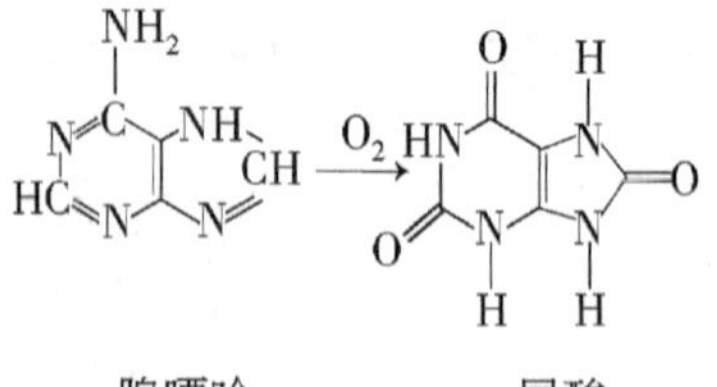

腺嘌呤 $\xrightarrow{O_2}$ 尿酸

图 12-12 腺嘌呤转化为尿酸

可以采用两种方法除去嘌呤：①热处理方法。如将酵母细胞在 68 ℃下热处理几秒钟，然后在 46 ℃下保温 2 h，最后在 55 ℃保持 1 h。这个过程可以激活内源的核糖核酸酶，它能降解 RNA，生成的水溶性产物能通过细胞壁分泌到介质中去，从而除去一部分核酸。②外源酶处理法。如牛核糖核酸酶能降解单细胞中的核酸。为了帮助外源酶渗透到细胞中去，需要将试样在 80 ℃下热处理 20 s，这个方法一般能除去单细胞中3/4的核酸。

12.3.8 亚硝酸盐的酶法降解

亚硝酸盐主要是亚硝酸钠和亚硝酸钾，是一种白色或微黄色不透明的结晶或粉末，无臭，味微咸带涩，吸湿性强，易溶于水，微溶于醇及醚，水溶液呈弱碱性反应，露置在空气中易潮解或慢慢被氧化成硝酸钠。

饮食中亚硝酸盐来源很多，除作为食品添加剂和环境中本底硝酸盐外，大气、水、土壤的污染，以及农业生产氮肥的大量应用直接影响到地下水和食物中硝酸盐的含量，硝酸盐在一定条件下可转化为亚硝酸盐，带来更为严重的食品安全问题。

亚硝酸盐属于氧化剂毒物，毒性作用主要在于影响机体血红蛋白还原酶系统的活性。使心肌组织中的乳酸脱氢酶(lactate dehydrogenase，LAI)、琥珀酸脱氢酶(succinate dehydrogenase，SDH)活力降低，在人体内可干扰碘的代谢，引起甲状腺肿大，也是强致癌剂亚硝酸胺的前体物质，可引起癌症。

亚硝酸盐还原酶(nitrite reductase，NiR)大多数是胞内酶，其在细胞内可以有效地降解亚硝酸盐，该酶是一种氧化还原酶，催化反应过程需要电子供体和传递体的参与，且反应需要在无氧条件下进行。亚硝酸盐还原酶广泛存在于微生物及植物体内，是自然界氮循环过程中的关键酶，可以将亚硝酸盐降解为 NO 或 NH_3，避免引起亚硝酸盐食物中毒和癌症。

按照辅助因子和反应产物的不同可将亚硝酸盐还原酶分为 4 类：铜型亚硝酸盐还原酶(Cu-NiRs)、细胞色素 cd1 型亚硝酸盐还原酶(cd1NiRs)、多聚血红素 c 亚硝酸盐还原酶(cc NiRs)、铁氧化还原蛋白依赖的亚硝酸盐还原酶(FdNiRs)。

12.3.9　农药残留的酶法降解

共生或单一微生物对农药的降解作用都是在酶参与下完成的，降解酶往往比产生这类酶的微生物菌体更能忍受异常环境条件，而且酶的降解效果远胜于微生物本身，尤其是在残留农药浓度低的情况下。到目前为止，从微生物中分离提取的农药降解酶多为有机磷农药降解酶，其中最大的种类为有机磷水解酶类(organophosphorus hydrolases)，如对硫磷水解酶(parathion hydrolase)、有机磷酸脱水酶(organophosphate dehydrase)、磷酸三酯酶(phosphotriesterase))、乙基对硫磷水解酶(ethyl parathion hydrolase)等。

有机磷类农药在农业生产中大量使用，属于有机磷毒剂。有机磷毒剂是乙酰胆碱酯酶抑制剂，因而对人和哺乳动物、鱼类及鸟类等易产生毒害作用。目前生产使用的并引起人们对其毒理学感兴趣的有机磷杀虫剂主要是磷酸酯、硫代磷酸酯以及硫代酰胺酯。

1989 年，Mulbry 和 Dumas 分别从黄杆菌属和假单胞菌属中分离纯化出了有机磷水解酶。有机磷水解酶降解有机磷农药速率高于传统化学法水解上千倍，吸引了所有对有机磷农药污染问题头疼不已的学者们的目光。有机磷水解酶不仅拥有极高的酶解速率，而且底物范围也很宽，能够断裂 P—O、P—F、P—CN 等化学键。除了有机磷农药(乙基对硫磷、对氧磷、蝇毒磷、二嗪农)可被其降解外，它还能降解沙林、梭曼等用于战争的有机磷神经毒剂。

磷酸三酯酶也是降解有机磷毒剂的一个重要酶类，该酶对治疗有机磷中毒、有机磷毒物的生物去毒具有重要作用。磷酸三酯酶断裂磷原子和解离基团之间的键，水解产物具有比有机磷杀虫剂本身更强的极性，在脂肪组织中不聚集，从而随体液排出体外。同时，由于该水解产物磷酸化能力比有机磷杀虫剂低，因此毒性也大为降低。其中对硫磷水解酶属于 PTE 家族，因其被发现的第一个底物对硫磷而得名。该酶水解对硫磷产生二乙基硫代磷酸和对硝基苯酚。由于二乙基硫代磷酸和对硝基苯酚的水溶性较好，因而在环境中可以被其他微生物降解，从而可实现对硫磷的完全去毒。对硫磷水解酶能够水解多种有机磷杀虫剂，包括对硫磷、三唑磷、对氧磷、苯硫磷、甲基对硫磷、毒死蜱、杀螟松、杀螟腈等。可将它们应用到洗涤剂中，从而降解蔬菜、水果表皮的农药，以确保食品卫生及人的身体健康。

拟除虫菊酯类(pyrethroid)农药目前已成为我国出口蔬菜、水果中主要的3类农药残留之一，引起急慢性中毒事件也越来越多，对人类、水生生物和自然环境造成很大危险。近年来相关研究表明，此类农药有蓄积毒性，人长期接触会引起慢性疾病，有致癌、致畸、致突变的危险。另外，对鱼类、蚌类等水生生物也有很高的毒性。酯酶是一类很重要的酶，广泛地分布于脊椎动物的各种组织和血清、昆虫、植物、细菌及真菌中，它可以催化降解多种含酯键农药，如拟除虫菊酯类农药。

以上各小节说明，在很多食物中毒性化合物或营养拮抗因子都是固有成分。人们在饮食前，对需要进行解毒物质的处理方法进行了解很有必要。表12-6列举了一些酶去除食品中毒素和抗营养素的例子。酶法解毒有很多的优点，如酶可在低温下保存，在需要时则可加热使其失活；酶法加工中，由于生成副产品而造成的营养物质的损失最小。现在消费者对食品安全性和营养价值的重视度越来越高，酶法解毒具有重要的现实意义。

表12-6 酶作用去除食品中的毒素和抗营养素

不利物质	食品	毒性	酶作用
乳糖	乳	肠胃不适	β-半乳糖苷酶
寡聚半乳糖	豆	胃肠气胀	α-半乳糖苷酶
核酸	单细胞蛋白质	痛风	核糖核酸酶
木酚素糖苷	红花子	导泻	β-葡萄糖苷酶
植酸	豆、小麦	矿物质缺乏	植酸酶
胰蛋白酶抑制剂	大豆	不能利用蛋白质	脲酶
番茄素	绿色水果	生物碱	成熟水果的酶系
亚硝酸盐	各种食品	致癌物	亚硝酸盐还原酶
单宁	各种食品	亢奋	微生物嘌呤去甲基酶
胆固醇	各种食品	动脉粥样硬化	胆固醇氧化酶
皂草苷	苜蓿	牛气胀病	β-葡萄糖苷酶
含氯农药	各种食品	致癌物	谷胱甘肽-S-转移酶
氰化物	水果	死亡	硫氰酸酶、氰基苯丙氨酸合成酶、腈酶
有机磷酸盐	各种食品	抑制胆碱酯酶的活性	酯酶

12.4 酶作为食品添加剂的安全性

酶可以改善食品品质和加工性能，酶在食品工业中的应用日益深入、广泛，极大地促进了酶制剂工业的发展。然而，酶的来源及其性质也关系到食品质量安全，特别是随着生物技术的发展，通过基因工程手段改造部分微生物的基因，从而改变酶蛋白的基本结构，达到强化酶在某方面功能特性目的的做法已成为商业上成功的典范。但同时这种做法给食品酶的应用带来安全隐患。如果将加入食品中的酶看作食品添加剂，那么就应该考虑到食品安全方面的问题。对食品工业用酶制剂的生产及应用进行安全管理，需建立一套科学使用规范及酶制剂安全性评价体系。

12.4.1 潜在危害

从动物、植物及微生物等生物体中提取出的具有酶特性的制品就是酶制剂。现有60多种酶已广泛应用于食品工业。随着生物技术，尤其是微生物发酵技术(包括菌种选育和发酵设备)的快速发展，酶制剂产品的成本迅速下降，加之广大用户对酶制剂产品使用效果的认同，使得越来越多的酶制剂应用于食品行业中。但一些企业对酶制剂产品的作用宣传失真，过分强调酶制剂产品的有利方面，忽视了其安全性方面，使广大用户产生了认识上的误区。

国外已将食品用酶作为食品添加剂，并对其安全卫生规定很严。酶本身虽是生物产品，但在生产加工中使用的量是很少的，而且酶活力越高，相应的使用量越少，可在食品的加热、过滤等过程中被除掉。酶是从生物体中提取精制的天然产物，一般要比化学合成物质安全，但酶制剂通常不是纯净的化学物质，常混有残留的原材料、无机盐、稀释剂、防腐剂等物质。酶与其他混入酶制剂的蛋白质，作为外源蛋白质在随同食品进入人体后，有可能引起过敏反应。虽然目前还极少见这样的例子，但在新的酶制剂出现时必须予以考虑。

作为微生物来源的食品酶制剂，通常除了酶蛋白本身以外，在生产加工中还可能受到沙门菌、金黄色葡萄球菌、大肠埃希菌的污染。此外，还含有微生物的代谢产物，以及添加的保护剂和稳定剂，还有菌种可能产生的毒素和抗生素，尤其是黄曲霉毒素，即使是黑曲霉，有些菌株也可能产生黄曲霉毒素。这些毒素可能产生潜在的致病性、致过敏性、刺激性、致癌性和诱导突变性，影响生殖和导致胎儿畸形。黄曲霉毒素或由于菌种本身产生或由于原料(霉变粮食原料)所带入。此外，培养基中都要使用无机盐，难免混入汞、铜、铅、砷等有毒重金属。为保证产品绝对安全，对原料、菌种、后处理等工序都要严格控制，生产场地要符合GMP要求。其一般的生产工艺如图12-13所示。

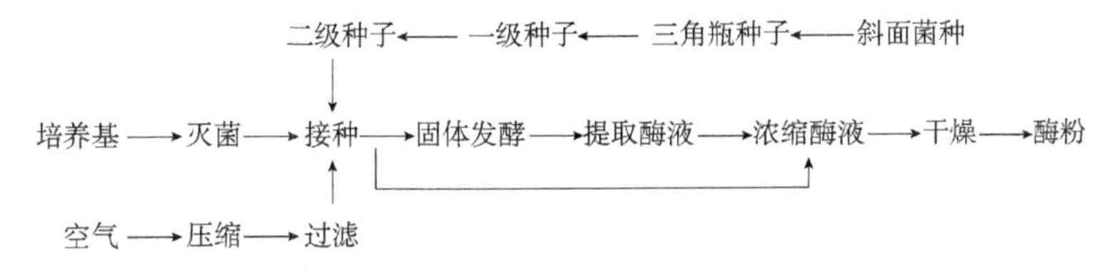

图12-13　微生物酶生产一般工艺流程图

由图12-13可知，从“斜面菌种”到“接种”是微生物菌种监控的关键部分，在这一过程中，若让有害菌种混入，它们便可随着发酵过程产生一些有毒、有害物质，这些有毒、有害物质最终可贮留在酶制剂产品中，进而对食品安全构成威胁。所以，必须对这一过程的每一个环节进行严密监控以防止有害微生物的混入。从“培养基”到“酶粉”的各个环节，有害微生物及重金属污染也是酶制剂产品安全性的一大隐患。有的企业采用工业废弃物作为微生物培养基，这就可能带来重金属污染，因此，在选用培养基时一定要谨慎，尽量选用天然的生物质作为培养基。培养基的充分灭菌对防止有害微生物及其代谢产物的污染也十分重要，在固体发酵时同样也要防止其他微生物的污染。最后，还要防止有害微生物及重金属经其他途径进入酶制剂的生产过程。

生产酶制剂的菌种的安全性已引起人们的高度重视，对生产用菌种及酶制剂做了很多规定：

① 对酶制剂的生产菌种应严格鉴定，不能使用致病菌及有可能产生毒素的菌种；②只能使用有一定规格的食品工业专用酶制剂，不能任意使用普通工业用酶制剂；③来自动、植物非可食部分的酶应经毒理学鉴定；④不熟悉的非致病性微生物制成的产品应进行更广泛的毒性鉴定；⑤食品生产中避免使用与治疗用酶抗原性相似的酶类。

酶制剂作为食品添加剂使用时应符合国家标准《食品添加剂使用卫生标准》(GB 2760—2014)的规定。我国已可以应用于食品中的酶制剂及其应用范围等可查看GB 2760—2014。迄今为止，还没有充分的证据表明，用于食品工业中的酶是有害于人体健康的。此外，在大多数情况下，酶在加工中已失活，且在加工中失活的酶经进一步的单元操作是否尚存在于食品中，在很多情况下也是不确定的，因此，在标签上注明添加的酶反而会引起误解。目前，我国已有一些食品酶制剂制定了国家标准(见附录)，可按正常需要用于食品加工中。

12.4.2 食品酶制剂的安全性评价

自20世纪60年代发现了黄曲霉毒素以来，对产酶微生物菌种是否同样也会产生黄曲霉毒素或类似的微生物毒素，便成了人们关注的课题。为此，许多工业发达国家的专门机构对进入市场的食品用酶严加管制，未经鉴定批准不得出售。对酶制剂产品的安全性要求，FAO和WHO食品添加剂专家委员会早在1978年WHO第二届大会上就提出了对酶制剂来源安全性的评估标准：① 来自动、植物可食部位及传统上作为食品的成分，或传统上用于食品的菌种所生产的酶，如符合适当的化学与微生物学要求，即可视为食品，而不必进行毒性试验。②由非致病的一般食品污染微生物所产的酶要求做短期毒性试验。③由不常见微生物所产的酶要做广泛的毒性试验，包括老鼠的长期喂养试验。

上述评估标准为各国食品酶的生产提供了安全性评估的依据。生产菌种必须是非致病性的，不产生毒素、抗生素和激素等生理活性物质，菌种需经各种安全性试验证明无害才批准用于生产。对于毒素的测定，除化学分析外，还要做生物分析。

对于通过常规方法改造菌种得到的食品酶制剂，通常要考虑的安全因素包括：菌种产毒素的可能性和潜在的致病性、致过敏性和刺激性、影响生育和导致胎儿畸形、酶催化反应的产物、酶与其他食品成分之间的反应和酶对消费者的直接作用等。

(1) 菌株潜在的产毒素性

作为菌种必须具备基本的安全性。一般来说，菌是否具有潜在的产毒素的特性，尤其是那些通过口服起作用的毒素作为重点考虑的因素。通常经口起作用的微生物毒素由特定的细菌和特定的放线菌产生，酵母一般不产生此类毒素。放线菌产生的毒素一般是小分子的有机分子，一般称作毒枝菌素，大多数毒枝菌素的毒性很强，而且它们中的多数毒素可以诱发慢性疾病(如癌症)。细菌产生的经口起作用的生物毒素还可以引起食物中毒，此类毒素以蛋白质类物质的形式存在，能够引起快速的反应，通过实验可以确定这些毒素引起食物中毒的主要的细菌毒素是否已经被纯化，与产毒素性质相关的基因序列也已确定。目前，产毒素的细菌和放线菌的特征已被充分研究，这些研究的成果都为获得新的用于生产食品酶制剂菌种奠定了基础。在使用微生物酶制剂时，必须选择从不产生毒素的菌种生产的酶，或者检查每一批酶制剂以确定是否含有毒素。

(2) 菌株潜在的致病性

一般来说，明显的人类致病菌不能在食品酶制剂工厂的生产中应用，同时微生物也不可能在成品的酶制剂中存活。即便如此，作为常规的工业化操作规范，还是要通过动物模型来确定未知微生物的潜在的致病危害。区分致病性和偶然的感染非常重要，许多微生物可以通过寄主的免疫系统到达一定位置就可以产生感染。已有研究证实，无论寄主健康与否，真正的致病性细菌可以侵入免疫系统，从而产生疾病和感染。

另外，分清微生物自身作用和寄主对微生物的反应是非常重要的。研究表明，给动物注射已死的细菌会导致代谢紊乱，最终死于败血病，因为注射的是已死的细菌不会产生病变，所以动物的死亡不是微生物的致病性引起的，人体自身的免疫系统释放的类荷尔蒙激素物质才是致死的主要原因。因此，通过简单的注射微生物进入动物体内来评价微生物致病性的方法是不可取的。

(3) 安全菌株

微生物分类学在过去 10 年中得到了很大的发展，尤其是在细菌和放线菌方面。同源 DNA 扩增技术和微生物基因序列的确定让我们更加了解微生物的分类学、发展史和致病性。DNA 序列的数据可以帮助我们准确评价用于工业化生产的微生物种类的安全性。最近研究资料表明，生产食品酶制剂微生物的安全性评价依赖于对细菌、酵母和放射菌的致病性和系统分类的研究。因此，利用传统的方法和现代分子生物学的手段都可以确定生产食品酶的微生物之间的关系和安全程度。

原有的生产食品酶制剂的菌种被筛选出来以便能在工业规模的发酵条件下旺盛地生长，同时能够生产大量酶。这些被筛选出的菌种通过诱变(如化学诱变、紫外线照射诱变)从而获得产酶量高的菌种。或为了提高菌种产酶效率，通过菌种改造，直接或间接增加菌种的产酶蛋白数量。利用基因修饰可以增加菌种生长速率，扩大基因复制的数量，增强基因表达，从而提高酶的分泌。利用传统的方法和基因工程技术可以减少和消除一些不想要的内源酶和其他物质。例如，许多微生物会分泌蛋白酶，虽然这一特征在特殊场合下是有用的，但它会造成目的酶水解，还有可能会对食品有不好的影响。因此，一些特殊的菌种被开发出来，它们的产蛋白酶的基因被去除或钝化。在有些情况下，可以在不适合通过工业化发酵的方法生产酶的菌种中得到某些有用的酶，此时可以利用基因工程技术将此菌种中与那些有用的酶合成相关的基因，克隆到非常安全而且适于发酵的菌种中去表达，诸如此类的做法，在目前的酶制剂工业中已是非常普遍。

国际食品与饮料咨询委员会(IFBC)认为，已确定无致病性、不产毒素的菌种，尤其是那些在安全用于食品酶制造方面具有悠久历史的微生物，即便它们经过传统的或导入 DNA 的改造，仍然是产生安全菌种系属的最优选择。建立一个安全的菌种还需彻底搞清楚寄主机体的特征，确保所有导入寄主机体的 DNA 的安全，保证整个改造寄主机体的过程适合食品生产的应用。

(4) 工程化酶

蛋白质工程是指以蛋白质分子的结构规律及其与生物功能的关系作为基础，通过基因修饰或基因合成，对现有蛋白质进行改造，或制造一种新的蛋白质，以满足人类的生产和生活的需求。也就是说，蛋白质工程是在基因工程的基础上，延伸出来的第二代基因工程，是包含多学科的综合科技工程领域。蛋白质工程可以改变酶本身的很多特性，如可以改变酶的最适 pH 值、酸碱稳定性、热稳定性等。

蛋白质分子修饰是否会对酶的安全性造成影响，要说明这个问题，首先得搞清酶结构和功能的自然变化。基因核苷酸的排列顺序决定酶蛋白的氨基酸排列顺序，从而决定酶的功能特性，同时还决定了酶蛋白的三维空间结构。这有利于搞清楚酶在改进后相互之间的关系，也更进一步地为搞清楚结构与功能之间的关系提供了帮助。同一类或同一大类的微生物来源的酶维持原有的三级结构和酶的特征，但在稳定性、专一性等方面的特定功能有所不同。目前并无直接证据表明，酶的这种变化致使酶产毒素。事实上，通过口服起作用的生物毒素相对数以千计的食物蛋白来说非常少，而且生物毒素的结构和作为商品的食品酶在结构上差异很大。有进一步的研究表明，同一类和同一大类的酶通过上述所有的技术改造，它们仍然保持原有的特征三维结构和催化功能。因此，工程酶表现出的不同与自然界中观察到的情况非常相似。

酶的结构和功能试验表明，通过改造酶而获得某种功能不致使酶具有产毒性。正是如此，对于仅在理论上推测有危险的工程酶进行毒理学的测试要非常慎重，对于那些通过同一系统向同一寄主导入基因的方法获得系列产品的制造商会认为，对一些附加产品做进一步的测试是多余的。基因重组等高新技术在菌种改造中的应用，给酶制剂的发展开拓了很大的发展空间。但由于这项技术及其应用尚未十分完善，对基因工程菌株的安全性评价问题尚待解决，酶制剂产品使用的安全性也无法在短期内确证。所以，利用基因重组甚至转基因技术改造菌种来生产酶制剂时，要充分认识该技术的安全性和可靠性，对人体健康的影响也要经长期的考察。

(5) 体外基因毒理学测试

新的食品酶制剂需要进行诱导有机体突变的活性试验，但在部分地区仍然只进行常规的测试。目前，新的酶制剂在进行体外遗传毒理学测试时，已不能揭示单一的致诱变性，除非使用一种更加复杂的评价体系，它涉及化学分析和动物限制喂养试验。

采用复杂的评价体系有 3 个方面的原因。首先，蛋白质包括一些细菌产生的由食品带入的肠毒素和神经毒素并不是基因毒素；其次，诸如霉菌毒素等基因毒素的作用可以非常容易地通过对动物的短期喂养试验确定；最后，已有可靠的化学分析方法来检测食品来源的蛋白质毒素和霉菌毒素，这些方法也正在用于新的生产食品酶制剂的菌株的安全性测试。

截至 1999 年 6 月，酶技术协会的成员已经报道了 102 个微生物致诱变性的试验及 63 个酶制剂的染色体畸变试验。染色体的畸变试验包括哺乳动物细胞培养等细胞遗传学的体外试验，通过体外试验的方法来检测对染色体和细胞有丝分裂的破坏。

(6) 新的食品酶安全评价的策略

目前食品酶的改性的方法很多，如自然筛选、基因改造(蛋白质工程)、物理改性、

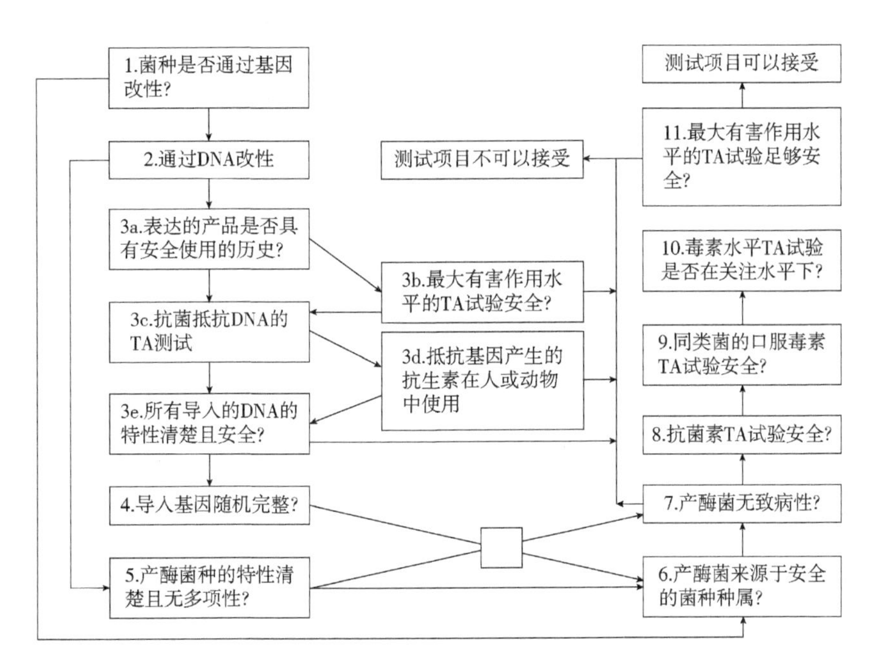

图 12-14 食品安全评价的模式

注：TA 测试是指酶的包含物的实际测试

化学改性等，而且新的技术还在不断涌现。因此，适时地更新酶的安全性评价机制紧跟生物技术的发展步伐是非常重要的，食品酶安全评价的模式如图 12-14 所示。

总之，对经改造，尤其是经过基因技术改造的食品酶必须经过合理的、必要的安全评价才能工业化生产，并在食品工业中应用。

12.4.3 国内外食品酶制剂的安全管理

对于食品用酶制剂的管理和安全性评价，各国不尽相同且经常变化。有些国家需经批准，有些国家要求申报，而有些国家不需批准也不用申报。有些国家酶制剂按食品添加剂管理，还有些国家按加工助剂管理，而食品添加剂和加工助剂的界定各国不尽相同。用转基因微生物生产的酶制剂在有些国家有专门的法规管理。

(1) 加拿大食品酶制剂的安全管理

食品用酶制剂由加拿大卫生与福利部根据食品与药品条例(Food and Drug Act)和食品与药品法规(Food and Drug Regulations)按食品添加剂管理，酶制剂必须经批准才能生产销售。批准后的食品用酶制剂列入可使用的食品添加剂名单中，同时列出酶制剂的活性、来源、使用范围和使用量等。酶制剂从审批到批准使用一般须经过几年时间。加拿大卫生与福利部已批准了不少转基因微生物生产的酶制剂。

(2) 澳大利亚和新西兰食品酶制剂的安全管理

食品用酶制剂根据食品标准法规(Food Standards Code)由澳大利亚、新西兰食品当局(Australia New Zealand Food Authority，ANZFA)进行管理。在澳大利亚、新西兰，酶制剂属于食品加工助剂，ANZFA 利用 FAO/WHO 食品添加剂专家委员会(JECFA)的安全评价程序评价酶制剂。经评审通过的酶制剂列入可使用的名单中，并列出其类别和来源。

(3) 日本食品酶制剂的安全管理

日本的食品用酶制剂由日本厚生省按食品添加剂进行管理。不在食品添加剂名单的酶制剂必须经批准后方可生产销售。《食品添加剂指南》提供批准的指导，目前已有76个酶制剂列入食品添加剂名单中。

(4) 美国食品酶制剂的安全管理

美国的食品酶制剂由美国FDA根据联邦法规按间接食品添加剂(Secondary Direct Food Additives)管理，负责审查食品用酶的安全性，体现在联邦法规(Code of Federal Regulations，CFR)、食品化学法典(Food Chemicals Codex，FCC)中，或按"一般认为是安全(GRAS)"的物质管理。申请GRAS要通过两大评估，即技术安全性和产品安全性试验结果的接受性评估。GRAS的认可除FDA有权进行外，任何对食品成分安全性具有评估资格的专家也可独立进行评估。FDA规定，作为GRAS的物质，其评价标准有两点：一是该物质于1958年以前已在食品加工业中使用；二是通过科学的评价程序。与评价食品添加剂一样，该程序要求必须提供充分和完整的科学证据以证明某物质的安全性。作为GRAS物质的酶制剂不要求经FDA批准，公司可自身证明(self certify)其为GRAS物质，在生产时只要符合操作规程就可以。而作为食品添加剂的酶，在上市前须经批准，并在联邦管理法典上登记。

在FCC第5版中对食品用酶制剂的活性、有害物质的允许含量、实验方法等通用要求做了规定，并要求食品用酶制剂的生产应遵循GMP。在美国，用以生产食品酶的动物性原料必须符合肉类检验的各项要求，并执行GMP生产，而植物原料或微生物培养基成分在正常使用条件下进入食品的残留量不得有碍健康。所用设备、稀释剂、助剂等都应是适用于食品的物质，必须严格控制生产方法及培养条件，使生产菌不致产生毒素。

(5) 英国食品酶制剂的安全管理

英国对食品添加剂的安全性是由化学毒性委员会(COT)进行评估的，并向政府专家咨议委员会(FACE)食品添加剂和污染委员会提出建议。COT成员关心的是菌种毒性问题，建议微生物酶至少要做90 d的老鼠喂养试验，并以高标准进行生物分析。COT认为菌种改良是必要的，但每次改良后应做生物检测。

(6) 欧盟食品酶制剂的安全管理

在欧盟，酶制剂是作为食品添加剂还是加工助剂取决于其使用目的，各国的法规要求不同。有些国家按欧盟食品科学委员会(The Scientific Committee for Food，SCF)于1991年4月提出的《有关食品酶制剂要求提供的资料导则》(Guide Lines for the Presentation of Data on Food Enzymes)对酶制剂进行评价。该导则包括所有用于食品加工用的酶制剂。为了管理的需要，有些酶制剂作为加工助剂，而有一些是真正的食品添加剂。其中，法国结合每种市售产品批准食品用酶制剂的使用，在允许使用的食品用酶制剂名单中包括酶制剂的来源、供体及使用范围，并对列表中的酶在上市前进行公告和批准。在丹麦也有针对食品用酶制剂批准使用的程序。

(7) FAO/WHO食品酶制剂的安全管理

国际食品法典委员会(Codex Alimentarius Commission，CAC)标准体系中，JECFA负责

对食品用酶制剂的安全评估。截至 2005 年，JECFA 共对近 70 种不同来源(包括基因修饰微生物)的酶制剂进行了安全性评价。JECFA 评价一种新的酶制剂的申请时，该酶制剂必须至少已在两个国家登记。环境卫生基准(Environmental Health Criteria，EHC)评价食品用酶制剂指南中根据酶的来源将酶制剂分成五大类：①来源于可食的动物组织生产的酶制剂；②来源于植物的可食部分生产的酶制剂；③来源于一般作为食品的组成部分或在食品加工过程使用的微生物生产的酶制剂；④由通常污染食品的非致病性微生物生产的酶制剂；⑤由目前认识较少的微生物生产的酶制剂。

①~③类酶制剂不管是直接添加还是以其他形式添加到食品中，其安全性评价要求是一样的。④和⑤类的安全性评价取决于酶直接添加到食品中后是否去除、不去除或固定不变。对于去除的情况，不用具体制定人体每日允许摄入量(ADI)值；对于不去除的情况，必须制定 ADI 值以保证食品中酶制剂的水平是安全的；而固定不变的情况，不需要制定 ADI 值。

酶制剂经毒理试验后，可根据最大无作用剂量，给予一定的安全系数来确定对人的无毒作用剂量。由于食品加工中使用的酶用量小，残留量低，安全系数通常采用大于 100，所以 FAO/WHO 根据酶制剂的化学、生化、毒理的数据基础，ADI 值一般要求“无需作特殊规定”，但酶制剂的生产和产品质量方面还应加强卫生管理。

2001 年 JECFA 修订了酶制剂的通用规格和要求。修订后的原则要求所有新研制的酶必须强调以下几点：

① 必须描述引入并仍存留在生产用的微生物中的基因物质的特性并评价其功能和安全性。通过提供最终引入的基因物质序列和/或在最终的生产菌株中分析引入序列的分子，证明没有意外的基因物质引入宿主微生物中。其中包括需证明基因物质中不含有毒力因子的基因编码、蛋白毒素，或与合成真菌毒素、其他有毒物质或不需要的物质有关的酶。

② 如果生产用的微生物具有产生可灭活临床上有用的抗生素的蛋白质的能力，在这种情况下，必须提供酶制剂的终产品中既不含可干扰抗生素治疗效果的蛋白质也不含可转入微生物中可导致耐受抗菌素的 DNA。

③ 必须考虑评价通过 DNA 插入到生产用微生物中的基因物质产生的潜在的致敏性问题。

目前工业上应用的酶大多采用微生物发酵法生产，生产菌株的安全性是评价酶的安全性时必须首先考虑的因素。评价一种生产菌株的安全性，主要是其产毒能力，特别是生产菌株可能合成可以经口产生毒性作用的物质。

(8) 中国食品酶制剂的安全管理

在我国，食品工业用酶制剂按食品添加剂进行管理。对新申请的酶制剂进行安全性评价包括毒理试验、理化检验和微生物检验。使用微生物生产酶制剂，必须提供权威机构出具的微生物菌种鉴定报告、毒力试验报告等安全性评价资料。我国批准使用的食品酶制剂有 54 种，其中碳水化合物酶类(糖酶)24 种、蛋白加工相关酶类 15 种、脂类加工酶类 8 种、氧化还原酶类 4 种、其他酶类 3 种。除少部分酶制剂(如木瓜蛋白酶、胰蛋白酶、胃蛋白酶等)是由动、植物生产的外，大部分酶制剂都是利用微生物发酵生产的，其中有少数是通过经基因修饰的微生物生产的。随着生物技术在我国的发展，将有越来越多的经基因工程改造的微生物用于生产酶制剂。目前的当务之急是应根据酶制剂生产的特点，尽快制定有针对性的，特别是针对生产菌株的安全性评价程序和管理办法，以保证其使用安全，保障消费者健康。

(9) KOSHER 食品认证制度

近年来世界食品市场推行 KOSHER 食品认证制度，即符合犹太教规要求的食品制度，只有有了 KOSHER 证书的食品才可进入世界犹太组织的市场。在美国不仅是犹太人，连穆斯林、素食者、对某些食物过敏的人，大多数也购买 KOSHER 食品。按规定 KOSHER 食品中不得含有猪、兔、马、驼、虾、贝类、有翼昆虫和爬虫类的成分。加工 KOSHER 食品的酶制剂同样要符合 KOSHER 食品的要求，故国外许多食品酶制剂都有符合 KOSHER 食品的标记。要将我国酶制剂向海外开拓，对此不可不加以注意。食品是否符合 KOSHER 要求由专门权威机构审批，其标准较严。

推荐阅读

1. Whitaker J R. Enzymes：monitors of food stability and quality. Trends in Food Science & Technology，1991，2：94-97.

酶是生物体新陈代谢必需的生物催化剂。然而，酶在植物性食品原料收获后或动物性食品原料屠宰后继续保持活性，这将影响食品的颜色、风味、质地和营养等质量指标。那么怎样使影响食品质量的酶失活，同时又能最大限度地保持食品的质量呢？这将在本文中找到答案。

2. 路福平，刘逸寒，薄嘉鑫. 食品酶工程关键技术及其安全性评价. 中国食品学报，2011，11(9)：188-193.

酶工程技术被广泛应用于食品加工业等诸多领域，成为现今新的食品原料开发、品质改良、工艺改造的重要手段。那么食品酶工程领域有哪些关键科学问题需要解决？食品酶的安全性评价应注意哪些方面？

开放性讨论题

1. 结合实例谈谈日常生活中以及食品工业中还有哪些酶作用导致的食品不安全问题。
2. 谈谈酶法消除食品中不安全因素未来应解决的关键科学问题。
3. 酶与食品质量、安全的关系密切，未来新的研究热点可能是什么？

思考题

1. 影响食品质量的酶主要有哪些？其影响机制是什么？
2. 什么是生氰糖苷？怎样酶解去除生氰糖苷？
3. 简述致甲状腺肿素的产生途径、脱除方法。
4. 简述组胺的不良作用及其酶解脱除方法。
5. 简述酶的致敏性。
6. 简述植酸的不利作用及去除方法。
7. 简述大豆胀气因子的产生及酶法去除。
8. 简述乳糖不耐症产生机制及去除办法。

9. 简述常见真菌毒素及其生物脱除办法。
10. 简述常见抗生素及其生物脱除办法。
11. 简述痛风的产生原因及如何减轻痛风发生。
12. 简述亚硝酸盐的不良作用及酶法消除方法。
13. 简述常见农药及其生物脱除办法。
14. 简述酶应用于食品的潜在危害。
15. 酶的安全评价应注意哪些问题？怎样进行？
16. 简述国内外食品酶制剂的安全管理办法。

参考文献

曹健，师俊玲，2011. 食品酶学[M]. 郑州：郑州大学出版社.
曹军卫，2013. 发酵工程[M]. 北京：科学出版社.
曹强，肖雨诗，孟庆一，等，2019. 酶基生物传感器在快速检测中的研究进展[J]. 食品安全质量检测学报，10(20)：6902-6908.
车鑫，2018. 高产酸性果胶酶霉菌的选育[D]. 杨凌：西北农林科技大学.
陈笛，王存芳，2018. 乳过氧化物酶的特性及其在羊乳产业中的应用[J]. 乳业科学与技术，41(2)：42-46.
陈鸿图，2012. 高产中性蛋白酶菌株选育及产酶特性研究[D]. 广州：华南理工大学.
陈坚，刘龙，堵国成，2012. 中国酶制剂产业的现状与未来展望[J]. 食品与生物技术学报，31(1)：1-7.
陈清西，2014. 酶学及其研究技术[M]. 厦门：厦门大学出版社.
陈守文，2008. 酶工程[M]. 北京：科学出版社.
陈曦，2017. 脂肪氧合酶诱导氧化对大豆分离蛋白结构和消化性的影响研究[D]. 广州：华南理工大学.
陈幸鸽，2017. 采用 Genome shuffling 技术选育碱性果胶酶高产菌株[D]. 杭州：浙江工商大学.
陈艳，江明锋，叶煜辉，等，2009. 溶菌酶的研究进展[J]. 生物学杂志，26(2)：64-66.
陈艺煊，2013. 酶生物传感器在食品分析检测中的应用[J]. 科技传播，3：109，98.
陈勇，王淑珍，陈依军，2011. 酶的理性设计[J]. 药物生物技术，18(6)：538-543.
邓家珞，陆利霞，姚丽丽，等，2019. 葡萄糖氧化酶和过氧化氢酶对面团与面包品质的影响[J]. 现代食品科技，35(12)：28-40.
邓颜威，2013. 酸性蛋白酶高产菌株的诱变育种及工艺优化[D]. 杭州：浙江工业大学.
邓宇峰，林娟，叶秀云，等，2019. 龙须菜酶解制备琼胶寡糖的工艺优化[J]. 食品工业，40(5)：110-115.
董晓燕，2010. 生物化学[M]. 北京：高等教育出版社.
杜娟，2014. 大豆抗营养因子的研究进展[J]. 种子世界，4：26-27.
冯东，王丙莲，梁晓辉，等，2012. 生物传感器法快速测定酒中的乙醇含量[J]. 酿酒科技，2：83-86.
冯家望，王小玉，李丹琳，等，2006. 多重 PCR 检测食品中转基因成分研究[J]. 检验检疫学刊，16(4)：16-19.
干宁，王鲁雁，李天华，等，2008. ATP 代谢物安培酶生物传感器的研制及在鱼肉鲜度测定中的应用[J]. 中国食品学报，6：48-52.
高虹，张霞，高旗利，2006. 奶粉中阪崎肠杆菌 PCR 和荧光 PCR 检测方法的研究[J]. 食品科学，9：203-207.
高向阳，2016. 食品酶学[M]. 2 版. 北京：中国轻工业出版社.
高秀容，马力，叶华，2005. β-半乳糖苷酶的研究进展[J]. 生物技术通报，3：18-20+30.
公颜慧，2017. 微生物酯酶的酶学性质鉴定及其在手性化合物合成中的应用研究[D]. 广州：暨南大学.
谷绒，车振明，万国福，2006. 溶菌酶在食品工业中的应用[J]. 保鲜与加工，6：264-266.
桂丽，2016. 液体中性蛋白酶的制备、稳定性及应用研究[D]. 上海：上海海洋大学.
郭卢云，罗彤，2018. 葡萄糖氧化酶的催化机理及其在食品中的应用现状[J]. 现代食品，24：15-

16，22.
郭勇，2003. 酶的生产与应用[M]. 北京：化学工业出版社.
韩华，2010. 新型酶制剂在啤酒酿造中的应用研究[D]. 青岛：青岛科技大学.
杭锋，刘沛毅，穆海菠，等，2015. 细菌来源金属蛋白酶的研究进展[J]. 工业微生物，45(6)：53-59.
何国庆，丁立孝，2013. 食品酶学[M]. 北京：化学工业出版社.
何健，2016. 耐高 α-淀粉酶产生菌 BL-H19 的发酵工艺研究[D]. 福州：福建师范大学.
侯海娟，2019. 磷脂酶 D 的重组表达及其在磷脂酰丝氨酸合成中的应用[D]. 无锡：江南大学.
胡爱军，郑捷，2014. 食品工业酶技术[M]. 北京：化学工业出版社.
胡晓利，布冠好，陈复生，2017. 大豆蛋白抗原表位及生物脱敏方法研究进展[J]. 食品工业，38(12)：249-25.
黄金莲，2012. 淀粉酶解生产低聚异麦芽糖过程的化学变化规律研究[D]. 广州：华南理工大学.
黄留玉，2010. PCR 最新技术原理、方法及应用[M]. 2 版. 北京：化学工业出版社.
季更生，陈爱春，2010. 微生物壳聚糖酶的研究进展[J]. 食品科学，31(3)：297-301.
江威，2018. 解淀粉芽孢杆菌 YP6 磷酸酯酶的基因克隆、表达、酶学性质及应用[D]. 无锡：江南大学.
江正强，杨绍青，2018. 食品酶学与酶工程原理[M]. 北京：中国轻工业出版社.
孔晓雪，李蕴涵，李柚，等，2019. 葡萄糖氧化酶和谷氨酰胺转氨酶对发酵麦麸面团加工品质的影响[J]. 食品工业科技，40(9)：85-90.
黎春怡，黄卓烈，2011. 化学修饰法在酶分子改造中的应用[J]. 生物技术通报，9：39-43.
李斌，于国萍，2017. 食品酶学与酶工程[M]. 2 版. 北京：中国农业大学出版社.
李风玲，2019. 嗜热葡萄糖淀粉酶与 α-淀粉酶克隆表达和酶学研究[D]. 合肥：安徽大学.
李刚，昌增益，2018. 国际生物化学与分子生物学联盟增设第七大类酶：易位酶[J]. 中国生物化学与分子生物学报，34(12)：1686-1696.
李凯，朱中燕，潘莉莉，等，2019. 原糖水解生产果葡糖浆的工艺优化[J]. 中国调味品，44(5)：149-153.
李亚静，汪洋，孔维宝，等，2014. 酶学研究中的诺贝尔奖获得者及其贡献[J]. 生物学通报，9：58-62.
李阳，2014. 菊粉内切酶和蔗糖酶基因的高效重组表达及其在水解菊粉中的应用[D]. 青岛：中国海洋大学.
李永泉，翁醒华，庄晓峰，等，1998. 宇佐美曲霉 L-336 酸性蛋白酶 $2m^3$ 罐中试发酵研究报告[J]. 食品与发酵工业，5：7-10.
李媛媛，2019. 新型适冷纤维素酶的酶学鉴定及功能位点研究[D]. 合肥：安徽师范大学.
廖威，2008. 食品生物技术概论[M]. 北京：化学工业出版社.
林影，2017. 酶工程原理与技术[M]. 3 版. 北京：高等教育出版社.
刘世永，2018. 果胶酶在果蔬汁加工中的应用[J]. 食品安全导刊，24：124-125.
刘四磊，刘伟，董绪燕，等，2014. 结构脂质位置选择性酶法合成研究进展[J]. 中国农业科技导报，16(6)：59-67.
刘武，2019. 假单胞菌脂肪酶的表达及调控机制研究[D]. 武汉：华中科技大学.
刘元望，李兆君，冯瑶，等，2016. 微生物降解抗生素的研究进展[J]. 农业环境科学学报，35(2)：212-224.
刘志浩，2013. 转基因玉米中膦丝菌素乙酰转移酶(PAT)双抗体夹心 ELISA 检测方法的建立[D]. 泰安：山东农业大学.
卢丹，徐晴，江凌，等，2018. 生物酶降解真菌毒素的研究进展[J]. 生物加工过程，16(2)：49-56.
鲁晶娣，2019. Bacillus nakamurai 壳聚糖酶的酶学性质及其活性位点研究[D]. 柳州：广西科技大学.

栾凤侠，张洪祥，白月，2007. 应用实时荧光PCR技术定性定量检测改良品质的转基因小麦[J]. 生物技术，4：50-53.
罗时渝，2018. 葡萄糖氧化酶在无孢黑曲霉中的高效重组表达及酶学性质研究[D]. 广州：华南理工大学.
骆训国，栗绍文，周蕾蕾，等，2010. 夹心ELISA方法检测生肉混合物中的猪肉成分的研究[J]. 动物医学进展，31(S)：20-22.
律倩倩，2015. 壳聚糖酶Ou01底物结合与催化机理研究[D]. 青岛：中国海洋大学.
毛淑蕊，2013. 热稳定性β-葡聚糖酶的克隆、表达及定向进化研究[D]. 南京：南京农业大学.
欧小蕾，2015. 膝沟藻毒素GTX2，3单克隆抗体的制备及酶联免疫快速检测法的建立[D]. 湛江：广东海洋大学.
潘利华，罗建平，2006. β-葡萄糖苷酶的研究及应用进展[J]. 食品科学，27(12)：803-807.
彭端，2010. 节杆菌β-呋喃果糖苷酶基因克隆、表达及性质研究[D]. 广州：华南理工大学.
彭志英，2009. 食品酶学导论[M]. 2版. 北京：中国轻工业出版社.
钱莹，段钢，2008. 新型耐酸真菌淀粉酶在麦芽糖生产上的应用[J]. 食品与发酵工业，34(2)：87-89.
邱锦，2019. 中温淀粉酶的热稳定性及水解活性改良研究[D]. 北京：中国农业科学院.
邱永乾，2015. 微生物脂肪酶库构建及磷脂酶D的筛选与应用[D]. 青岛：中国海洋大学.
曲径，2007. 食品卫生与安全控制学[M]. 北京：化学工业出版社.
曲子越，2019. 产果胶酶菌群构建及其对马铃薯淀粉工业副产物转化作用[D]. 哈尔滨：哈尔滨工业大学.
任西营，胡亚芹，胡庆兰，等，2013. 溶菌酶在水产品防腐保鲜中的应用[J]. 食品工业科技，34(8)：390-394.
单秋实，2015. 壳聚糖酶高产菌株的筛选及酶学性质的研究[D]. 长春：吉林大学.
石会会，2014. 产壳聚糖酶菌株的筛选、发酵条件优化以及壳聚糖降解酶类研究[D]. 济南：齐鲁工业大学.
史仲平，潘丰，2005. 发酵过程解析、控制与检测技术[M]. 北京：化学工业出版社.
宋恭帅，张蒙娜，马永钧，等，2019. 大目金枪鱼加工副产物中鱼油提取制备及EPA分离纯化[J]. 核农学报，33(6)：1122-1130.
宋玉玲，2019. GH10家族碱性木聚糖酶耐碱机制的研究[D]. 长春：东北师范大学.
宋云花，2018. 高产酯酶菌株的筛选及其在水果风味干酪中的应用研究[D]. 石家庄：河北工程大学.
孙佳芝，王新桐，刘雪慧，等，2014. 产气荚膜梭菌α毒素双抗体夹心ELISA检测方法的建立及初步应用[J]. 中国兽医学报，34(6)：930-935，941.
孙文斌，2014. 海洋微生物源胶原蛋白酶等酶系的研究[D]. 大连：大连工业大学.
孙以新，2019. 产纤维素酶菌株的筛选及其降解秸秆的研究[D]. 哈尔滨：东北农业大学.
滕要辉，索标，艾志录，等，2013. 速冻食品中沙门氏菌和金黄色葡萄球菌多重PCR检测方法的建立与应用[J]. 食品科学，34(8)：140-144.
田长城，任茂生，2012. β-葡萄糖苷酶的制备及其在食品工业中的应用[J]. 中国酿造，31(1)：9-12.
汪惠泽，2012. 盐酸克伦特罗单克隆抗体的制备及其CiELISA检测方法的建立[D]. 扬州：扬州大学.
汪正熙，王卫，张旭，等，2020. 畜禽血精深加工利用及其研究进展[J]. 农产品加工，3：67-71.
王凡业，薛文漪，2006. 酶活性设计的新方法——半理性设计[J]. 应用化工，35(8)：634-638.
王建华，2000. 微生物菊粉酶基因结构酶学性质与应用研究进展[J]. 天然产物研究与开发，13(1)：83-89.
王黎丽，陈芳芳，吴超，等，2020. 基于单克隆抗体的三聚氰胺ELISA检测方法的建立[J]. 食品与生物技术学报，30(6)：962-966.

王立梅，2006. Aspergillus Japonicus 果糖基转移酶及其改性大豆低聚糖的研究[D]. 无锡：江南大学.
王普，周丽敏，何军邀，2008. 离子液体在生物催化反应中的应用进展[J]. 浙江工业大学学报，36(6)：622-627.
王舒婷，庞广昌，张蕾，等，2011. 利用二茂铁-β-环糊精修饰的甲醇生物传感器检测酒中甲醇的研究[J]. 酿酒科技，1：91-95
王婷芬，2019. 黍糠过氧化物酶的磷酸酶活性研究[D]. 太原：山西大学.
王文珺，2006. 酶制剂在食品工业中的应用与管理现状[J]. 职业与健康，22(9)：648-649.
王昕昕，彭英云，张涛，2013. 菊粉酶研究和应用[J]. 粮食与油脂，3：9-12.
王延华，刘佳，夏庆杰，2013. PCR 理论与技术[M]. 3 版. 北京：科学出版社.
王彦宁，2016. 马乳酒样乳杆菌 ZW3 中乳糖酶基因 LacLM 在毕赤酵母中的克隆表达[D]. 天津：天津科技大学.
王艳翠，卢韵朵，史吉平，等，2019. 复合酶法提取苹果渣中的果胶及产品性质分析[J]. 食品与生物技术学报，38(5)：30-36.
王永华，宋丽军，2018. 食品酶工程[M]. 北京：中国轻工业出版社.
韦露，樊友军，2011. 低共熔溶剂及其应用研究进展[J]. 化学通报，74(4)：333-339.
伍燕华，牛瑞江，赖卫华，等，2014. 双抗夹心酶联免疫吸附法检测沙门氏菌[J]. 食品工业科技，35(10)：62-65.
伍志权，黄卓烈，金昂丹，2007. 酶分子化学修饰研究进展[J]. 生物技术通讯，18(5)：869-891.
夏咏梅，吴红平，张碉，2006. 离子液体的制备及其在酶催化反应中的应用[J]. 化学进展，18(12)：1660-1666.
肖敏，2018. 功能性低聚糖及其生产应用[J]. 生物产业技术，6：29-34.
谢体波，龚维瑶，钟新敏，等，2018. 动物源性食品检测磺胺类残留 ELISA 试剂盒的研制[J]. 食品与发酵工业，44(12)：250-255.
熊爱生，姚泉洪，章镇，2005. 体外定向分子进化的新策略及新应用[J]. 科学技术与工程，5：1924-1928.
徐誉，2019. 水产品中总砷含量 ELISA 检测方法的建立[D]. 石河子：石河子大学.
许波，黄遵锡，陈宝英，等，2007. 环状糊精葡萄糖基转移酶的研究进展[J]. 食品科学，11：600-604.
许茜茜，2017. 产菊粉酶菌株的筛选及菊粉同步糖化发酵产 D-乳酸研究[D]. 南京：南京林业大学.
许伟，严明，欧阳平凯，2011. 木糖异构酶序列结构特点、耐热机理及分子改造研究进展[J]. 生物工程学报，27(12)：1690-1701.
闫伟，徐桢惠，龙丽坤，等，2015. 应用单管半巢式 PCR 技术筛查转基因食品[J]. 食品科学，2：194-197.
杨丽媛，2015. 碱性蛋白酶的分离纯化及其酶学特性的研究[D]. 长春：东北师范大学.
杨斯超，2019. 产低温果胶酶酵母菌的筛选、产酶条件优化及酶学性质表征[D]. 长春：吉林大学.
杨毅，2019. 产黄青霉半纤维素酶促进木质纤维素降解的机制研究[D]. 北京：中国农业大学.
袁德成，王菲，崔新爽，等，2019. 水酶法提取紫苏籽油脂工艺[J]. 植物研究，39(4)：619-626.
袁勤生，赵健，2012. 酶与酶工程[M]. 上海：华东理工大学出版社.
展海军，马超越，白静，2011. 固定化辣根过氧化物酶生物传感器测定火腿肠中亚硝酸盐[J]. 食品研究与开发，2：123-125.
张桂菊，徐宝财，赵秋瑾，等，2014. 酶催化法合成食品乳化剂的研究进展[J]. 食品安全质量检测学报，5(1)：115-122.
张莉，李庆章，田雷，2009. 半乳糖苷酶研究进展[J]. 东北农业大学学报，40(7)：128-131.
张敏，吴俊铨，姚嘉文，等，2020. 基于变性血红蛋白和二胺氧化酶的生物传感器检测马鲛鱼中的尸胺

[J]. 食品科学, 41(18): 288-295.
张敏文, 顾取良, 张博, 等, 2011. 乳糖酶研究进展[J]. 微生物学杂志, 31(3): 81-86.
张庆芳, 李美玉, 王晓辉, 等, 2019. 微生物亚硝酸盐还原酶的研究进展[J]. 微生物学通报, 46(11): 3148-3157.
张三燕, 2014. 真菌单宁酶的基因克隆、异源表达及其性质研究[D]. 南昌: 江西农业大学.
赵春萍, 2014. 高产乳糖酶酵母菌筛选、培养基优化及酶的分离提纯[D]. 呼和浩特: 内蒙古农业大学.
赵情, 2019. 纤维素酶枯草芽孢杆菌表达系统的建立及初步应用[D]. 泰安: 山东农业大学.
郑宝东, 2006. 食品酶学[M]. 南京: 东南大学出版社.
郑福存, 2017. 枯草芽孢杆菌壳聚糖酶基因的克隆表达及酶学分析[D]. 南昌: 东华理工大学.
周浩, 2013. 假丝酵母 99-125 发酵生产脂肪酶工艺研究[J]. 粮食与食品工业, 20(04): 86-91.
周霖, 2017. 耐高温葡萄糖异构酶的筛选与应用研究[D]. 杭州: 浙江工业大学.
周林芳, 江波, 张涛, 等, 2017. 糖苷水解酶第 3 家族 β-葡萄糖苷酶的研究进展[J]. 食品工业科技, 38(14): 330-335.
周天骄, 谯仕彦, 马曦, 等, 2015. 大豆饲料产品中主要抗营养因子含量的检测与分析[J]. 动物营养学报, 1: 221-229.
周晓云, 2005. 酶学原理与酶工程[M]. 北京: 中国轻工业出版社.
朱丹峰, 2018. 磷脂酶产生菌的筛选、酶学性质及应用研究[D]. 合肥: 合肥工业大学.
ACHARYA S, CHAUDHARY A, 2012. Bioprospecting thermophiles for cellulase production: a review[J]. Brazilian Journal of Microbiology, 43: 844-856.
AHMAD N A, ANANG M L, SEPTINIKA K A, et al, 2018. Extending shelf life of indonesian soft milk cheese (Dangke) by lactoperoxidase system and lysozyme[J]. International Journal of Food Science, 2018: 1-7.
ALI M, ISHQI H M, HUSAIN Q, 2020. Enzyme engineering: reshaping the biocatalytic functions[J]. Biotechnology and Bioengineering, 117: 1877-1894.
ANTONI P, 2000. Bacterial 1, 3-1, 4-β-glucanases: structure, function and protein engineering[J]. Biochimica et Biophysica Acta, 1543(2): 361-282.
ARNOLD F H, 2018. Directed evolution: bringing new chemistry to life[J]. Angewandte Chemie International Edition, 57: 4143-4148.
BARZANA E, KLIBANOV A M, KAREL M, 1987. Enzyme-catalyzed gas phase reactions[J]. Applied Biochemistry and Biotechnology, 15: 25-34.
BHATIA Y, MISHRA S, BISARIA V S, 2002. Microbial beta-glucosidases: cloning, properties, and applications[J]. Critical Reviews in Biotechnology, 22(4): 375-407.
BIELY P, VRSANSKA M, TENKANEN M, et al, 1997. Endo-beta-1, 4-xylanase families: differences in catalytic properties[J]. Journal of Biotechnology, 57(1-3): 151-166.
BIRSCHBACH P, FISH N, HENDERSON W, et al, 2004. Enzymes: tools for creating healthier and safer foods[J]. Food Technology, 58(4): 20-26.
CAI X H, WANG W, LIN L, et al, 2017. Cinnamyl esters synthesis by lipase-catalyzed transesterification in a non-aqueous system[J]. Catalysis Letters, 147(4): 946-952.
CHADHA B S, KAUR B, BASOTRA N, et al, 2019. Thermostable xylanases from thermophilic fungi and bacteria: current perspective[J]. Bioresource Technology, 277: 195-203.
CHEN R, 2001. Enzyme engineering: rational redesign versus directed evolution[J]. Trends in Biotechnology, 19: 13-14.
CHI Z M, CHI Z, ZHANG T, et al, 2009. Inulinase-expressing microorganisms and applications of inulinases [J]. Applied Microbiology and Biotechnology, 82: 211-220.

CHI Z M, ZHANG T, CAO T S, et al, 2011. Biotechnological potential of inulin for bioprocesses[J]. Bioresoure Technology, 102: 4295-4303.

CHICA R A, DOUCET N, PELLETIER J N, 2005. Semi-rational approaches to engineering enzyme activity: combining the benefits of directed evolution and rational design[J]. Current Opinion in Biotechnology, 16: 378-384.

CHOI J M, HAN S S, KIM H S, 2015. Industrial applications of enzyme biocatalysis: current status and future aspects[J]. Biotechnology Advance, 33: 1443-1454.

COBB R E, CHAO R, ZHAO H, 2013. Directed evolution: past, present and future[J]. AIChE Journal, 59: 1432-1440.

COLLINS T, GERDAY C G, 2010. Xylanases, xylanase families and extremophilic xylanases[J]. FEMS Microbiology Reviews, 29(1): 3-23.

COPELAND R A, 2000. Enzymes: A Practical Introduction to Structure, Mechanism, and Data Analysis[M]. New York: A JOHN WILEY & SONS, INC.

DE MARIA P D, MAUGERI Z, 2011. Ionic liquids in biotransformations: from proof-of-concept to emerging deep eutectic solvents[J]. Current Opinion in Chemical Biology, 15: 220-225.

DURAND E, LECOMTE J, BAREA B, 2012. Evaluation of deep eutectic solvents as new media for Candida Antarctica B lipase catalyzed reactions[J]. Process Biochemistry, 47: 2081-2089.

DWEVEDI A, 2016. Enzyme Immobilization: advances in industry, agriculture, medicine, and the environment [M]. Berlin: Springer.

EL HAWRANI A S, MORETON K M, SESSIONS R B, et al, 1994. Engineering surface loops of proteins-a preferred strategy for obtaining new enzyme function[J]. Trends in Biotechnology, 12: 207-211.

GATES K W, 2014. Seafood processing: technology, quality and safety[J]. Journal of Aquatic Food Product Technology, 24(1): 91-97.

GORKE J T, SRIENC F, KAZLAUSKAS R J, 2010. Toward advanced ionic liquids. polar, enzyme-friendly solvents for biocatalysis[J]. Biotechnology and Bioprocess Engineering, 15: 40-53.

GRAM L, DALGAARD P, 2002. Fish spoilage bacteria problems and solutions[J]. Current Opinion in Biotechnology, 13(3): 262-266.

HAMMOND D A, KAREL M, KLIBANOV A M, 1985. Enzymatic reactions in supercritical gases[J]. Applied Biochemistry and Biotechnology, 11: 393-400.

HOMAEI A, SARIRI R, VIANELLO F, et al, 2013. Enzyme immobilization: an update[J]. Journal of Chemical Biology, 6(4): 185-205.

HUANG L, BITTNER J P, DOMINGUEZ DE MARIA P, et al, 2020. Modeling alcohol dehydrogenase catalysis in deep eutectic solvent/water mixtures[J]. ChemBioChem, 21: 811-817.

JESIONOWSKI T, ZDARTA J, KRAJEWSKA B, 2014. Enzyme immobilization by adsorption: a review[J]. Adsorption, 20: 801-821.

JIANG S, XIAO W, ZHU X, et al, 2020. Review on D-allulose: in vivo metabolism, catalytic mechanism, engineering strain construction, bio-production technology[J]. Frontiers in Bioengineering and Biotechnology, 8: 26.

JIANG W X, WANG Z H, BEIER R C, et al, 2013. Simultaneous determination of 13 fluoroquinolone and 22 sulfonamide residues in milk by a dual-colorimetric enzyme-linked immunosorbent assay[J]. Analytical Chemistry, 85(4): 1995-1999.

KAPOOR S, RAFIQ A, SHARMA S, 2015. Protein engineering and its applications in food industry[J]. Critical Reviews in Food Science and Nutrition, 57: 2321-2329.

KASHYAP D R, VOHRA P K, CHOPRA S, et al, 2001. Applications ofpectinases in the commercial sector: a review[J]. Bioresource Technology, 77(3): 215-227.

KING G A, MORRIS S C, 1994. Physiological-changes of broccoli during early postharvest senescence and through the preharvest-postharvest continuum[J]. Journal of the American Society for Horticultural Science, 119(2): 270-275.

KLIBANOV A M, CAMBOU B, 1987. Enzymatic production of optically active compounds in biphasic aqueous-organic systems[J]. Methods in Enzymology, 136: 117137.

KLIBANOV A M, SAMOKHIN G P, MARTINEK K, 2000. A new approach to preparative enzymatic synthesis [J]. Biotechnology and Bioengineering, 19(9): 1351-1361.

KOLKMAN J A, STEMMER W P, 2001. Directed evolution of proteins by exon shuffling[J]. Nature Biotechnology, 19: 423-431.

KORENDOVYCH I V, 2018. Rational and semirational protein design[J]. Methods in Molecular Biology, 1685: 15-23.

KUDDUS M, 2018. Enzymes in Food Technology: Improvements and Innovations[M]. Berlin: Springer.

LI X, ZHANG Z, SONG J, 2012. Computational enzyme design approaches with significant biological outcomes: progress and challenges[J]. Computational and Structural Biotechnology Journal, 2, e201209007.

MATEJA S, FRANCI S, ROBERT V, et al, 2019. Cyanogenic glycosides and phenolics in apple seeds and their changes during long term storage[J]. Scientia Horticulturae, 255: 30-36.

MCCULLUM E O, WILLIAMS B A, ZHANG J, et al, 2010. Random mutagenesis by error-prone PCR[J]. Methods in Molecular Biology, 634: 103-112.

MINTEER S D, 2017. Enzyme Stabilization and Immobilization: Methods and Protocols [M]. Second Edition. Springer .

QI L B, WU W L, KANG Q, et al, 2020. Detection of organophosphorus pesticides with liquid crystals supported on the surface deposited with polyoxometalate-based acetylcholinesterase-responsive supramolecular spheres [J]. Food Chemistry, 320: 126683.

QI Q S, ZIMMERMANN W, 2005. Cyclodextrin glucanotransferase: from gene to applications[J]. Applied Microbiology and Biotechnology, 66: 475-485.

ROBERT J, WHITEHURST, MAARTEN V O, 2010. Enzymes in Food Technology [M]. Second Edition. Blackwell Publishing Ltd.

RYE C S, WITHERS S G, 2000. Glycosidase mechanisms [J]. Current Opinion in Chemical Biology, 4: 573-580.

SAKAI T, SAKAMOTO T, HALLAERT J, et al, 1993. Pectin, pectinase, and protopectinase: production, properties, and applications[J]. Advances in Applied Microbiology, 39(4): 213-294.

SANCHEZ S, DEMAIN A L, 2010. Enzymes and bioconversions of industrial, pharmaceutical, and biotechnological significance[J]. Organic Process Research & Development, 15(1): 224-230.

SASSOLAS A, BLUM L J, LECA-BOUVIER B D, 2012. Immobilization strategies to develop enzymatic biosensors[J]. Biotechnology Advances, 30: 489-511.

SHARMA H P, SUGANDHA P H, 2017. Enzymatic extraction and clarification of juice from various fruits - a review[J]. Critical Reviews in Food Science and Nutrition, 57: 1215-1227.

SINGHANIA R R, PATEL A K, SUKUMARAN R K, et al, 2013. Role and significance of beta-glucosidases in the hydrolysis of cellulose for bioethanol production[J]. Bioresource Technology, 127(1): 500-507.

SOMASHEKAR D, JOSEPH R, 1996. Chitosanases-properties and applications: a review[J]. Bioresource Technology, 55(1): 35-45.

STEMMER W, 1994. Rapid evolution of a protein in vitro by DNA shuffling[J]. Nature, 370-373.

STEPHEN A, KUBY, BOCA R, 1990. A Study of Enzymes: Enzyme Catalysts, Kinetics, and Substrate Binding[M]. 1st Edition. Boca Raton: CRC Press.

TAPRE A R, JAIN R K, 2014. Pectinases: enzymes for fruit processing industry[J]. International Food Research Journal, 21(2): 447-453.

TENG J, GONG Z H, DENG Y L, et al, 2017. Purification, characterization and enzymatic synthesis of theaflavins of polyphenol oxidase isozymes from tea leaf (Camellia sinensis)[J]. LWT, 84: 263-270.

TIAN Y, DENG Y, ZHANG W, et al, 2019. Sucrose isomers as alternative sweeteners: properties, production, and applications[J]. Applied Microbiology and Biotechnology, 103(21-22): 8677-8687.

TOUSHIK S H, LEE K T, LEE J S, 2017. Functional applications of lignocellulolytic enzymes in the fruit and vegetable processing industries[J]. Journal of Food Science, 82: 585-593.

VIHINEN M, MANTASALA P, 1989. Microbial amylolytic enzymes[J]. Critical Reviews in Biochemistry and Molecular Biology, 24(4): 329-418.

VINKEN M, KRAMER N, ALLEN T E H, et al, 2020. The use of adverse outcome pathways in the safety evaluation of food additives[J]. Archives of Toxicology, 94(3): 959-966.

VSQUEZ M J, ALONSO J L, DOMINGUEZ H, et al, 2000. Xylooligo saccharides a manufacture and applications[J]. Trends in Food Science & Technology, 11(11): 387-393.

YADAV S, YADAV P K, YADAV D, et al, 2009. Pectin lyase: a review[J]. Process Biochemistry, 44(1): 1-10.

ZAKS A, KLIBANOV A M, 1984. Enzymatic catalysis in organic media at 100℃ [J]. Science, 224: 1249-1251.

ZDARTA J, MEYER A S, JESIONOWSKI T, et al, 2018. A general overview of support materials for enzyme immobilization: characteristics, properties, practical utility[J]. Catalysts, 8: 92.

ZEEB B, MCCLEMENTS D J, WEISS J, 2017. Enzyme-based strategies for structuring foods for improved functionality[J]. Annual Review of Food Science & Technology, 8(1): 21-34.

ZHAO H, BAKER G A, HOLMES S, 2011. New eutectic ionic liquids for lipase activation and enzymatic preparation of biodiesel[J]. Organic & Biomolecular Chemistry, 9: 1908-1916.

ZHAO H, BAKER G A, HOLMES S, 2011. Protease activation in glycerol-based deep eutectic solvents[J]. Journal of Molecular Catalysis B: Enzymatic, 72: 163-167.

附 录

一、常见酶学中英文名词

abzyme	抗体酶
activity unit	活力单位
active center	活性中心
active site	活性部位
allosteric enzyme	别构酶
apoenzyme	脱辅酶
biocatalyst	生物催化剂
coenzyme	辅酶
cofactor	辅因子
directed evolution	定向进化
DNA shuffling	DNA 改组
enzyme	酶
enzyme activity	酶活力
enzyme analysis	酶分析
enzyme coupled analysis	酶耦合分析
enzyme electrode	酶电极
enzyme engineering	酶工程
enzyme linked immunosorbent assay(ELISA)	酶联免疫分析测定
enzyme reactor	酶反应器
enzymology	酶学
error-prone PCR	易错 PCR
exon shuffling	外显子改组
feedback inhibition	反馈抑制

food enzymology	食品酶学
half-life	半衰期
holoenzyme	全酶
hybrid enzyme	杂合酶
hybrid evolution	杂合进化
hydrolase	水解酶
immobilized cell	固定化细胞
immobilized enzyme	固定化酶
inactivation	失活作用
induced-fit hypothesis	诱导契合假说
international unit	国际单位
irrational design	非理性设计
isoenzyme	同工酶
isomerase	异构酶
kinetics of enzyme-catalyzed reactions	酶促反应动力学
ligase	连接酶
lyase	裂合酶
metalloenzyme	金属酶
michaelis constant	米氏常数
monomeric enzyme	单体酶
multienzyme complex	多酶复合体
oligomeric enzyme	寡聚酶
oxido-reductase	氧化还原酶
ping pong reactions	乒乓反应
plasmid	质粒
proenzyme	酶原
protein engineering	蛋白质工程
ribozyme	核酶
site-directed mutagenesis	定点突变

solid phase enzyme	固相酶
specificity	专一性
specific activity	比活力
substrate	底物
transferase	转移酶
translocase	转位酶
turnover number(TN)	转换数
water insoluble enzyme	水不溶酶

二、国内外菌种保藏机构

名　称	网　址
中国国家微生物资源平台成员单位	
中国典型培养物保藏管理中心(China Center for Type Culture Collection，缩写 CCTCC)	http：//cctcc. whu. edu. cn/
中国普通微生物菌种保藏管理中心(China General Microbiological Culture Collection Center，缩写 CGMCC)	http：//www. cgmcc. net/
中国工业微生物菌种保藏管理中心(China Center of Industrial Culture Collection，缩写 CICC)	http：//www. china-cicc. org/info/index. html
中国农业微生物菌种保藏管理中心(Agricultural Culture Collection Center of China，缩写 ACCC)	http：//www. accc. org. cn/
中国林业微生物菌种保藏管理中心(China Forestry Culture Collection Center，CFCC)	http：//www. cfcc-caf. org. cn/
中国药学微生物菌种保藏管理中心(China Pharmaceutical Culture Collection Center，缩写 CPCC)	http：//www. cpcc. ac. cn/
中国医学细菌保藏管理中心(National Center for Medical Culture Collection Center，缩写 CMCC)	http：//www. cmccb. org. cn
中国兽医微生物菌种保藏管理中心(China Veterinary Culture Collection Center，缩写 CVCC)	http：//cvcc. ivdc. org. cn/
中国海洋微生物菌种保藏管理中心(Marine Culture Collection Center of China，缩写 MCCC)	http：//mccc. org. cn/
国外代表性菌种保藏机构	
美国典型微生物菌种保藏中心(American Type Culture Collection，缩写 ATCC)	https：//www. atcc. org/
美国农业研究菌种保藏中心(Agricultural Research Service Culture Collection，缩写 NRRL)	http：//nrrl. ncaur. usda. gov

（续）

名　称	网　址
英国国家菌种保藏中心（The United Kingdom National Culture Collection，缩写 UKNCC）	http：//www. ukncc. co. uk/
德国微生物菌种保藏中心（Deutsche Sammlung von Mikroorganismen und Zellkulturen，缩写 DSMZ）	https：//www. dsmz. de/
日本技术评价研究所生物资源中心（NITE Biological Resource Center，缩写 NBRC）	www. nbrc. nite. go. jp
韩国典型菌种保藏中心（Korean Collection for Type Cultures，KCTC）	http：//kacc. rda. go. kr/
荷兰微生物菌种保藏中心（Centraalbureauvoor Schimmelcultures，缩写 CBS）	www. cbs. knaw. nl

三、酶学研究相关数据库

名称	网址	简介
美国国立生物技术信息中心（National Center for BiotechnologyInformation，缩写 NCBI）	https：//www. ncbi. nlm. nih. gov/	NCBI 是由美国国立卫生研究院于 1988 年创办。除了建有 GenBank 核酸序列数据库之外，NCBI 还可以提供众多功能强大的数据检索与分析工具。目前，NCBI 提供的资源有 Entrez、Entrez Programming Utilities、MyNCBI、PubMed、PubMed Central、EntrezGene、NCBI Taxonomy Browser、BLAST、BLAST Link、ElectronicPCR 等共计 36 种功能。
Braunschweig Enzyme Database，缩写 BRENDA	https：//www. brenda-enzymes. org/	BRENDA 是一个以 primary literature 为基础所建立有关酶功能的整合性数据库。数据库中的酶均根据 EC number 分类。现今的 BRENDA 整合了 EC number 以及 organism 的数据库。
PDB 蛋白质结构数据库（Protein Data Bank，缩写 PDB）	https：//www. wwpdb. org/	PDB 是美国 Brookhaven 国家实验室于 1971 年创建的。PDB 是目前最主要的收集生物大分子（蛋白质、核酸和糖）2. 5 维结构的数据库，是通过 X-射线单晶衍射、核磁共振、电子衍射等实验手段确定的蛋白质、多糖、核酸、病毒等生物大分子的三维结构数据库。
Expert Protein Analysis System，缩写 ExPASy	https：//enzyme. expasy. org/	ExPASy 由瑞士生物信息学研究所维护，提供从序列（Swiss-Prot）到结构（Swiss-Model），以及 2-D Page 等蛋白质操作相关的全套服务。

（续）

名称	网址	简介
Kyoto Encyclopedia of Genes and Genomes，缩写 KEGG	https：//www. genome. jp/kegg/	KEGG 是一个整合了基因组、化学和系统功能信息的数据库，旨在揭示生命现象的遗传与化学蓝图。KEGG ENZYME 数据库是 KEGG 的子数据库之一。其特色在于除了酶基因信息外，还提供该酶参与的反应、来源生物和蛋白质序列方面的信息。

四、食品酶相关国家标准

标准编号	名称	实施日期
GB/T 36756—2018	工具酶活性测定通用要求	2019-04-01
GB/T 36760—2018	工具酶术语和分类	2019-04-01
GB/T 35538—2017	工业用酶制剂测定技术导则	2018-07-01
GB/T 34795—2017	谷氨酰胺转氨酶活性检测方法	2018-05-01
GB/T 33409—2016	β-半乳糖苷酶活性检测方法　分光光度法	2017-07-01
GB 4789. 43—2016	食品安全国家标准　食品微生物学检验　微生物源酶制剂抗菌活性的测定	2017-06-23
GB 1886. 257—2016	食品安全国家标准　食品添加剂　溶菌酶	2017-01-01
GB 1886. 174—2016	食品安全国家标准　食品添加剂　食品工业用酶制剂	2017-01-01
GB 2760—2014	食品安全国家标准　食品添加剂使用标准	2015-05-24
GB/T 30990—2014	溶菌酶活性检测方法	2015-03-01
GB 5413. 31—2013	食品安全国家标准　婴幼儿食品和乳品中脲酶的测定	2014-06-01
GB/T 24401—2009	α-淀粉酶制剂	2010-03-01
GB/T 23527—2009	蛋白酶制剂	2009-11-01
GB/T 23535—2009	脂肪酶制剂	2009-11-01
GB/T 23531—2009	食品加工用酶制剂企业良好生产规范	2009-11-01
GB/T 23533—2009	固定化葡萄糖异构酶制剂	2009-11-01
GB/T 20370—2006	生物催化剂　酶制剂分类导则	2006-10-01
GB/T 5009. 171—2003	保健食品中超氧化物歧化酶(SOD)活性的测定	2004-01-01